U0180474

智慧钢铁

张志杰　王建东　著

数字资源

北　京
冶 金 工 业 出 版 社
2024

内容简介

本书结合现场实际体验，跳出传统模式，从工程技术应用角度，介绍近年来钢铁领域出现的新型智能化技术。主要内容包括：智慧工厂电气自动化规划、企业资源计划管理、生产制造执行系统、物流计量系统、检化验管理系统、能源管理系统、环保冲A超低排放平台设计、智能制造集控中心、机器代人、5G+工业互联网、大数据平台设计、智慧钢铁基础管理。

本书可供钢铁企业管理层和工程技术人员阅读，也可供冶金自动化技术领域的科研、设计、生产维护人员以及大专院校自动化、计算机、机电专业师生参考。

图书在版编目(CIP)数据

智慧钢铁/张志杰，王建东著. —北京：冶金工业出版社，2024.1
ISBN 978-7-5024-9725-5

Ⅰ.①智… Ⅱ.①张… ②王… Ⅲ.①智能技术—应用—冶金工业 Ⅳ.①TF-39

中国国家版本馆CIP数据核字(2024)第017658号

智慧钢铁

出版发行 冶金工业出版社　　**电　话** (010)64027926
地　址 北京市东城区嵩祝院北巷39号　　**邮　编** 100009
网　址 www.mip1953.com　　**电子信箱** service@mip1953.com

责任编辑　卢　敏　姜恺宁　美术编辑　彭子赫　版式设计　郑小利
责任校对　石　静　责任印制　窦　唯
北京捷迅佳彩印刷有限公司印刷
2024年1月第1版，2024年1月第1次印刷
787mm×1092mm　1/16；22.75印张；554千字；350页
定价 148.00 元

投稿电话　(010)64027932　投稿信箱　tougao@cnmip.com.cn
营销中心电话　(010)64044283
冶金工业出版社天猫旗舰店　yjgycbs.tmall.com
(本书如有印装质量问题，本社营销中心负责退换)

序　言

新一代信息化技术的蓬勃发展和广泛应用正在深刻地改变着世界，新一轮科技革命也由此开始。党的二十大报告明确指出“推动制造业高端化、智能化、绿色化发展”。作为典型的流程工业，钢铁生产反应机理复杂，工艺链条长，必须要依靠智能制造技术提高生产效率、提高资源能源利用效率，增强产品质量稳定性。

近些年来，钢铁行业智能化升级改造正在加速推进。在这一过程中经常会遇到以下三方面的问题：一是一些企业认识深度不够，仍然停留在自动化、信息化的层面；二是改造系统性不够，一些改造项目仍然集中在单点的工艺、模块上；三是对于改造成果理解不充分，仅仅满足于集控大屏展示。这些问题制约了行业智能化升级改造工作的推进。

纸上得来终觉浅，绝知此事要躬行。实践是推动认识发展的动力。《智慧钢铁》是作者基于多年来从事钢铁行业信息化、智能化改造工作实践，总结出来的思考和体会。书中既有详细的改造方案内容，也有具体情况的分析讲解，还有典型案例，体现了深度性、系统性和全面性。该书深入梳理了钢铁企业各类系统情况，包括企业资源计划管理系统、生产制造执行系统、物流计量系统、检化验管理系统、能源管理系统、环保冲 A 超低排放平台和智能制造集控中心等，并深度总结了机器代人、5G+工业互联网、大数据平台等技术与钢铁工业的融合应用。该书还系统性地介绍了各系统的设计要求、目标及具体组成部分，帮助读者深入了解各系统情况。该书最突出的特点是案例丰富，列举了行业中的经典案例，展现了作者丰富的经验积累和开阔的学术视野，更为读者理解智能制造提供了鲜活的例子。该书可供钢铁企业数字化智能化转型从业者、技术供应商参阅，也可供其他关注钢铁行业数字化转型的企业家、管理者、工程师和学者参考。

智能化是钢铁行业高质量发展的重要方向，需要紧跟发展前沿，大胆开拓创新和实践探索。希望《智慧钢铁》能够对大家开展智能化改造工作有所启迪。也期待与读者们共同见证和参与钢铁行业智能化转型的蓬勃发展，乘风破浪、勇闯蓝海，在新时代共同开创钢铁智能化转型的新征程！

冶金工业规划研究院院长　范铁军

2023 年 11 月 22 日

前　言

近年来，钢铁行业经历了翻天覆地的行业变革。在这其中，唯一不变的主题之一就是用更高效率、更低成本应对市场考验；尤其是2023年，面对残酷的行业竞争，用智能化“透视”传统产业，用数字化“扫描”产业瓶颈，已成为企业的共性课题。

随着“合操并室、机器代人、视频治企、远程集控、业务上网、流程再造、移动审批”等新思维、技术手段嫁接以往习以为常、司空见惯的管理模式、操作模式，智能制造越来越成为不可回避的话题。特别是“5G+工业互联网”、智能工厂等可观可视的场景出现后，业务的触角不断向经营、物流等方向延伸，数字仓库、无人驾驶已经形成遍地开花之势。

为探究如何构建基于“5G+工业互联网”的智能工厂，考察了山钢日照、宝武湛江、马钢、韶钢、鄂钢、中天钢铁、晋南钢铁、德龙钢铁、抚顺新钢铁、沙钢、永锋临港、永锋齐河、东方特钢、鞍钢、本钢、莱钢、首钢迁安、包钢、营口、津西、凌源等21家国内钢铁公司和浦项、意大利ABS、奥钢联林茨、住友、霍格文等国外钢铁企业，对标了5G智能制造联盟、炼铁、铁前等专题会议及其他智能制造的好做法，收集了20多段有价值的视频资料，在多个培训班、会议中交流展示，逐步有了建造智慧钢铁的构思。

特别是2017年刚刚结束山钢日照基地炼钢、主干网等部分项目，离开山钢体系，进入六安钢铁体系以来，恰逢建设一个新的联合钢铁园区。又因为来现场工地稍微早一点的原因，更重要的是有幸得到各公司董事长的信任和重托，直接参与了园区的规划与筹建。无形中把20多年的钢铁履历、走过的路、实战中的得失又重新温习了一遍。借鉴奥钢联（VAI）提炼的“成为全球领先智慧钢铁服务集团”入选公司愿景，在议论中成长，在质疑中见效，五年来，一个“足不出户知厂情、远在天边看产线”的智慧型钢铁园区从纸上步入现实。难能可贵的是公司决策者大智若愚，采纳的铁钢一包到底工艺，铁钢界面绝对距离50m之遥，创下了目前行业里最短流程纪录，把鱼雷罐、混铁炉、倒罐坑、汽运型一包到底等传统工艺远远抛在身后，圆了多年来藏在心底的一个梦想。同时，在园区建设智能管控中心的实践中也是费尽周折，中心造型和功能定位在2018年，除了山钢日照基地，也是鲜有成型案例借鉴，倒是位于山东博兴的京博石化股份公司大楼给了我深刻的启发和体验。关于主干网的星型和环形争论至今记忆深刻，包钢、新华三的设计与导向帮助最大。在此，一并向他们表示衷心的感谢。

智能化支撑了钢铁企业从研发设计、生产制造到经营管理全方面水平的提升，也将成为支撑我国钢铁行业开启高质量发展、新征程的重要手段；未来5年里，借助智能化、数字化等技术，智能制造必将为生产、经营、决策带来巨变。

作　者

2023年1月2日

目　录

① 智慧钢铁工厂电气自动化规划

“有竞争力、紧凑高效、形象良好”是钢企追求的共同目标，为打造全球领先智慧钢铁服务集团，指导各工序电气、仪表、自动化、计算机、智能化等专业系统设计、产品选型、技术交流、技改招标等工作，编制本规划。

1.1 智慧钢铁规划概述

随着国家“2025 计划”“工业 4.0”等规划的密集推出，近年来，尤其是信息化、智能化技术的大面积普及，出现了智慧城市、智慧工厂的概念。尽管这些名词以前也有，但从来没有像今天这样深入实际，这一方面归功于技术进步，另一方面是因为它们的确有利于减少人工、提高效率。

结合目前钢铁企业现状，智慧工厂主要涉及自动化、信息化、智能化、数字化等 4 个板块，如图 1-1 所示，它们彼此之间各有侧重，相对独立，又有不同程度的交叉。

近 10 年规划的钢铁项目，遵照 L1～L5 五个层级设计：

（1）L1：基础自动化，主要以 PLC 为代表，包括传感器等智能仪表、变频器、阀门等执行器、PLC 或 DCS 电气自动化等，它们撑起了智能工厂的基础。

（2）L2：过程自动化，主要以 PCS 为代表，以过程模型控制为主，包括智能控制模型、专家系统等。采用模式识别、模糊控制、人工智能、神经元网络、专家系统等模型技术，降低劳动强度、提高控制精度、节能降耗、提高产品质量，实现高效生产。

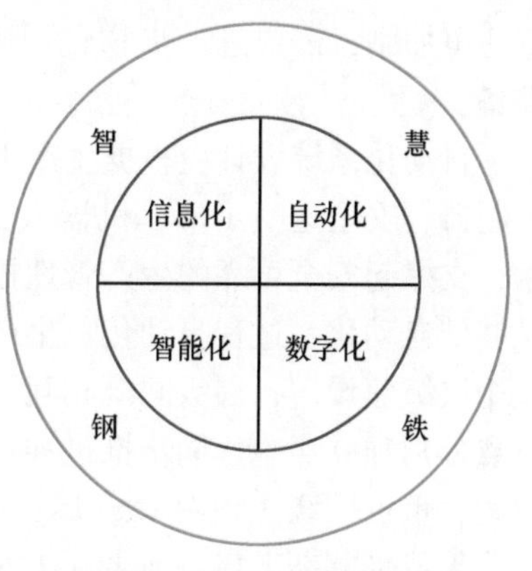

图 1-1　智慧钢铁结构图

（3）L3：生产制造管理信息化，主要以 MES 为代表。包括铁前 MES、钢轧 MES、检化验、远程智能计量、专业设备管理等。在生产管理级实现各产线的生产计划、计量、质量、物流、能源等数据的采集和下发，通过智能化的算法实现生产组织的协调优化，保障生产计划和订单执行的通畅便捷。

（4）L4：企业管理级信息化，主要以 ERP（企业资源系统）为代表，包括 OA、ERP、HR、风险管理、预算管理、费用管控、电子商务、项目管理、设备管理、资金管理等。企业管理级按“结构扁平、机构简约、运行高效、控制闭环”理念，优化生产资源计划系统，以优化的管理职能与流程设置管理组织，做到企业管理扁平化，实现资金流、物流、信息流的三流高效合一。

（5）L5：决策支持级信息化，在以上四级的基础上，对海量的生产和管理数据深入挖掘、开发，打造管理驾驶舱，为管理和高层决策提供智能化支撑。包括信息门户(Portal)、商务决策（BI）等。

其中，基础自动化及过程自动化为智能化生产的基础，生产制造管理级、企业管理级及决策支持级信息化是智能化管理的核心。

近5年，又出现新的变化，将L3、L4合成为业财一体化或者产销一体化系统。

结合钢企实际和以往经验，建议本着“适当超前、注重实用、同步实施、一步到位”的思路规划设计，侧重自动化和信息化，兼顾智能与可视化，做集中式开发，避免分期实施、点菜式开发。

1.2 钢铁生产工序智能化配置

钢铁制造流程包含原料准备、球团准备、焦化准备、烧结、炼铁、炼钢、轧钢、能源准备（制氧、动力等）8个工序，L1基础自动化控制系统，除地方政府明确要求用DCS控制系统，如焦化、制氧外，其他工序统一考虑采用PLC。炼钢、轧钢、炼铁、烧结、焦化等考虑L2过程自动化，生产环节考虑MES或其替代方案，在公司管理层面考虑ERP(财务、采购、销售、生产、质量、库存、资产、成本)，或“财务模块+产供销”一体化系统，公司决策层面考虑面向手机移动端主要数据BI等。

自动化与信息化系统方面，随着中外芯片、数据库、IGBT、CAD等芯片战、知识产权斗争加剧，需要进一步物色国内有经验的公司，在现有厂家基础上，为深度实施做好准备。

自动化系统设计应根据生产工艺要求，采用诸如智能检测、高可靠执行元件、高性能控制器、安全透明工厂、机器人、模糊控制、神经元算法、CCD摄像等前沿的自动化技术，支撑起安全可靠的生产管理控制系统。需要在交流、设计、订货、决策等环节统筹兼顾基础自动化、过程自动化、生产管理、企业管理及决策支持（后三者合称信息自动化）五个层级建设。各层级间既相互关联，又相对独立，其中信息自动化建设可根据企业管理重点分别独立实施，同步推进和完善各应用系统。每个生产单元的基础与过程自动化软件编程，重点围绕主流品牌开展，尽量按照EPC模式实施，而转炉、高炉、轧钢、烧结、焦化等特别复杂工序，或者在EPC项目中所占比例超出预期，可单独招标。

为保证以上目标实现，钢铁联合企业应该单独设置信息自动化部或智能制造部，按照专业分工，配置不少于30人的专业队伍，并承担以下系统运维。

（1）ERP：财务、HR、供应链等。

（2）物流计量（LES）：原料、产品运输时派车刷卡过磅计量。

（3）能源（EMS）：全公司水电风气成本管理以及上传省计量院系统。

（4）检化验（LIS）：产成品、半成品过程检验。

（5）薪资（ATM）。

（6）财务系统（ERP）。

（7）通信：电话通信线路与设备的实施安装。

（8）网络：外网访问、网络光纤、交换机、线路铺设规划实施。

（9）一卡通：食堂、门禁、超市。

（10）主干网+专线：厂区主干线路网络实施与各区域的12条专用网络实施。

（11）生活区网络：生活区专用网络、电视、监控、消防。

（12）安保系统：厂内视频监控、天网系统。

（13）企业微信：企业员工通信管理。

（14）OA系统。

（15）云采购：线上采购、招标、销售平台。

（16）智慧物流：物流派车后实时监控系统。

（17）消防集中监控。

（18）环保集中监控。

（19）电子发票查重防伪系统。

（20）考勤打卡系统。

（21）广播系统。

（22）MES系统。

1.2.1 原料智能化

原料基础自动化包括受料、卸料、混匀配料及输送料的生产过程动态监视和全自动设备连锁、工艺控制。主要包括堆取料机、胶带机、混匀配料、原料输送、喷淋及取样等工艺设备的全自动控制。过程自动化包括原料生产全过程的优化控制管理，包括受卸管理、库位管理、动态输送及生产实绩管理。

1.2.2 球团智能化

通过利用大数据、互联网、自动化技术、机械视觉、物联网、人工智能等技术，在球团生产过程中构建智能化运维、智能化控制、智能化装备整体解决方案。全面实现现场资源整合及信息共享，实时、准确反映现场生产与设备运行状况，并结合工艺对磨矿与干燥、辊磨与配料、混匀、造球、节能、环保等内容进行监测、分析、建模和智能化控制。降低专业管理人员劳动强度，提升管理效率，提高产品质量和产量。

1.2.3 焦化智能化

焦化基础自动化主要包括数字配煤、配煤细度自动控制、集气管压力、烟道吸力、机焦侧煤气压力及流量调节、焦炉机车全自动运行、横管初冷器出口煤气温度调节、鼓风机机前煤气压力调节、电捕焦油器控制、煤化工产品连续过程控制、环保工艺的全自动过程调节、干熄炉及余热蒸汽发电和其他辅助设备的全自动运行等控制功能，以及入口皮带秤、圆盘给料机秤、全焦轨道衡、干熄焦后焦粉、冶金焦皮带秤，带自动校秤装置，精度≤0.2%。过程自动化功能包括：配煤专家系统；移动车辆自动作业管理；四大机车全自动运行；焦炉自动加热等。

1.2.4 烧结智能化

烧结基础自动化包括：自动上料、配料、混合加水、布料、点火燃烧控制、料层厚度调节、矿槽料位调节、烧结机及环冷机调速、成品筛分输送等自动控制功能的应用状况；

过程自动化包括：返矿模型、混合加水模型、布料模型、BTP 控制模型、碱度自动控制模型（含配料模型、成分预报）、FeO 自动控制模型等应用效果。

1.2.5 炼铁智能化

炼铁基础自动化包括：高炉本体、炉顶、热风炉、矿槽、喷煤、机运等主工艺系统的设备连锁及顺序全自动控制，以及过程参数的检测、调节和报警。过程自动化包括：炉体二级模型、高炉喷吹模型、高炉冶炼专家系统等实际应用。

1.2.6 炼钢智能化

以“一键炼钢”为目标，在铁水预处理、转炉、CAS 吹氩、LF、VD/RH 及连铸等单元工序实现全过程自动冶炼控制。转炉在一级自动化基础上，考虑炉气分析仪替代副枪，围绕自动化炼钢目标，设投料、吹氧、底吹等模型。CAS 增加吹氩、喂丝记录功能。连铸系统主要对钢包回转与升降、中间罐测温与称重、结晶器自动加渣、振动与液面控制、拉矫机控制、铸坯切割与跟踪及二冷水等全自动控制。LF 在一级完成全部功能，视需要设二级功能。板坯连铸机，除常规控制功能外，考虑自动配水、动态压下、漏钢预报、优化切割功能。同步考虑天车物流轨迹与调度报表等功能，天车秤（精度≤0.3%）实现高精度远程传输。

1.2.7 轧钢智能化

加热炉，坯料加热过程中的动态监视、控制、数据显示及设备顺序连锁自动控制，主要功能包括：装坯出坯料机的自动对位（APC）及运转顺序控制、坯长自动测长控制、装炉及出炉辊道控制；坯子位置跟踪。过程自动化主要功能包括：弱氧化气氛烧钢优化控制、铸坯物理跟踪和热跟踪、铸坯温度场优化计算、加热过程智能控制、加热炉集群调度等。

线棒材，基础自动化实现从加热炉出口辊道开始，经粗轧、中轧、精轧到成品入库主工艺流程的全自动顺序、调节控制，以及各种参数检测和轧件跟踪功能。主要功能：优化与控制，包括模拟轧制，轧制规程、轧制节奏等计算与设定，物料跟踪与组织性能预报；轧制过程仿真。

热轧，基础自动化包括主工艺生产线进行物料跟踪和动态闭环控制，并对电气传动、机械设备进行监视和远程操作。过程自动化根据加热、轧制、热矫直等生产计划完成板坯入炉至热矫直机输出辊道的全程控制参数设定、过程监视、优化控制及物料跟踪控制。主要功能包括：钢种变形抗力、温度监视、轧制力、轧制力矩、辊缝、轧辊热凸度和磨损等设定模型；轧制节奏控制（MIPA）、热机轧制（TM）、矩形轧制（PVPC）、凸度和平直度控制（PFC）等控制模型。

热轧卷，基础自动化实现从加热炉出口辊道开始，经高压水除鳞、粗轧、精轧、热卷、层流冷却到成品入库主工艺流程的全自动顺序、调节控制，以及各种参数检测和轧件跟踪功能。过程自动化系统完成热轧线、平整机组、磨辊间的生产过程控制参数计算与设定、过程监视与优化控制、物料跟踪等，主要功能：优化与控制，包括模拟轧制，轧制规程、轧制节奏、热卷箱、卷取、厚度、板型、层流冷却等计算与设定，宽度、厚度、轧制

节奏、板型等控制；数学模型，包括温降模型、轧制力模型、轧辊热凸度及磨损计算模型、前滑模型和宽度模型等；物料跟踪与组织性能预报；轧制过程仿真。

冷轧卷，基础自动化实现酸轧联合、连续退火、电镀锌、连续热镀锌、磨辊间及酸再生等机组设施生产过程电气传动设备的顺序连锁控制、现场仪表检测、工艺过程控制及生产动态监视和异常报警等。过程自动化控制范围涵盖所有生产机组，完成生产过程操作指导、优化控制、作业管理、情况处理、数据存储及系统通信等优化控制，主要功能包括：机组基本功能，PDI 数据及生产计划管理、钢卷跟踪、静态设定计算、机组停机管理和质量管理、报表生成与管理等；酸洗段和轧机部分的设定值计算、模型自适应自学习、轧辊和相关附件的数据管理；退火炉的退火曲线及退火温度动态计算、炉子数学模型自适应学习；成品卷分卷剪切优化处理；轧辊运行跟踪及管理等。

其他轧钢产线，参照上述主要轧钢的基础自动化和过程自动化要求，确定功能和应用定位。

1.2.8 能源智能化

企业能源管控平台采用自动化、信息化技术和集中管理模式，对企业的生产、输配和消耗环节实行集中扁平化的动态监控和数据化管理，监测企业电、水、燃气、蒸汽及压缩空气等各类能源的消耗情况，通过数据分析、挖掘和趋势分析，帮助企业针对各种能源需求及用能情况、能源质量、产品能源单耗、各工序能耗、重大能耗设备的能源利用情况等进行能耗统计、同环比分析、能源成本分析、用能预测、碳排分析，为企业加强能源管理，提高能源利用效率、挖掘节能潜力、节能评估提供基础数据和支持。

1.3 智能化专业设计规范

1.3.1 电力专业设计规范

以年产 300 万~680 万吨钢铁企业为例，电力专业通常按照 3~4 个 110kV 变电站部署双路进线，需按照集中管控设计，不宜在每个变电所配置值班操作人员，每个 110kV 变电站供电范围和职能如下：

（1）1 号 110kV 站供电范围包括：原料、焦化、烧结、球团、高炉鼓风机。

（2）2 号 110kV 站供电范围包括：高炉本体、高炉喷煤、高炉上料、高炉水泵站、炼钢转炉与天车、炼钢水系统、LF 炉、连铸、连铸水系统、炼钢除尘、集中空压站、污水处理、燃气设施、套筒窑、废钢加工。

（3）3 号 110kV 站供电范围包括：制氧、高线、棒线、厂前区。

如设有中厚板产线，因 3500mm 中厚板轧机装机容量 10kV 以下在 85000kW，35kV 装机容量 31000kW，单设 4 号 110kV 站。

电源质量，电能质量要求：10kV 负荷功率因数不小于 0.92。在轧钢及炼钢工序 35kV 供电系统中，粗轧机、精轧机主传动供电均采用交-直-交中压变频调速装置，此类装置要求功率因数不小于 0.95，10kV、35kV 电源进线处母线处作为各工序电能质量考核点。电压波动及谐波考核指标按国标 GB/T 12326—2008 及 GB/T 14549—1993 规定执行。

110kV、10kV 系统最高按 40kA 来确定断路器的额定断开电流，35kV 系统 31. 5kA。

系统接地方式，110kV 直接接地，35kV 系统采用中性点不接地系统，消弧线圈接地系统，10kV 系统采用中性点小电阻经消弧线圈接地系统，380V 中性点直接接地系统（TN-S）。图 1-2 为小电阻接地实物图。

图 1-2 小电阻接地实物图

在国内同类钢厂中，110kV、35kV 中性点直接接地，即通过主变中性点直接接地方式比较常见。10kV 系统采用小电阻接地、380/220V AC 通过变压器中性点直接接地也较普遍。大多时候，由于三相负载不会绝对平衡，中性线都有电流，但不影响正常使用。

目前 110kV 以下各变电所都采用无人值守、定期巡检模式设计运行。220kV 以上可配人值守。

电源交接点，全厂供配电设施与电力系统的设计交接点在 110kV 架空电源线的终端塔引入转电缆处，110kV 电缆由全厂供配电单元设计；与厂内各单元的电缆敷设设施（电缆隧道和电缆桥架）交接点在各单元红线范围外 1m 处，与厂内各单元的电缆交接点在 10kV 受电开关柜接线端子处。

新建变电站的 110kV、35kV 及 10kV 系统均采用电力综合自动化系统，在二次设备间设置一套微机综合自动化系统。微机综合自动化系统采用分层、分布式结构，包括两部分：站控层和间隔层。综合自动化系统需要配置规约转换器，需满足 IEC60870 规约转换。

1.3.2 电气专业设计规范

10kV 系统用电负荷在正常情况下，采用两路电源供电，单母线分段运行，一路电源发生故障时，另一路电源仍能继续维持生产。电力变压器要求按照负载功能划分，热备、冷备同时投用，在容量和联络形式上满足互相备用的需要。10kV 高压配电装置采用微机综合保护及监控系统，对高压配电设备进行监视和控制。高压微机监控系统配备后台机及其报警装置。后台微机监控系统可对下属馈出线设备进行监视。10kV 系统的受电、母联、变压器等可在微机综合自动化系统 CRT 及开关柜上操作。高压电动机回路在相应的主控室 PLC 系统、机旁箱上操作，在试验位置时可在高压开关柜上操作。

高压配电室 10kV 开关柜采用直流操作，直流电源采用全密封铅酸免维护电池组，电压为 DC220V，直流电源容量不低于 65AH。

继电保护配置，10kV 进线回路设定时限速断、反时限过流保护、单相接地、零序保护。10kV 母线分断回路设电流速断保护，断路器合闸瞬间投入，合闸成功后保护解除。

10/0.4kV 动力变压器回路设速断、过电流、瓦斯、压力释放、温度、单相接地、零序保护。

10kV 馈电回路设速断、过电流和单相接地、零序保护。

10kV 电动机馈电回路设差动（≥2000kW）、速断、过负荷、低电压和单相接地、零序保护。

10kV 系统考虑在总降侧采用小电流接地选线装置，兼顾二级配电站选线功能，消弧装置统一考虑到总降侧，各分厂仅考虑过电压及消谐、抑弧装置。消弧消谐装置适用于总降变电所，且同一系统或母线内只能使用一套，供电局直配线路用户系统及二级配电站母线不再使用消弧装置。

电力测量与计量，高压配电室的进线柜采用具有峰、谷、平计量及通信接口功能的 0.2 级多功能智能电度表，除进线柜外其他馈线柜安装 0.25 级具有通信功能的电度表。其中炼钢工序将连铸和转炉分别计量。电流互感器二次侧额定电流采用 5A。

所有电机严禁采用国家工信部明确淘汰的电机型号；电气设备属于国家现行《环境保护专用设备企业所得税优惠目录》《节能节水专用设备企业所得税优惠目录》《安全生产专用设备企业所得税优惠目录》（以下统称《目录》）所列类别的，必须使用《目录》要求的产品，并确保达到发包人享受所得税优惠的条件。本工程所用属于《目录》中的设备，由双方在《设备材料清单》中明确。

每台高压进线柜和馈线柜设置无线测温装置，按 9 点/台配置，数据上传至综保后台，当地年平均湿度为 75%，可考虑在高压柜内安装智能除湿装置。

低压电机负荷采用三相四线式 380V 配电；检修、照明及其他动力负荷采用三相四线式 380/220V 配电，各低压配电系统的功率因数不小于 0.92~0.95。

短路保护：采用带瞬时过电流脱扣器的断路器，对配电线路和用电设备进行保护。

过负荷保护：采用带长延时过电流脱扣器的断路器和热继电器，分别对有可能过负荷的配电线路和用电设备进行保护。

电气传动控制采用集中自动、集中手动和机旁手动三种操作方式。其中手动方式原则采用机旁进机模式，特殊工艺如水泵房等处采用完全脱离 PLC 控制的用于检修试车用的操作方式。自动方式为由 PLC 控制按一定逻辑关系运行的操作方式。集中手动操作方式为启动前，或运行中启动的设备在主控制室操作站通过 CRT 手动操作。

当低压笼形电动机的功率在变压器允许全电压启动的范围以内时，优先采用直接启动方式。原则上不低于 75kW，此处有争议，各厂情况不同，有的以 55kW、90kW 为界，可以根据特殊工艺要求，单独考虑低压电动机采用软启动方式启动。

泵类、风机类等重要负荷低压电动机负载（包含接触器，软启动器，普通交流变频器）采用配置电压暂降保护器方案实现设备的低电压穿越功能，电压暂降保护设备可实现接触器线圈电压最深跌落失电 500ms 内接触器主触点仍然可靠吸合不脱扣，变频器，软启动器在短时电压暂降发生至结束期间能维持运转，最终实现在系统发生电压暂降时电动机不停机连续性。低电压穿越深度为系统额定电压的 0%~70%，接触器类穿越时间 0~5s 可调，变频、软启类穿越时间 0~1s 可调，调整级差 100ms。电子控制单元要求本质安全型，不增加故障点。

主要电气设备：高压开关柜 KYN28 型、IP4X 等高柜，10kV 高压断路器采用固封极柱式真空室，高压柜面板配智能操控装置。低压配电柜：GGD 型固定柜；考虑 10%以上的备用回路，IP4X。直流传动控制装置采用全数字式，变频传动控制装置采用全数字式。操作台/盘采用不锈钢台面金属密闭型，IP44；户外机旁操作箱：户外密闭防雨防尘型，IP65；户内机旁操作箱：IP44；防爆机旁操作箱：户外金属密闭气密型，IP65。柜体颜色采用国际色标 RAL7035。

指示灯及按钮颜色：10kV、110kV 变电站指示灯及按钮颜色执行电力系统标准，红灯表示运行，绿灯表示停止。各工序配电室指示灯及按钮颜色执行现行的国标及 IEC 标准，红灯表示停止，绿灯表示运行。指示灯颜色见表 1-1，按钮颜色见表 1-2。

表 1-1　指示灯的颜色

项　目	指　示　灯
运转中、复位	绿色亮
停车中	红色亮
隔离开关、断路器接通	绿色亮
隔离开关、断路器断开	红色亮
危险界限表示	红色亮
电源表示	乳白色亮
重故障	红色亮或红闪
轻故障	黄色亮或黄闪

表 1-2　按钮的颜色

项　目	按 钮 颜 色
启动、正反转、复位	绿色
停止、紧急停止	红色
试灯、试铃	黑色

控制电缆根据环境温度和控制对屏蔽的需要进行选型，电缆芯线最小截面选择见表1-3。

表1-3　电缆芯线截面积

电缆用途	最小截面面积/mm^2
低压动力用电缆	2.5
照明用电缆或导线	2.5或1.5
控制用电缆	1.5
电流互感器二次回路用电缆	2.5
移动设备用电缆	2.5

照明，一般采用交流380/220V三相四线制，尽量采用LED灯照明。易触及的且无防止触电措施的固定式或移动式的照明器具采用36V。工作者处于特别潮湿（相对湿度经常在90%以上），或处于高温而狭窄的环境，或处于导电的空间（金属或特别湿的土、砖、混凝土）中时，使用的手提灯电压不应超过12V。路灯的设计，主干道采用“太阳能电源+LED光源”。

1.3.3　仪表专业设计规范

仪表专业设计考虑主要是精度不低于0.25级和选对测量方式，特别是称重类仪表，需要考虑自校验装置。

根据生产工艺特点，对重要测量或控制回路一般应设置UPS供电。UPS设备原则上按区域布置，与电气、计算机专业统一设置。检修用电源与仪表用电源分路供电。若有伴热回路电源，检修电源可与其用同一路电源，但需分别设置开关。

气源正常工作压力为0.4~0.6MPa。对于用气量大的设备，其气源接出口应考虑不对管网上其他用气设备产生不良影响。

信号回路接地，为了降低干扰，减少附加误差，宜将电子式仪表的信号回路接地。同一信号回路不允许有两个以上的接地点。接地点在仪表盘侧，接地电阻小于4Ω。

屏蔽接地，屏蔽电缆和屏蔽线的屏蔽层接地点在仪表盘侧。屏蔽接地电阻要求小于10Ω或按控制系统（设备）技术要求。

1.3.4　电信专业设计规范

电信设施系统架构：电信设施系统包括电信外网接入、厂区行政电话、生产调度电话、生产扩音对讲通信、无线电通信、工业电视、安防监控、火灾自动报警及消防联动、有害气体泄漏检测报警及电信综合管网等。

（1）电信外网接入系统，是对外的通信网络接入接口设施，设计要考虑与中国国家级电信主导网络运营商之间的语音通信接入、数据通信接入、远程音视频会议电话接入、移动通信接入和公网传输链路接入设施等。

（2）厂区行政电话，企业内电信专网设置电话交换中心，由公共电信系统工程设计统一规划电话交换系统模块站位置、主要交换设备、主干路由、线缆汇接中心；各生产单元内部工程统一考虑设计相应各工艺和公辅区内的行政电话点位、数量和相应区域的终端电话设备及线路。

（3）生产调度电话，企业调度电话网络分为二级星型结构模式。公司级生产调度为一级调度电话指挥网络，各生产流程系统为二级调度电话指挥网络，其余为调度终端交换节点。

（4）生产扩音对讲通信，各生产系统环境噪声较大且需要经常迅速通话联系的主要生产岗位，设置具有抗噪防尘的全数字多功能生产扩音通信系统设施。系统设备采用星型多线结构，具有多种类型的对讲端机，适于调度室、值班室、生产线岗位等各种环境。主机至各端机间的电缆一般选用线径 0.5~0.7mm 的屏蔽双绞线通信电缆。号筒扬声器和防爆扬声器电缆采用 1.5mm^2 的屏蔽电缆。

（5）无线电通信，无线电对讲机通信系统设施具体设备型号、功率及频率，由发包人向当地无线电管理委员会申请办理审批手续，相关技术指标以当地无线电管理委员要求为准。

（6）工业电视，各工艺主流程及公辅设施现场指挥区域内工业电视系统设置为数字视频系统，通过区域视频网络传输线路，将现场图像传送到相应的调度室、控制室、主操作室。系统设置联网接口，便于将来全公司视频联网上传。

（7）安防监控，安防监控系统，要根据工艺具体设计要求，在各重点防控部位设置安全保卫技防设施。该系统由红外线探测报警、图像监控、有线电话、无线电对讲手持机等安全技术防范手段进行不同组合设置。该系统可以通过现场红外报警器及摄像机等发现入侵目标，遥控摄像机锁定目标录像，摄像信号录像储存以备审案之用。

（8）火灾自动报警，根据不同场所火灾的性质分别设点型感烟或感温探测器、线型探测器、手动报警按钮、声光报警器、消防电话、火灾紧急广播、各种消防联动模块等。区域火灾自动报警控制器及消防联动控制器分别设在相关值班室和主控室，区域火灾自动报警控制器及消防联动控制器均要预留至上级监控联网标准通用接口。

（9）有害气体泄漏检测报警，在有可能泄漏有害气体的相关现场设置固定式有害气体泄漏探测器，报警控制器分别安装在相关区域值班室，报警控制器均要预留至上级监控联网标准通用接口。另外需相应设置适量的便携式气体探测器。

1.3.5 工业互联网设计规范

1.3.5.1 智能管控中心

在各生产单元独立布置外，需在厂区中部或环境优良区域设智能管控中心大楼一座，地上 5 层共 7500m^2，地下一层，除用于整个钢铁园区的数据处理外，是公司生产、能源、物流、安保、环保等业务的管控甚至操控中心，把所有可以远程操控的岗位集中在一层、二层，机房设在地下一层。地上五层的总高度不超过 25m，符合国家对建筑物消防的基本要求，大幅降低工程造价。

以下为某钢铁公司智控中心设计参考。

A 位置选址

本建筑原设计位于厂区 2 号门，炼铁北路南侧一带，2018 年 8 月选址位于厂区中部，通盘考虑周边环境，临近焦化、烧结、炼铁矿槽。2018 年 10 月定址 3 号门，3 号 110kV 站北侧。

B 设计时考虑因素

(1) 该大楼是公司生产经营管理控制的核心指挥场所，生产指挥、能源、运输调度、远程计量、保安监控、企业电话站、信息中心（服务器、网络交换机、主干网）等中心设于此，涉及生产的管理部门办公也设置在此。

(2) 设计单位要合理考虑以上中心的面积，同时，根据实际需要设置变电室、高低压配电室/UPS 电气室、水泵房、恒湿恒温空调设备房等。

(3) 高可靠供配电系统要求，需设置两路来自不同变电所的输入，由低压盘中 ATS 自动切换装置选择一个输入回路为管理中心空调、照明、UPS 等所有负荷供电。

(4) 大厅、机房的平均照度为不小于 300lx，机房区设应急照明，照明电源来自 UPS，应急灯具应独立，配置有使用时间不少于 60min 的电池，其管线不能和一般照明管线混同。

(5) 投产后部分涉外的接待、检查、参观、交流等在此进行，需提前考虑代表企业形象的景观、效果和亮点。主旨是：既要与现代化的计算机通信设备相匹配，又能通过精良、独特的设计构思，体现“现代、高雅、美观、适用”的整体形象。

(6) 按国家固定资产投资管理办法，考虑节能、采光、污水单线分离等。需考虑粉尘、有害气体、振动等因素。

C 功能要求

(1) 大楼为一字造型，投影面积初步按 $80\text{m}\times(18\sim20)\text{m}=1440\sim1600\text{m}^2$ 考虑，地下 1 层，共 6 层，设电梯 2 部。一楼进门考虑设电子大屏，显示生产数据与欢迎标语，设雕塑、沙盘。

楼内办公室小间面积一般 30m^2，每大间折合 2 小间。考虑设中央空调。考虑视频会议、视频网。卫生间不要设置在大楼的中部，建议靠近两边位置。

(2) 每层简介。

1) 负一层设公司信息中心机房（服务器、主干网核心层，约 400m^2，预留二期和远期扩展）、计量标准室（涉及计量取证）等。

2) 一层主要功能间有大、中、小三个功能厅，大厅为能源管控、生产调度和设备监控指挥大厅（约 400m^2），中厅为远程计量管控（$100\sim150\text{m}^2$）厅，小厅为安保视频厅。另外设置卫生间、共享大厅，配电间、楼梯、信息自动化维护间、公司调度会议室等。

3) 二层设公司集中操控中心、智慧展厅等，将球团、原料、烧结等铁前工序合并在此。

4) 三层、四层设部门管理人员办公室。每层至少设 2 个会议室，总数不少于 6 个。1~2 个学术报告厅。

5) 五层东侧设档案中心，西侧设中型会议室。两侧考虑卫生间。

D 10 部门办公用房计划

(1) 生产部：4 小间（部长 1、调度 1、计划 1、统计 1）。

(2) 能源部：4 小间（部长 1、其他 3）。

(3) 质量部：3 小间 1 大间（部长 1、稽查 1、计量技术 1、校验 1 大）。

(4) 信息自动化部：2 小间 2 大间（部长 1、副部长 1、信息 1、电气传动及仪表自动化 1）。

(5) 技术中心：2小间1大间（部长1、副部长1、大间1）。

(6) 安环部：2小间1大间（部长1、副部长1、大间1）。

(7) 设备部：2小间1大间（部长1、副部长1、大间1）。

(8) 物流部：1小间1大间（部长1、集中办公1）。

(9) 保卫部：1小间1大间（部长1、集中办公1）。

(10) 总工办：1小间1大间（部长1、集中办公1）。

以上22小间，11大间。按一期300万吨产能考虑，将来会有增加。

公司领导层：生产副总1大间，技术副总1大间。其他暂时没明确的功能，如工程项目指挥部等。智控中心大楼情况如图1-3~图1-5所示。

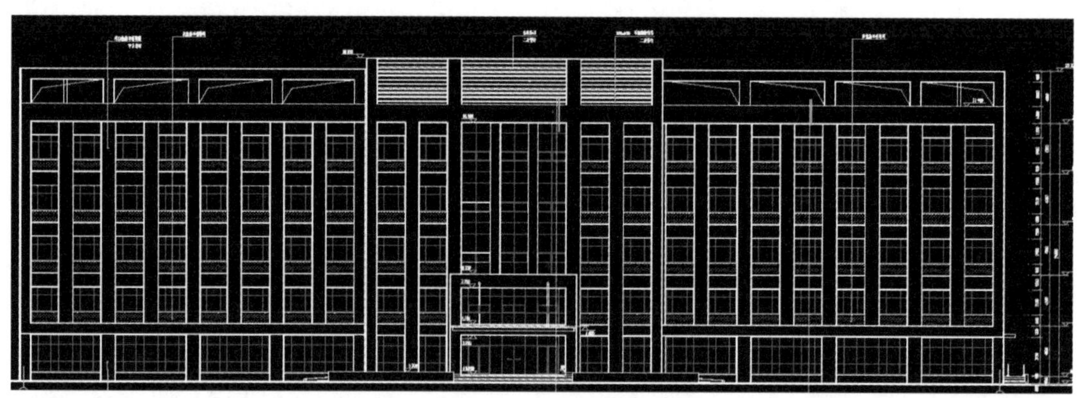

图1-3 智控中心大楼建筑示意图

图1-4 智控中心大楼内部功能区图

1.3.5.2 主干网

连接智能管控中心到各生产厂的主干网相当于钢铁园区的高速公路，是网上钢铁、智慧钢铁的基础，必须采用星型结构，不能考虑节省光纤，不能采用环形结构，同时考虑园区各生产单元中心机房、区域内小主干网及各生产单元IP地址设计。

A 主干网结构设计

全公司主干网络覆盖全部生产厂，主干网分为生产数据管理网（能源网）、视频网，

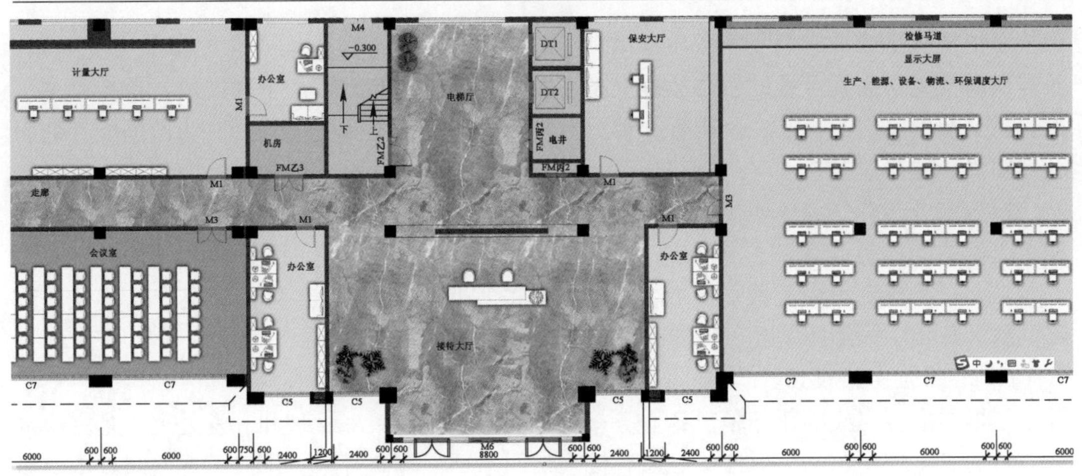

图 1-5 智控中心大楼单层布置示意图

生产数据管理网与视频网采用星形架构，生产厂区域内网采用星形加环形架构，交换机分开，如图 1-6 所示。

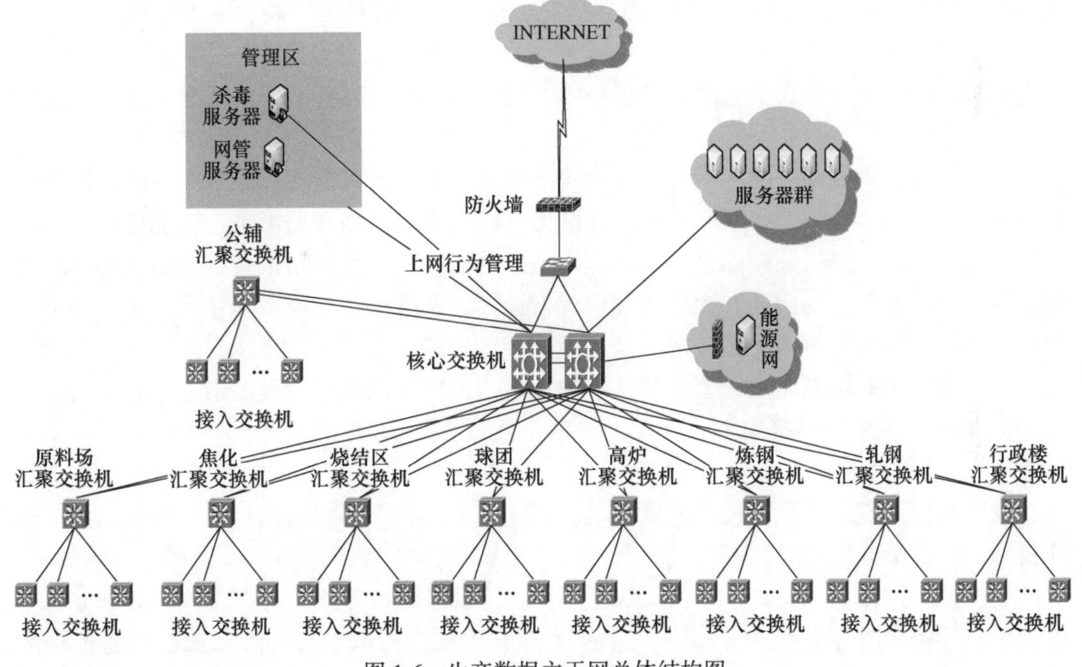

图 1-6 生产数据主干网总体结构图

B 核心层交换机设计

核心层主要功能是给下层各业务汇聚节点提供 IP 业务平面高速承载和交换通道，负责进行数据的高速转发，同时核心层是局域网的骨干，是局域网互联的关键。核心骨干网络设备应为能够提供高带宽、大容量的核心路由交换设备，同时应具备极高的可靠性，能够保证 7×24h 全天候不间断运行，必须考虑设备及链路的冗余性、安全性，而且核心骨干设备同时还应拥有非常好的扩展能力，以便随着网络的发展而发展。

基于核心层的功能及作用，根据用户的实际需求，公司网络系统中核心层由 2 台企业级核心交换机组成，它们互为备份且流量负载均衡。每台核心交换机至少16个万兆光口，是提供高性能、高安全性的核心数据交换、为汇聚层提供高密度的上联端口，是整个主干网提供交换和路由的核心，承担各个部分数据流的中央汇集和分流，同时为数据中心的服务器提供千兆高速连接。

因为服务器群是与核心交换机相连的，为实现对服务器群的访问控制，必须在核心交换机上做访问控制策略。

核心交换机到每台汇聚交换机之间采用两根万兆48芯光缆连接，两根光缆建议采取不同路径敷设，同缆不同芯，同隧不同径。

C 汇聚层交换机设计

汇聚层主要完成的任务是对各业务接入节点的业务汇聚、管理和分发处理，是完成网络流量的安全控制机制，以使核心层和接入访问层环境隔离开来；同时汇聚层起着承上启下的作用，对上连接至核心层，对下将各种宽带数据业务分配到各个接入层的业务节点。

根据公司的实际情况，将全厂划分为10个区域，每个区域设置1个汇聚交换机，总计10台汇聚交换机，各区域的接入交换机将通过汇聚交换机接入主干网中。汇聚点位置在原料场/检化验/白灰窑主控室（原料场距离检化验约200m，敷设光纤往东汇聚）、焦化办公楼东侧10kV高压室、烧结主控楼机房、球团主控楼机房、高炉主控楼机房、能源节点（计划设在2号110变电所，后面连接水处理、燃气发电/煤气柜、制氧厂/空压站、1号110变电所/3号110变电所）、炼钢转炉主控楼机房、轧钢A线低压配电室、行政楼机房等地。

汇聚层的交换机部署时必须考虑交换机必须具有足够的可靠性和冗余度，防止网络中部分接入层变成孤岛；还必须具有高处理能力，以便完成网络数据汇聚、转发处理；具有灵活、优化的网络路由处理能力，实现网络汇聚的优化。而且规划汇聚层时建议汇聚层节点的数量和位置应根据业务和光纤资源情况来选择；汇聚层节点可采用星形连接，每个汇聚层节点保证与两个不同的核心层节点连接。

汇聚交换机采用万兆光缆上连到核心交换机。公司管控设计只到汇聚层，其下的接入交换机部分与PLC机房接通。

D 视频监视系统

视频监控系统是工厂可视化的重要组成部分，包括生产视频监视、能源视频监视、安防视频监视三个方面。

生产视频监视系统设计原则：反映生产厂主体设备运行停止、环保排放口的画面，考虑安全、环保排放等重点要害部位，能够与EMS系统进行联动，能够集成分厂监控视频信息，能够与主体厂商视频系统无缝对接。如：

（1）炼铁监视点：4个炉前出铁口画面、4个高炉出铁场罐位视频点、2个高炉主皮带传动站画面、来料转运站监控点、1号2号炉过跨车运行位置监控点、1号2号炉内摄像监控；2台高炉主风机、TRT、出铁场除尘风机、矿槽除尘风机、上料主皮带电机、喷煤中速磨电机、排风机、空压机、热风炉助燃风机。

（2）炼钢监视点：转炉炉口、连铸机大包、铁水车进入炼钢门口；炼钢除尘风机、LF滤波、一次风机、汽包、干式除尘、连铸机等。

（3）轧钢监视点：4个加热炉出口，4个精轧机入口；轧机吐丝机等。

（4）烧结监视点：点火器、单辊破碎机、一二混料滚筒、成品振动筛。

（5）焦化监视点：冷凝鼓风机、干熄焦循环风机、五大车及焦炉等；破碎机、装煤车、锤式捣鼓机、出焦车、电机车、干熄焦提升机。

（6）能源监视点：发电汽轮机、发电机、锅炉等；制氧空压机、氧压机、氮压机等；空压站空压机、制氧输送设备、氮透、汽化装置、调压站，水处理。对重要的供、用能设备（如焦炉、高炉、转炉、加热炉等）的运行状态进行实时监视，重点包括无人值守站所的视频监视，以及开停机时对电网负荷有较大冲击的大型电机设备。

（7）烧结监视点：主抽风机、机尾除尘风机、成品除尘风机、环冷风机、烧结机本体。

（8）安保视频监视：主要采集各主要门岗、道路、围墙、公共区域的监控视频画面，详细数量需要根据需要具体确定。

视频网络主要结构如图 1-7 所示。

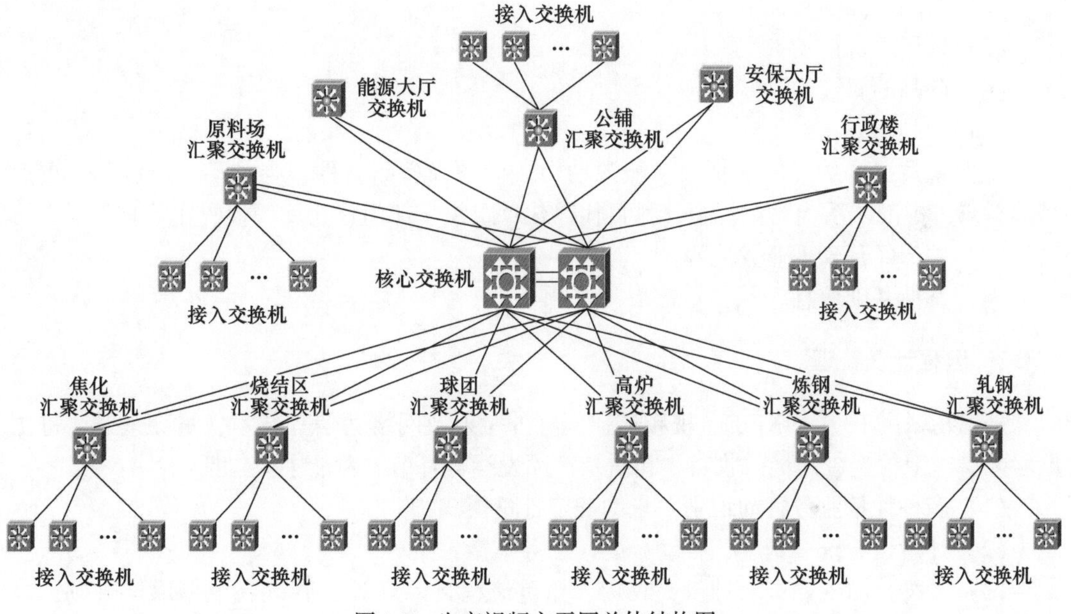

图 1-7　生产视频主干网总体结构图

视频网络结构与数据主干网相同，其核心交换机和汇聚交换机单独设置，使用主干光缆中的不同光芯进行视频信号传送。各区域的视频信号接入本区域汇聚交换机。本规划只到汇聚层，其下的视频信号接入部分再行设计。

1.4　信息化专业规划

钢铁企业信息流转的核心过程为：电子商务接收销售、采购合同，在企业商务智能决策系统（BI）中进行评审、测算，经资源计划平衡后，导入 ERP 系统，分别生成销售订单和采购订单；由 ERP 系统自动匹配质量标准（内控标准、交付标准），分别传递到智慧物流、MES 系统、检化验系统，进行采购、生产和质检；生产计划、制造标准等由 MES 发送至各工序过程自动化与基础自动化系统完成智能化生产；经过数据收集交换平台，实现数据的统一标准管理、系统间的数据共享；采购、销售经过物料结算平台完成结算，并通过电子商务完成支付、收款。并驱动完成企业的财务核算与财务管理。

在整个信息管理中，以 ERP 系统为核心，实现“财务业务一体化、管控一体化、产销一体化、设备点检一体化”的信息化管理。园区信息化编程，从全公司平衡的角度，确定能源管理、远程计量、检化验优先实施，生产调度、设备管理纳入同步建设范围。以上项目在与设计单位交流时就需要提出要求，鉴于每家公司都有自己特别专长的板块，要求分项报价，比较后选出最擅长的，避免信息化实施初级阶段出现的委托一家，失去约束，源代码受控不交付，后期补充开发漫天要价现象。

1.4.1　基础信息管理

基础信息主要包括：

（1）产品、能源、环境等相关标准；

（2）产品性能参数；

（3）生产工艺；

（4）产品的属性；

（5）产品配方；

（6）主数据体系（原燃辅料、能源动力、设备级备品备件、半成品、产成品、副产品等编码；标准体系代码化；会计科目代码化；组织、部门、仓库等代码化等）；

（7）生产经营管理业务流程；

（8）其他基础信息。

1.4.2　远程计量管理

采用物联网 IC 卡、RFID、视频监控、红外对射及网络通信等技术，贯穿采购、进出厂验配、门卫检查、计量、收货、扣重及产品发运等环节。功能主要包括：

（1）多种计量业务自动识别、自动确定计量模式；

（2）计量任务统一调度、自动分配、任务平衡；

（3）验配、门卫检查、计量、收货、扣重流程化闭环计量管理；根据取样规则，具备物料自动取样功能，并与检化验系统集成；

（4）智能秤房建设；计量、取样过程在线监控和信息复现，具备防作弊功能；

（5）车辆均衡有序进厂；

（6）与 ERP 等信息系统有机集成，实现流程衔接，信息共享；与物流调度指挥系统衔接，接收调度指令等。

1.4.3　检化验管理

根据原燃辅料、化工产品、中间产品、产成品、副产品、水、气等介质的不同，设置不同的检化验流程。主要检化验流程为：检化验接收 ERP 系统标准→接收 MES、远程计量检验项目需求→MES、远程计量等系统下达取样指示→现场取样（自动取样、手工取样）→样品传输（自动、人工）→样品加工（自动、手动）→自动分析→修约数据并审核→分发分析数据→传输至相关系统→自动判定质量等级。

1.4.4 人力资源管理

主要包括组织规划与发展、职务职位体系管理、人员信息档案管理、人事业务管理、薪酬福利管理、人才招聘与配置、人才发展与培训、目标与绩效管理、自助服务门户与HR移动应用、人力资本分析、人力共享服务支持等功能。

1.4.5 能源管理

钢铁联合企业能源种类繁多，收入贮存、加工转换、分配输送、使用、回收、外销等过程复杂。能源管理主要功能有：

(1) 数据采集，实现能源数据共享管理。

(2) 能源管控一体化，实现主升降压变电所、水泵站、煤气主管网（混合站、煤气柜等)、气体管网（含储罐）等系统的集中监控，以及外排水、废气、尘等环保指标的集中监视。

(3) 能源优化系统，包括能源平衡预测，动态收集各种能源消耗量、能源构成量及工序能耗等。

(4) 能源调度。能源动态分配优化、在线调度，完成能源转换。

(5) 实绩和计划管理、能源质量、专业管理报表、数据分析及考核、决策支持等管理应用。

1.4.6 污染物管理

钢铁联合企业污染物有大气污染物、水污染物、固体废弃物和噪声。

污染物管理（环境管理）主要功能包括：

(1) 监测大气污染物、水污染物原始浓度及其载体流量、温度；

(2) 监控污染物治理设施运行参数及治理介质消耗；

(3) 追踪固体废弃物去向，统计综合利用量；

(4) 监控噪声源；

(5) 大气污染物、水污染物排放浓度报警；

(6) 污染物排放量预警。

1.4.7 企业资源计划（ERP)

企业资源计划包括：

(1) 财务管理。包括总账、应收、应付、现金、固定资产、成本、集团报表合并等，并与预算系统、资金系统紧密集成。

(2) 采购管理。大宗原燃辅料，材料、设备与备件、材料、工程、服务等采购，包括供应商管理、采购合同管理、采购执行管理、库存管理等。

(3) 销售管理。业务管理涵盖客户、销售合同、销售订单、销售价格、库存等管理。

(4) 生产管理。包括生产计划、工艺路线、配方（BOM)、产品等管理。

(5) 质量管理。统一进行采购物料、产品质量标准体系（数据库）的完整管理，满足客户个性化质量要求方面。

（6）库存管理。包括采购业务库存、产成品库存、生产库存等，支持多组织库存管理架构。

（7）设备资产管理。包括资产定义、资产层次树型结构、资产属性、资产的维护成本信息、资产事件管理、资产转移及调拨、故障分析体系、故障历史记录报告、预防性维护计划管理、状态监测管理、维护维修工作流程管理、检修工单管理等。

1.4.8 智能化生产管控

生产调度、能源（含环保）、物流、安保（包括门禁）、消防的集中管控。集成 ERP、MES、智能远程计量、能源管控中心、智慧物流管理等系统信息，打造企业生产指挥信息系统，实现精准高效的产销一体化、物流运输一体化、能源一体化、安保消防一体化的运营目标。

1.4.9 铁前生产执行系统

主要功能模块包括铁前作业计划、质量管理、物流跟踪、配料管理、生产实绩与跟踪、库存管理、KPI 绩效管理等。根据铁水月度计划、旬计划生成大宗原燃料、冶金焦炭、烧结矿等物料的需求计划；稳定铁水质量；实现铁水质量的自动判定；与钢轧 MES 系统有效衔接，将铁水重量、铁水质量化验数据、到站时间等传递到炼钢工序。

1.4.10 钢轧生产执行系统

按订单生产，做到质量、生产、库存、销售和发运等关键业务流程的管控一体化；炼钢、轧钢作业计划的一级计划管理；按张（件、卷）、按批对产品进行管理；钢坯、钢卷、钢板质量的自动判定、自动生成和打印质保书；应用 RFID、二维码、PDA、无线传感等技术，实现物料（包括铁水包、钢包等）的跟踪管理、可视化库存管理、发货管理等，数据自动采集、工序衔接。

轧钢生产线总体可分为两部分：轧线、精整线（根据不同产品可能为处理线、剪切线）。轧线主要由加热炉、轧机、冷床、圆盘剪等设备组成。精整线根据产成品不同类型可由热矫、冷矫、定尺锯（剪）、双边剪、剖分剪、称重机、堆垛机、各类冷床、各类台架、检查床组成。轧钢生产线的工艺特点是生产线长度长，所需生产设备数量多，生产路径复杂。因此在轧钢生产线上，进行制造执行过程的监控、批次跟踪、质量控制、质量判定；以及事后质量分析、生产过程分析、生产管理，这对整个钢材轧制生产具有至关重要的作用。MES 系统可以在轧制生产过程中实现实时监控、在线质量判定、批次跟踪、质量分析、过程分析，从而确保产成品质量。

MES 功能模块：

（1）生产排程。根据产成品规格、工艺要求、当前各个生产单元状态选择可用工艺路径，依次计算出轧机、热矫、冷矫、冷床、检查床等生产单元生产排程；计算选取各个生产单元控制参数、产品参数、设备参数质量控制范围，产生整个生产线的轧制排程。调度员还可以在计划甘特图上进行人工拖拽调整，系统会根据调整进行自动修正甘特图，实现智能调整。

（2）生产监控与实绩。生产监控的数据来源于生产现场的基础自动化设备，如 PLC、

DCS 等，为调度层面和现场操作工提供操作指导。生产监控从对象来看分为三个层次：设备层面、订单层面、物料层面。

系统在设备层面提供所有设备的生产状态，对象包括轧机、热矫、冷矫、冷床、检查床、定尺锯（剪）、堆垛机、称重机以及物流设备，如行车、叉车等。信息包括设备当前状态、轧制批次信息、工艺控制信息（如出炉温度、入轧温度、张力控制、轧机转速、实际辊径等）、产成品实际信息（质量、长度、宽度、厚度）。

在生产监视的过程中，当工艺参数、产品参数或设备运行参数超出合格范围时，系统将自动报警。系统从订单层面提供所有批次的加工履历和当前位置，并以操作记录的形式进行自动存储。生产调度员可随时掌握批次在各区域的关键信息，如出炉温度、入轧温度、轧机转速、张力、物料成分等。

（3）停机故障分析。系统可以根据轧钢厂实际生产情况配置停机故障模型，并根据现场获得的数据自动显示停机和故障类型。

（4）效率分析。系统根据生产状况、停机时间、物料损耗率、成品合格率自动计算得出各个车间、各个生产线、各个班组的实际数据。

（5）批次跟踪。批次跟踪对于轧钢区的生产调度非常关键。批次跟踪的信息来源于生产排程。系统根据生产排程自动生成产成品批次，从入加热炉开始直至产成品下线入库的过程处理信息为质量追溯、生产分析、成本管理提供了坚实基础依据。

（6）质量管理。

1）产品技术标准管理；

2）产品质量判定；

3）质量统计；

4）产品回溯。

（7）物料及库存管理。板坯库与板坯库库存系统进行集成。通过生产计划号和产成品编号的匹配，实现产品数量、质量的全过程跟踪。

1.4.11 产品生命周期管理（PLM）

管理一个产品的生命周期，从产品构思、设计与制造，一直到服务和退市处理。涵盖产品设计、工艺设计、检验策划、质量管理等功能，主要负责管理工程部门的应用系统及其对应的产品数据和流程，同时管理整个企业范围内所涉及的有关产品信息的全部内容。

1.4.12 产线绩效管理

采用数据挖掘技术，建立一套完整的绩效指标分析与评价机制，包括质量、成本、产量等关键绩效指标及纪律、现场定置管理等定性指标。

1.4.13 产线过程质量分析

重点实现工艺质量数据的整体贯通和信息集成，通过信息挖掘、联机数据分析等工具，建立质量关系逻辑模型，对产品缺陷进行多维分析，确定质量关键因素，进行质量追溯。

1.4.14 智慧物流（云物流）

应用物联网数据库、GIS+GPS（北斗 BDS）、SOA+Web Service 等先进技术，建立物流最优、需求预测等智能模型，实现成本最小、路径最优、最能保证生产的产业链协同智慧物流信息系统，建立物联网环境下的采购管理、营销管理、全流程的物流跟踪和质量跟踪体系，加强上下游战略合作企业间、企业内部物流环节供应链协同管理。

1.4.15 专业化设备管理及维检

运用物联网技术监控设备运行状态，将设备基础信息、点检计划、设备状态分析、设备故障诊断、隐患报告审批、计划检修执行与结果回收等实现设备闭环管理，构建统一的设备管理与维检系统，形成预知维修、点检定修和计划检修相结合的设备管理模式。

1.4.16 全面预算管理

战略规划，业务计划，预算编制，预算调整，预算控制，滚动预测，预算分析，预算考核管理。

1.4.17 资金管理

资金预算、资金结算、资金监控、票据管理、保函管理、融资信贷管理、银企直连接口等全过程资金管控。

1.4.18 费用管控

实现管理费用、运营费用、建设费用、工程费用等从预算到核算全过程的费用管控。

1.4.19 全面风险管理

进行风险辨识、风险评估、指标预警等风险管控工作。

1.4.20 固定资产投资项目管理

项目计划、立项、设计、合同、采购、施工、相关方、进度控制、质量控制、资金、安全、竣工验收、资产移交及项目后评价等管理功能。

1.4.21 电子商务

自建或应用第三方平台，建立具有产品展示、情报分析、网上销售、网上采购、物流配送、客服中心、订单（物流）跟踪和网上结算等功能的系统，实现钢铁交易电子化。

1.4.22 供应商关系管理（SRM）

主要由战略采购和采购执行两部分组成，其中战略采购包括采购智能分析、采购资源规划、供应商绩效评估、供货比例、核价管理等；采购执行管理包括供应商门户、供方寻源、电子采购目录、服务采购、采购合同、采购执行和供应商生命周期管理等。

1.4.23　知识管理

对组织中大量的有价值的方案、策划、成果、经验等知识，以及产品研发管理、科技创新管理、管理创新进行分类存储和管理，与企业的业务流程、信息系统数据积累和挖掘相结合，积累知识资产，促进知识的学习、共享、培训、再利用和创新。

1.4.24　企业门户（Portal）

建设信息集成、资源共享、功能一体化的企业信息门户，集成信息发布、待办事宜、报表展现、多源数据集成等功能，实现用户统一认证和单点登录，统一展示订单执行、原料和产品库存、生产消耗、能源利用等企业实绩。

1.4.25　商务智能（BI）

及时获取原料市场、钢材市场、竞争对手、股市、运输等外部信息；采用数据仓库、数据挖掘和分析技术，对生产经营、关键绩效指标（KPI）等内部信息进行挖掘利用；对采购订单成本进行对比、销售订单效益进行测算，为采购、销售签单决策提供信息化支撑，引导原料结构、产品结构优化。研发业务分析和预测模型，建立管理驾驶舱，直观展示采购、销售、生产、财务等绩效。

1.5　智能化与智能制造

合操并室、视频治企、机器代人、远程集控、业务上网、流程再造是借助智能化实现智能制造的6个主要抓手，“机器替代人工，集中替代分散”，不仅可以达到“降本增效”，而且可以有效减少岗位定员，是“实现本质安全，减少职业病发生”的必由之路。智能化主要聚焦信息化再提升、自动化改造与机器人应用、CPS网络平台以及智能示范工厂四个方向，在智能互联、客户导向、智能设计、决策运营系统建设、机器人运用推广、能源环保等场景和要素实现互联互通与效率提升。

目前成熟的场景有：

（1）在原料堆取环节考虑无人堆取料机、无人盘库。

（2）在炼钢部分工艺考虑电动替代人工手动测温取样、连铸机液面自控、大包自动开浇、机械手喷号等。

（3）在轧钢产品包装环节考虑焊牌、打包机器人，PF线长度允许条件下考虑挂牌机器人。

（4）在进厂检化验环节考虑自动取样、封装、传送。

（5）在除尘室、水泵房、配电室设计中考虑集中监控，缩减不必要的岗位设置，减少劳动定员。仓库可以做可视化仓库或无人仓库管理，设备、备品备件、中间产品（钢坯）、产成品等自动定位摆放、定位发货，通过行车自动定位、智能机器人等，实现仓库的可视化管理或无人化管理。

最终通过全流程数字化、智能化的技术开发、应用，从基础建设、网络搭建及智能化专家诊断系统这三个层级推进项目实施，拟开发出绿色制造、智能点检和从炼钢连铸到轧钢全流程质量管理等六个专家诊断系统及钢铁板材智能关键技术集群，旨在建立具有国际先进水平的以信息深度感知、智慧优化决策和精准控制执行为特征的钢铁厚板智能制造试点示范产线。

1.6　计量数字化

数字化宽泛的讲，主要负责设计数字化指标运营体系，监控数据指标建设，规划数据的采集、整理，制定分析策略与分析方案；参与平台数据挖掘模型的构建、维护、部署和评估；负责数字化运营的推进和监管；负责对企业经营、生产制造等各业务环节数据进行分析，提出优化提升建议。

空谈数字化没有任何益处，在钢铁企业，数字化应该以计量数据准确可信为切口，进行数据加工，支撑成本和制造。

2022 年 5 月 20 日是第 23 个“世界计量日”，国际计量局（BIPM）和国际法制计量组织（OIML）发布了 2022 年世界计量日主题“Metrology in the Digital Era”，主题旨在让人们认识到数字技术对当今社会的改变趋势。为配合“世界计量日”活动开展，市场监管总局将“世界计量日”中文主题正式确定为“数字时代的计量”。

世界计量日是 1875 年 5 月 20 日签署《米制公约》的周年纪念日。《米制公约》为建立全球协调一致的测量体系奠定了基础，为科学发现与创新、工业制造、国际贸易，乃至生活质量提升和全球环境保护提供支撑。

下面以 300 万~680 万吨钢铁厂际物料流计量管控方案为依据加以描述。

信息自动化部作为公司两化融合的职能部门，是建设智能工厂的推动者，高新技术的推广者，工程和生产的参与者，承担公司信息化、自动化、计量、通信、智能化等 5 项专业管理职责。

1.6.1　计量管控原则

计量管控原则包括：

（1）上游为主，下游为辅。

（2）使用部门是主体责任单位，负责红线内计量器具的维护、检定，对相对稳定的计量器具，依照计量法 3~6 个月校验一次；对涉及成本的敏感计量器具，根据生产实际，每月完成 2~3 校验，以上均依法填写校验前后记录。

（3）信息自动化部是计量管理部门，监督、指导各部计量工作，对异常数据依法依证据出具裁判书，构成损失的落实考核责任。

1.6.2　公司涉外物料流计量构成

涉及公司对外贸易结算的主体单位为质量部。

1.6.2.1　设计原则

通过 IC 卡和车牌识别实现企业的采购进厂物流、销售出厂物流，厂内调拨物流使用 RFID 卡实现计量、IC 卡实现收发货的一卡通管理模式，同时实现公司进厂大宗原燃料全流程的检化验管理。

系统涵盖采购管理、销售管理、内倒管理、电子卡管理、无人计量管理、出入库管理、票据打印管理、原燃料检化验管理。

建立适合生产、经营、管理的信息化平台，实现所有计量、检化验、物流业务数据的规范化、标准化、电子化和集成化；

梳理计量管理业务流程，以采购物流、调拨物流和销售发货物流为主轴，部门、岗位服务于流程，实行基于企业物流的流程化的全面计量数据管理；

实现全面、准确、及时、稳定可靠的数据采集；

采用防作弊功能软件，实现计量专业管理智能化；

实现采购物资进厂计划、内倒物资倒运计划、销售物资出厂计划的编制、下达、执行跟踪等功能，可通过设置有效期、计划量等条件控制计划执行情况；

实现大宗原燃料检化验管理，包括取样、合样、制样、检化验、质量判定等功能；

实现 IC、RFID（非接触式 M1 射频卡）的初始化、自助/人工发卡、自动/人工回收卡、挂失、业务变更等；

通过自助刷卡终端实现车辆进厂确认、道闸联动；通过自助收卡终端实现车辆出厂刷卡确认、计量票据自动打印、审核放行；

汽车衡的现场磅房改造（设备安装、布线和调试），实现无人值守自助计量。厂内倒运车辆实现司机不下车计量；

通过手持机实现收、发货刷卡确认、扣重、整车退货等工作，记录出入库台账；

通过车牌识别摄像机实现车牌识别功能，并与 IC 卡进行验证。

1.6.2.2 *设计范围*

物流执行 LES 系统的实施范围：

（1）8 台汽车衡（1 号门 4 台、3 号门 2 台、2 台内倒汽车衡）实现自助计量或任务自动分配式远程计量等单向或双向计量模式（1 号门 2 进 2 出单向，3 号门 1 进 1 出单向，2 内倒汽车衡双向）；进出厂车辆使用 IC 卡，实现业务信息的传递和跟踪，实现车牌抓拍识别功能，车辆过磅实现全程录像和照片抓拍，并和计质量数据进行匹配；内部倒运车辆使用 RFID 卡，实现司机不下车计量；现有磅房智能化改造，安装自助计量终端、网络摄像机、车牌识别摄像机、红绿灯和车位检测设备等。

（2）在 2 个业务大门（1 号门岗、3 号门岗）分别建立自助领卡和人工发卡、信息验配点，负责进厂车辆的 IC 卡的发放，并将车号与 IC 卡进行绑定（发卡，只 1 次），车号和车辆进厂预报进行绑定，为远程计量系统提供业务数据。门岗安装车牌识别摄像机，系统自动识别车牌和验证车辆信息，并联动道闸抬杆设施。

（3）实现企业进厂原燃料采购检化验管理覆盖，全面跟踪进厂原燃料质量，为生产、结算提供准确无误的质量数据。库房收、发货的刷卡确认使用手持终端进行。

1.6.3 公司涉内物料流计量秤分布

水电风气（汽）已在能源系统中考虑，此处暂不列出。

1.6.3.1 *原料*

公司外到原料皮带秤 3 台。原料场主控室留有远传端口；新建铁路货场来料预留 2 台进料系统皮带秤，不再设皮带秤。各厂际间秤分布如下。

（1）A102 胶带机，量程 800t/h，精度±0.3%，数据传至原料场主控室。FIT-1001，煤、焦炭。

（2）B102 胶带机，量程 1500t/h，精度±0.3%，数据传至原料场主控室。FIT-1002，铁矿粉、块矿。

（3）B202 胶带机，量程 1500t/h，精度±0.3%，数据传至原料场主控室。FIT-1003，球团、焦炭、石灰石、白云石、杂矿。

原料外供皮带秤 5 台：

（1）原料到烧结：皮带秤 2 台（东侧 103，西侧 204）。

1）E103 胶带机，量程 1200t/h，精度±0.3%，数据传至原料场主控室。FIT-3002，铁矿粉、石灰石、白云石。

2）A204 胶带机，量程 1200t/h，精度±0.3%，数据传至原料场主控室。FIT-3001，烧结煤、石灰石、白云石。

（2）原料到高炉：皮带秤 1 台。C105 胶带机，量程 1200t/h，精度±0.3%，数据传至原料场主控室。FIT-3005，球团、块矿、焦炭、杂矿。

（3）原料到焦化：皮带秤 1 台。A301 胶带机，量程 600t/h，精度±0.3%，数据传至原料场主控室。FIT-3004，焦化用煤。

（4）原料到石灰窑：皮带秤 1 台。B206 胶带机，量程 1000t/h，精度±0.3%，数据传至原料场主控室。FIT-3003，石灰石、白云石。

1.6.3.2 焦化

焦化内部涉外皮带秤 5 台。

（1）配煤槽进煤计量秤 M101 皮带，WI-111，量程 1000t/h，精度±0.25%。

（2）干熄焦前轨道衡，量程 160t/h，精度±0.25%。

（3）干熄焦后 J102 皮带秤，量程 200t/h，精度±0.25%。

（4）外供冶金焦到高炉 J107 皮带，WI-201，量程 400t/h，精度±0.25%，焦炭。

（5）焦化到烧结 J109 皮带，WI-202，量程 300t/h，精度±0.25%，筛焦楼返焦末。

内部在干熄焦前必须设全焦轨道衡，在配煤仓下设配煤皮带秤 10 台，精确计量当日成本用。

1.6.3.3 烧结

烧结对外 6 条皮带秤，4 进 2 出，内部烧结返矿 1 条，往主机走的混料皮带秤 2 条。

（1）WT-2105，量程 1500t/h，进铁矿（来自原料场）。

（2）WT-2106，量程 750t/h，溶剂、煤、焦末（来自原料场）。

（3）WT-2102，量程 750t/h，混合料（混六主机用料内部计量）。

（4）WT-2013，a/b/c，量程 750t/h，成品烧结矿，去高炉。

（5）南侧东西向高炉返矿到烧结：皮带秤 1 台，编号高返-1 胶带机，量程 600t/h，精度±0.3%。

（6）北侧东西向焦化返焦到烧结：皮带秤 1 台。

烧结到高炉：皮带秤 2 台。

（1）成-4 胶带机，量程 600t/h，精度±0.3%。

（2）成-8 胶带机，量程 600t/h，精度±0.3%。

烧结内部计量，暂不统计列入外部。WT-2101，量程 750t/h，混合料（混五主机用料内部计量）；WT-2104，量程 450t/h，烧结成品筛返矿计量。

1.6.3.4　炼铁

炼铁入口每个高炉设 16 台配料料斗秤。

炼铁到炼钢出口：秤 4 台/炉，量程 350t/h，设计精度±0.25%，实际控制±0.3%，出铁场下方，数据已传至主控室。

1.6.3.5　炼钢

炼钢入口 2 台 310t 天车秤，余姚衡高产品。

炼钢出口无。

1.6.3.6　轧钢

轧钢前后：秤 10 台，量程 0~3t/h，精度 0.1%，数据传至主控室。

高线 A 线入炉辊道 1、高线 B 线入炉辊道 1。

棒材 A 线入炉辊道 1、棒材 B 线入炉辊道 1。

高线 A 线精整区 1、高线 B 线精整区 1。

棒材 A 线精整区 2、棒材 B 线精整区 2。

现阶段主要共计 55 台。

电子衡器是成本命脉，为明确公司内部电子衡器校验周期、使用精度及使用单位，确保这些设备在生产使用中准确无误，达到规范化、标准化管理，特对公司内部电子衡器校准做出单独说明。

校验周期半月，校验时间每月 10 日、25 日，特殊工况随时增补。

皮带秤校准方法：首先用汽车衡称量一定数量物料并记录数据，启动皮带并进行皮带清零操作，清零完毕记录并进入标定程序状态，通知皮带工上料，上料完毕后输入实际重量确认，并记录数量误差和调整系数、精度≤±0.3%不做调整、超出使用精度后进行系数调整并记录。填写校验报告存档并报相关单位。

料斗秤校准方法：首先清空料斗并将 3 台便携式测力仪和千斤顶放置到位，测力计归零，通知控制室将仪表归零。3 台测力计开始加压到 3000kg 并通知控制室查看仪表数据并记录测算误差和精度，精度≤±0.3%不做调整，超出使用精度后进行系数调整并记录，重复上述步骤直至达到使用要求。填写校验报告存档并报相关单位。

1.7　EPC 工程技术要素

智能制造项目合同总额逾亿，采用 EPC 模式，因管理不善不能充分发挥效果的并不少见，为保证项目受控，分别就技术附件组成、品牌短名单等加以介绍。

1.7.1　技术附件组成

根据与首钢、北京市审计机构等专业力量交流，除合同备忘录外，确定大型 EPC 项目通常由 20 个技术附件组成，编为上、中、下三册。目录如下：

上册：

合同附件 1《总承包内容及分界面》；

合同附件 2《技术说明书》；

合同附件 3《主要设备规格书》。

中册：

合同附件 4《设备、材料的采购规定》；

合同附件 5《通用设备设施品牌配置要求》；

合同附件 6《设备材料清单》；

合同附件 7《技术文件交付、技术服务及培训》；

合同附件 8《调试、试生产、交付生产方案与责任》；

合同附件 9《技术保证值及测试组织》；

合同附件 10《进度计划及施工组织》；

合同附件 11《工程设计、设备制造、施工质量规范及验收标准》。

下册：

合同附件 12《附图》；

合同附件 13《统一技术规定》；

合同附件 14《质量监督、安全及文明施工工程管理》；

合同附件 15《质量保修责任书》；

合同附件 16《廉洁协议》；

合同附件 17《专用设备企业所得税优惠目录》；

合同附件 18《表样》；

合同附件 19《付款计划》；

合同附件 20《审计资料清单》。

下面简单介绍各个附件的功能。

合同备忘录：应对合同要求完成所承包的工作内容和工程量进行限额设计，如：发包人有权按照项目工程施工图和设备制造图对承包人的实际工程量进行核查，如实际工程量低于施工图工程量的 95%（含 95%），设备质量低于设备制造图的 97%（含 97%），双方确认后低于的部分从合同价格中扣除。

合同附件 1：《总承包内容及分界面》，介绍双方交接点、工作内容、双方分工、不包括的范围。

合同附件 2：《技术说明书》，进行工程概述：主体工艺设施设计方案、技术说明。

合同附件 3：《主要设备规格书》，介绍主体工艺设备、公辅设施设备规格。

合同附件 4：《设备、材料的采购规定》，描述本总承包工程范围内的设备和材料的采购及验收事宜。本工程所有设备、材料，除发包人明确由其采购供应的以外，均由承包人采购供应，包括所有设备、材料及《设备材料清单》中明确由承包人提供的周转件，确保达到工程整体功能及合同要求。

承包人须遵照国家有关法律法规，按照双方商定的总承包合同及附件中有关设备材料规格、数量、性能、技术参数、品牌配置要求及国家、行业标准组织本工程设备、材料的采购。承包人保证所提供的本合同项下的全部设备、材料是全新的，并达到本合同规定的保证值，不得采用国家明令淘汰的禁止使用的产品。承包人保证设备配套的软件为正版，并以发包人为最终使用权人，否则，承包人承担由此引起的全部责任。

本工程所需设备属于国家现行《环境保护专用设备企业所得税优惠目录》《节能节水专用设备企业所得税优惠目录》《安全生产专用设备企业所得税优惠目录》（以下统称《目录》）所列类别的，必须使用《目录》要求的产品，并确保达到发包人享受所得税优惠的条件。本工程所用属于《目录》中的设备，由双方在《设备材料清单》中明确。

合同附件 5：《通用设备设施品牌配置要求》，约定品牌短名单，承包人选择的成套设备涉及配置品牌配置表中的设备设施的，承包人要求成套设备提供方使用指定品牌。因通用性、可靠性、经济性无法使用的，请承包人书面说明，但发包人对承包人选择的品牌有否决权。

品牌配置表所列的大部分设备设施已通过预招标锁定最高限价，承包人在向指定品牌具体询价及签订合同时，请标明“XX 项目”字样，以便享受中标价格及服务。这些报价为指定品牌针对本项目的报价，为商业机密，承包人负有保密责任。发包人未明确品牌的设备设施，请承包人按可靠性、经济性、系列化的原则选择品牌，并按相关附件要求提请发包人确认，发包人对承包人选择的品牌有否决权。

合同附件 6：《设备材料清单》，本附件描述该工程总承包设备材料清单明细，清单不足或遗漏设备材料时，品牌配置以附件 5 为准。遗漏设备材料以附件 2、3、4、5 描述为准。本附件中的入围品牌，双方可进一步考察、审核。

合同附件 7：《技术文件交付、技术服务及培训》，约定设计管理、项目设计团队、项目现场施工团队与服务，根据项目实施进度计划，施工图设计进度以满足现场开工和施工进度需要为原则。根据项目实施“总体网络进度控制计划”编制施工图设计进度计划表。认真严格地进行图纸会签，同时，做好设计交底工作。通过技术交底，让施工单位充分理解设计意图，了解施工的各个环节，从而减少交叉协调问题，保证工程质量。

技术文件交付，承包人承担的全部设计均应向发包人提供满足安装使用维护的设计图纸及相关资料。提供资料及图纸时间以不影响施工进度为前提。

文件交付的内容：

设备维护、检修、操作规程（参考）。

工艺技术操作规程。

安全规程。

压力容器图纸资料。

特种设备图纸资料（如：电梯、锅炉、起重机）。

设备随机资料及产品出厂检验合格证书。

按技术协议要求提供非标备件图纸。

设备安装验收资料。

设备单体试车资料。

设备联动试车资料。

施工竣工图和所有竣工资料。

重负荷联动试车，发包方提出重负荷联动试车方案，承包方提供重负荷联动试车相关资料。

人员培训计划，为了使新建的工程能够顺利投产，对新厂中的关键岗位人员进行必要的培训。培训工作分理论培训、岗位操作培训、现场培训三部分，理论培训及岗位操作培训在具有相近规模的工厂进行，现场培训随设备安装调试在项目现场进行。理论培训内容：生产基础理论知识，液压传动、全数字交流传动系统、PLC 控制硬件和软件基础知识。岗位操作培训内容：在相近规模生产厂跟班学习，如项目系统组成、工作原理，设备性能特点，以及机械设备、液压、润滑系统日常维护等基本技能，按岗位分派进行实习以达到掌握和操作本项目生产线的目的。综合评定说明：综合评定由理论笔试分数+岗位操作综合评语两部分组成，综合评定合格者视为培训合格。技术保密：承包方提供给发包方的技术文件及培训教材，未经过承包方同意，不得透漏给第三方。

合同附件 8：《调试、试生产、交付生产方案与责任》，单体试车前，检查绝缘情况，绝缘值应符合设计要求，并做好记录。升降机构在设计的最大范围内试运转，检查所有软管、电缆长度是否满足要求，且相互之间有无缠绕、阻碍现象。动作灵活，停位可靠。冷却水系统严密，无漏点。氩气管道畅通。液压系统工作正常。

无负荷联动试车，通过 PLC 模拟操作，调试加料系统、输电系统、电极调整的功能及各种保护功能，并做好试车记录。

重负荷联动试车，在发包方组织下进行试车。先对钢水进行测温取样，根据数据进行精炼，精炼后再次测温取样，合格后运送到下一工序。

合同附件 9：《技术保证值及测试组织》，技术保证值及测试用于检查承包方供货的设备，确保设备的运行满足性能要求。

测试包括：单体试车、无负荷联动试车、重负荷联动试车。

测试将按项目分别进行，测试的时间双方协商；测试的具体安排将在测试前由承包方提出，包括测试的方法、测试的前提条件和测试结果检验；测试所需工器具等由发包方提供；每次测试时要签署验收证明。

因设备不符合技术规格要求或在保修期内因质量问题导致发包人损失的，由承包人承担直接设备损失。

保证指标及测试方法：

（1）单体试车和无负荷联动试车。

在承包方提供的设备安装完成后进行单体试车和无负荷联动试车。试车的目的在于对设备性能及其与合同的技术规格书是否一致进行检测和功能确认，并形成文件。对所有遗留的但并不妨碍装置投入运行的问题逐项列出，并尽快解决。在设备单体试车和无负荷联动试车后，发包与承包双方共同确认试车结果。

在工期计划内由于承包方原因造成试车未能按期进行，由承包方采取措施赶上进度计划要求。

试车未完全满足要求时，由双方共同协商后再次进行测试。

（2）重负荷联动试车。

重负荷联动试车由发包方负责组织，承包方协助，在双方确定的试车方案指导下完成。

重负荷联动试车的目的是在带负荷状态下证明设备的生产能力和检验设备的性能。在无负荷联动试车结束后，在工期计划规定的时间开始重负荷联动试车。如果发包方配套工程具备提前重负荷联动试车条件，发包方按照试车方案可以提前组织重负荷联动试车，若发包方配套工程在工期计划规定时间内不具备重负荷联动试车条件，重负荷联动试车时间

可以推迟，竣工时间相应顺延。

在重负荷联动试车开始前，发包方在做好各项准备工作后，需经发包方与承包方双方确认，以确保设备能正常运转。发包方人员在承包方人员的指导下操作设备。

性能测试：

性能测试通用条件，性能测试在重负荷联动试车结束之日起3个月内完成。由承包方向发包方提交详细的性能测试并确认的计划和方案，经发包方审核、批准后，由承包方协助，发包方负责组织性能测试，在双方确定的性能测试方案指导下完成。

如果设备性能保证值在正式性能测试开始前的单体试车、无负荷联动试车、重负荷联动试车或正常生产阶段已经达到，经双方确认，可以认为设备性能保证值测试已经合格，不必另行测试。双方应签署《设备技术性能测试合格证明文件》。

在测试期间，与测试相关的设备必须处于完好状态。

测试结果报告：

承包方每次测试均编制测试结果报告。报告由承包方提交发包方，双方共同签认。如果保证值没有达到，报告要说明原因，并拟定下次重复测试计划。

如果在性能测试期间由于非承包方原因引起未能达到保证的性能要求和由于承包方原因致使未能达到保证性能要求的，承包方应与发包方共同协商，在规定的时间内重新测试，重新测试在不晚于上一次测试完成之日起，两个月的时间内完成。

合同附件10：《进度计划及施工组织》，约定项目施工开始、投产日期和延期考核。包括：工程网络进度计划和计划执行。

承包人在进场施工前20天内，提供施工组织设计（或施工方案）和进度计划，将施工组织设计和工程进度计划提交发包人。发包人与承包人在一周内审核确认。

单位工程分期进行施工的，承包人应按照发包人要求的时间，按单位工程编制进度计划。

承包人必须按发包人确认的进度计划组织施工，接受发包人对进度的检查、监督。发包人按照双方签字确认的网络图进行检查，工程实际进度与经确认的进度计划不符时，承包人应按发包人的要求提出改进措施，经发包人确认后执行，延误的时间必须在下一个节点前追回，否则要承担相应的处罚。在下两个节点仍不能追回延误的时间，发包人可以认为承包人没有能力挽回时间损失，可以委托另外的施工单位协助承包人完成相应的施工任务，费用从承包人合同价款中扣除。因承包人的原因导致实际进度与进度计划不符，承包人无权就改进措施提出追加合同价款。

承包人在接到施工图的两周以内组织编制施工方案，并上报发包人和监理，发包人和监理在一周内审查批复，承包人必须按审批的方案组织实施，并承担由此引起的责任。

承包人应编制月度进度报告，一式3份提交给发包人和监理工程师。第一次报告所包含的期间，应从开工日期起至开工日期所在月的25日止。此后每月均应在该月的23~25日内提交当月月度进度报告及下月月度进度计划。报告应持续至承包人完成了所有扫尾工作为止。每一份报告应包括：

承包人文件、设计、设备采购或制造、货物运达现场、施工、安装、试验及试运行的每一阶段进展情况；

表明施工文件、采购订单、制造和施工等状况的图表、照片、录像等；

人力资源实际进场的报表及主要机具实际进场的报表；

安全统计，包括涉及环境和公共关系方面的任何危险事件与活动的详情；

质量统计，月度质量控制情况，出现的质量问题及采取的控制措施等；

实际进度与计划进度的对比，包括可能影响按照合同完工的任何因素的详情，以及为消除这些因素正在采取（或准备采取）的措施；下月月度进度计划，主要包括月度设计进度计划、施工进度计划、计划到场人力资源和主要机具情况等。

合同附件 11：《工程设计、设备制造、施工质量规范及验收标准》，约定设计、制造、施工及质量控制标准，有关设计、制造及质量控制标准，承包方将采用中国国家标准，国外标准，有关企业标准，行业标准及制造厂现行有效标准。压力容器、安全、消防、环保等有国家强制性标准的按国家标准执行，凡标准有新标准替代的均采用新标准。凡涉及到发包方有关标准文件规定的，承包人将按发包方有关标准文件执行。

合同附件 12：《附图》，介绍主建筑物和工序的图纸，不少于 20 张。

合同附件 13：《统一技术规定》，包括动力设备及管网、采暖、通风、空调、除尘要求、管道色彩（GSB05-1426-200 色卡号，漆膜颜色标准样卡）、厂房内部管道颜色等。

合同附件 14：《质量监督、安全及文明施工工程管理》，有如下约定：工程质量控制管理要求，承包人完全遵守《中华人民共和国建筑法》《中华人民共和国建设工程质量管理条例》《实施工程建设强制性标准监督规定》《工程质量监督工作导则》《建设工程监理规范》等相关法律法规和标准规范，遵守发包人关于建设工程的规章制度，完整充分地履行合同义务，服从发包人及发包人委托的监理工程师（以下简称监理工程师）的管理，保证工程质量达到国家标准、设计文件和合同约定的合格要求。

合同附件 15：《质量保修责任书》，发包人、承包人根据《中华人民共和国建筑法》《建筑工程质量管理条例》和《房屋建筑工程质量保修办法》，经协商一致，对项目签订工程质量保修书。屋面防水工程、有防水要求的卫生间、房间和外墙面的渗漏为 5 年；装修工程为 2 年；电气管线、给排水管道、设备安装工程为 2 年；供热及供冷为 2 个采暖期及供冷期；厂区道路、地面硬化等配套工程为 1 年。

合同附件 16：《廉洁协议》，为抵制工程建设过程中的商业贿赂行为，防止各种违法、违纪、违规行为的发生，根据有关廉政建设法律、法规和政策的规定，发包人、承包人就双方在廉政建设上的权利义务事宜，经友好协商，签订本协议，以资共同遵守。发包人、承包人及双方工作人员应当自觉遵守国家有关廉政建设的法律、法规、政策和发包人的各项规定。

合同附件 17：《专用设备企业所得税优惠目录》，约定所得税优惠目录，依据最新环境保护专用设备企业所得税优惠目录、节能节水专用设备企业所得税优惠目录、安全生产专用设备企业所得税优惠目录。

合同附件 18：《表样》，承包人应于每月初前 3 日提交付款申请报告（见本合同附件附表 1）一式八份，分别由监理人、发包人项目部、工程部等审批后，作为发包人财务部应付款依据。本报告承包人、监理人及发包人审批部门、财务部各留一份。同时做好项目

工程投资统计表。

合同附件19：《付款计划》，不垫资方式，承包人每月20日上报工程节点完成情况、实际完成工程量，经发包人审核确认后挂账；依据合同约定不垫资方式下付款进度，承包人应于付款当月的月初前3日提交付款申请报告（表样见合同附件18《表样》），经发包人审核确认后安排付款。承包人同时上报与分包人进行的中间结算资料，由发包人备案。

付款申请报告中应付款额，为合同价格当月计划支付金额扣除承包人承担的水电费用、合同通用条款14.7款约定的增减款项、经监理人或发包人确认的扣款、承包人违反本合同及发包人相关管理规定所受到的考核等款项后的金额。

100%垫资方式，建设期间由承包人100%垫付资金。工程接收后第三个月进入还款期，一次性付清建设期垫资利息。建设期利息计算至进入还款期开始日的上月末，还款期开始当月开票挂账，次月付款。建设期间垫付资金1.5年内按季度等额偿还本金，期间利息按约定利率单利计算利息。缺陷责任保修金在质保期内不计息。挂账当月至实际还款之日期间不计息。

合同附件20：《审计资料清单》，承包人应配合发包人做好工程报审所需相关资料的准备工作。工程报审所需相关资料清单：

（1）经批准的可行性研究报告、立项通知书、设计概算批准书、设计概算审查对照表、概算审查说明书及明细表等文件；

（2）规划许可证、施工许可证、项目开工审批表等批准建设文件；

（3）初步设计说明书、设计概算书及明细表等初步设计文件；

（4）工程预（决）算书；

（5）招投标书及能反映评标、议标、定标过程和标准的原始资料；

（6）工程施工合同、补充合同、协议及双方共同签认盖章的资料；

（7）工程竣工图或施工图（土建、安装）；

（8）施工组织设计方案及施工措施文件；

（9）设计、施工、监理单位资质证明资料（资质等级和法人营业执照复印件等）；

（10）隐蔽工程记录、吊装工程记录、大型机械台班记录等；

（11）工程设计变更及洽商签证资料；

（12）工程验收资料（监理公司、质量监督部门及发包人验收签认凭证等）；

（13）工程结算、决算财务资料（包括会计报表、账簿、凭证）；

（14）工程预付款、工程进度款支付情况资料；

（15）开、竣工日期证明材料及工程拖期情况说明；

（16）已投产工程实现效益及存在问题的说明；

（17）发包人、承包人承担施工用水用电情况；

（18）需要向审计部门说明的有关问题；

（19）其他与工程造价、工期、质量有关的资料。

1.7.2 三电专业部分通用品牌

机电专业品牌表见表1-4。

表 1-4 机电专业品牌表

序号	类别名称	指定品牌	公 司 名 称
1	高压交流电机	哈电	哈尔滨电机厂有限责任公司
		上电	上海电气集团上海电机厂有限公司
		东方	东方电机有限公司
		锡电	无锡宏泰电机股份有限公司
		兰电	兰州兰电电机有限公司
		湘电	湘潭电机股份有限公司
2	低压交流电机	江淮	六安江淮电机有限公司
		佳木斯	佳木斯电机股份有限公司
		赛力盟	重庆赛力盟电机有限责任公司
3	低压电器	国产：上海人民、正泰、天水 213、常熟	
		合资：施耐德、西门子、ABB	
		南瑞（线路）	南京南瑞继保电气有限公司
		深瑞（母差）	长园深瑞继保自动化有限公司
		四方	北京四方继保自动化股份有限公司
4	功率因数补偿器	新风光	新风光电子科技股份有限公司
		科锐博润	北京科锐博润电力电子有限公司
		泰开	山东泰开电力电子有限公司
		荣信	鞍山荣信电力电子股份有限公司
5	35kV 及以上断路器	思源电气	思源电气股份有限公司
	国产	泰开	山东泰开高压开关有限公司
		正泰	正泰电气股份有限公司
		森源	安徽森源电器有限公司
		宝光	陕西宝光真空电器股份有限公司
	10kV 断路器	ABB	
		施耐德	施耐德电气（中国）有限公司
		AEG	
6	110kV 变压器	西变	西电济南变压器股份有限公司
		天威保变	天威保变变压器有限公司
	10kV 变压器	鲁能泰山	山东鲁能泰山电力设备有限公司
		芜湖金牛	芜湖市金牛变压器制造有限公司
7	高压软启动	荣信电子	荣信电力电子股份有限公司
		大力浩然	北京大力浩然电工技术有限公司
		长沙奥托	长沙奥托自动化技术有限公司
8	减速机进口品牌	SEW	SEW-传动设备（天津）有限公司
	减速机国产品牌	NGC	南京高精传动设备制造集团有限公司
		川齿	重庆齿轮箱有限责任公司

续表 1-4

序号	类别名称	指定品牌	公 司 名 称
9	运输胶带	祥通	山东祥通橡塑集团有限公司
		双箭	浙江双箭橡胶股份有限公司
		宝通	无锡宝通带业股份有限公司
		橡六	青岛橡六运输带有限公司
10	铸造桥吊	大起	大连重工起重集团有限公司
		太重	太原重工股份有限公司
11	普通桥吊	豫起牌	新乡市中原起重机械总厂有限公司
		豫中牌	河南豫中起重集团有限公司
12	电葫芦	豫起牌	新乡市中原起重机械总厂有限公司
		矿山	河南矿山起重机有限公司
13	振动筛	威猛	河南威猛振动设备股份有限公司
		万泰	河南万泰机械有限公司
		太行	河南太行振动机械股份有限公司
		杰佛朗	上海杰佛朗机械设备有限公司
14	常温风机	陕鼓	陕西鼓风机（集团）有限公司
		沈鼓	沈阳鼓风机集团有限公司
		重通	重庆通用工业（集团）有限责任公司
		武鼓	武汉鼓风机有限公司
		章鼓	山东章丘鼓风机股份有限公司
		豪顿华	豪顿华工程有限公司
		上鼓	上海鼓风机厂有限公司
		金通灵	江苏金通灵风机股份有限公司
		三峰	湖北风机厂有限公司
15	液力耦合器	大液	大连液体机械有限公司
16	除尘脉冲阀	澳大利亚高原	沃尔士环控系统工程（深圳）有限公司
		ASCO	美国自动开关公司
		国产优质脉冲阀	无
17	布袋	际华	南京际华三五二一特种装备有限公司
		绿地	江苏绿地环保滤材有限公司
		安德鲁	安德鲁工业纺织品制造有限公司
		三维丝	厦门三维丝环保股份有限公司
		必达福	必达福环境技术（无锡）有限公司
18	水泵	强大	石家庄强大泵业集团有限公司泵系分公司
		大耐	大连大耐泵业有限公司
		博泵	山东博泵科技股份有限公司
		双轮	山东双轮集团股份有限公司
		三联泵业	安徽三联泵业股份有限公司

续表 1-4

序号	类别名称	指定品牌	公 司 名 称
19	气体在线分析仪	聚光	杭州聚光科技有限公司
20	接近开关、极限开关	图尔克	图尔克（天津）传感器有限公司
21	静态称重传感器	尤梯尔	北京尤梯尔与称重传感器有限公司
		诚航	余姚诚航仪器仪表有限公司
22	电子皮带秤、配料秤	西门子	北京亚捷隆测控技术有限公司
		德博利恩	徐州德博利恩称重技术有限公司
		申克	申克（天津）工业技术有限公司
		三埃	南京赛摩三埃工控设备有限公司
23	雷达物位计	金德	北京金德创业测控技术有限公司
	物位计	威格	天津天威有限公司
24	压力传感变送器	川仪	重庆川仪自动化股份有限公司
		E+H	上海恩德斯豪斯自动化设备有限公司
		EJA	重庆横河川仪有限公司
25	气体流量传感器（文丘里、孔板、威力吧）	川仪	重庆川仪自动化股份有限公司
		江阴	江阴市节流装置厂有限公司
	气体流量传感器（涡街）	ABB	北京九合经纬科技有限公司
		E+H	上海恩德斯豪斯自动化设备有限公司
26	热式气体流量计	ABB	北京九合经纬科技有限公司
		E+H	上海恩德斯豪斯自动化设备有限公司
	匀速管气体流量计	ABB	北京九合经纬科技有限公司
		川仪	重庆川仪自动化股份有限公司
27	电磁流量计	川仪	重庆川仪自动化股份有限公司
		迪元	浙江迪元仪表有限公司
28	显示器	三星、AOC、欧派、长城、LG	
29	工业计算机	研华、祥华、西门子、戴尔	
30	工业摄像机	海康威视、大华、松下、LG（RH\VD）专用、南京贤云、常州潞宝	
31	电动执行器（智能型）	重庆川仪	重庆川仪自动化股份有限公司
		南京科远	南京科远智慧科技集团
		山能	浙江山能仪表有限公司
32	UPS	重庆汇韬、艾默生、山特	
33	高、低压变频器	西门子、ABB、AB	
		新风光、汇川、英威腾	
34	调节阀、切断阀	无锡工装、费舍尔（顶吹系统）	
		无锡工装、川仪、无锡凯尔克	

② 企业资源计划管理（ERP）

2.1 钢铁集团ERP项目招标技术要求

钢铁集团生产流程包括：采选、烧结、球团、焦化、炼铁、炼钢、轧钢等主工序及配套的供配电、综合管网等公辅设施。物料链完备、主流程按照紧凑、连续的“一线型”布置，土地资源集约，物流高效，成本有集聚优势；公辅系统集中布局，运维高效，管理便利；依据国家钢铁行业超低排放标准，实现固废和污水零排放；采用国际、国内先进成熟的工艺设备，三级网络化智控组群，生产效率高、能源利用率高，各项消耗指标均达到国内先进水平。钢铁集团产品定位以满足300km半径基础设施建设、城镇化建设、机械、汽车、家电行业等需求为佳，以棒材、线材和中厚板为主。300万吨以上规模建成后可形成年工业产值超400亿元配套，同时拉动相关产业经济增长近1200亿元，提供直接间接就业岗位约15000人。

钢铁集团信息化建设目标是实现集团核心业务一体化运营和各项业务的精细化管理。从实际出发，坚持实用性原则，超前规划、统一标准、分布实施、稳步推进信息化建设。就目前国内企业状况来看，一些业务急需上线；同时一些硬件设备建设周期长，需提前做好准备；另外，钢厂信息化技术力量收入缺乏竞争力、人员少，缺乏大型信息化项目的经验。基于以上原因，公司决定分期实施，项目一期仅建设集团核心ERP系统、远程计量系统、立体仓库及财务共享平台，其他内容本次项目仅作规划不做实际系统的实施。

钢铁集团核心ERP项目，建立企业核心ERP系统：实施内容包括采购、销售、库存、生产、质量、财务（应收、应付、总账、成本、固定资产）等，并免费完成与远程计量系统、能源管理系统数据接口。

钢铁集团信息化特点是：涉及面广，系统结构复杂，将来会扩展到一业多地，必须遵循信息系统的国家标准及行业标准；采用开放的技术标准、提供规范程序接口；按照信息集成、功能集成和管理集成的思路进行整体设计；投标单位不仅能实现软件功能及顺利上线，更能提供管理咨询服务，找出企业问题实质，找到恰当的解决方案，制定好规则和考核节点，确保项目顺利落地。

投标单位应选用行业成熟产品。财务与进销存、计质量间数据实时共享；企业与银行、企业与客户间的收付款、对账等应用界面简洁易用，提高用户体验及服务水平；业务模块之间采用松耦合方式，且业务数据的变更后相关业务数据能同步更新；企业内部及外部的业务流程按规则自动执行，真正帮助企业解决业务难题、提升利润。

系统应采用B/S架构；采用基于WEB SERVICES的方案方便业务上线及集成；采用基于BPMN2的建模标准及通用数据源；支持IE、Google、Chrome、火狐、360等多种浏览器；可运行在vmware等虚拟化平台上；支持ORACLE等多种大型数据库及Windows、

Linux 多种操作系统；系统应采用物联技术和移动应用技术。

系统上线后，业务流程可灵活调整及优化，以便实现企业最佳运营流程；数据实时共享、业务透明，简化业务管理的内容；系统会对异常的业务设置预警机制，只有出现异常时，人工才会干预处理，处理的原则是基于数据和业务标准；企业运营更为透明化，企业多岗位协同和监督变得非常容易和便捷；财务管理人员可以随时查询业务发生的过程和来源，监管更加有效；员工的管理注意力转变为管好业务、承担责任和产线收益。

2.2 总体目标

2.2.1 数据架构

数据是企业的无形资产，更是信息化建设的核心元素，数据要想做到输入唯一、输出唯一、高效共享、灵活集成，必须进行整体合理的规划。

数据库的设计必须规范，满足第三范式（3NF），保障数据库高效率、健壮；主数据的有效管理，可建立主题数据进行统一管理，系统采用什么管理模式需详细说明。

建立数据仓库，为各类报表及数据分析提供支持，同时避免业务系统性能形成瓶颈。针对数据仓库建设周期、费用及必要性等做出建设性建议。

2.2.2 信息编码

建立一套基础信息（员工、物料、客户等）编码体系，确立主题数据库实体及其主键。它是数据规范化、标准化基础；也是系统能随元组、属性的调整可自行调整的基础；更是系统高效集成的基础。制定合理的标准、规范；对物品种类重新划分，提高其通用性，降低库存。

2.3 ERP 实现业务及要求

实现从采购到应付、销售到应收、生产到成本全业务流程的财务业务一体化管理及数据共享及协同，实现企业与客户和供应商之间信息大贯通，业务的移动化应用。

2.3.1 采购

系统能够满足两级物资采购管理的要求，实现采购管理的透明化、公开化、流程化；能够支持供应商管理、物料需求管理、采购计划管理、招投标、合同管理、质量管理、库存管理、付款管理、执行力监督、后评价管理为主线的物资采购管理；支持多层级采购组织的定义、采购框架协议的管理，支持统谈统签、统谈分签等采购模式；支持与其他系统集成（如计量、质检、财务、物流等）。

（1）基准管理。变更及登记品种的独有号（ID）、名称、详细信息及分类、系统属性等功能。

（2）供应商管理。能够按照采购产品、采购金额、采购数量和评价等级等多个维度对供应商进行统计和分析。

（3）采购计划。考虑原料/设备/材料及外包使用部门的使用量计划和现有库存，计算采购量的功能。

（4）采购申请管理。采购负责人查询原料/设备/材料及外包使用部门输入的采购要求信息的功能。

（5）发货管理。对于已签约的物品进行订货的采购订货登记功能。

（6）库存管理。登记采购订货物品的检查结果及进行验收的物品的入库功能；以使用部门的分发要求进行库存分发功能；库存实物调查结果登记功能。

（7）结账管理。确认设备采购进度的项目管理信息查询功能；把和收入有关的附加费用（保险费、运输费等）反映到采购成本计算的功能；在委托库存中对于使用的物品的费用进行结算的功能。

（8）绩效管理。每月采购结算功能；各供应商的采购绩效分析功能。

（9）进口管理。登记从海外供应商接收的物品装船信息及为附加文档中装船信息登记的功能。

2.3.2 销售

以销售合同管理、需求计划管理、销售财务结算管理、价格管理、销售信息、客户管理、运输管理为重点，实现运销一体化、财务一体化。

（1）系统要能够支持集团化灵活的销售模式，既要能支持集团化、跨单位、跨部门的销售业务链，也要能支持单组织企业的销售模式，并能随销售模式的变化而进行灵活、便捷地调整。实施商应结合系统功能，为六安钢铁集团梳理、塑造合理的销售业务流程，并全面与其他系统模块集成。

（2）系统应提供以销售订单管理、销售合同管理、价格管理、销售核算管理、客户及其信用额度管理、发运管理、交货期管理等为重点的功能模块。能够按照客户的要求配置产品，建立订单跟踪体系，使企业掌握和了解订单的各种状态；做到跟踪客户订单，对客户订单信息、付款情况、发运信息进行过程管理，对客户订单的执行状况进行跟踪；能够提供灵活的、适合企业需要的定价策略。

（3）系统应与其他模块共享实时信息，信息共享方式不需要人为干预。

（4）系统应能支持国内外各种贸易形式，至少要支持 FOB、CIF 等贸易术语，运输方式上必须要支持汽运、铁运和船运三种模式。要能区分国内贸易和国外贸易的不同处理流程，区分不同贸易术语的风险界定、责任转移、结算方式及相关单据，要能区分不同运输形式的运输组织和成本费用。

（5）基础信息要完整、准确，数据共享要全面，各种单据和信息传递要能实现在一个单位内部各部门传递，也要能够实现在不同单位的不同部门传递。

（6）系统应该具有良好的流程配置及管理功能，企业能够根据自己的实际情况自定义业务流程，同时在管理意图变革时实时调整流程。

（7）系统要有强大的统计分析功能。统计分析的维度要能灵活调整，调整方式要简便直观。数据统计分析结果要能实时共享并根据用户角色显示内容。统计分析的数据来源应全部自动生成。

（8）系统所有非单据类的展现界面的数据均应提供友好的导出和打印功能，导出文件格式包括电子表格、PDF 等格式。

2.3.3 库存

利用信息化的手段处理物资的仓储过程，提高信息处理的速度和效率；同时围绕生产主线的需求，提供快速的物资配送、供应；并且物资合理回收、加工再利用。具体包括：

（1）库存管理范围包括原料、材料、设备备件、产品等库存。

（2）支持多位置及多类型仓库分别管理。

（3）替代仓库的手工记账作业，实现无纸化作业，减少或避免差错，企业物流管理更实时、准确、高效。

（4）实现资源数据共享，提供采购、生产、销售等决策依据。

（5）采取多种库存量控制策略，可使库存达到或接近理想的水平，降低成本及库存风险。

（6）支持集中采购、集中销售、统一调拨管理，可以随时查看各类库存。

2.3.4 生产

ERP 生产管理系统要求能够记录和跟踪生产计划和任务的完成情况和生产计划的变更情况，以便及时掌握生产计划的执行状态，保证生产能够持续有效进行。能够管理物料清单 BOM、工艺路线等，生产计划来源于销售订单，要能够实现不同客户合单功能。具有完善的生产报表功能和质量管理及相关功能。未来系统能够和钢铁生产专业管理系统通过接口进行集成，从而实现生产管理相关数据的同步和共享。

2.3.4.1 销产转换

根据销售预测和订单，进行生产作业进度的安排。

（1）实现将外部客户的需求（如：钢种、规格等）转化为内部生产制造的需求。

（2）实现基于属性（如规格、钢种、质量要求等）自动匹配物料清单。

（3）实现基于属性（如规格、钢种、质量要求等）自动匹配生产工艺流程和检验标准/质量标准。

进行计划成本的计算。

（1）实现将同一销售订单转化为多个生产需求。

（2）实现多个销售订单的组批合并。

（3）实现按销售订单的要求（包括客户优先级、交货期等），匹配成品库和半成品库的可用库存。

（4）实现对物料可用性和产能可用性检查。

（5）实现不同工序对于不同销售订单的生产需求进行合并（根据计划规则）。

2.3.4.2 短期生产计划

在销售订单转化为月/周生产计划时，系统要实现计算生产计划在各工序的最早生产时间和最晚生产时间。

（1）实现短期生产计划的制定（基于约束条件、排产规则等）。

（2）实现识别瓶颈工序能力。

（3）实现按订单生产和按库存生产的方式。

在制定生产计划时，系统要考虑生产的经济批量、收得率、投入损耗和安全库存等因素。

实现对产品和半成品的库存查询（必须包括基于属性的查询），显示库存可用量。

根据短期生产计划（匹配库存后）和当前计划执行情况、设备状况、能源动力介质状况、交货期及优化排产规则制定各工序作业计划。

对于车间生产条件（包括原辅材料、设备状况、能动介质等）发生变化时，系统实现计划的实时调整。

2.3.4.3　产品制造

（1）实现物料投料、移动和入库时可同时使用多个独立计量单位，如：件数、吨重；要按需求实现生产成本与成本会计折算，以及产生实际成本，实现按日/旬、订单成本核对。

（2）实现对生产过程中产生副产品的数量、成本等管理。

（3）实现生产过程中的产品、半成品与其相关质量信息的关联。

（4）实现对销售订单进度跟踪，以提供给客户及时、准确的销售订单执行状况。

（5）实现物料投入和产出的计划和实际的差异分析。

（6）实现计划完成率和品种兑现率的计算和差异分析。

（7）实现设备作业率、完好率分析。

（8）实现车间生产制造过程中，产品返工业务处理。

2.3.4.4　半成品、在产品库存管理

（1）实现半成品、在产品按属性、批入库，按卷、件进行生产和质量信息管理。

（2）实现副产品入库管理。

（3）实现半成品、在产品不同状态的管理（如：可用、待检、封锁等）。

（4）实现半成品、在产品按属性、批、卷、件出库。

（5）实现半成品、在产品耗用自动归集到产成品的成本中。

（6）实现半成品、在产品按属性、批、卷、件进行在线盘库、循环盘库、周期盘库。

（7）实现半成品、在产品按属性、批、卷、块进行降级、报废处理。

（8）实现半成品、在产品按编码和属性进行收、发、存的查询、库龄分析、滞留分析、报废分析、库存周转率分析、资金占用、成本分析等库存指标分析。

2.3.4.5　生产物流跟踪

实现对销售订单、生产计划、作业计划执行状态进行实时跟踪（按卷、块、件）和分析。

（1）实现按批次、卷、件的物流信息（包括生产、质量）的实时跟踪。

（2）实现生产实绩统计分析、成本分析、质量分析。

（3）实现对生产物料按属性、批、卷、块、件进行分析（包括质量信息）。

依据销售生产计划，制定能源动力需求计划。

（1）实现生产作业计划、能源动力需求的供需平衡。

（2）实现从能源动力采购请求转化为采购订单。

（3）实现能源动力采购订单的审批。

2.3.4.6 成本管理

（1）能够对生产任务（生产订单）中产量计划信息以及各种生产资源（人工、材料、燃料动力等）需求计划信息进行调整。

（2）能够对生产任务（生产订单）中产量完成情况以及各种生产资源（人工、材料、燃料动力等）的实际耗用信息进行确认。

（3）能够提供相应的标准报表，统计生产任务的完工产量信息以及生产资源（人工、材料、燃料动力等）实际消耗成本信息。

（4）能够和ERP财务管理紧密集成，实现将生产订单上所归集的生产资源（人工、材料、燃料动力等）实际消耗成本自动结转。

2.3.5 质量管理

质量管理包括质量标准管理、质量设计管理、质量检验、质量判定、优质优价、质量跟踪、质证书管理、质量统计分析等功能。

接口管理包含化验、质检的数据采集及录入，不具备通信功能设备的改造，提供通信变量清单及报文。

（1）支持质检基础信息设置：检验类型、检验项目、检验方式、检验状态、检验标准、设置检验标准及方式、处理方式、不合格类型等。

（2）支持冶金规范的管理：对所有产品的工序工艺控制参数、检化验取样要求、产品理化性能放行标准等作业指令进行管理；对用户的特殊要求或者生产中的注意事项，转化成各个工序的控制参数或者是中文描述。

（3）支持质量设计：将用户的订货要求转换成生产工艺控制的具体内容，包括产品极限规格、尺寸公差、各工序工艺控制参数、在线取样要求、成品放行标准等。

（4）支持质量检验单信息维护：对原材料、半产品、产成品支持生成质量检验单，并可以对其进行维护，包括手工输入报检信息、输入检验结果和检验说明、记录检验信息。

（5）支持对询价单位和生产制造商的核对、确认功能。

（6）支持质检单据查询：按明细流水表形式查询质量检验单的明细情况，包括初检和复检的情况。

（7）支持质检证书打印：质保书的格式和打印内容可以根据用户的需求灵活定义，当成品出货时，系统可以根据出货批次自动找到相应批次的检验结果，并按照预定的格式打印在质保书上。

（8）提供质量分析功能：对质量检验情况进行分析，可以分存货、检验项目分析、实际检验信息与检验标准值的差异，也可以对不合格品情况进行查询、汇总和分析，包括检验项目分析、不合格品明细、不合格品汇总、不合格品分析情况。

（9）提供质量追溯功能：同生产现场系统对接，可以通过产品的批次号进行追溯查

询，找出质量问题原因。

2.3.6 财务

建立财务一级核算平台，同时与财务部门共同制定相关的会计核算管理办法、成本核算管理办法；实现六安钢铁集团各分公司实际成本随工艺流程一体化运行；与财务部门共同对未来财务管理报表的格式和种类进行设计，并在系统中建立相应的报表模板；能够满足未来与其他系统（例如：资金系统、预算系统）实现无缝集成。

2.3.6.1 财务会计

A 会计核算体系设置

根据招标方一级核算的要求，灵活设置财务账套。既满足多法人管理要求，又要兼顾非法人公司属地纳税的需要，建立相应的一级核算账套体系。

各子公司与部分分公司能够拥有自己独立的凭证、账簿、报表体系，可以产生独立的资产负债表、损益表、现金流量表、税务与审计报表等对内、对外报表。

（1）能够灵活设置账簿。

（2）能够采用以人民币为记账本位币的多币种记账体系。

1）进出口业务，系统采用外币记账，同时，系统自动折算成人民币。

2）系统应当实现多种汇率换算方式，包括：期初汇率、当日汇率等。

3）系统同时支持财政年度和日历年度一致和不一致的两种情况。

（3）能够根据需求设定凭证格式，实现多种格式的设置与打印。

（4）能够按招标方财务管理的要求完成月底内部结算及外部结算。

（5）能够按招标方财务管理的要求完成年底结算。

B 总账（包括会计核算体系）

能够建立整套会计科目表，并实现科目安全性的管理，可根据责任中心设置科目权限。

会计科目结构可以实现以下方面内容的核算：对专业的核算（收入成本情况、资产负债情况）、对部门的核算（各部门的费用支出情况）、对往来交易的核算（各关联单位的交易额和余额）、对项目的核算（各项目的成本）等。

（1）能够指定科目种类，如收入，费用，资产，负债等。

（2）能够增加其他参数，如借/贷方科目，现金或非现金科目等备查信息。

会计科目表可以依据业务发展的需求而灵活地增加、减少，并保留修改痕迹。

（1）增加或修改科目时，可以设定启用和停用日期。

（2）能够与各模块实时无缝集成。

（3）可以在线查看、复核财务凭证。

（4）可以按照多种角度查询科目余额与明细账。

C 应收账款

应收账款是指企业在销售商品时未收到的客户支付的货款。

（1）能够建立完整的客户财务信息，包括客户编号、名称、类别、联系人、多个地址、账簿号等。

（2）能够对每个客户设置信用额度，提供预警机制。

（3）能够实现客户合并，对同一客户的应收、应付可以自动抵消。

（4）能够自动生成增值税发票并打印。

（5）能够处理不同收款方式，如汇票、电汇、信用证等，支持对应收票据的管理。

（6）提供按客户查询应收款状况的功能，对存在超期未付款的客户应警示相关业务员。同时能够对该客户进行记录，当需要对该客户收款时，系统应能够给予警示。

（7）能够按客户查询并分析账龄，计算利息、提供预警，自动生成催款单。

（8）实现管理报表的生成，如新增欠款分析，要求按单位分类汇总，账龄精确到月份，对是否满足信用条件做出判断；预警系统支持对坏账的管理。

D　应付账款

应付账款是指企业购买材料、商品和接受劳务供应等活动应支付的款项。

（1）能够建立完整的供应商财务信息。

（2）实现货物与发票未同时到达情况的财务处理。

（3）同一供应商因发生不同的业务，会在不同的科目中出现，包括预付账款、应付账款、其他应收款、其他应付款等，为方便与供应商对账，提供该供应商汇总各科目的账户余额。

（4）能够根据付款条件订立付款计划，自动生成付款凭证。

（5）系统能记录预付款，并在发票录入时提示该采购订单已有预付款。

（6）能够进行多币种，多形式的付款，能对应付票据进行管理。

（7）能够设置多种审批路径，在线进行付款审批。

（8）系统能够处理员工报销，定期出具员工未清借款清单及员工未清借款催款单。员工费用的核算要跟踪到部门或工程项目等。

（9）能进行应付款账龄分析。

（10）在线查询发票金额、日期及对应的采购订单、付款金额、付款日期等。

E　固定资产

固定资产模块能够根据需要对每一项资产设置相应的折旧方法，支持多种折旧方法，支持折旧凭证的自动生成。某项资产需要变更折旧方法时，应允许用户在特定的权限下修改折旧方法，而且这种修改应该留有痕迹，以便日后查证。

（1）实现详细的固定资产相关财务信息管理。

（2）满足固定资产租赁、转移、折旧、维护、处置、报废、投保等全生命周期的业务处理需要。

（3）能够自动处理资产盘盈盘亏与资产评估。

（4）实现无形资产的管理。

（5）能够生成各种资产管理报表。

2.3.6.2　管理会计

A　成本控制架构

（1）建立一套集采购成本、生产成本、销售成本为一体，适合钢铁行业的成本及财

务核算管理体系。

（2）能够实现成本统计核算，从财务的视角对生产经营活动进行实时全过程的监控。

（3）能够详细定义成本中心与利润中心。

（4）能够根据财务组织的变动灵活修改成本控制架构。

（5）能够定义每道生产工序、项目等的成本要素。

B 成本核算办法

（1）能够根据不同的业务类型、费用类型与成本控制需要，制定不同的成本管理流程。

（2）能够根据公司、费用类型、部门、人员、产品、规格系列、工序、作业、订单等内容进行成本核算方式的定义。

（3）能够按实际成本核算，标准成本管理。从原材料的采购到产品销售全过程采用标准成本核算，即时生成实际成本与标准成本的差异，差异随物流一体化结转，即时实现差异的成本还原，计算出各类产品、存货等成本核算对象的实际成本。

（4）成本核算体系中同时可设定内部结算价、责任价等结转形式，来满足各责任中心不同的管理需求。

（5）可根据需求实现作业成本核算。

（6）能够详细划分作业工序，详细定义生产成本分摊法则。

（7）能够灵活定义资源、费用等的分摊法则。

（8）能够跨公司账套定义成本分摊法则。

C 成本核算

（1）能够跨账套分摊费用、成本。

（2）可实现成本即时查询，实现“日成本”核算。

（3）能够实现各种预定义的成本分摊。

（4）能够实现多种口径的成本分摊（按活动、产品、地区、工序、项目等）。

（5）与采购、销售、应收、应付、库存、生产等模块无缝集成。

D 成本报告

（1）能够按照集团、公司、责任中心、作业、客户、订单、产品品种、产品规格等定义多角度的成本报表模板。

（2）能够按照模板自动生成成本报表。

（3）能够临时定义成本报表模板并生成。

（4）能够生成对比性报表。

E 成本分析

（1）能够按照工序、品种、采购合同、订单等详细分析生产成本。

（2）能够按照产品品种、规格、地区、责任中心、项目等进行赢利性分析。

（3）能够按工单、差异类别和产品类别等分析生产各阶段的实际成本与标准成本差异及差异率。

（4）能够多角度、多层次分析收入与费用。

2.3.6.3 合并报表

合并报表系统应能满足组织机构随时发生变化的需要。

支持集团、各单位多层级的报表合并。

支持集团内下属企业的财务数据来自不同的财务系统的合并，可以执行具备不同账户结构、不同币种、不同会计期、不同余额类型的实体间的合并。

用户自定义的合并业务规则：关联交易/内部往来、投资抵销，少数股东权益规则，自动产生抵消凭证。

合并财务数据可做多维分析。

合并过程应考虑审计调整的影响，可实现未审数与审计数的方便转换。

集团组织架构发生变化时，合并报表体系能够灵活、方便地作相应调整。

满足月度、季度、中期、年度会计报表的财务管理需求。满足上市公司报表披露的有关要求。

要求按照中国的会计报表准则预设合并资产负债表、合并利润表、合并现金流量表等报表项目及标准报表格式，并可修改格式或数据。

要求允许自定义所需的报表，并在授权范围内可对已有的报表格式和数据进行修改。

2.4 硬件部分

ERP 项目软硬件基础配置表见表 2-1。

表 2-1 ERP 项目软硬件基础配置表

序号	材料名称	规格型号及技术参数	单位	数量
1	服务器	双电源，16G×16 内存，双至强 6128CPU，两个 SFP+ 10G 以太网口、两个 16G FC 口	台	4
2	存储	双主控；双电源；2T×8 SLC SSD；32G×16 FC 模块	套	1
3	杀毒软件	500 用户网络版，三年可升级	套	1
4	上网行为管理	吞吐量 200Mbps 以上	台	1
5	电脑	I7CPU、16G 内存、256G SSD、23 英寸（1 英寸 = 2.54cm）显示器	台	10
6	笔记本	i7、16G、256G SSD、14 英寸	台	3
7	交换机	两个 combo 千兆口，24 个百兆电口，全速转发	台	10

2.5 软件与文档要求

本项目为总包工程，项目所用到的操作系统、中间件、数据库等所有软件都由乙方提供，并负责版本更新及维护；由于版权原因同其他厂商产生的纠纷乙方负责。

所提供软件具有永久使用权，系统不得设置限制甲方使用的任何权限、密码及时间限制。用户数及并发用户数满足甲方需求。要求如下。

提供详细的模块及功能报价清单。

必须完成项目范围的内容及功能，项目上线后根据现场业务及管控实际进行优化、完善。

系统具有容错机制，确保全年可靠运行。

杜绝转包、借用资质、挂靠低价竞标等恶意竞标行为，确保实施质量。

提供所选软件的测试报告，包括详尽的设计规划、实施方案、项目周期等。

提供投标方的人员配置及组织架构，项目实施中的人员的培训计划。

项目范围已明确，项目风险及预算乙方需合理评估，合同签订后甲方不再追加任何费用。

提供项目招标方案的电子文档。细化整个项目内容，确保项目上线后，流程可落地执行。

系统上线前对关键用户及维护人员进行全面培训。

2.6 资质与服务

厂商实力，成立 10 年以上，注册资金 5000 万元以上，办公面积 5000m^2 以上，工程技术人员 500 人以上。

行业经验，投标单位必须有 5 家以上钢铁行业信息化项目成功案例，提供合同证明。

认证资质，企业通过 CMM/CMMI5 认证；信息系统集成一级资质。

人员要求，项目驻场人员至少 15 人，资深顾问不少于 3 人。

本项目的服务团队人员必须有 2 个以上项目成功实施经验，项目经理需具备 1 个以上钢铁行业同类及以上成功案例，需提供所有人员劳动合同及相关证明资料。

2.7 ERP 功能描述

2.7.1 Oracle 产品功能

Oracle 公司的产品管理系统是率先全面利用互联网和基于 Web 应用优势的产品。Oracle 发起的面向网络计算的革命已对业界造成了巨大影响。它使用户在减少成本投入方面得到了巨大进步。

Oracle 关系数据库是目前市场上最适合集团 ERP 管理的数据库产品，其先进技术为 Oracle 应用产品充分利用。正因为 Oracle 应用系统是基于 Oracle 关系数据库的应用产品，市场上许多第三方工具也可以存取、利用 Oracle 应用系统的数据。更为重要的是，整个 Oracle 应用系统与其所依托的关系数据库技术来自同一供应商——Oracle 公司。

Oracle 系统本身提供的报表，单据是标准统一的。但具体到各企业业务实践中涉及的单证，有的需要利用 Oracle 报表工具开发完成。

图 2-1 为基于装配型离散制造供应链总体信息系统框架。

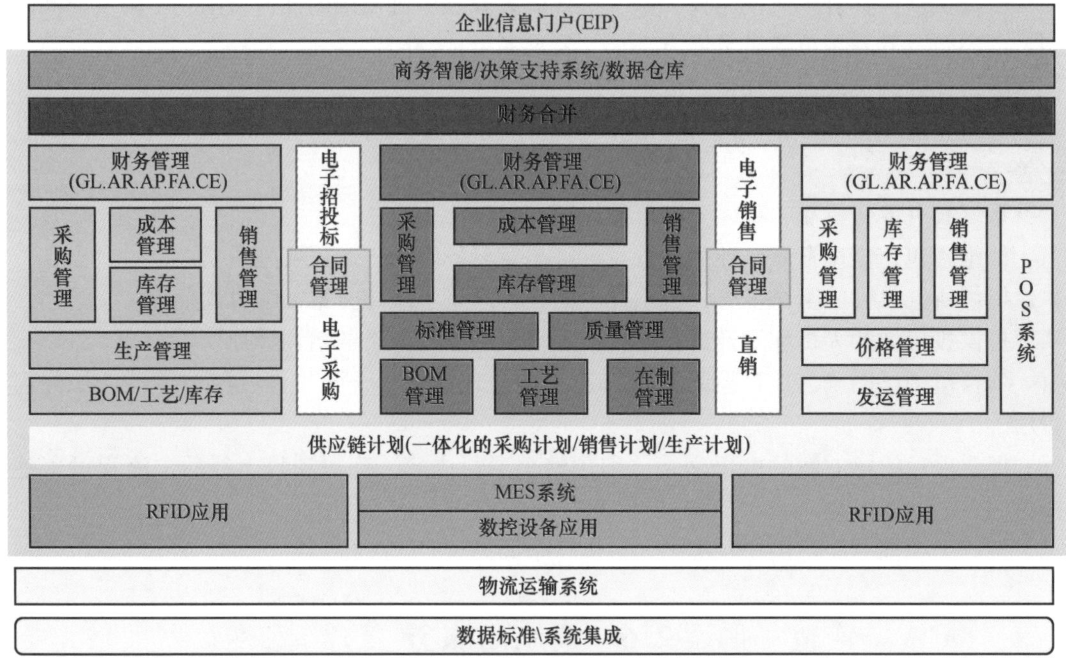

图 2-1 基于装配型离散制造供应链总体信息系统框架

2.7.2 Oracle 产品优势

钢铁行业作为高投入、高产出，资产密集性行业，生产流程较长，如图 2-2 所示，原料价格和产品价格受市场影响较大，按订单生产和按库存生产并存，逐渐向订单方式过

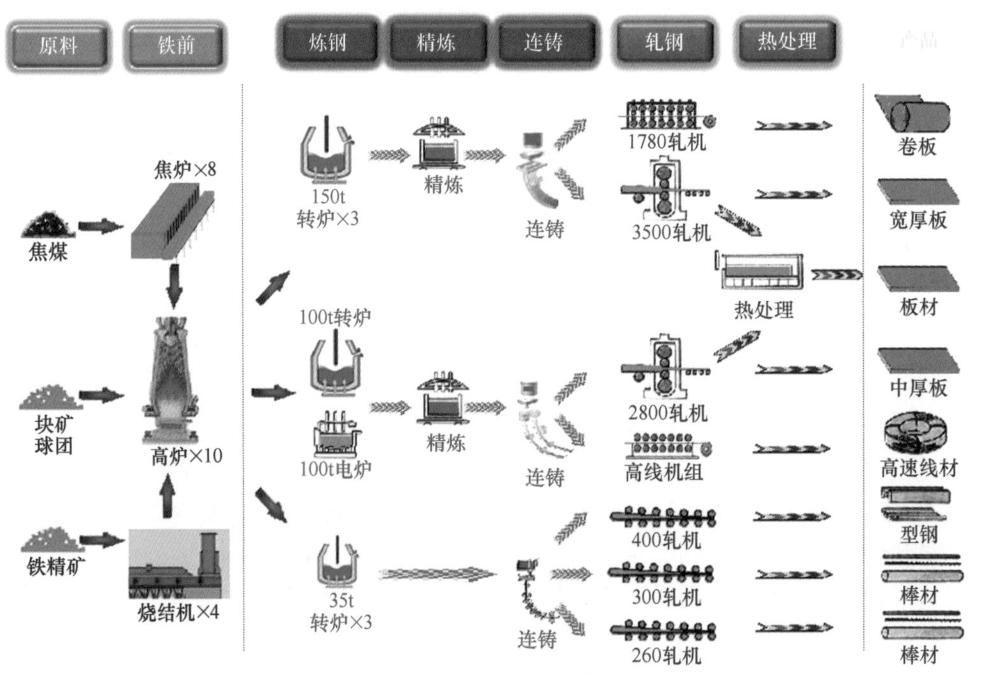

图 2-2 钢铁生产流程图

渡，生产现场设备自动化水平较高，生产计划的交叉排产较为普遍，从原料采购、生产控制、产成品交付等多个环节，对质量设计、检测和控制等要求比较严格。作为 Oracle 产品，是充分满足钢铁这一复杂属性要求变化的。钢铁集团信息化总体架构、钢铁行业的产业属性如图 2-3、图 2-4 所示。

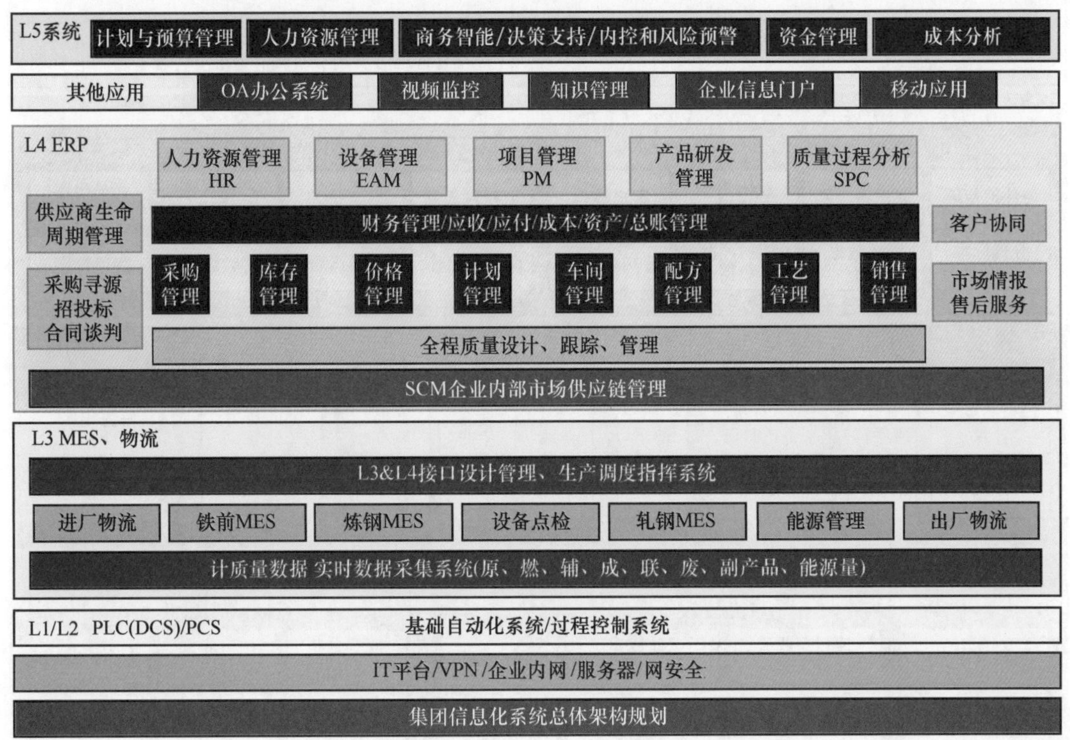

图 2-3 钢铁集团信息化总体架构图

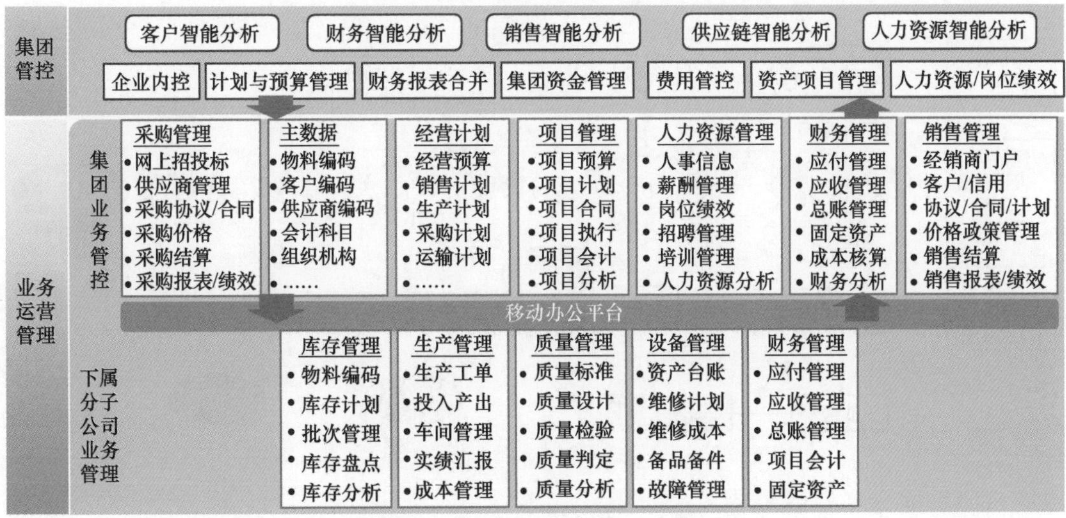

图 2-4 钢铁行业的产业属性图

以钢铁企业成本管理为例，从采购环节到生产工序过程至产品外销，每个环节都涵盖了完全成本轨迹的内容，因此要想使成本核算准确可靠，必须关注每一环节的每一个过程和细节，通常成本轨迹的数据除财务费用外，都完全通过系统对业务过程数据自动获取。图 2-5 为钢铁成本信息化蓝图，图 2-6 为钢铁企业成本业务流程。

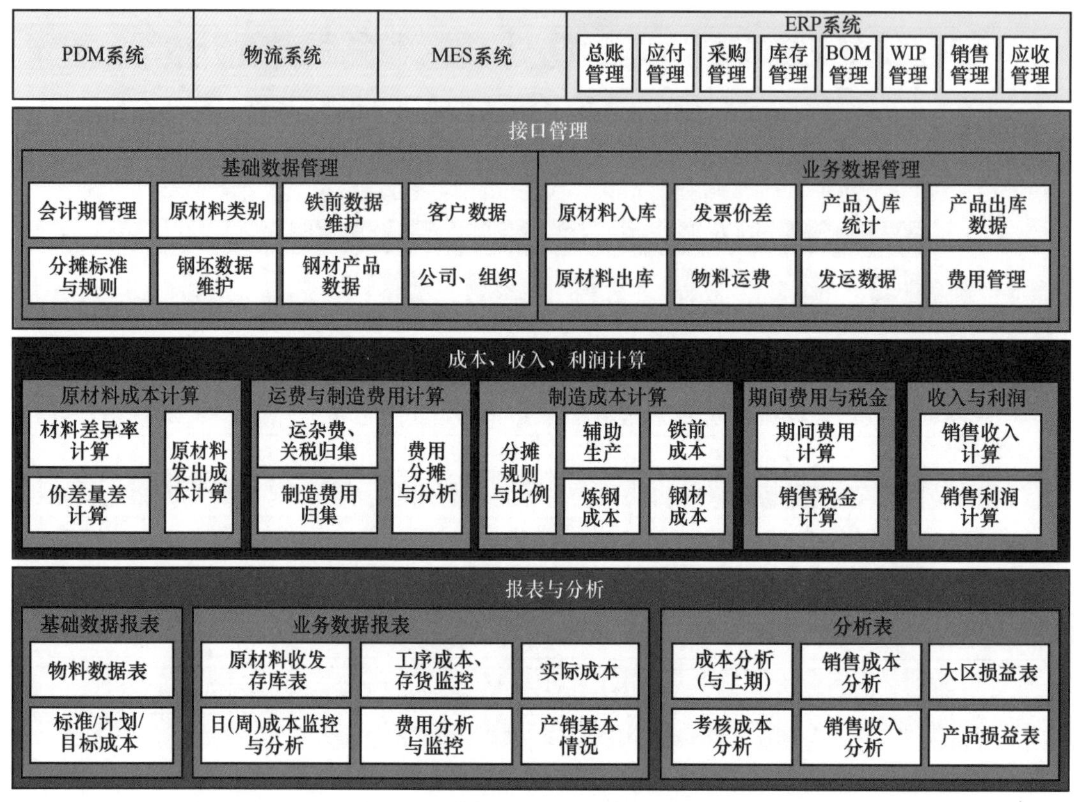

图 2-5　钢铁成本信息化蓝图

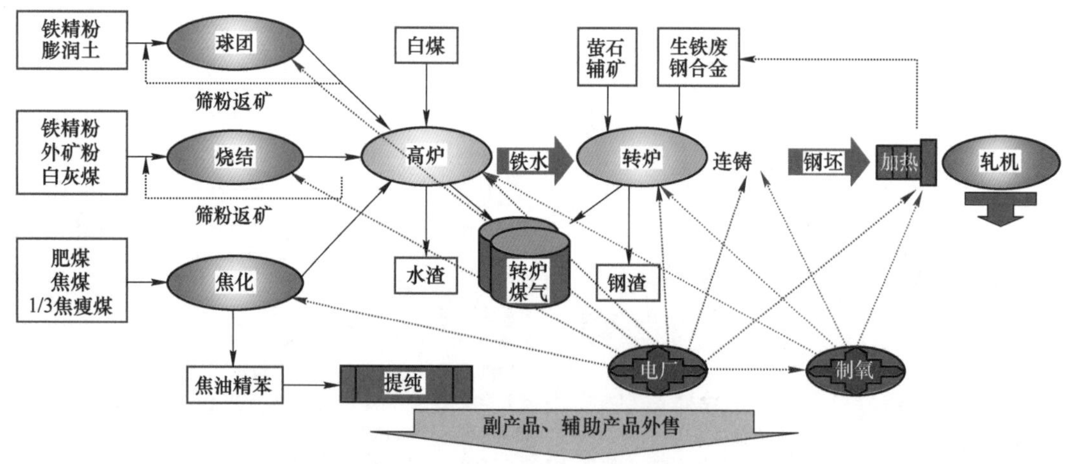

图 2-6　钢铁企业成本业务流程

2.7.3 Oracle 业务界面展示

供应商管理历来是采购过程中重要环节之一，其重要性随着时间的推移，与日俱增。钢铁行业更需要稳定的供货资源和质量保证。合格供应商的选择、评审会影响采购供应的方方面面，进而影响销售以及企业的信誉。

根据钢铁企业流程，未来的供应商管理流程包括供应商信息的创建、合格供应商入选与合格供应商评审流程。优化、通畅的流程辅以全面、科学的评审指标（保供能力、行业生产许可证，质量保证体系、财务信息、规模、运输能力、商业信誉、地理位置、售后服务体系、技术支持能力等），客观、公正的评审部门是真正形成优选供应商资源的必要条件。图 2-7 所示为采购核心业务流程图。

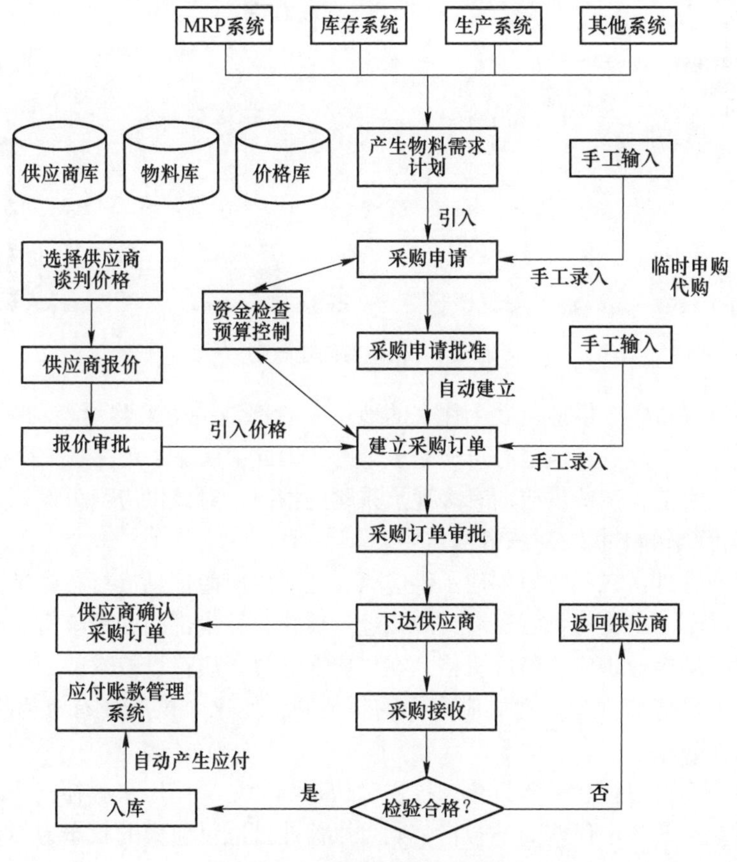

图 2-7 采购核心业务流程图

创建供应商：如图 2-8 所示，将企业目前所有的供应商都在系统创建记录，形成供应商信息档案库，对供应商信息进行集中管理，由专门的岗位对供应商信息进行维护，既保证了供应商信息的准确一致性，又避免了供应商的流失。

基本信息：供应商信息主要包括供应商名称、编号、地址、联系方式、联系人、付款方式、银行账户等基本信息。

供应商分类：Oracle 系统中可以对供应商进行分类管理，分类可以按照供应商的性质等来划分。一般来说企业将供应商分为原材料、外协、设备备件、劳保、办公用品等几类。

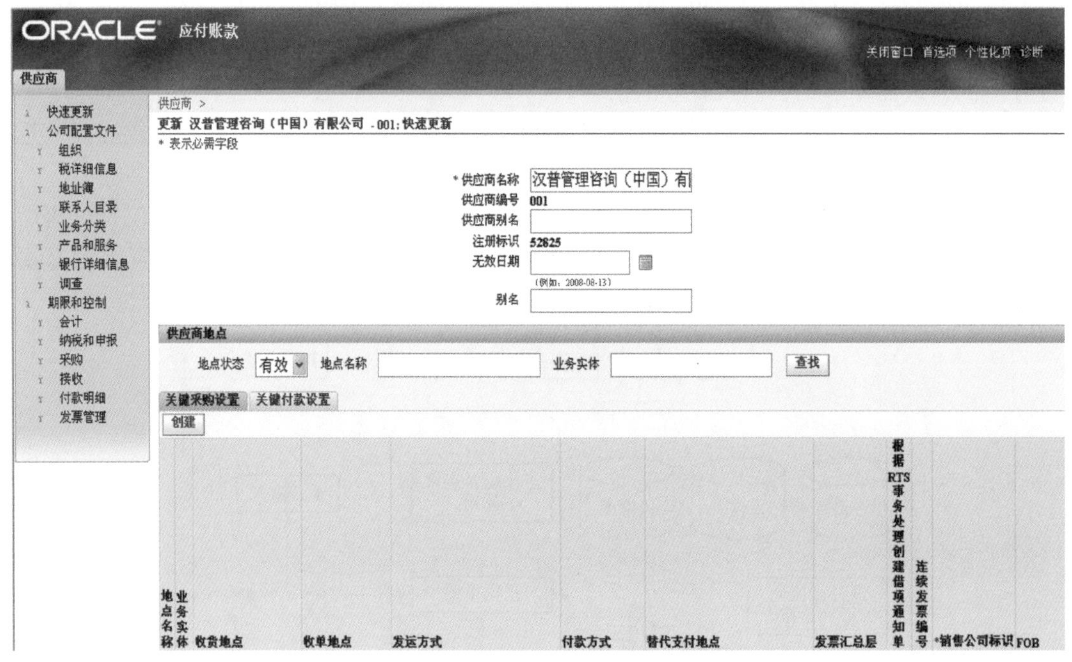

图 2-8　供应商创建画面

供应商地点：每一个供应商发生往来的地点一般都是一个采购地点和一个结算地点，而且基本都是同一个地点，但也有可能是多个的，因此，Oracle 允许对一个供应商建立多个供应商地点。目前，某些供应商有多地点采购的情况，对该供应商可设置多地点进行管理，以满足询价/采购/付款/对账等的需要。

合格供应商管理：在系统里创建了供应商，能对供应商信息进行集中统一管理。但是这时的供应商并不一定具有供货资格，应该经过质量、技术部门的审核后才能成为合格的供应商，才具有给企业供应物料的资格。在供应商通过了质量、技术部门的审核后，在系统中创建批准的供应商列表，把供应商同物料关联，使这个供应商有资格供应关联的物料，如图 2-9 所示。

合格的供应商可以创建采购订单、接受确认采购计划、使用来源补充规则等。但是如果在后面的供应商考核中供应商不合格，则可以修改批准供应商的状态为不合格，使其不再具有供货资格，如图 2-10 所示。

Oracle 系统通过相关单据和采购接收事务处理，记录了每次供应商送货质量、送货数量、送货时间的差异情况，系统中可提供如下报告：

（1）供应商质量表现分析报告：该报表统计供应商送货中接收、拒绝和退回的百分比。

（2）采购接收差异报告：记录每次送货的数量差异和时间差异，可用于考核该供应商的送货及时性和到货数量的准确性。

（3）供应商价格分析报表：该报表统计供应商每次送货的价格差异情况，满足分析采购价格的需要。

批准的供应商列表
类型
商品
物料
说明
物料
电池硅片
电池硅片1
供应商
关键属性
记录详细资料
备注
业务
供应商
地点
业务实体
禁用
状态
备注
直接
汉普管理咨询（中国
批准
直接
中国石油
批准
属性(B)

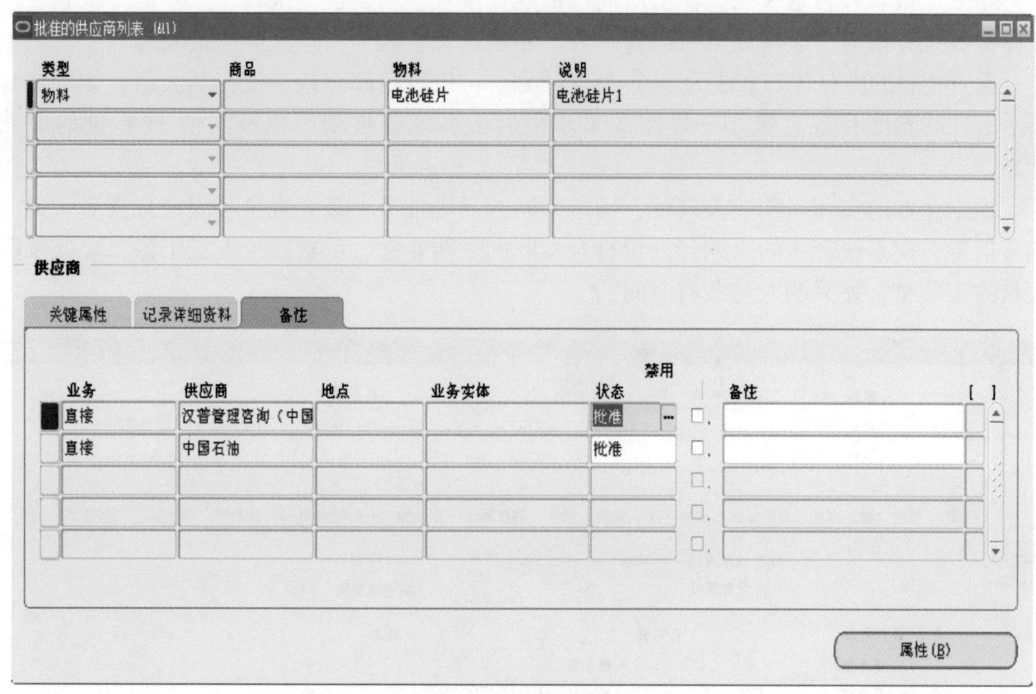

图 2-9　合格供应商管理界面

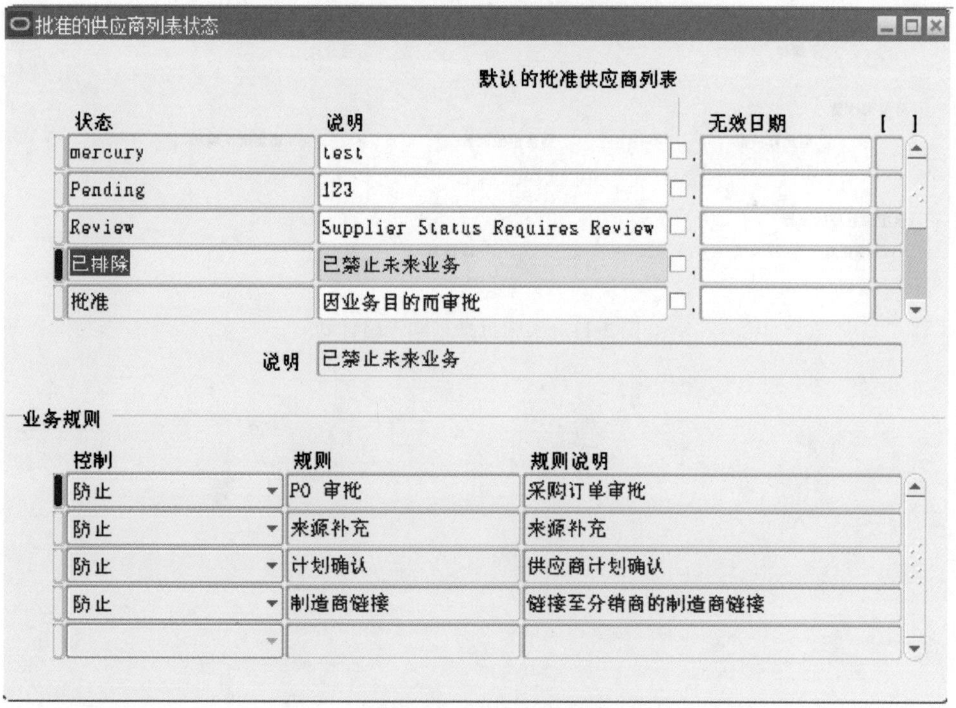

批准的供应商列表状态
默认的批准供应商列表
状态
说明
无效日期
mercury
test
Pending
123
Review
Supplier Status Requires Review
已排除
已禁止未来业务
批准
因业务目的而审批
说明
已禁止未来业务
业务规则
控制
规则
规则说明
防止
PO 审批
采购订单审批
防止
来源补充
来源补充
防止
计划确认
供应商计划确认
防止
制造商链接
链接至分销商的制造商链接

图 2-10　默认的批准的供应商列表

除上述报表外，系统还提供供应商过期发货报表、发票价差报表、接收例外报表、供应商接收统计报表、逾期发运供应商报表、超额送货报表、暂挂供应商报表等。

设置物料的库存计划方法为最小-最大计划。可以设定库存最小值、最大值，如图 2-11 所示。在物料库存现有量小于设定的最小值时，系统会自动产生最大值-现有量的采购计划。

根据企业的实际采购业务现状，确定采购的最小批量、最大批量、固定订货量、提前期等信息，使系统产生的采购计划更符合实际的采购业务，尽量减少人工干预，降低采购人员的工作量，使采购人员节省时间。

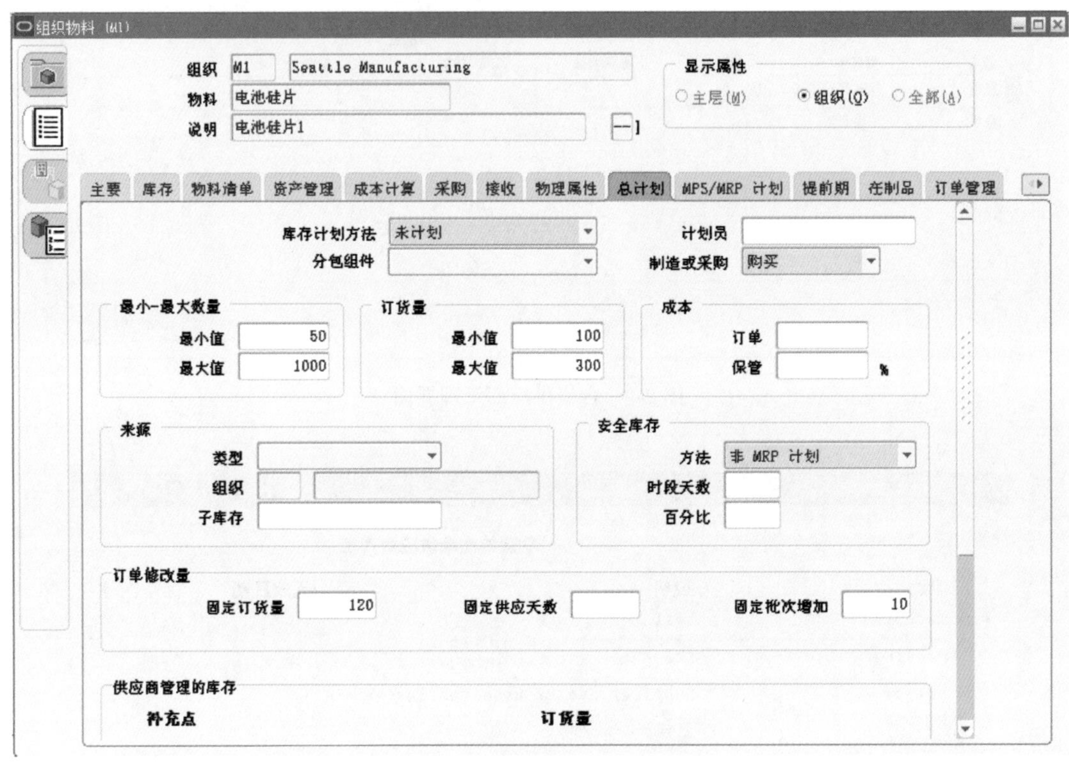

图 2-11　实施批量采购策略计划

③ 生产制造执行系统（MES）

3.1 MES 设计的技术要求

3.1.1 设计原则

3.1.1.1 要符合钢铁公司信息化建设现状

所有数据在系统中共享、流程在系统中贯通、业务在系统中协同、资源在系统中利用、权利在系统中受控、知识在系统中传承。

3.1.1.2 具备先进性、成熟性、前瞻性、专业性

要按照第二代 MES 设计，突出板材与炼钢，摒弃第一代 MES 中不智能、数据链路不粘连劣势。

整个方案采用先进的管理理念、技术手段和方法，完成设计与系统实施。建成的钢铁公司 MES 平台既要反映当代的先进水平，又要具有发展潜力，具有一定超前性。同时，要求采用国内外有实施实例的相对成熟的技术来满足企业的实际需求。

3.1.1.3 有整合与集成能力

在满足钢铁公司生产管理基础上，规定各系统功能分担，实现钢铁公司生产管理与公司产、供、销、质、运等业务流程整合。同时通过最新系统集成技术，将 ERP、EMS、LES、LIS、OA 系统和新建钢铁公司 MES 系统进行集成，以提高业务运营效率和管控水平。

3.1.1.4 具备开放性与标准性

系统设计要采用最新的信息技术手段，并在构建功能先进、流程合理的生产业务运营支撑平台基础之上，实现企业的信息化管理目标。该系统方案设计及技术选型时，为各系统能够全面集成，构成完整的企业信息化系统。各系统必须提供相对开放的、标准化的集成方式，以便集成时进行二次开发，保证接口的可连通。

3.1.1.5 具备可靠性与稳定性

在考虑技术先进性和开放性的同时，还应从系统结构、技术措施、设备性能、系统管理、技术支持及维护能力等方面入手，确保系统运行的可靠性和稳定性，达到最大的平均无故障时间。在 EMS 系统、LES 系统、ERP、LIS、OA 配套扩展实施时要确保不影响钢铁公司现有业务的正常进行，提出可行的并行运行方案。

3.1.1.6 满足安全与保密要求

系统运行后，既要考虑信息资源的充分共享，更要注意信息的保护和隔离，因此系统应采取针对性的措施，包括系统安全机制、数据存取、查阅的权限控制等，构成完整、完善的安全保障体系，防止企业核心机密外泄。

3.1.1.7 经济性和易维护性

在系统硬件技术方案、系统软件等选型以及技术实现方面，注意选择经济性解决方案。要保证系统上线运行后的易维护性，尤其是系统升级维护的便利性。

3.1.2 系统接口与应用集成要求

接口层面，要求实现与已建成的 ERP 系统、LES 物流计量系统、EMS 能源管理系统、LIS 检化验等接口集成。实现与现场 L1（含目前未进入 PLC 的个别点位）、公司机房数据采集服务器系统接口集成，实现作业实绩的采集和监控。系统接口的设计要在投标中单独阐述列出，含技术实现方式，有无困难。

技术层面，采用多层结构设计，即：前端表现层、中间应用层、后台数据层。中间应用服务层必须支持分布式部署；采用模块化、组件化技术构建应用系统。系统所有参数和流程通过用户界面进行配置，禁止进入后台数据库进行配置；采用成熟的中间件技术；采用成熟的分级授权管理技术。

管理层面，以数据标准化建设为基础，通过基础数据的标准化、规范化、代码化工作，建立各事业部管理业务之间协同工作的“标准语言”，使共享的业务数据采用统一规范的定义和表述，保证数据分类口径的一致性，促进应用的顺畅运作。

3.1.3 平台技术规格要求

钢铁公司 MES 系统设计应当基于“建设世界智慧钢铁服务集团、面向网络和移动办公架构”思想构建产品化平台，具备远程 Web 访问功能。

应用系统开发平台必须要预留支撑第三方数据交换平台，联通 ERP、LES、设备管理、超低排放、清洁运输等其他系统，面向多基地集团生产运营需要，并实现与第三方数据交换平台的无缝集成，满足企业数据交换平台统一管理，系统间的数据同步和异步交换的要求。

MES 平台具有标准性、可移植性和可扩展性的特点。标准性符合面向服务的体系架构，将业务逻辑封装为可复用的服务。可移植性符合客户端运行环境：Windows、Linux 操作系统，支持的数据库：Oracle，SQL Server，支持业务流程和系统集成扩展。

平台提供的安全功能要涵盖：用户身份认证，包括口令的生命周期管理；页面、页面元素、菜单的访问控制和授权配置；支持基于角色类型和角色的授权模式。乙方提供项目的安全建议方案，主要包括系统安全规划、制度层安全方案、应用安全方案、系统安全方案、网络安全方案、硬件安全方案等。

3.1.4 用户界面要求

应用产品要求有良好的人机界面，系统设计结构清晰、逻辑严密，系统运行后，需要达到如下性能要求：

（1）监控画面数据实时刷新周期。

1）画面切换时间：≤1s；

2）画面操作响应速度：≤2s；

3）一般日常查询界面：≤3s；

4）一般周报表查询：≤10s；

5）月度复杂数据业务查询：≤20s；

6）半年度极复杂统计报表生成时间：≤30s；

7）录入页面：≤5s；

8）一年数据查询：≤30s。

（2）Web 客户端数量不限。

3.1.5 软件开发要求

系统上线后，乙方需要向钢铁公司提供应用软件的源代码，提供的源代码应保证钢铁公司信息技术人员能够进行二次开发和维护。知识产权为钢铁公司与中标方所共有。对于产品化的基础模块，须提供配套的二次开发接口资料。

所有软件功能需针对钢铁公司业务进行针对性开发，满足客户化开发需求。软件开发要求符合国家软件开发规范并必须提供各阶段文档，包括需求分析说明书、系统总体设计文档、详细设计文档、数据库设计文档、开发文档、测试报告、操作手册、安装文档、数据字典、各种硬件的安装、调试使用及维护手册、无线网络设计方案、线路布置图、系统设备的详细配置信息、系统网络拓扑图、验收报告等。

投标时要求各家根据以往技术经验提供最详细的技术方案，重点是中厚板。

（1）开发平台与工具：必须采用 Browser/Server（浏览器/服务器）架构，应采用主流 Web 开发框架，基于 Java 或 .NET 开发，数据库应使用 Oracle 为主。

（2）接口费要求单独报价：MES 与 ERP、EMS、LES、LIS、移动 OA 等系统接口应该包含在报价中，后期不额外增加费用。

3.2 项目内容分工及目标

3.2.1 项目实施范围

整个项目由炼钢生产管理、中厚板材生产管理、炼铁生产管理、轧钢（棒材生产管理、线材生产管理）、原料生产管理、焦化生产管理、烧结（含石灰、脱硫脱硝、热风循环）生产管理、球团生产管理等 8 大业务板块组成，甲方提供机房到事业部主干光纤，现场额外增加配套完善的网络，例如炼钢天车定位系统等，机房、主干网等公用基础配套系统等由乙方负责。

乙方负责和原有的 ERP 系统、LES 物流计量系统、EMS 能源管理系统、LIS 检化验系统、移动办公集成，以及配套管理模式和体系建设，达到有效支撑钢铁公司生产管理的目的。炼钢优先实施，中厚板次之，炼铁、烧结、原料、焦化再次之，球团、轧钢最后实施。

3.2.2 甲方工作范围

甲方负责审核投标方给出的建议——硬件配置和要求、数量，包括但不限于服务器、现场系统操作电脑、编程器、存储设备、操作系统、网络设备等。配套系统的硬件清单、点位数清单、功能需求等。例如天车定位、新接入秤等。烧结系统应明确新增工序间计量高返计量秤、白灰窑成品皮带计量秤等。施工进度安排，对乙方的设计进行督促和检查。项目中点里程碑过程管控，软件功能和技术文件抽查，组织项目进行竣工验收。

3.2.3 乙方工作范围

本项目由乙方总承包，负责系统功能实现及实施，全面对项目的成功和达标向甲方负责。

乙方作为本项目的具体实施方，对本项目的设计、开发、采购、实施、安装、调试和技术服务全面负责，按照生产管理要求和本规范书的规定，设计并配置一套先进、成熟、完整的钢铁公司 MES 系统。

乙方所做方案中要求所必需的全部硬件设备、软件和各项服务，合同在执行过程中不再追加。乙方负责硬件的安装配置。

乙方负责达到本技术要求规定的全部功能要求，并根据企业自身优势和经验对各项功能和整体性能进行提升和优化。

乙方根据本技术要求，向甲方提供设计、安装调试、运行维护、系统二次开发所需的全部工具、资料。

乙方根据本技术要求，向甲方提供系统优化运行所必需的系统文件，使甲方能掌握编程、维护、修改和调试。

乙方负责培训甲方的运行、维护和工程技术人员，并使这些培训人员具备操作、维护、修改和调试能力，提供 10 份系统维护与操作手册。

与现有信息系统 ERP、LES、EMS 能源管理系统、LIS 检化验管理等系统的接口集成均属乙方的设计范围和供货范围。

乙方负责现场需要完善部分配套功能，包括实现功能需要补齐的设备、材料、第三方软件采集与授权等。

对于在项目实施过程中涉及需要采集的数据，但现场数据未进入 PLC 的情况，乙方应采取相应方案把数据采集到 PLC 系统，该费用含在总费用中。

3.2.4 建设目标

满足钢铁公司 MES 系统的功能需求。

现系统已有数据（采集、手输的）自动采集，人工干预和人工数据录入最小化。

在现有一二级系统的基础上，整合数据，建立逻辑关系，形成一个完整的含进出厂物料、工序过程物流、工艺参数、质检信息等有时间、工序、炉号、班别、订单、物料种类等逻辑关系的数据仓库。

整合现有的 ERP、LES、EMS、LIS、OA 等其他系统功能，实现系统的升级、完善、改造和集成需求，最大限度减少重复建设与投资。

平台应考虑公司推行阿米巴等精益管理模式的核算管理到班组的班组、订单等按进度日清、月结、年总的要求。

铁前系统必须实现烧结配料自动采集功能，钢后系统必须实现按订单、按钢种、分工序、分班组的从物料投入产出的物料消耗、全成本核算、钢种按工序核算等功能。

系统具备按照甲方习惯性固定的记录格式最大限度地在生产过程中自动生成电子记录的功能，辅助体系认证和过程可追溯性管理。

系统要具有精益管理到班组的分层级的管理统计报表、成本核算报表等功能。

与 ERP、LES、EMS、LIS、OA 等其他系统的升级、完善、改造和集成需求。

传送数据要实时、完整、高速、经济。

具有良好的扩展性。

保证数据操作的安全性、可靠性、容错性并且有跟踪功能。

全面方便的日志库管理，包括系统操作日志、系统错误日志、数据库操作日志的自动记录和管理，即系统管理员可以对日志数据库中的内容进行查询，删除操作。全面的系统权限管理，可按照部门组织，业务人员进行系统设置。

乙方需要根据项目整体实施进度配合业主，对与 MES 系统相关的软件和硬件系统做出相应的技术方案，并负责与这些系统进行有效的集成和运行。根据生产需要，钢铁公司有可能增加其他产线，实施方在系统设计和实施中需为这些产线的增加以及与其他系统集成留有接口和功能预留。在项目实施整个周期内，乙方应根据钢铁公司装备和生产线的具体变化进行系统整体设计、实施和上线。

3.3 技术方案设计

3.3.1 系统描述

MES 系统分为钢后 MES 和铁前 MES 两部分，其中铁前 MES 负责铁前区域原料、烧结、球团、焦化、炼铁生产管理，以铁前区域生产集中管控系统下达的月生产工单为驱动，负责整个铁前区域生产实绩收集，支撑铁前区生产集中管控系统运行及 ERP 系统生产核算。钢后 MES（炼钢、中厚板、轧钢）主要根据钢后生产集中管控系统下达的产线作业计划，进行生产执行管理；负责收集钢后生产工序实绩；在实现产线生产计划进程跟踪、物料跟踪及质量跟踪同时，将产线生产实绩上传钢后生产集中管控系统进而支撑 ERP 系统，支持生产集中管控系统的订单跟踪、生产状态监控及 ERP 系统生产核算。除生产计划、工序成本、区域工器具等外，统一管理产品配方、工艺路径和质量标准。

销售要求描述，产销一体化与 ERP 等异质系统连接，系统间依据各自业务需求进行数据交换，达成数据同步、数据共享、业务运作效率最大化。改变成品库人工汇入 ERP、实物与系统数据不同步、系统无法反映当下库存情况影响发货的现状。销售入单、价格、货款管控、发货通知单业务功能由产销一体化实施，完善业务上需求并让销售业务人员尽可能在同一平台上操作其负责业务。销售订单发货出货跟踪，提供业务人员销售订单发货出货即时进度查询，建立以销售为角度的订单即时信息，如图 3-1 所示。钢品装载即时检核，由产销一体化实施装载检核功能，并依提货订单要求检核装载钢品是否合规，避免滞后检核造成卸车情况，影响出货顺畅度。

质量要求描述，质保书管理：云端质保书，由系统自动生成产品质保书（结合产品规范、冶金规范、生产实绩、化物性实绩以及库存信息），统一对外平台提供客户下载，如图 3-2 所示。数位签证质保书，可结合第三方数位签证（中标方负责）产生加密防伪的

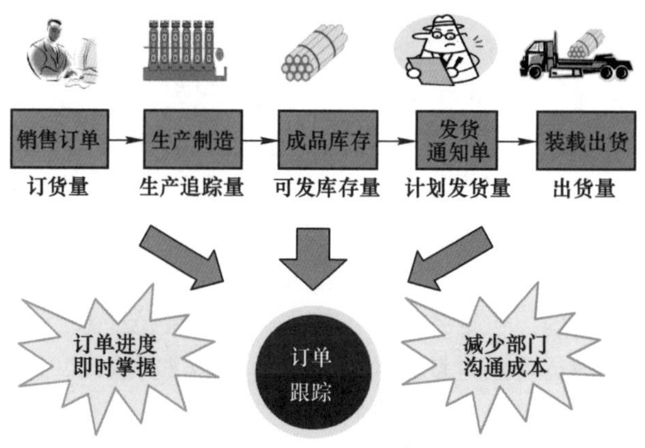

图 3-1 MES 订单到发货流程图

质保书文件。客诉管理：提供营销人员与品质人员用于查询与维护客户的诉赔案件记录，以便处理诉赔案件时，易于取得相关的诉赔数据及保存处置方法，可用于品质改善的依据。

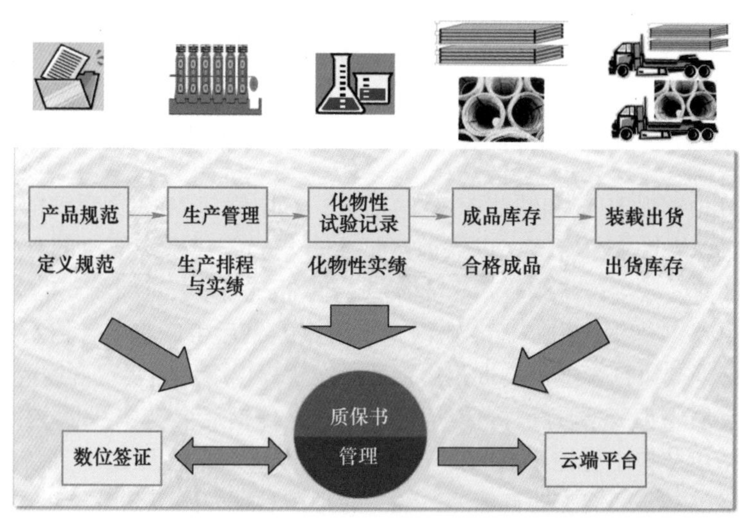

图 3-2 质保书管理关系图

生产要求描述，订单追踪：按订单进行排产、炼钢、轧钢、发货、出货数据实时收集，提供单一接口即时查询订单进程状况。生产追踪：提供综合查询画面，追踪生产计划执行状况。生成生产订单，按订单组织生产，炼钢申请、炼钢、轧钢生产计划，由系统自动下发生产指令至二级程控，线上调整、追踪计划执行状况。将生产计划单位传送的轧制工作单（PDI）数据，转换为计划排程数据，供操作人员建立及调整已排轧数据，以进行小钢坯进料作业和产线生产作业，如图 3-3 所示。甘特图出钢计划，做到炼钢厂全厂调度及生产现况监控。可视化库存管理，实现库位、储位设定规划及库存定制管理，快速查询堆垛状况及各垛位的库存明细。应用报表及决策分析工具，快速掌握即时信息，提升决策品质及速度。

[SCHI0002] 轧机PDI查询 × [SCHI0002] 剪切线PDI查询 × [SCHI0002] 加热炉PDI查询 × [SCHA0200] 中厚板PDI基准 ×

加热炉PDI查询　　查询　关闭

起止时间 2023-08-06　起止时间 2023-08-06

	板坯号	更新人	创建人	创建时间	更新时间	ID	更...	批号	顺序	钢种	出炉目...	出炉温度最...	出炉温度...	板坯厚度	板坯宽度	板坯长度	板坯重量
1	3080008225000	ZG111627	ZG111627	2023-08-06 15:4...	2023-08-06 15:44:02	165748	3	308000822	5	GB/T3274_Q355B	1200	1180	1220	250	2000	3250	12.88
2	3080008224000	ZG111627	ZG111627	2023-08-06 15:4...	2023-08-06 15:44:02	165749	3	308000822	4	GB/T3274_Q355B	1200	1180	1220	250	2000	3250	12.88
3	3080008205000	ZG111627	ZG111627	2023-08-06 15:4...	2023-08-06 15:44:01	165738	3	308000820	5	GB/T3274_Q355B	1200	1180	1220	250	2000	3250	12.88
4	3080008204000	ZG111627	ZG111627	2023-08-06 15:4...	2023-08-06 15:44:01	165739	3	308000820	4	GB/T3274_Q355B	1200	1180	1220	250	2000	3250	12.88
5	3080008125000	ZG111627	ZG111627	2023-08-06 15:2...	2023-08-06 15:29:03	165728	3	308000812	5	GB/T3274_Q355B	1200	1180	1220	250	2000	3250	12.88
6	3080008124000	ZG111627	ZG111627	2023-08-06 15:2...	2023-08-06 15:29:03	165729	3	308000812	4	GB/T3274_Q355B	1200	1180	1220	250	2000	3250	12.88
7	3080008123000	ZG111627	ZG111627	2023-08-06 15:2...	2023-08-06 15:29:03	165730	3	308000812	3	GB/T3274_Q355B	1200	1180	1220	250	2000	3250	12.88
8	3080008122000	ZG111627	ZG111627	2023-08-06 15:2...	2023-08-06 15:29:03	165731	3	308000812	2	GB/T3274_Q355B	1200	1180	1220	250	2000	3250	12.88
9	3080008434000	ZG101381	ZG101381	2023-08-06 18:4...	2023-08-06 18:49:38	166713	2	308000843	4	GB/T3274_Q355B	1200	1180	1220	250	2000	3000	11.889
10	3080008433000	ZG101381	ZG101381	2023-08-06 18:4...	2023-08-06 18:49:38	166712	2	308000843	3	GB/T3274_Q355B	1200	1180	1220	250	2000	3000	11.889
11	3080008432000	ZG101381	ZG101381	2023-08-06 18:4...	2023-08-06 18:49:37	166711	2	308000843	2	GB/T3274_Q355B	1200	1180	1220	250	2000	3000	11.889
12	3080008431000	ZG101381	ZG101381	2023-08-06 18:4...	2023-08-06 18:49:37	166710	2	308000843	1	GB/T3274_Q355B	1200	1180	1220	250	2000	3000	11.889
13	3080008425000	ZG101381	ZG101381	2023-08-06 18:4...	2023-08-06 18:48:58	166709	2	308000842	5	GB/T3274_Q355B	1200	1180	1220	250	2000	3000	11.889
14	3080008424000	ZG101381	ZG101381	2023-08-06 18:4...	2023-08-06 18:48:58	166708	2	308000842	4	GB/T3274_Q355B	1200	1180	1220	250	2000	3000	11.889
15	3080008423000	ZG101381	ZG101381	2023-08-06 18:4...	2023-08-06 18:48:58	166707	2	308000842	3	GB/T3274_Q355B	1200	1180	1220	250	2000	3000	11.889
16	3080008422000	ZG101381	ZG101381	2023-08-06 18:4...	2023-08-06 18:48:58	166706	2	308000842	2	GB/T3274_Q355B	1200	1180	1220	250	2000	3000	11.889
17	3080008421000	ZG101381	ZG101381	2023-08-06 18:4...	2023-08-06 18:48:58	166705	2	308000842	1	GB/T3274_Q355B	1200	1180	1220	250	2000	3000	11.889
18	3080008411000	ZG101381	ZG101381	2023-08-06 18:2...	2023-08-06 18:24:50	166704	2	308000841	1	GB/T3274_Q355B	1200	1180	1220	250	2000	3200	12.682
19	3080008405000	ZG101381	ZG101381	2023-08-06 18:2...	2023-08-06 18:23:28	166698	2	308000840	5	GB/T3274_Q355B	1200	1180	1220	250	2000	3200	12.682
20	3080008405000	ZG101381	ZG101381	2023-08-06 18:2...	2023-08-06 18:23:59	166703	2	308000840	5	GB/T3274_Q355B	1200	1180	1220	250	2000	3200	12.682
21	3080008404000	ZG101381	ZG101381	2023-08-06 18:2...	2023-08-06 18:23:59	166702	2	308000840	4	GB/T3274_Q355B	1200	1180	1220	250	2000	3200	12.682
22	3080008404000	ZG101381	ZG101381	2023-08-06 18:2...	2023-08-06 18:23:28	166697	2	308000840	4	GB/T3274_Q355B	1200	1180	1220	250	2000	3200	12.682
23	3080008403000	ZG101381	ZG101381	2023-08-06 18:2...	2023-08-06 18:23:28	166696	2	308000840	3	GB/T3274 Q355B	1200	1180	1220	250	2000	3200	12.682

图 3-3　钢后 PDI 执行示意图

（扫描书前二维码看大图）

3.3.2　铁前 MES 功能书

铁前 MES 系统要包含以下几部分内容：

（1）物流与物料管理：已有功能——目前所有大宗物料计量、原料进厂、成品销售、厂内货物倒转已进入物流计量系统；在 ERP 系统实现厂内物料库存的库存管理。以下是现有 ERP 单元的业务模式：每班、每天工序生产指标情况，各工序投入、产出、能源消耗、质量控制管理，并且自动上传 ERP，等等。改变每天人工日报表，月底录入 ERP 库存的现状。

（2）生产计划管理：计划人员根据产能目标、产品质量、原燃料使用、成本等因素综合考虑，编制生产计划，实现烧结和炼铁的生产计划及作业实绩管理，包括计划管理、配料管理、投入产出管理以及能源消耗等实绩管理。目前，生产实绩和能源数据已采集到 EMS 系统，需要根据需要做数采平台，调用生产和能源实绩数据。

（3）质量管理：系统包括烧结和炼铁生产过程中的质量管理（原料、产品、过程），并满足质量分析和追溯的需求。目前铁前检化验数据已自动采集到了检化验系统，检化验系统已实现产品从炼铁到线棒材，质量成分分析和追溯功能，可以从检化验系统中采集数据，满足全流程质量管理。

（4）调度管理：监视生产运行状态，实现对生产现场的原料进出量，产成品的跟踪并在系统中予以显示。目前调度管理都是通过微信、电话发送相关指令，无相关系统平台。炼铁入炉每炉装入量及批次现场设有一个二级系统，有按批次的记录数据，可保存三个月以上。

（5）铁水管理：制订出铁计划，收集高炉出铁实绩，跟踪铁水运输及接收过程，平衡炼钢工序的生产节奏。目前铁水质量已自动采集在物流计量系统里，但有一个人在现场手动更改特殊情况下的铁水产量。

（6）数据采集管理：通过对生产现场工艺数据采集，收集铁前各工序生产实绩，同时提供手工录入界面备用，并接入其他系统的数据源。目前生产现场工艺数据已采集到

EMS 系统，产量数据可以从计量系统中取用。

（7）成本数据综合管理：整合铁前现有供应链系统数据，将采购数据、调拨数据、生产数据、质量数据进行收集抽取、平衡汇总、差异分摊，及时出具各种统计分析报表，为成本核算以及经营决策提供依据。

1）绩效管理：主要有生产绩效报表、质量绩效报表、消耗分析报表等管理。

2）报表管理：实现铁前区生产管理所需的各种统计分析报表管理。

3）工器具管理：实现必要的生产工艺用主要工器具跟踪管理，例如铁沟寿命管理等，以台账的形式体现。

4）接口管理：实现和生产现场控制系统接口；实现和计量系统接口，以获取计量信息；实现和能源管理系统接口，以获取能源消耗实绩；实现和实验室管理系统接口，以获取质检结果；实现和 ERP 系统接口，以获取 ERP 的基础信息，同时把生产和物流实绩及时反馈到 ERP 系统。

（8）配比模型管理：根据铁水配比模型，基于产能，自动生成生产计划及原料计划，保证高炉满负荷生产，提高生产效率，改进铁水质量。

3.3.3 钢后 MES 功能书

通过建立适合生产需求的、先进的、实用的 MES 系统，应用于炼钢、板材和轧钢棒线材单元，制订月总计划、周、日、班生产计划，分解并组织生产执行，同时与各个机组的自动化系统集成，起到承上启下的作用。MES 系统以产品的制造全程作为管理的重点，将质量管理贯穿整个产线，使得产品质量达到工艺要求，使客户满意，尽可能减少客户质量异议。钢后 MES 应具有包含但不限于以下几部分内容。

3.3.3.1 订单管理

钢后 MES 贯彻按合同组织生产的管理理念，体现集中管控、整合高效的敏捷制造的企业生产组织管理要求。订单是钢后 MES 管理的核心要素，也是合同一贯制、动态跟踪的基础。

MES 里的合同管理读取 ERP 下发的订单信息，作为整个钢后 MES 系统管理的源头，通过合同信息接收转换模块，完成用户订单信息到生产合同信息的转换。为每一份用户合同（订单）建立起对应生产的合同信息，为生产管理实现“按合同组织生产”提供必要的合同数据准备，具体功能清单见表 3-1。

表 3-1 钢后 MES 订单管理

序号	功能名称	功 能 简 介	主要功能清单
1	订单接收	通过标准接口接收 ERP 下发的订单信息和变更信息，并提供订单的后备维护功能	订单接收 订单变更接收 订单新增 订单修改 订单删除 订单结案
2	订单查询	按各类组合条件查询订单列表及明细信息	订单查询

3.3.3.2 工序计划管理

对完成质量设计的订单，根据订单期望交期、产线设备的运行能力、炼钢-轧钢的生产能力平衡，充分考虑工序排产时的制约基准和优先分配基准等，编制最优计划排程，实现钢轧作业的排产计划和管理。

根据产品和坯料对应关系，自动进行多订单组合坯料设计，提高成材率。一键完成从坯料设计、炉次设计、浇次设计到轧钢计划设计。最大化提高设备产能，减少库存、缩短交货期。钢后 MES 工序计划管理见表 3-2。

表 3-2 钢后 MES 工序计划管理

序号	功能名称	功 能 简 介	主要功能清单
1	标准管理	录入和管理炼钢、连铸、轧钢可生产的尺寸、标准规格和作业约束等信息	炼钢标准 轧钢标准 技术参数标准
2	坯料设计	根据订单要求信息，进行订单的坯料设计	坯料自动设计 坯料手动设计
3	炉次计划	根据合同特征、炼钢冶炼工艺、设备能力等客观要求，进行炉次设计	自动组炉 手动组炉 炉次调整
4	浇次计划	以钢坯设计结果和炉次编制结果为对象，按照组浇原则编制浇铸顺序	自动组浇 手动组浇 浇次调整
5	轧钢计划	根据轧辊辊期标准、轧钢工序能力和钢坯（热装、冷装）进行轧制顺序、时间和轧制量等的编制	轧钢计划编制 轧钢计划调整
6	计划下达	根据生产实际和计划管控的需要，选择一定时间段或量的炼钢和轧钢计划下达给生产管控	计划修改 计划确认下达

3.3.3.3 质量管理

质量管理以满足用户需求为前提，以质量工艺规程为依据，充分考虑用户的特殊要求，对产品生产进行全过程的质量设计；通过对各个生产节点的管理控制来提供符合用户要求的产品，确保从合同接收开始，到成品出库的全过程的质量管理控制，实现从原料入库到出厂的质量一贯制管理，实现产品质量的持续改进。质量管理功能清单见表 3-3。

表 3-3 质量管理功能清单

序号	功能名称	功 能 简 介	主要功能清单
1	产品规范管理	对产品的大类、品种、标准、牌号、产品状态进行统一编码管理	产品标准维护 产品牌号维护 产品大类，标准，牌号对照维护 产品规范码定义管理 产品规范码属性管理 产品规范码审核 产品规范和制造规范对照关系

续表 3-3

序号	功能名称	功 能 简 介	主要功能清单
2	冶金规范管理	管理冶金规范体系，维护产品、公差、试验、包装、质保书要求、炼钢工艺，高线、棒材、带钢的加热轧制工艺，焊管、方管的加工工艺等各类基础数据表	冶金规范体系建立（生产路径） 产品规格尺寸标准 产品性能标准维护 产品质检标准维护 质保书要求维护 标签要求维护 各工序工艺要求维护 制造规范体系审核
3	质量设计	通过质量设计可以将订单的产品要求转换为生产工艺要求，包括需要经过的加工路径，以及组成加工路径的各生产工序的工艺指令要求	质量设计 质量设计结果 质量设计履历查询
4	检化验管理	目前在检化验系统中具备，如需要可接入，包括试批委托管理，检化验实绩收集及试批性能判定等功能	试验委托生成 试验委托确认 复验管理 检化验实绩收集 检化验实绩后备录入 试批性能判定
5	质量判定与处置	目前在检化验系统中具备，如需要可接入，质量判定是对生产过程中在制品、成品是否合乎质量标准的界定，完成对产品质量检验结果的等级判定。质量处置是对材料的人工干预，包括对材料进行质量封锁、释放、返修、降级、报废等处置	质量判定： 性能判定 表面判定 综合判定 物料处置： 封锁 释放 返修 降级 报废
6	质保书	目前在检化验系统中生成、打印质量保证书，如果需要可接入	质保书生成 质保书打印 质保书数据查询
7	材质代码质量管理体系	减少标准维护工作量97%，保证标准维护准确性	
8	动态组批功能	生产过程，动态组批，增加组批量，减少取样量，提高成材率，减少实验室工作量，减少实验消耗量，提高公司经济效益	

续表 3-3

序号	功能名称	功 能 简 介	主要功能清单
9	自动判定专家系统	将判定规则维护到专家库中，计算机自动学习判定规则，形成专家系统进行自动判定，避免人工判定失误，保证产品等级准确性，减少质量异议，提高信用度	
10	自动委托专家系统	将委托规则维护到专家库中，计算机自动学习委托规则，形成专家系统进行自动生成初验委托及复验委托，保证实验委托准确性，及时性，提高生产效率	

3.3.3.4 生产管控

生产管控是选择已设计的钢坯信息、炉次信息、浇次信息编制炼钢出钢指示、浇铸指示、连铸切割指示、轧钢轧制指示等并向作业系统发送作业指示；根据各工序作业状况，调整作业指示、异常处理等。处理措施有计划取消，炉次、浇次、轧制顺序调整等功能。生产管控采用一级计划管理模式，面向钢后产线的各道工序。通过生产管控将生产指令(包括入口材料信息、生产质量工艺要求、出口材料要求、取样要求、表面/尺寸要求、生产特殊指令等）下发给各 L2 系统，各 L2 系统通过 PLC 与各控制系统相连，从而使得信息化、自动化技术和装备技术相融合，实现真正意义上的“管控一体”。炼钢到轧钢轧制计划见表 3-4。

表 3-4 炼钢到轧钢轧制计划

序号	功能名称	功 能 简 介	主要功能清单
1	炼钢作业计划管控	对组炉组批提交的炉次和 CAST-LOT（连浇批次）进行排序、合并、计划规程检查、开浇时间和作业班次设定等操作，最后以日分班计划的形式确定	制造命令管理 连铸计划管理 炼钢计划下达 剩余制造命令回收
2	轧制作业计划管控	轧制作业计划包括高线、棒材、中厚板材的作业计划。其中，轧制作业计划包括两种模式：一种实物计划模式。实物计划是基于坯料信息，按建造计划池条件形成初计划，计划员对初计划内的材料进行顺序调整、材料删除、规程检查等操作，最终对初计划进行确认，形成正式计划。正式计划下发各 MES 系统执行，并对计划完成情况进行状态跟踪。另一种是红送计划模式。预计划是基于炼钢实物未产出，需要编制红送计划。红送计划指定需生产的合同，但不指定坯料信息。红送计划提前下发 MES 系统，在计划执行时，由现场调度人员指定炉次信息	高线轧制计划编制 高线红送计划编制 高线轧制计划一览 棒材轧制计划编制 棒材红送计划编制 棒材轧制计划一览 中厚板材轧制计划编制 中厚板材红送计划编制 中厚板材轧制计划一览

3.3.3.5 物料管理

物料是钢铁企业对库存实物的统称，按生产阶段划分可分为原料、在制品（WIP）、成品（缴库前）与产成品（缴库后）；按物料的形态可分为方坯、线材、棒材、中厚板材等。

物料管理对生产现场所有的物料进行有效管理，实时掌握库存情况，保持实物与信息同步，从而降低库存、确保物流畅通、保证系统正常运转。物料管理为生产合同管理、仓库管理、质量管理、发货管理等提供基础数据。

物料管理对象覆盖炼钢厂、高线厂、棒材厂、中厚板材厂，主要包括物料主档管理、物料处置管理、物料组批/拆批、物料跟踪与追溯等功能模块。具体功能清单见表 3-5。

表 3-5 轧钢物料管理功能清单

序号	功能名称	功 能 简 介	主要功能清单
1	物料处置管理	除了质量管理部门对材料可以进行处置外，生产管理部门也可以对材料进行处置，主要包括生产封锁、生产释放、转用充当、人工改尺寸、人工改质量等功能。生产封锁与生产释放是对物流的人工干预，如果在生产过程生产管理人员发现物流上出现问题，可以进行封锁与释放。材料转用、充当是调整材料与合同匹配关系的有效手段，是提高市场响应速度重要途径。所谓材料转用，指的是将一个合同的材料转到另外一个合同上；所谓材料充当，指的是将无委托（无合同）的材料转移到一个有欠量的合同上；脱合同，指的是因为种种原因，解除委托材料和合同的从属关系。根据合同的执行进度，可以通过材料的转用充当，合理地调配库存中的物料，从而达到加快物流周转、确保合同（特别是紧急合同）按期完成的目的。人工改尺寸、人工改质量主要发生在规格超限、质量与实际质量不符的情况下的异常处置，系统中将保留修改人、修改时间、修改原因，以利于责任的追溯	生产封锁 生产释放 转用充当 物料信息修改
2	物料组批/拆批	对于按批管理的物料，可以结合产品质量、规格、用户要求等具体情况，灵活进行物料组批与拆批	物料组批 物料拆批
3	物料跟踪	对加工过程中的方坯、线材、棒材、中厚板材等类型的物料进行全程跟踪，以了解其在生产过程当中的加工情况、尺寸质量变化情况、质量情况、工艺控制情况等，同时记录加工过程中材料的各类事件，例如物料产出、物料修正、质量判定、质量封闭等	物料信息综合查询 物料移动履历查询
4	物料追溯	当发生质量问题或质量异议时，根据物料查询每个物料实际全程生产加工路径，以及每个工序的主要生产加工信息。同时可以追查到质量问题发生的原因与责任人，可以作为后续生产考核的直接依据	物料树查询

3.3.3.6 命中率误工管理

将命中率误工管理理念植入，将生产过程有效分割。将分割的生产过程、生产时间标准化，对各生产过程进行时时跟踪。基于生产过程跟踪数据，统计分析生产过程瓶颈，改善管理，提高生产节奏，提高生产效率。

3.3.3.7 KPI 管理

对炼钢及轧钢工序计划、计划调度、库管理等多个模块的基础数据进行收集，基于科

学的表结构设计，采用科学的计算方法计算各项重要指标KPI，及时有效地反映生产过程控制能力及生产过程稳定性，确保产品合格率保持在很高的水平上。

3.3.3.8 日成本测算

日成本测算是企业管理的重要内容，钢铁公司针对产品成本领域除了月度通过财务管理系统进行产品大类的成本核算外，还需要对每天的日成本进行测算。实时为管理者提供成本信息参考，有效支持企业内部成本考核和成本控制。

日成本测算模块由基础数据管理、成本规则管理、交易资料管理、日成本测算及日成本报表功能模块组成。日成本测算清单见表3-6。

表3-6 日成本测算清单

序号	功能名称	功 能 简 介	主要功能清单
1	基础数据管理	成本基础信息的维护	成本中心维护 成本科目维护 物料代码维护 工序标准单耗维护 财务期间维护 成本中心对应工序 物料价格维护
2	成本规则管理	成本规则类信息维护	成本收集规则 费用分摊规则 分摊费用维护
3	成本实绩收集	收集整理各工序耗用、能源耗用、差异等信息	成本实绩查询 成本实绩检索 副产品信息查询 工序班组耗用 能源采集信息查询 原辅料进耗存
4	日成本测算	收集产线成本实绩，按成本中心工序归集工序消耗，计算实际消耗、单位消耗、实际成本、单位成本。炼钢部分计算到炉次、轧钢部分计算到批次或件	核算导航
5	日成本测算结果查询	按工序查询工序消耗和成本组成	工序消耗查询 工序成本查询 综合产量查询 月产品明细
6	成本分析报表	按测算结果形成各类报表	班组、品种工序成本分析报表 产品成本报表 对标分析报表

3.3.3.9 炼钢MES

炼钢MES覆盖产线范围：转炉、LF、连铸产线，其定位为分厂级的区域管理计算机系统，服务的对象为分厂领导、区域级工程师及现场操作人员。它担负着贯通制造管理层和现场执行的桥梁，起着承上启下的重要作用：它上与制造管理层紧密配合，实现一贯的计划管理，同时上传各种生产实绩和质量实绩信息；它与各工序的生产机组紧密结合，一方面下达生产作业命令和工艺控制参数，同时收集接收各工序的各类生产实绩信息。炼钢 MES 的目标是满足现场作业计划调度、现场作业管理的需要，主要功能包括出钢计划管理、质检管理、物料跟踪与实绩管理、仓库管理等。炼钢 MES 功能清单见表 3-7。

表 3-7　炼钢 MES 功能清单

序号	功能名称	功 能 简 介	主要功能清单
1	出钢计划管理	接收来自作业计划管理模块下达的炼钢作业计划信息；利用炼钢现场调度技术，结合设备运行情况、现场各工序实际事件信号，科学、合理地计算每一炉钢从转炉、精炼、一直到连铸的生产作业时刻，形成炼钢各工序的生产调度作业命令	作业计划接收 出钢计划编制、调整和释放 出钢计划跟踪
2	制造标准管理	根据不同钢种编制炼钢制造标准，包含炼钢过程取样标准、加料规则、成分标准等要求，下发炼钢厂各过程控制系统，控制和指导炼钢生产	工艺卡管理 转炉制造标准管理 LF 制造标准管理 连铸制造标准管理
3	质检管理	接收检化验系统（如有）或人工录入的炼钢化学成分等检验结果，对在炼钢生产过程中的化学成分进行判定，决定代表成分，对物料的在线质量进行及时的处置、管理，包括物料封锁/释放等处理。负责对成品物料进行表面质量判定，并收集表面缺陷信息；另外对生产过程中出现质量问题的异常材料，进行封锁、释放等处置。提供后备人工录入功能，通过人工干预方式进行跟踪	试样委托和判定管理 钢水成分管理 质量判定管理
5	仓库管理	仓库管理的覆盖范围为炼钢厂内堆放的钢坯的在制品和成品仓库。目标是减少库存，加快物流，快速准确地定位仓库内的物料信息，同时支持清盘库业务。库存管理重点是使物料在仓库内的堆放更加合理，便于管理者组织生产。为了实现精细化的管理目标，实现以垛位为管理单位，库存管理要求对每个垛位进行明细编码。同时要求垛位内的材料有唯一材料号识别，并且每一材料有明确的存放位置信息	库区库位维护 入出库、倒垛作业 转库作业 盘库作业 缴库作业 库存查询 入出库履历查询
6	作业实绩	收集炼钢各工序生产作业实绩信息	转炉作业实绩 精炼作业实绩 连铸作业实绩 切割作业实绩 精整作业实绩

炼钢目前无二级系统，有天车物流定位系统，扮演 L1.5 功能，入炉铁水和废钢数据进入 L1.5 系统，钢水包定位管理系统，需要采集以上数据进入 MES 系统，虽然一级 PLC 系统有合金加入量，但无逻辑；要求做到日成本、班成本自动生成，工艺过程数据可追溯。

3.3.3.10 高线 MES

高线 MES 覆盖产线范围中的两条高线产线，其定位为分厂级的区域管理计算机系统，服务的对象为分厂领导、区域级工程师及现场操作人员。它担负着贯通制造管理层和现场执行的桥梁，起着承上启下的重要作用：它上与制造管理层紧密配合，实现一贯的计划管理，同时上传各种生产实绩和质量实绩信息；它下与各工序的生产机组紧密结合，一方面下达生产作业命令和工艺控制参数，同时收集接收各工序的各类生产实绩信息。高线 MES 的目标是满足现场作业计划调度、现场作业管理的需要，主要功能包括作业命令管理、质检管理、物料跟踪与实绩管理、仓库管理等。线材 MES 功能清单见表 3-8。

表 3-8 线材 MES 功能清单

序号	功能名称	功 能 简 介	主要功能清单
1	作业命令	高线作业命令管理主要针对作业计划模块下发的作业计划，包括以实物铸坯编制的冷装计划和以虚拟铸坯编制的热装计划，并根据高线现场生产实际情况，适应性调整轧机作业计划，形成轧机作业指示，下达至高线加热、轧制等主要工序的过程自动化系统	作业计划查询 作业命令编制 作业命令调整 作业命令下发
2	质检管理	质检管理主要负责根据计划生成的取样委托指令进行取样确认，确认后系统将检验委托质量发送检化验系统；系统负责对成品物料进行表面质量判定，并收集表面缺陷信息；另外对生产过程中出现质量问题的异常材料进行封锁、释放等处置	取样委托管理 表面质量判定及缺陷维护
3	生产实绩和物料跟踪	收集高线所有机组的生产实绩信息，并把实绩中的主要信息反映在产出物料的数据和状态上，对物料从原料投入到成品产出进行全过程的一贯跟踪，保持实物与信息的同步，使管理职能部门能实时监控现场机组的生产状况和生产过程。过程自动化系统负责自动采集生产实绩数据，减少人工干预，确保信息的及时性和准确性。同时系统提供后备人工录入功能，通过人工干预方式进行跟踪，进行明细编码。同时要求垛位内的材料有唯一材料号识别，并且每一材料有明确的存放位置信息	加热炉实绩 轧制实绩 精整实绩 称重实绩 包装实绩 停机实绩 能耗实绩 班报生成、查询、打印 生产标签打印 成品标签打印 物料信息综合查询

3.3.3.11 棒材 MES

棒材 MES 覆盖产线范围中的 2 条棒材产线，其定位为分厂级的区域管理计算机系统，服务的对象为分厂领导、区域级工程师及现场操作人员。它担负着贯通制造管理层和现场执行的桥梁，起着承上启下的重要作用：它上与制造管理层紧密结合，实现一贯的计划管理，同时上传各种生产实绩和质量实绩信息；它下与各工序的生产机组紧密结合，一方面下达生产作业命令和工艺控制参数，同时收集接收各工序的各类生产实绩信息。棒材 MES 的目标是满足现场作业计划调度、现场作业管理的需要，主要功能包括作业命令管理、质检管理、物料跟踪与实绩管理、仓库管理等。棒材 MES 功能清单见表 3-9。

表 3-9 棒材 MES 功能清单

序号	功能名称	功 能 简 介	主要功能清单
1	作业命令	棒材作业命令管理主要针对作业计划模块下发的作业计划，包括以实物铸坯编制的冷装计划和以虚拟铸坯编制的热装计划，并根据棒材现场生产实际情况，适应性调整轧机作业计划，形成轧机作业指示，下达至棒材加热、轧制等主要工序的过程自动化系统	作业计划查询 作业命令编制 作业命令调整 作业命令下发
2	质检管理	质检管理主要负责根据计划生成的取样委托指令进行取样确认，确认后系统将检验委托质量发送检化验系统；系统负责对成品物料进行表面质量判定，并收集表面缺陷信息；另外对生产过程中出现质量问题的异常材料，进行封锁、释放等处置	取样委托管理 表面质量判定及缺陷维护
3	生产实绩和物料跟踪	收集棒材所有机组的生产实绩信息，并把实绩中的主要信息反映在产出物料的数据和状态上，对物料从原料投入到成品产出进行全过程的一贯跟踪，保持实物与信息的同步，使管理职能部门能实时监控现场机组的生产状况和生产过程。过程自动化系统负责自动采集生产实绩数据，减少人工干预，确保信息的及时性和准确性。同时系统提供后备人工录入功能，通过人工干预方式进行跟踪	加热炉实绩 轧制实绩 精整实绩 称重实绩 包装实绩 停机实绩 能耗实绩 班报生成、查询、打印 生产标签打印 成品标签打印 物料信息综合查询
4	仓库管理	覆盖范围为棒材产线范围内堆放的原料钢坯库和成品仓库。目标是减少库存，加快物流，快速准确地定位仓库内的物料信息，同时支持清盘库业务。重点是使物料在仓库内的堆放更加合理，便于管理者组织生产。为实现精细化目标，实现以垛位为管理单位，库存管理要求对每个垛位进行明细编码。同时要求垛位内的材料有唯一材料号识别，并且每一材料有明确的存放位置信息	库区库位维护 入出库、倒垛作业 盘库作业 缴库作业 库存查询 入出库履历查询

3.3.3.12 中厚板材 MES

中厚板材 MES 覆盖产线范围中的 1 条中厚板材产线，其定位为分厂级的区域管理计算机系统，服务的对象为分厂领导、区域级工程师及现场操作人员。它担负着贯通制造管理层和现场执行的桥梁，起着承上启下的重要作用：它上与制造管理层紧密配合，实现一贯的计划管理，同时上传各种生产实绩和质量实绩信息；它下与各工序的生产机组紧密结合，一方面下达生产作业命令和工艺控制参数，同时收集接收各工序的各类生产实绩信息。中厚板材 MES 的目标是满足现场作业计划调度、现场作业管理的需要，主要功能包括作业命令管理、质检管理、物料跟踪与实绩管理、仓库管理等。中厚板材 MES 功能清

单见表 3-10。

表 3-10　中厚板材 MES 功能清单

序号	功能名称	功 能 简 介	主要功能清单
1	作业命令	中厚板材作业命令管理主要针对作业计划模块下发的作业计划，包括以实物铸坯编制的冷装计划和以虚拟铸坯编制的热装计划，并根据中厚板材现场生产实际情况，适应性调整轧机作业计划，形成轧机作业指示，下达至中厚板材加热、轧制等主要工序的过程自动化系统	作业计划查询 作业命令编制 作业命令调整 作业命令下发
2	质检管理	质检管理主要负责根据计划生成的取样委托指令进行取样确认，确认后系统将检验委托质量发送检化验系统；系统负责对成品物料进行表面质量判定，并收集表面缺陷信息；另外对生产过程中出现质量问题的异常材料，进行封锁、释放等处置	取样委托管理 表面质量判定及缺陷维护
3	生产实绩和物料跟踪	收集中厚板材所有机组的生产实绩信息，并把实绩中的主要信息反映在产出物料的数据和状态上，对物料从原料投入到成品产出进行全过程的一贯跟踪，保持实物与信息的同步，使管理职能部门能实时监控现场机组的生产状况和生产过程。过程自动化系统负责自动采集生产实绩数据，减少人工干预，确保信息的及时性和准确性。同时系统提供后备人工录入功能，通过人工干预方式进行跟踪	加热炉实绩 轧制实绩 精整实绩 称重实绩 包装实绩 停机实绩 能耗实绩 班报生成、查询、打印 生产标签打印 成品标签打印 物料信息综合查询
4	仓库管理	仓库管理的覆盖范围为中厚板材范围内堆放的原料钢坯库和成品仓库。目标是减少库存，加快物流，快速准确地定位仓库内的物料信息，同时支持清盘库业务。库存管理重点是使物料在仓库内的堆放更加合理，便于管理者组织生产。为了实现精细化的管理目标，实现以垛位为管理单位，库存管理要求对每个垛位进行明细编码。同时要求垛位内的材料有唯一材料号识别，并且每一材料有明确的存放位置信息	库区库位维护 入出库、倒垛作业 盘库作业 缴库作业

3.3.3.13　仓库管理

仓库管理的范围包括原辅料库、在制品库、成品库、倒库、倒垛、出库、库存查询、盘库管理，这些数据实时与 ERP 库存系统相联系。

实现材料在原料库、在制品库、成品库中库位信息的实时跟踪管理，减少倒垛率，保证上下物流的畅通。重点进行仓库内的物料跟踪管理，使得物料在仓库内的堆放更加合理，便于管理者组织生产。

3.3.3.14　工艺工器具管理

对大型工器具从领用开始到报废为止的整个生命周期的管理，主要包括炼钢区域的铁水包、钢包管理，连铸区域的中间包管理，轧钢区域的轧辊管理。通过系统直观化地给操作人信息提示。

（1）能够对工器具信息的基础信息配置和报废管理；工器具使用规程、维护规程的配置。

（2）能够基于工器具之间的组装情况，建立工器具之间的配对关系，配对完成的工器具只能同时使用和更换。

（3）能够与现场控制系统集成，进行工器具的状态跟踪，工器具当前使用、更换、维护、位置等信息跟踪。

（4）具有实绩管理：收集工器具使用、维护实绩，工器具使用、更换、维护等历史信息收集和查询。

3.3.3.15　接口管理

实现和钢后生产现场二级控制系统接口；实现和计量系统接口，以获取计量信息；实现和能源管理系统接口，以获取能源消耗实绩；实现和实验室管理系统接口，以获取质检结果；实现和 ERP 系统接口，以获取 ERP 的基础信息，同时把生产和物流实绩及时反馈到 ERP 系统。实现和现场喷印机等机器人连接。

3.3.3.16　订单进程管理

企业可通过订单和产销情况实时跟踪，及时调整订单的生产节奏，以平衡物流、减少余材、提高生产效率、降低制造成本。

（1）对订单、物料全程跟踪和余材处理，在全面满足顾客质量要求的基础上及时交货。

（2）对无订单号的合格成品或降级改判产品，合理调整现有订单进行匹配替代，以达到加快库存周转，控制资金占用的目的。

订单功能清单见表 3-11。

表 3-11　订单功能清单

序号	功能名称	功 能 简 介	主要功能清单
1	转用充当	转用充当功能是依据匹配规则，将物料信息与合同信息比对，通过合理性检查，进行脱合同和挂合同处理	转用规则维护 充当规则维护 转用充当 脱合同 转用充当履历查询
2	成品缴库	成品缴库是生产部门与销售出厂部门的一个业务接口。成品材料产出并具备缴库条件后，这些成品材料就作为缴库资源进行管理	缴库计划编制 缴库计划确认
3	订单进程跟踪	订单进程跟踪是生产管理系统的核心功能，覆盖六安钢铁钢后所有产线。对每个合同进行全程进度跟踪	订单接收现况查询 订单进程详细查询 订单材料明细查询 订单完成情况统计表

3.4 系统画面与功能展示

项目平台采用当前最新的平台技术，基于 Spring MVC 框架的 B/S 架构，Oracle 数据库，主流 Web 技术，在钢铁行业有多年成熟应用案例。系统采用模块化集成设计，支持分布式部署，功能和内容扩展方便。

Spring MVC 是一个基于 Java 的实现了 MVC 设计模式的请求驱动类型的轻量级 Web 框架，通过把 Model，View，Controller 分离，将 Web 层进行职责解耦，把复杂的 Web 应用分成逻辑清晰的几部分，简化开发，减少出错，方便组内开发人员之间的配合。

JavaEE 体系结构包括四层，从上到下分别是应用层、Web 层、业务层、持久层。Struts 和 Spring MVC 是 Web 层的框架，Spring 是业务层的框架，Hibernate 和 MyBatis 是持久层的框架。Spring MVC 中各组件主要包括：

（1）前端控制器（Dispatch Servlet），前端控制器相当于是控制中心。用户的请求首先到达前端控制器，最终响应也是由前端控制器完成的，是用户请求的入口。在各个组件间完成数据的转发，由于前端控制器的存在减少了其他组件间的耦合性。

（2）处理器映射器（Handler Mapping），根据请求 URL 查找 Handler，即处理器（Controller）。Spring MVC 中对于映射器的处理有不同的映射方式；配置文件映射，注解进行映射，实现接口方式进行映射。

（3）处理器适配器（Handler Adapter），按照特定的规则去找到具体执行的执行器，使用适配器模式进行适配找执行器。

（4）处理器（Handler），编写 Handler 是需要按照适配器提供的规则进行开发，这样适配器才能找到处理器。Handler 在代码上即实现的 Controller 层对应的具体的方法入口。

（5）视图解析器（View Resolver），进行视图解析，根据逻辑视图名解析成真正的视图 View，如图 3-4 所示。根据逻辑视图名解析成物理视图名即具体的页面地址，再生成 View 的视图对象，最后将 View 进行渲染，将处理结果通过页面展示给用户。Spring MVC 框架提供 View 视图类型，包括 jsp，freemarker，pdf 等，一般情况下需要通过页面标签或页面模板的技术将模型数据通过页面展示给用户。

（6）视图（View），需要开发人员进行开发，最终展示给用户的页面，View 是一个接口，实现类支持不同的 View 类型。

视图集成方式，通过主数据发布的接口统一采用 restful 接口方式。接口编码规范，字符集统一采用 utf-8 格式。接口参数规范，body 体统一采用 json 格式传输。接口传输方式，post 方式。下面以炼钢、中厚板为例简要介绍。

3.4.1 炼钢 MES 程序设计

3.4.1.1 作业计划查询

实现 MES 管理系统生产计划的查询。主要包括出钢计划、浇注计划和切割计划，在生产前实现查询各个工序的生产计划及具体炉次的计划去向等计划生产信息。

A 炼钢生产指令查询

界面设计如图 3-5 所示。

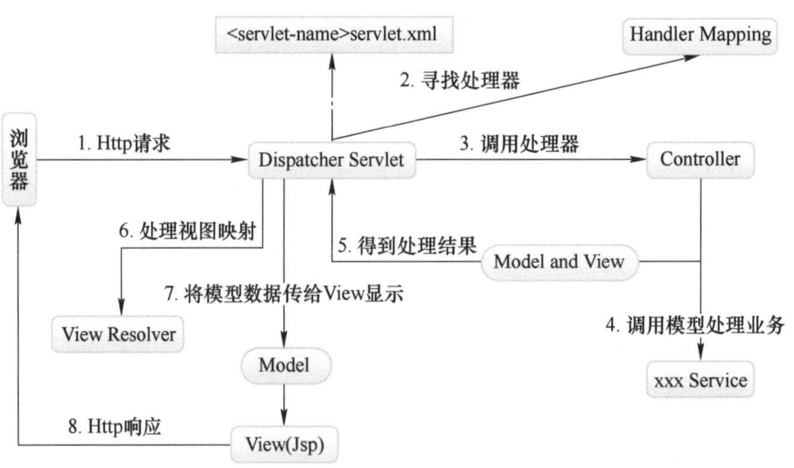

图 3-4　视图解析页面逻辑图

出钢指令查询 ×

出钢指令查询　　查询　关闭

时间: 2022-04-09 00:00 至 2022-04-09 08:00　转炉号　连铸号　计划炉号

序号	订单类型	品名代码	浇次号	浇次内序列号	计划炉号	浇铸计划号	炉次号	客户	炉次状态	进程	钢水重量	钢种	转炉号	出钢开始时间	作业班组	LF站号	连铸机号
1	订单材	线材	CA00001	1-2	PA000001	1	1	山东钢铁	LF作业	DCLF	200	Q235	1	2022-4-9 06:50:00	甲班	1	1
2	订单材	线材	CA00001	2-2	PA000002	1	2	山东钢铁	转炉作业	DC	200	Q235	1	2022-4-9 07:30:00	甲班	1	1
3																	
4																	
5																	

图 3-5　作业计划查询图
（扫描书前二维码看大图）

操作岗位：炼钢事业部调度岗位。

界面功能：可根据下达炉次开浇时间、转炉炉座号、计划炉号等筛选条件查看符合查询条件的出钢指令及计划去向，其中包括生产部下达的浇次计划和炼钢调度下达的炉次计划。

B　切割指令查询

界面设计如图 3-6 所示。

操作岗位：炼钢事业部调度岗位。

界面功能：查询各连铸机切割计划及详细切割计划信息。

3.4.1.2　炼钢生产管控

该页面主要对炼钢计划进行返送处理，工序计划下发的炼钢计划根据实际生产情况选择特定炉次进行返送，并将返送原因进行记录。

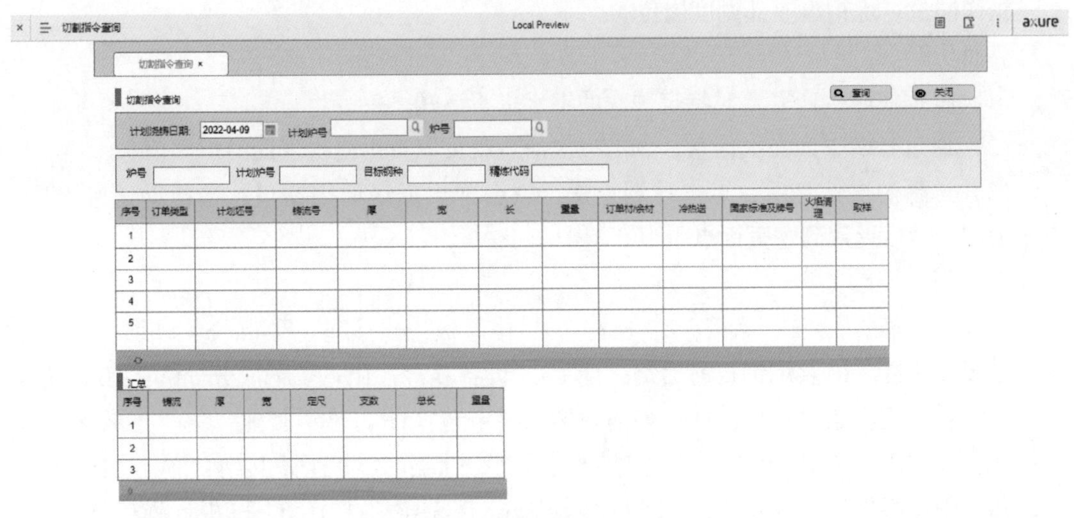

图 3-6　切割指令查询图

（扫描书前二维码看大图）

界面设计如图 3-7 所示。

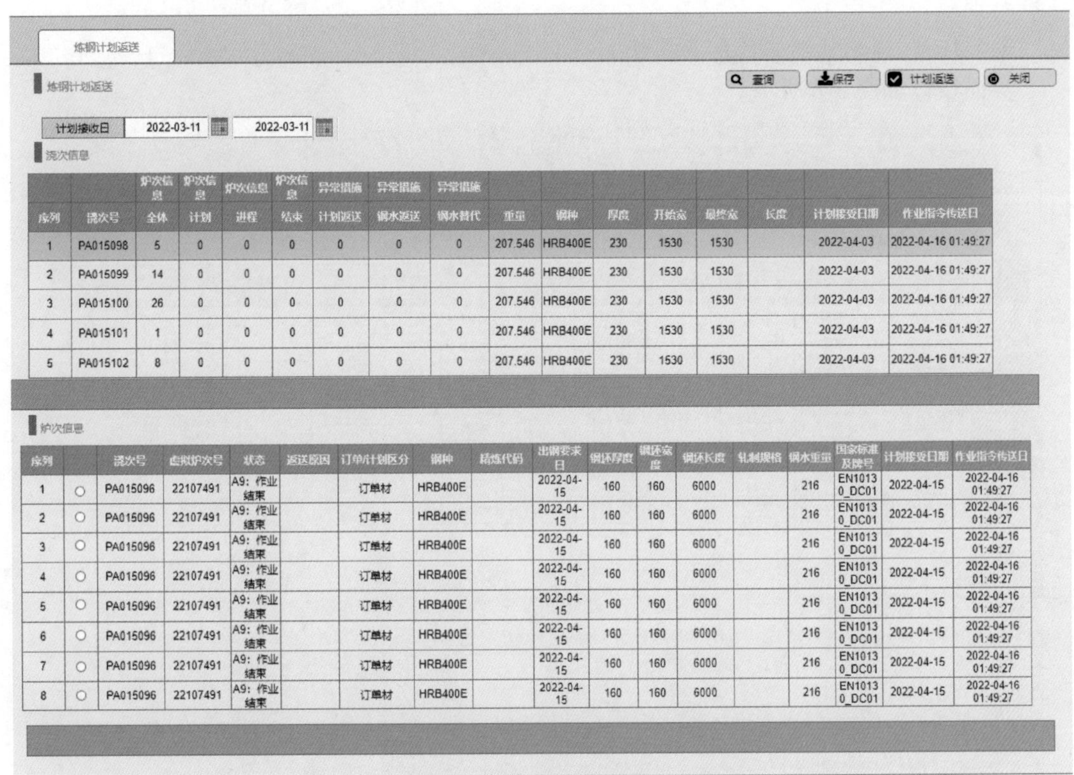

		炉次信息	炉次信息	炉次信息	炉次信息	异常措施	异常措施	异常措施								
序列	浇次号	全体	计划	进程	结束	计划返送	钢水返送	钢水替代	重量	钢种	厚度	开始宽	最终宽	长度	计划接受日期	作业指令传送日
1	PA015098	5	0	0	0	0	0	0	207.546	HRB400E	230	1530	1530		2022-04-03	2022-04-16 01:49:27
2	PA015099	14	0	0	0	0	0	0	207.546	HRB400E	230	1530	1530		2022-04-03	2022-04-16 01:49:27
3	PA015100	26	0	0	0	0	0	0	207.546	HRB400E	230	1530	1530		2022-04-03	2022-04-16 01:49:27
4	PA015101	1	0	0	0	0	0	0	207.546	HRB400E	230	1530	1530		2022-04-03	2022-04-16 01:49:27
5	PA015102	8	0	0	0	0	0	0	207.546	HRB400E	230	1530	1530		2022-04-03	2022-04-16 01:49:27

炉次信息

序列		浇次号	虚拟炉次号	状态	返送原因	订单/计划区分	钢种	精炼代码	出钢要求日	钢坯厚度	钢坯宽度	钢坯长度	轧制规格	钢水重量	国家标准及牌号	计划接受日期	作业指令传送日
1	○	PA015096	22107491	A9：作业结束		订单材	HRB400E		2022-04-15	160	160	6000		216	EN10130_DC01	2022-04-15	2022-04-16 01:49:27
2	○	PA015096	22107491	A9：作业结束		订单材	HRB400E		2022-04-15	160	160	6000		216	EN10130_DC01	2022-04-15	2022-04-16 01:49:27
3	○	PA015096	22107491	A9：作业结束		订单材	HRB400E		2022-04-15	160	160	6000		216	EN10130_DC01	2022-04-15	2022-04-16 01:49:27
4	○	PA015096	22107491	A9：作业结束		订单材	HRB400E		2022-04-15	160	160	6000		216	EN10130_DC01	2022-04-15	2022-04-16 01:49:27
5	○	PA015096	22107491	A9：作业结束		订单材	HRB400E		2022-04-15	160	160	6000		216	EN10130_DC01	2022-04-15	2022-04-16 01:49:27
6	○	PA015096	22107491	A9：作业结束		订单材	HRB400E		2022-04-15	160	160	6000		216	EN10130_DC01	2022-04-15	2022-04-16 01:49:27
7	○	PA015096	22107491	A9：作业结束		订单材	HRB400E		2022-04-15	160	160	6000		216	EN10130_DC01	2022-04-15	2022-04-16 01:49:27
8	○	PA015096	22107491	A9：作业结束		订单材	HRB400E		2022-04-15	160	160	6000		216	EN10130_DC01	2022-04-15	2022-04-16 01:49:27

图 3-7　炼钢计划图

（扫描书前二维码看大图）

操作岗位：炼钢事业部调度岗位。

界面功能：

（1）根据实际生产需要对特定炉次的钢水进行返送。

（2）通过日期查询浇次信息，点击浇次信息就可以查出浇次下面的炉次信息。

（3）选择炉次信息后，点击计划返送，就会弹出返送原因窗口，选择返送原因后，点击确定，然后返回到主页面点击保存。

（4）返送原因：

一级下拉菜单栏。1：炼钢；2：连铸；3：中厚板；4：订单/质量；5：计划。

二级菜单栏。1A：炼钢提前出钢；1B：LF 设备异常；1C：炼钢成分异常；1D：铁水不足；1E：炼钢副燃料不足；1F：炼钢现场调整申请；1H：炼钢其他；2A：连铸设备异常；2B：连铸附属设备异常；2C：连铸现场调整申请；2D：连铸其他；3A：加热炉异常；3B：中厚板轧制设备异常；3C：中厚板 DS，DSS 异常；3D：中厚板计划停休延迟；3E：中厚板其他；4A：修改订单；4B：取消订单；4C：质量设计异常；4D：质量设计遗漏；4E：设计成分异常；4F：订单/质量其他；5A：工序计划 MISS；5B：交期替代申请；5C：库存调整申请；5D：紧急生产替代；6E：ROLL 不适合；6F：设计项目遗漏；6G：工序其他。

3.4.1.3　炼钢计划生产设备调整

界面设计如图 3-8 所示。

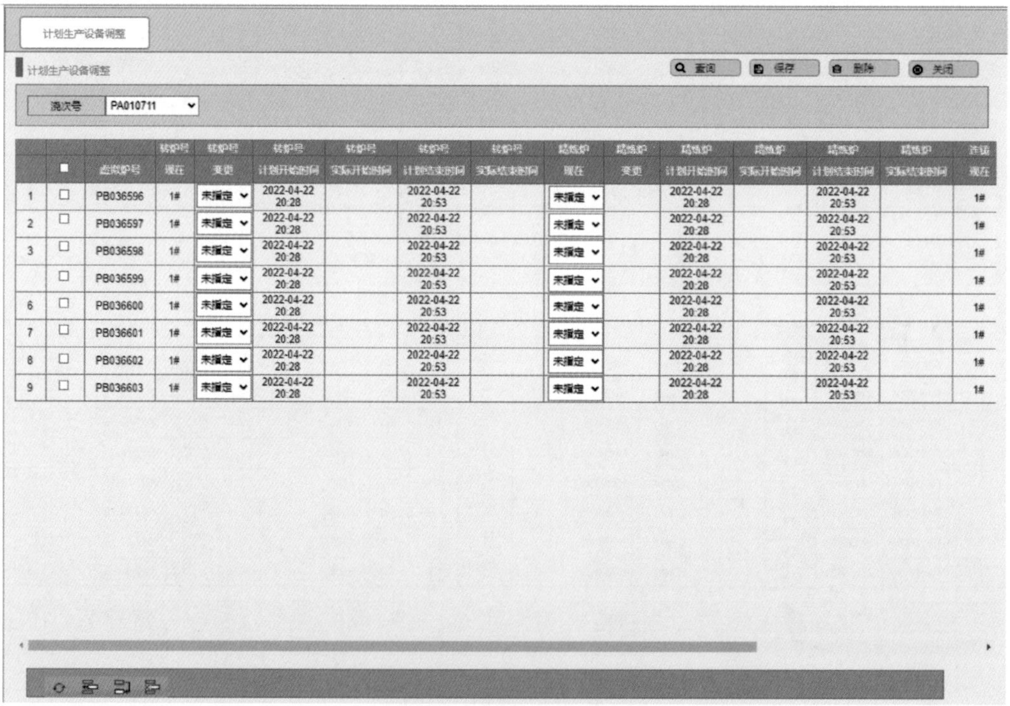

计划生产设备调整

计划生产设备调整　　查询　保存　删除　关闭

浇次号　PA010711

			转炉号	转炉号	转炉号	转炉号	转炉号	转炉号	精炼炉	精炼炉	精炼炉	精炼炉	精炼炉	精炼炉	连铸
	■	虚拟炉号	现在	变更	计划开始时间	实际开始时间	计划结束时间	实际结束时间	现在	变更	计划开始时间	实际开始时间	计划结束时间	实际结束时间	现在
1	□	PB036596	1#	未指定	2022-04-22 20:28		2022-04-22 20:53		未指定		2022-04-22 20:28		2022-04-22 20:53		1#
2	□	PB036597	1#	未指定	2022-04-22 20:28		2022-04-22 20:53		未指定		2022-04-22 20:28		2022-04-22 20:53		1#
3	□	PB036598	1#	未指定	2022-04-22 20:28		2022-04-22 20:53		未指定		2022-04-22 20:28		2022-04-22 20:53		1#
	□	PB036599	1#	未指定	2022-04-22 20:28		2022-04-22 20:53		未指定		2022-04-22 20:28		2022-04-22 20:53		1#
6	□	PB036600	1#	未指定	2022-04-22 20:28		2022-04-22 20:53		未指定		2022-04-22 20:28		2022-04-22 20:53		1#
7	□	PB036601	1#	未指定	2022-04-22 20:28		2022-04-22 20:53		未指定		2022-04-22 20:28		2022-04-22 20:53		1#
8	□	PB036602	1#	未指定	2022-04-22 20:28		2022-04-22 20:53		未指定		2022-04-22 20:28		2022-04-22 20:53		1#
9	□	PB036603	1#	未指定	2022-04-22 20:28		2022-04-22 20:53		未指定		2022-04-22 20:28		2022-04-22 20:53		1#

图 3-8　炼钢设备图

（扫描书前二维码看大图）

操作岗位：炼钢事业部调度岗位。

界面功能：

(1) 通过选择浇次号查询到浇次下的炉次。调整炼钢工序中炉次：通过各个工序的设备机号，调整该浇次的第一炉，点击保存，即可自动更改该炉次之后的设备信息。

(2) 通过对第一炉设置开浇时间，点击保存可以自动计算每一炉在每一个工序的计划开始、结束时间。

3.4.1.4 炼钢计划调整

界面设计如图 3-9 所示。

操作岗位：炼钢事业部调度岗位。

界面功能：

(1) 该界面主要展示了浇次信息、炉次信息。

(2) 可以对同浇次下的不同炉号进行顺序的调整。选择一个炉次，通过上下按钮进行位置调整。

(3) 可以对不同浇次下的炉次进行调整。

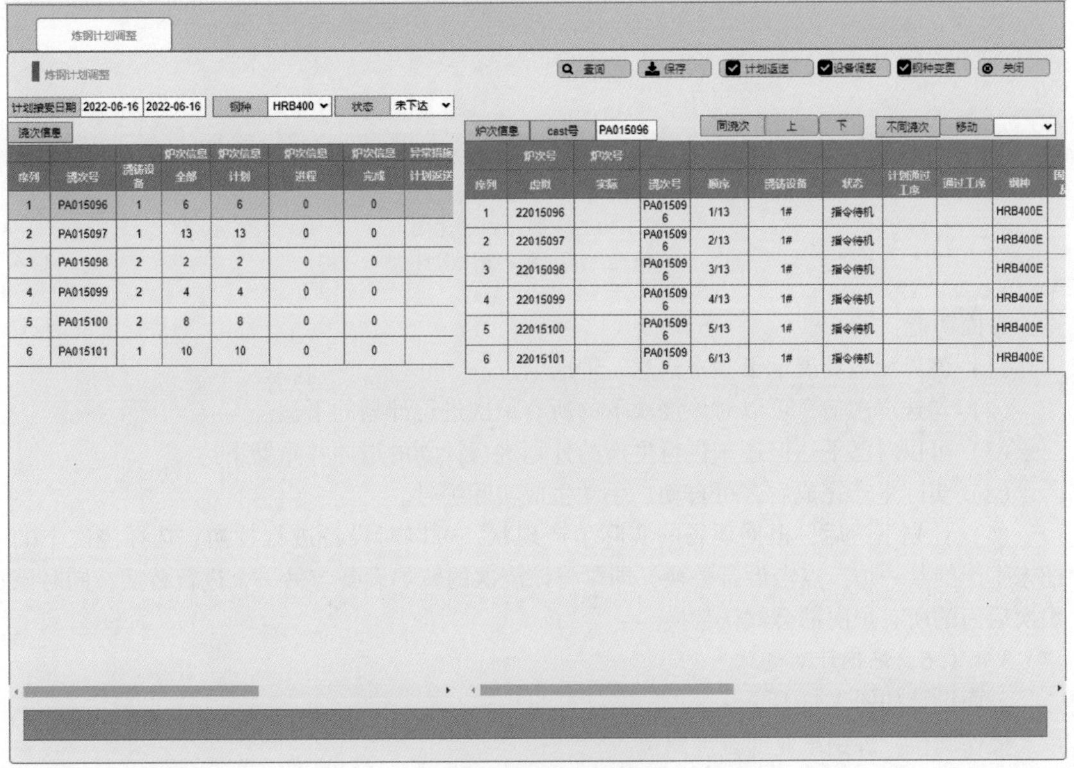

序列	浇次号	浇铸设备	炉次信息 全部	炉次信息 计划	炉次信息 进程	炉次信息 完成	异常措施 计划返送
1	PA015096	1	6	6	0	0	
2	PA015097	1	13	13	0	0	
3	PA015098	2	2	2	0	0	
4	PA015099	2	4	4	0	0	
5	PA015100	2	8	8	0	0	
6	PA015101	1	10	10	0	0	

序列	炉次号 虚拟	炉次号 实际	浇次号	顺序	浇铸设备	状态	计划通过工序	通过工序	钢种
1	22015096		PA015096	1/13	1#	指令待机			HRB400E
2	22015097		PA015096	2/13	1#	指令待机			HRB400E
3	22015098		PA015096	3/13	1#	指令待机			HRB400E
4	22015099		PA015096	4/13	1#	指令待机			HRB400E
5	22015100		PA015096	5/13	1#	指令待机			HRB400E
6	22015101		PA015096	6/13	1#	指令待机			HRB400E

图 3-9 炼钢计划调整图

（扫描书前二维码看大图）

(4) 计划返送、设备调整、钢种变更按钮可以直接跳转到相应的页面进行相关操作。

3.4.1.5 炼钢计划下达

界面设计如图 3-10 所示。

操作岗位：炼钢事业部调度岗位。

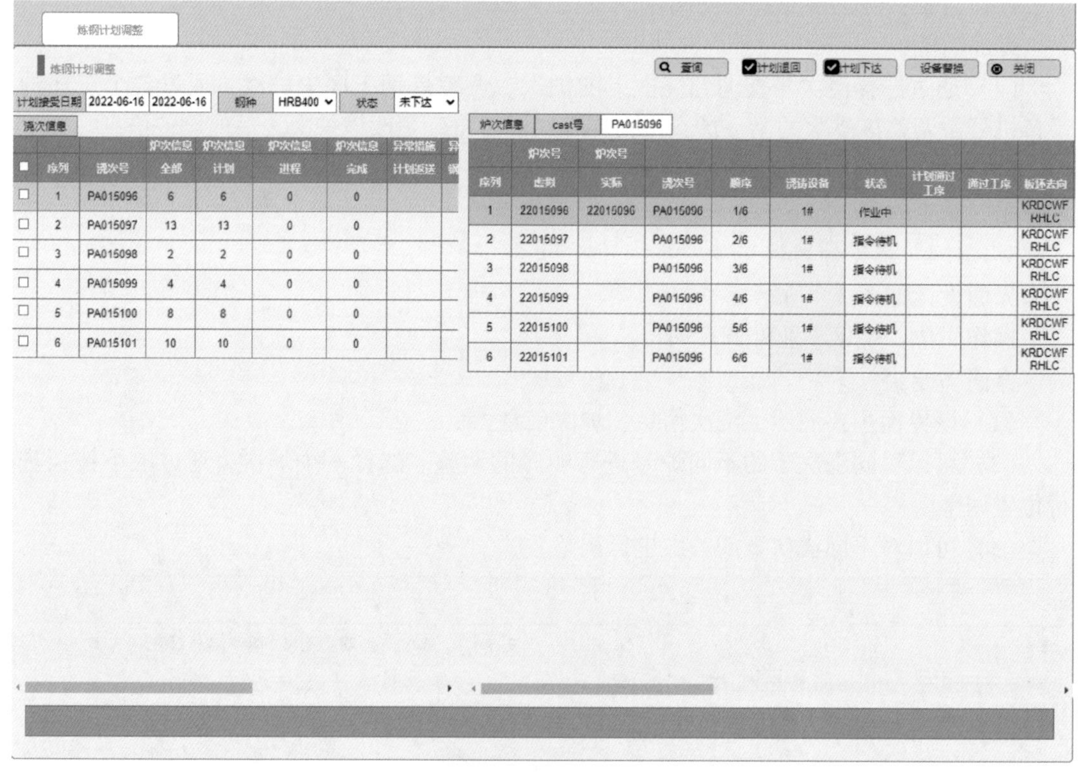

图 3-10 炼钢计划下达图
（扫描书前二维码看大图）

界面功能：

（1）该界面主要展示了浇次信息、炉次信息。

（2）勾选浇次信息可以对该浇次下的所有炉次进行计划的下达。

（3）可以对已下达但还未进行生产的计划进行计划的退回并重新下达。

（4）实际生产完成后，可自动、手动生成实际炉号。

（5）计划下达后，根据现场的实际生产现状，可以对设备进行替换。选择浇次下的还未生产的某一炉，点击设备替换，即可将该浇次的转炉设备与另一个进行替换，同时该炉次后面的所有炉次都会默认替换。

3.4.1.6 炼钢计划查询

界面设计如图 3-11 所示。

操作岗位：炼钢事业部调度岗位。

界面功能：该界面主要展示了浇次信息、炉次信息，对炼钢下达和执行的进度进行查询。

3.4.1.7 钢种变更和炼钢时刻监控

界面设计如图 3-12 所示。

操作岗位：炼钢事业部调度岗位。

界面功能：

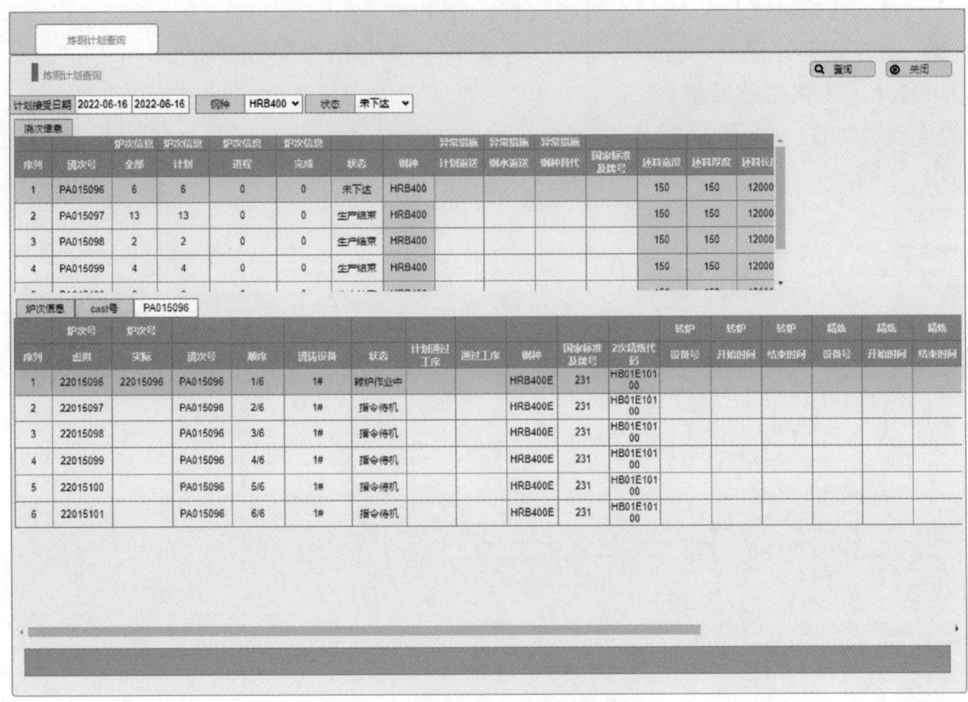

炼钢计划查询

炼钢计划查询　　查询　关闭

计划接受日期 2022-06-16 2022-06-16　钢种 HRB400　状态 未下达

浇次信息

序列	浇次号	炉次信息 全部	炉次信息 计划	炉次信息 进程	炉次信息 完成	状态	钢种	异常措施 计划返送	异常措施 钢水返送	异常措施 钢种替代	国家标准及牌号	坯料宽度	坯料厚度	坯料长度
1	PA015096	6	6	0	0	未下达	HRB400					150	150	12000
2	PA015097	13	13	0	0	生产结束	HRB400					150	150	12000
3	PA015098	2	2	0	0	生产结束	HRB400					150	150	12000
4	PA015099	4	4	0	0	生产结束	HRB400					150	150	12000

炉次信息　cast号　PA015096

序列	炉次号 虚拟	炉次号 实际	浇次号	顺序	浇铸设备	状态	计划通过工序	通过工序	钢种	国家标准及牌号	2次精炼代码	转炉 设备号	转炉 开始时间	转炉 结束时间	精炼 设备号	精炼 开始时间	精炼 结束时间
1	22015096	22015096	PA015096	1/6	1#	转炉作业中			HRB400E	231	HB01E10100						
2	22015097		PA015096	2/6	1#	指令待机			HRB400E	231	HB01E10100						
3	22015098		PA015096	3/6	1#	指令待机			HRB400E	231	HB01E10100						
4	22015099		PA015096	4/6	1#	指令待机			HRB400E	231	HB01E10100						
5	22015100		PA015096	5/6	1#	指令待机			HRB400E	231	HB01E10100						
6	22015101		PA015096	6/6	1#	指令待机			HRB400E	231	HB01E10100						

图 3-11　炼钢计划查询图

（扫描书前二维码看大图）

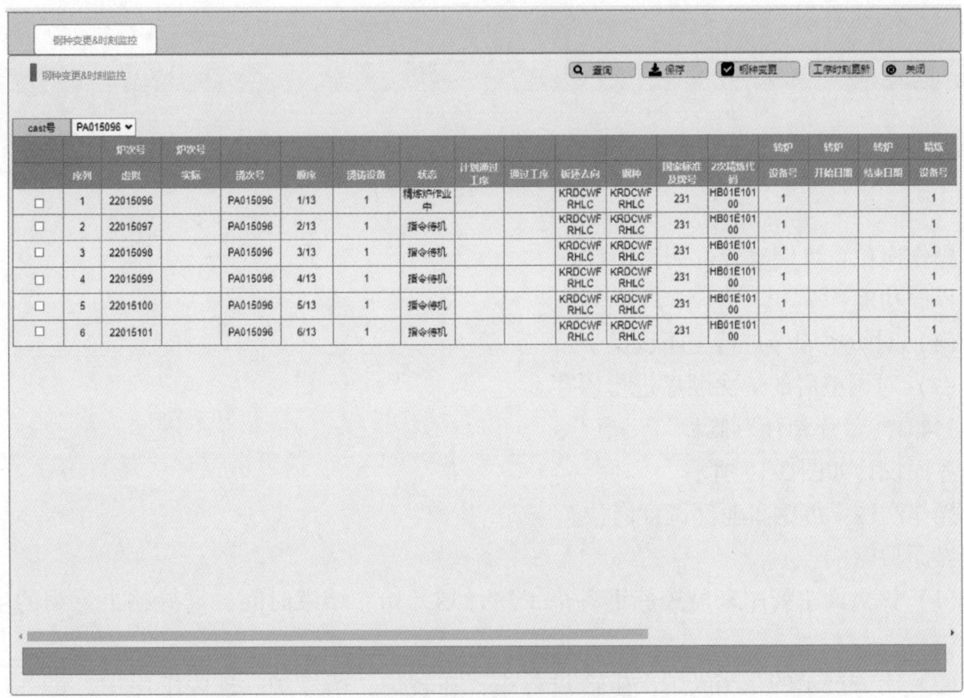

钢种变更&时刻监控

钢种变更&时刻监控　　查询　保存　钢种变更　工序时刻更新　关闭

cast号 PA015096

	序列	炉次号 虚拟	炉次号 实际	浇次号	顺序	浇铸设备	状态	计划通过工序	通过工序	板坯去向	钢种	国家标准及牌号	2次精炼代码	转炉 设备号	转炉 开始日期	转炉 结束日期	精炼 设备号
□	1	22015096		PA015096	1/13	1	精炼炉作业中			KRDCWFRHLC	KRDCWFRHLC	231	HB01E10100	1			1
□	2	22015097		PA015096	2/13	1	指令待机			KRDCWFRHLC	KRDCWFRHLC	231	HB01E10100	1			1
□	3	22015098		PA015096	3/13	1	指令待机			KRDCWFRHLC	KRDCWFRHLC	231	HB01E10100	1			1
□	4	22015099		PA015096	4/13	1	指令待机			KRDCWFRHLC	KRDCWFRHLC	231	HB01E10100	1			1
□	5	22015100		PA015096	5/13	1	指令待机			KRDCWFRHLC	KRDCWFRHLC	231	HB01E10100	1			1
□	6	22015101		PA015096	6/13	1	指令待机			KRDCWFRHLC	KRDCWFRHLC	231	HB01E10100	1			1

图 3-12　炼钢计划变更图

（扫描书前二维码看大图）

（1）对已在炼钢工序中的炉次进行钢种的变更调整。

（2）监控炼钢过程中，转炉、精炼、连铸实际的开始、结束时刻。

3.4.1.8　炼钢顺序调整

界面设计如图 3-13 所示。

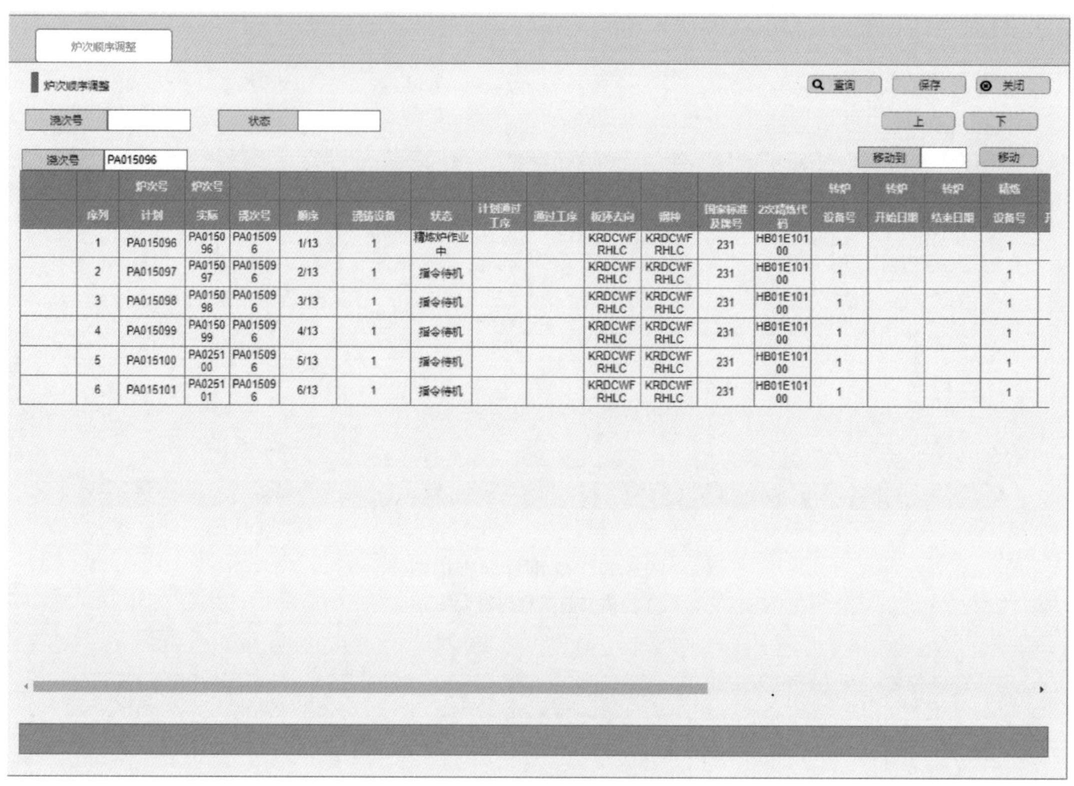

图 3-13　炼钢顺序调整图

（扫描书前二维码看大图）

操作岗位：炼钢事业部调度岗位。

界面功能：

（1）对炉次顺序进行上下调整。

（2）对调整后的炉次顺序进行保存。

3.4.1.9　炼钢计划监控

界面设计如图 3-14 所示。

操作岗位：炼钢事业部调度岗位。

界面功能：

（1）该页面主要用来监控炼钢各个工序计划开始、结束时间，掌握整个炼钢的生产节奏。

（2）上方展示的是当天炉次生产过程中，在转炉、精炼炉、连铸工序中，每一炉的计划开始、结束时间，点击某一个炉号时，便会将转炉、精炼、连铸所对应的炉号连接起来。

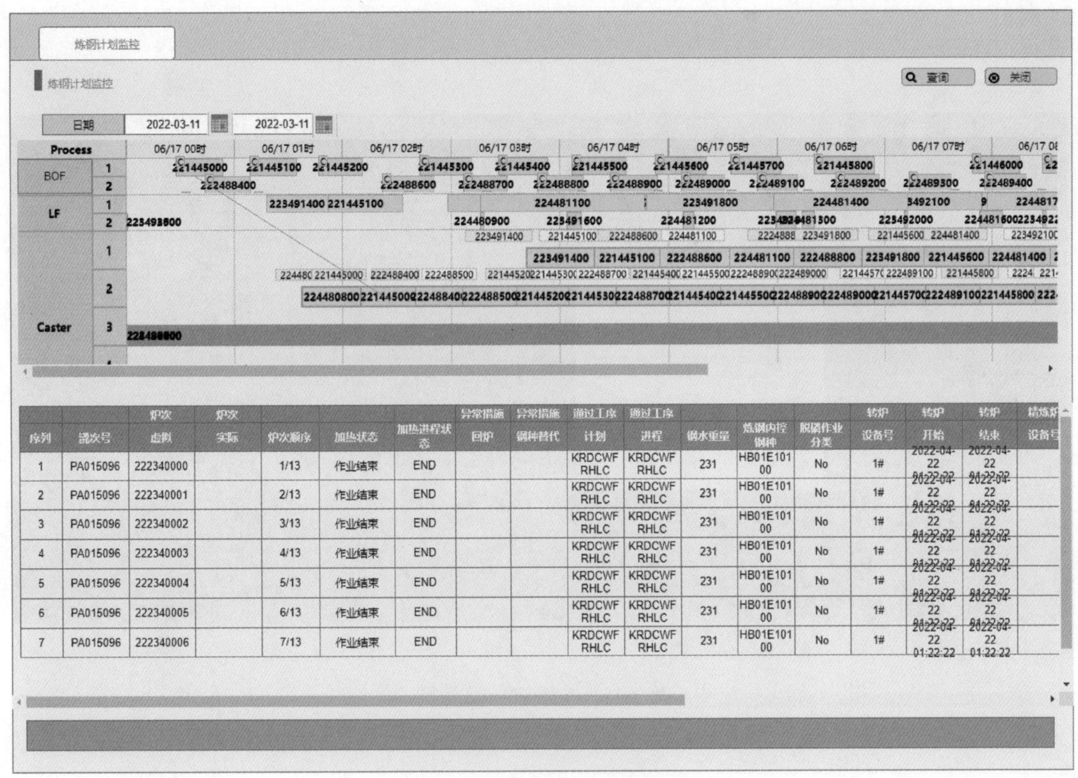

图 3-14 炼钢计划监控图
（扫描书前二维码看大图）

（3）在甘特图中通过拖拽鼠标实现更改工艺路径，并自动完成后续计算。涉及产线订单变更的有相关提示对话框，可以进行更改。

（4）下方是以表格的形式展示炉次数据信息。

3.4.1.10 生产现状监控

界面设计如图 3-15 所示。

操作岗位：炼钢事业部调度岗位。

界面功能：

（1）监控炼钢作业转炉、精炼、连铸作业中、已完成上一炉以及待作业炉次信息。

（2）鼠标悬浮后可以展示设备信息、炉次信息、时间信息。

3.4.1.11 生产实绩管理

包含铁水接收、转炉作业实绩、精炼 LF/VD 作业实绩、连铸机作业实绩、切割实绩、钢坯外观检查、钢坯精整管理。实现炼钢全流程监控管理。

A 铁水预报

界面设计如图 3-16 所示。

操作岗位：炼钢事业部炼钢调度岗位。

界面功能：可输入日期、高炉炉座号，点击查询按钮，查看出铁计划（铁水预报）。包含空包到达时间、高炉号、铁次号、出铁口号、估 S、估 Si、是否折罐等计划出铁

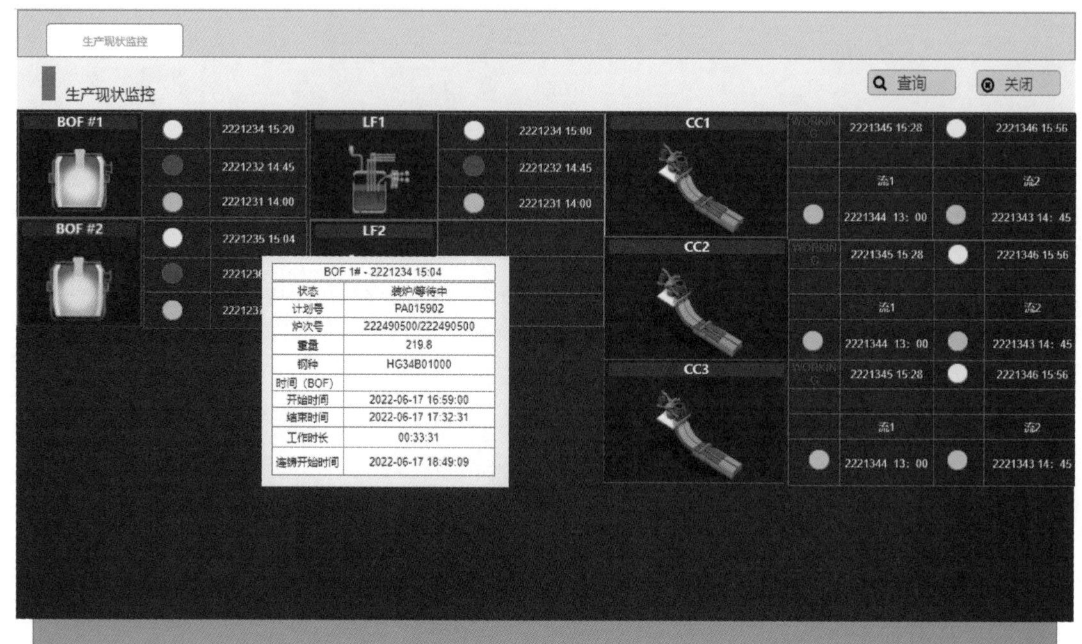

图 3-15　生产现状监控图
（扫描书前二维码看大图）

出铁计划查询　　查询　关闭

日期 2022-04-09　高炉 1#高炉

	要求空包到达时间	高炉	铁次	出铁口	估硫（S）	估硅(Si)	是否折罐	出场温度	预计开始出铁时间	预计出铁量	实际开始出铁时间	实际出铁量	去向	申请空包ID	发送时间
1	2022-05-21 01:00:00	1	1080	南场1#	0.12	0.20	否	1200	2022-05-21 01:10:00	1000	2022-05-21 01:10:00	1000			
2	2022-05-21 03:00:00	1	1081	北场1#	0.13	0.30	否	1221	2022-05-21 03:10:00	800	2022-05-21 03:10:00	800			
3	2022-05-21 05:00:00	1	1082	南场1#	0.11	0.31	是	1210	2022-05-21 05:10:00	900					
4	2022-05-21 07:00:00	1	1083	南场2#	0.20	0.33	否	1211	2022-05-21 06:10:00						
5	2022-05-21 09:00:00	1	1084	北场2#	0.21	0.22	否	1199	2022-05-21 06:50:00						
6	2022-05-21 11:00:00	1	1085	南场1#	0.09	0.21	否	1203	2022-05-21 07:10:00						

图 3-16　铁水预报图
（扫描书前二维码看大图）

信息。

B　铁水接收

界面设计如图 3-17 所示。

操作岗位：炼钢事业部炼钢调度、转炉主控岗位。

界面功能：

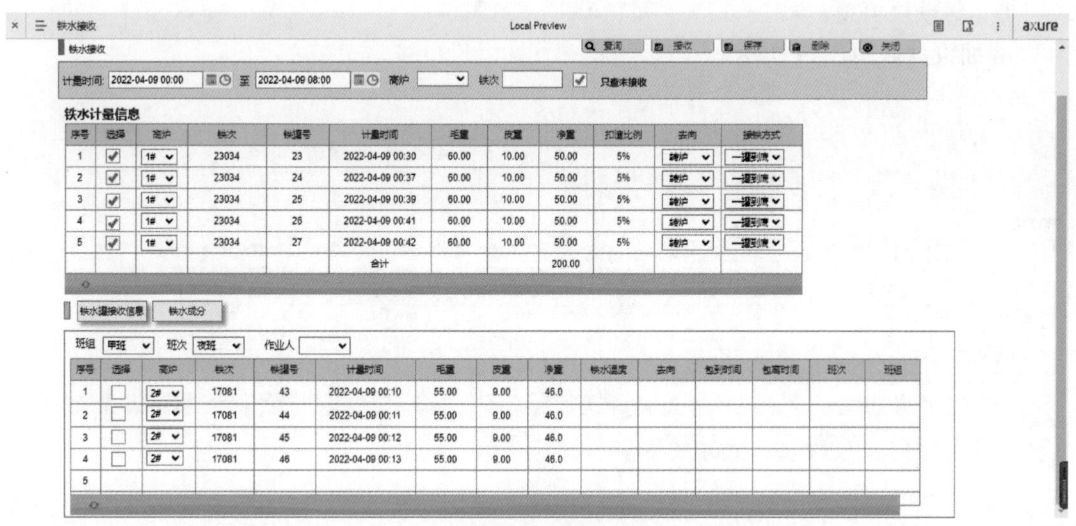

图 3-17　铁水接收图
（扫描书前二维码看大图）

（1）查询铁水接收情况。
（2）点击接收按钮，完成铁水从铁前到炼钢的交接。
（3）查看已接收铁水成分的信息。

C　铁水指运（手持端）

界面设计如图 3-18 所示。

出铁计量实绩

计量日期从: 2023-08-01 至 2023-08-18 罐号 车号 计量号

		计量号	铁次	车架号	罐号	净重	净重计量时间	计划号	毛重
1		1323080100019		3号线南	21	149.419 t	2023-08-01 12:2...	T231010252	327.891 t
2		1323080100060		5号线北	28	139.927 t	2023-08-01 21:1...	T232010048	317.112 t
3		1323080100069		4号线南	6	149.778 t	2023-08-01 23:1...	T232010049	314.115 t
4		1323080200005		6号线北	28	149.992 t	2023-08-02 01:4...	T232010050	330.602 t
5		1323080200036		2号线南	37	150.419 t	2023-08-02 09:0...	T231010260	328.246 t
6		1323080200040		3号线南	2	149.312 t	2023-08-02 11:4...	T231010262	329.7 t
7		1323080200060		2号线北	8	150.205 t	2023-08-02 14:3...	T231010263	325.57 t
8		1323080200054		6号线北	38	146.458 t	2023-08-02 14:3...	T232010056	330.602 t
9		1323080200093		3号线南	33	51.402 t	2023-08-02 19:5...	T231010265	223.915 t
10		1323080200092		5号线南	37	76.441 t	2023-08-02 19:5...	T232010058	257.587 t
11		1323080300017		4号线南	3	76.869 t	2023-08-03 04:2...	T232010060	244.632 t
12		1323080300028		6号线北	38	90.895 t	2023-08-03 06:5...	T232010062	271.505 t
13		1323080300025		3号线南	6	37.355 t	2023-08-03 06:4...	T231010269	206.781 t
14		1323080300049		2号线北	35	122.155 t	2023-08-03 10:5...	T231010271	288.527 t
15		1323081400064		1号线北	35	141.32 t	2023-08-14 15:1...	T231010386	335.42 t
16		1323081400084		6号线北	20	111.021 t	2023-08-14 15:4...	T232010184	278.142 t

图 3-18　铁水指运界面图
（扫描书前二维码看大图）

操作岗位：炼钢事业部铸铁机岗位。

界面功能：点击查询铁次，界面自动显示最近 10 条未确认的铁次信息，录入铁水温度，铁水量后，点击确认按钮上传数据。

D 铸铁块实绩

界面设计如图 3-19 所示。

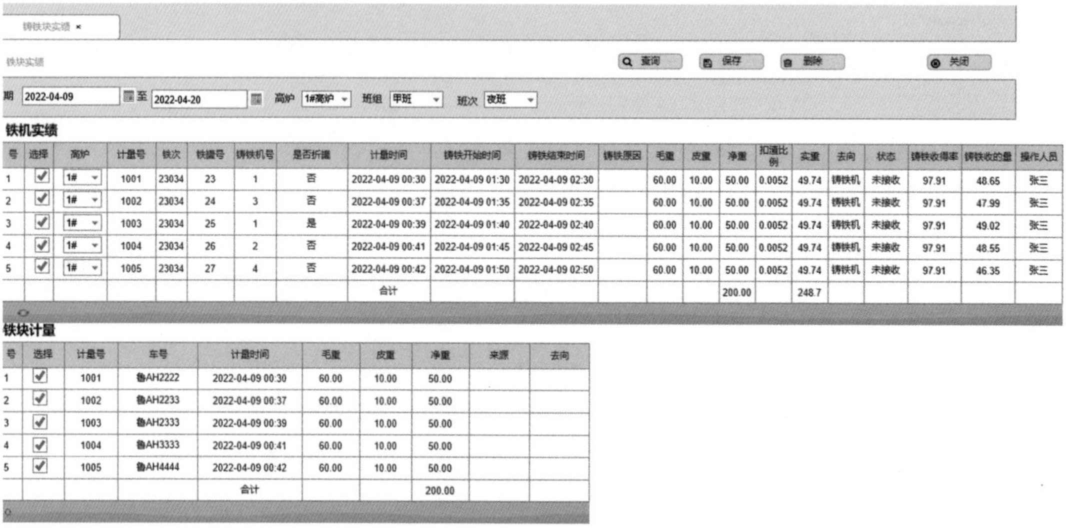

铸铁块实绩 ×

铁块实绩

查询 保存 删除 关闭

期 2022-04-09 至 2022-04-20 高炉 1#高炉 班组 甲班 班次 夜班

铁机实绩

号	选择	高炉	计量号	铁次	铁罐号	铸铁机号	是否折罐	计量时间	铸铁开始时间	铸铁结束时间	铸铁原因	毛重	皮重	净重	扣渣比例	实重	去向	状态	铸铁收得率	铸铁收的量	操作人员
1	✓	1#	1001	23034	23	1	否	2022-04-09 00:30	2022-04-09 01:30	2022-04-09 02:30		60.00	10.00	50.00	0.0052	49.74	铸铁机	未接收	97.91	48.65	张三
2	✓	1#	1002	23034	24	3	否	2022-04-09 00:37	2022-04-09 01:35	2022-04-09 02:35		60.00	10.00	50.00	0.0052	49.74	铸铁机	未接收	97.91	47.99	张三
3	✓	1#	1003	23034	25	1	是	2022-04-09 00:39	2022-04-09 01:40	2022-04-09 02:40		60.00	10.00	50.00	0.0052	49.74	铸铁机	未接收	97.91	49.02	张三
4	✓	1#	1004	23034	26	2	否	2022-04-09 00:41	2022-04-09 01:45	2022-04-09 02:45		60.00	10.00	50.00	0.0052	49.74	铸铁机	未接收	97.91	48.55	张三
5	✓	1#	1005	23034	27	4	否	2022-04-09 00:42	2022-04-09 01:50	2022-04-09 02:50		60.00	10.00	50.00	0.0052	49.74	铸铁机	未接收	97.91	46.35	张三
								合计						200.00		248.7					

铁块计量

号	选择	计量号	车号	计量时间	毛重	皮重	净重	来源	去向
1	✓	1001	鲁AH2222	2022-04-09 00:30	60.00	10.00	50.00		
2	✓	1002	鲁AH2233	2022-04-09 00:37	60.00	10.00	50.00		
3	✓	1003	鲁AH2333	2022-04-09 00:39	60.00	10.00	50.00		
4	✓	1004	鲁AH3333	2022-04-09 00:41	60.00	10.00	50.00		
5	✓	1005	鲁AH4444	2022-04-09 00:42	60.00	10.00	50.00		
				合计			200.00		

图 3-19 铸铁块实绩图

（扫描书前二维码看大图）

操作岗位：炼钢事业部铸铁机岗位。

界面功能：

（1）按选定时间范围，工序筛选条件查询铁水计量信息，包括计量号、铁次号、铸铁机号、是否折罐，铸铁开始、结束时间、皮毛净重、铸铁去向等信息。

（2）勾选铁水计量条目，点击保存按钮接收铁水信息。

（3）勾选铁水计量条目，点击删除按钮删除接收铁水信息。

E 铸铁机信息录入（手持端）

界面设计如图 3-20 所示。

铸铁产量实绩

日期从: 2023-08-15 00:0(至 2023-08-18 00:0(工序 铸铁机

		计量日期	铸铁机号	供炼钢铁水量	铁水总毛产量	铸铁总净产量
1		2023-08-17	1	4779.298	4803.194	4779.298
2		2023-08-17	2	5479.068	5506.463	5479.068
3		2023-08-16	1	6382.716	6414.63	6382.716
4		2023-08-16	2	7332.238	7368.899	7332.238
5		2023-08-15	1	6239.28	6270.476	6239.28
6		2023-08-15	2	6434.654	6466.827	6434.654
7		2023-08-15	3	851.883	856.142	851.883

图 3-20 铸铁机信息录入图

（扫描书前二维码看大图）

操作岗位：炼钢事业部转炉岗位。

界面功能：录入铁次号，点击查询按钮。在下方表格中录入铸铁机铁次信息，点击确

认上传数据。

F 吹氩站信息录入（手持端）

界面设计如图 3-21 所示。

转炉实绩

转炉	1	炉次号	30810719	计划号		钢种		炉龄	
铁次/罐号		铁水温度		铁水量		废钢总量		总管氧压	
终点温度		出钢温度		氩前温度		氩后温度		氧气消耗	
班次班组	白班 甲组	炉长		钢包号		钢水重量		钢水定氧	

图 3-21 吹氩站信息录入图

（扫描书前二维码看大图）

操作岗位：炼钢事业部吹氩站岗位。

界面功能：点击查询炉次，下方显示最近 10 炉为确认的炉次列表。在列表中录入吹氩站氩气消耗、钢筋切粒量，点击确认上传信息。

G 转炉加废钢实绩

界面设计如图 3-22 所示。

转炉加废钢 ×

转炉加废钢　　查询　保存　关闭

时间: 2022-04-09 08:00 至 2022-04-09 20:00 转炉 　 ✓不查已结束计划

转炉作业信息

序号	选择	计划号	转炉	炉号	炉次状态	废钢来源	计划冶炼时间	加废钢时间	加废钢结束时间	废钢斗号	毛重	皮重	净量	班次班组
1	☐	PA1084741	1#	22104005	转炉吹炼	十号料场	2022-04-09 8:30	2022-04-09 8:00	2022-04-09 8:05	1				
2	☐	PA1084742	2#	22203080	转炉吹炼	废钢库	2022-04-09 8:40	2022-04-09 8:10	2022-04-09 8:15	2				
3	☑	PA1084743	1#			直接外购	2022-04-09 8:50							
4	☐	PA1084744	2#			十号料场	2022-04-09 09:00							
5	☐	PA1084745	1#			废钢库	2022-04-09 09:10							
6	☐	PA1084746	2#			十号料场	2022-04-09 09:20							

废钢信息

序号	选择	计划炉号	废钢种类	重量
1	☐	PA1084741	铁块	
2	☐	PA1084741	普废	
3	☑	PA1084741	切粒冲豆	
4	☐	PA1084741	压块	

图 3-22 废钢加入信息图

（扫描书前二维码看大图）

操作岗位：炼钢事业部转炉岗位。

界面功能：

（1）查询各个炉次号添加废钢的种类、质量、废钢来源、班次班组等信息。

（2）点击上方显示列表，该炉次号所对应的加废钢名在下方列表显示（废钢质量实绩来源为天车定位管理系统或现场 PLC 数采，通过物料编码匹配）。

（3）当天车定位系统或现场 PLC 数采未采集到废钢信息，或废钢信息需要修改时，可在下方废钢信息列表更改当前炉次废钢添加种类和添加量。

H　转炉作业实绩

界面设计如图 3-23 所示。

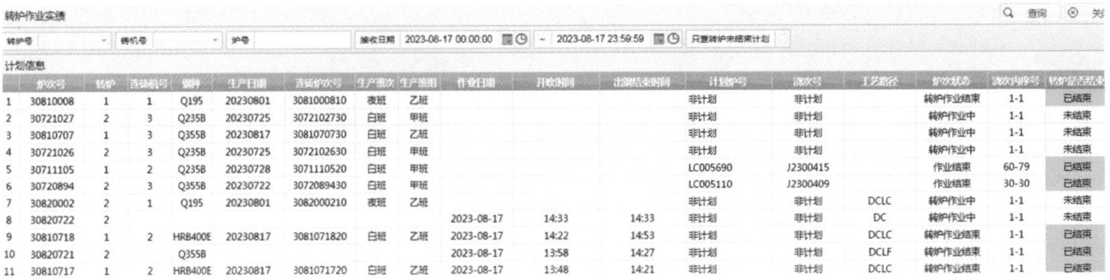

转炉作业实绩　　　　查询　关

转炉号　铸机号　炉号　接收日期 2023-08-17 00:00:00 ~ 2023-08-17 23:59:59　只查转炉未结束计划

计划信息

	炉次号	转炉	连铸机号	钢种	生产日期	连铸炉次号	生产班次	生产班组	作业日期	开吹时间	出钢结束时间	计划炉号	浇次号	工艺路径	炉次状态	浇次内序号	转炉是否结
1	30810008	1	1	Q195	20230801	3081000810	夜班	乙班				非计划	非计划		转炉作业结束	1-1	已结束
2	30721027	2	3	Q235B	20230725	3072102730	白班	甲班				非计划	非计划		转炉作业中	1-1	未结束
3	30810707	1	3	Q355B	20230817	3081070730	白班	乙班				非计划	非计划		转炉作业中	1-1	未结束
4	30721026	2	3	Q235B	20230725	3072102630	白班	甲班				非计划	非计划		转炉作业中	1-1	未结束
5	30711105	1	2	Q235B	20230728	3071110520	白班	甲班				LC005690	J2300415		作业结束	60-79	已结束
6	30720894	2	3	Q355B	20230722	3072089430	白班	甲班				LC005110	J2300409		作业结束	30-30	已结束
7	30820002	2	1	Q195	20230801	3082000210	夜班	乙班				非计划	非计划	DCLC	转炉作业中	1-1	未结束
8	30820722	2							2023-08-17	14:33	14:33	非计划	非计划	DC	转炉作业中	1-1	未结束
9	30810718	1	2	HRB400E	20230817	3081071820	白班	乙班	2023-08-17	14:22	14:53	非计划	非计划	DCLC	转炉作业结束	1-1	已结束
10	30820721	2		Q355B					2023-08-17	13:58	14:27	非计划	非计划	DCLF	转炉作业结束	1-1	已结束
11	30810717	1	2	HRB400E	20230817	3081071720	白班	乙班	2023-08-17	13:48	14:21	非计划	非计划	DCLC	转炉作业结束	1-1	已结束

图 3-23　转炉作业实绩图

（扫描书前二维码看大图）

操作岗位：炼钢事业部转炉岗位。

界面功能：

（1）点击查询按钮可以显示查询条件时间段内出钢计划信息。双击作业计划信息中其中一行可在下方显示该炉次的转炉实绩信息。包括转炉工序各节点时间及钢水成分。

（2）下方转炉实绩可编辑，录入后点击保存按钮保存该炉次转炉实绩，实现对转炉实绩的修改或录入。

说明：

（1）界面中计划号、转炉号、炉次号、钢种为 MES 系统自动填入。

（2）炉龄，是否 1 倒，氧枪枪号/枪龄，枪位（开始吹炼/吹炼过程/吹炼终点），铁包号，铁水温度，铁水量，废钢总量，总管氧压，氧气流量，终点温度，出钢温度，氩前温度，氩后温度，氩气消耗，吹底情况，钢包号，钢水质量，钢包加盖，挡渣量，出钢口作业时刻（加废钢、吹氧等时间）需从天车定位管理系统或现场 PLC 数采获得，若无法上传需人工录入。

（3）钢水成分从检化验接口中读取。

（4）班次班组，炉长需手工填入。

I　转炉作业实绩查询

界面设计如图 3-24 所示。

操作岗位：炼钢事业部转炉主控岗位。

界面功能：点击查询，可根据时间和转炉等查询条件查询各炉次转炉实绩（相当于前界面转炉作业的实绩汇总）。

说明：界面右侧已添加投弹情况，内含温度、C 含量、LIMS 炉前成分、点吹时间、LIMS 炉后成分、成品成分、定氧情况；投料方面补充：补加碳粉、合金、脱氧剂、硅钙线、铝线等丝线投入。

J　LF 精炼作业实绩

界面设计如图 3-25 所示。

操作岗位：炼钢事业部精炼 LF 主控岗位。

界面功能：

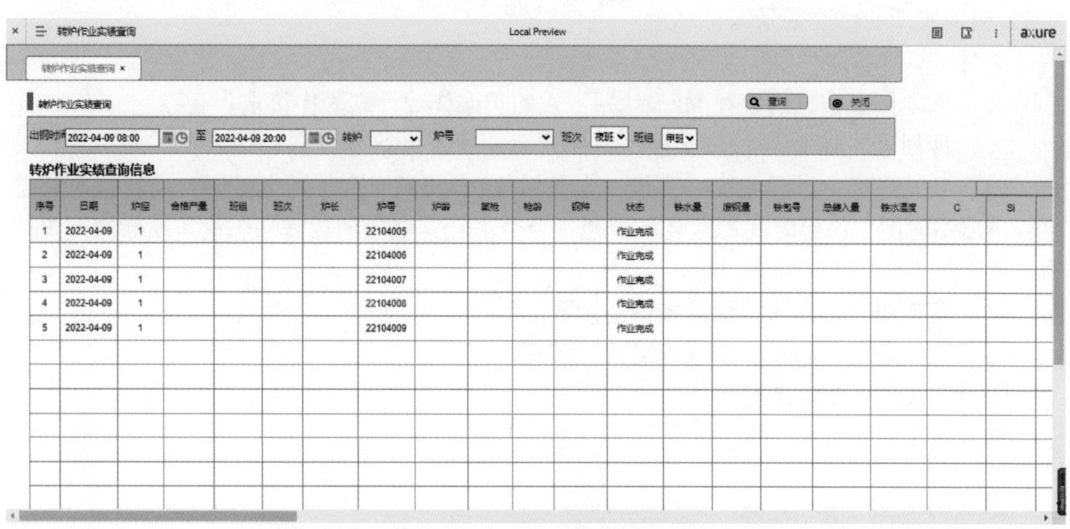

图 3-24 转炉作业实绩查询图
（扫描书前二维码看大图）

图 3-25 LF 精炼作业实绩图
（扫描书前二维码看大图）

（1）点击查询按钮可以显示查询条件时间段内出钢计划信息。双击作业计划信息中其中一行可在下方显示该炉次的 LF 精炼实绩信息。包括 LF 精炼工序各时间节点的成分及投料明细。

（2）下方 LF 精炼实绩可编辑，录入后点击保存按钮保存该炉次 LF 精炼实绩，实现对 LF 精炼实绩的修改或录入。

说明：

（1）计划作业信息内容在 MES 计划下发的炉次作业计划表中读取。

（2）计划号，LF 站号，炉次号，钢种，钢包号为 MES 系统自动填入。

（3）到站温度，过程温度（预设 3 个显示位），离站温度，送电时间，电耗，氩气总量，进出站时间，吊包时间，散装料消耗，合金消耗，喂丝消耗需从炼钢实绩数据接口获得，若无法上传需人工录入。

（4）精炼成分信息从检化验接口中读取。

（5）班次班组，炉长，备注等需人工填写。

K　LF 精炼作业实绩查询

界面设计如图 3-26 所示。

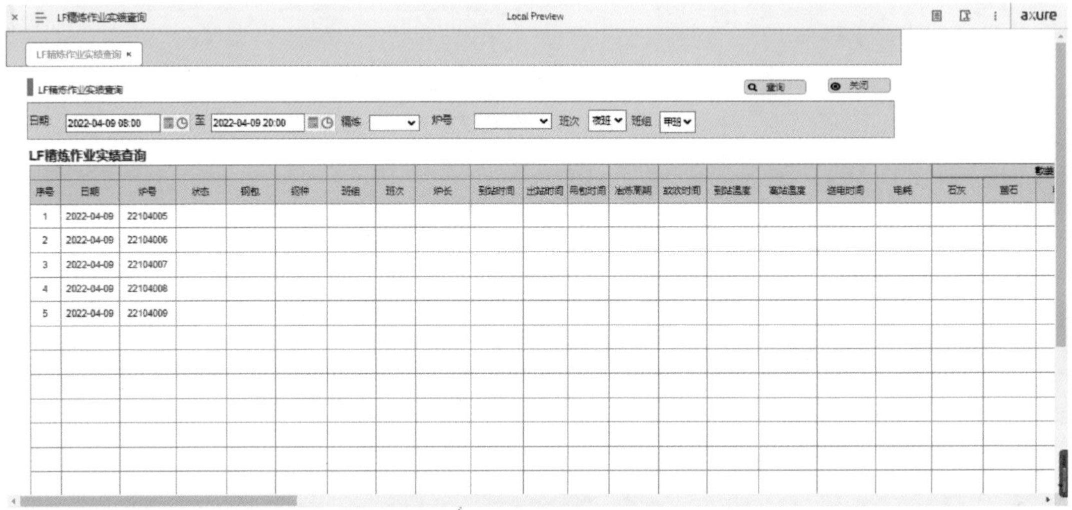

图 3-26　LF 精炼作业实绩查询图
（扫描书前二维码看大图）

操作岗位：炼钢事业部精炼 LF 岗位。

界面功能：点击查询，可根据时间和精炼炉座号等查询条件查询各炉次 LF 精炼实绩（相当于前界面精炼作业的实绩汇总）。

L　连铸班组作业记事

界面设计如图 3-27 所示。

操作岗位：炼钢事业部方坯连铸机主控岗位。

界面功能：

（1）根据生产日期、连铸机号等查询条件将连铸机信息筛选显示。

（2）可在生产记录、排渣记录和中包使用情况中录入铸机信息，确认后点击保存按钮保存信息。

（3）点击删除按钮，删除所选择的铸机记录信息。

M　方坯连铸炉次浇铸作业实绩

界面设计如图 3-28 所示。

× 连铸班组作业记事　Local Preview　axure

连铸班组作业记事　查询　保存　删除　关闭

日期 2022-04-09　连铸机 1#　班组　班次

生产记录

作业日期	2022-04-09	生产状态	设备状况
班次	夜班		
班组	甲班		
机长	张三		

排渣记录

序号	选择	日期	铸机	班次	班组	中包	中包号	排渣开始时间	备注
1	✓	2022-04-09	1#			中包A	9	2022-04-09 8:30	
2									
3									
4									

中包使用状况

序号	选择	日期	铸机	班次	班组	中包	中包号	点火	灭火	开浇	停浇
1	✓	2022-04-09	1#			中包A	9	2022-04-09 8:30			
2											
3											
4											

图 3-27　连铸班组作业记事图

（扫描书前二维码看大图）

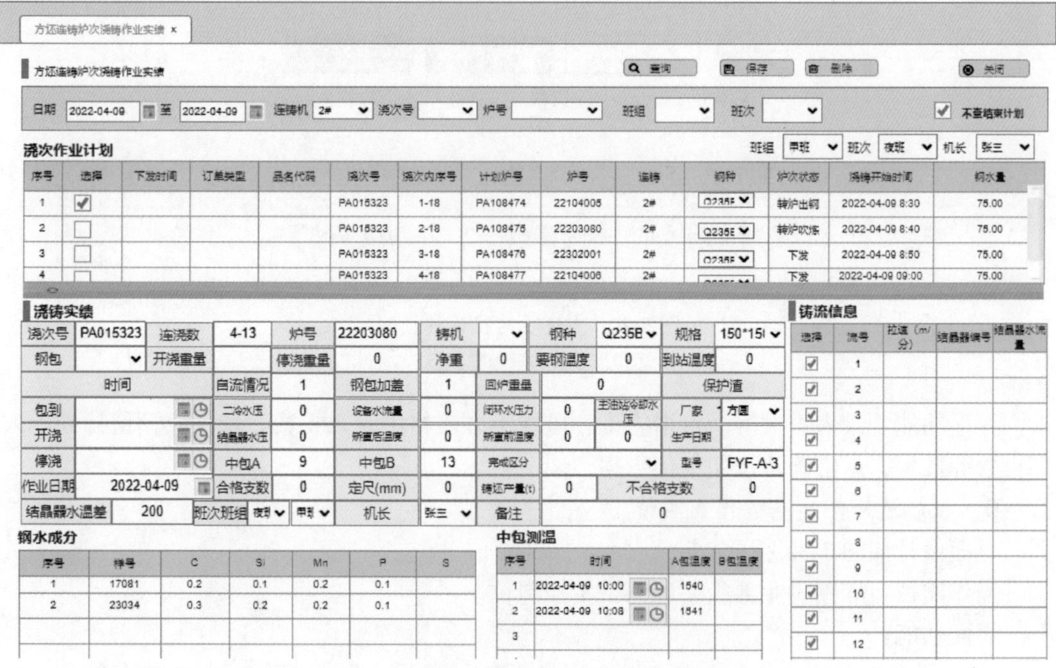

方坯连铸炉次浇铸作业实绩

查询　保存　删除　关闭

日期 2022-04-09 至 2022-04-09　连铸机 2#　浇次号　炉号　班组　班次　✓ 不查结束计划

浇次作业计划　班组 甲班　班次 夜班　机长 张三

序号	选择	下发时间	订单类型	品名代码	浇次号	浇次内序号	计划炉号	炉号	连铸	钢种	炉次状态	浇铸开始时间	钢水量
1	✓				PA015323	1-18	PA108474	22104005	2#	Q235B	转炉出钢	2022-04-09 8:30	75.00
2					PA015323	2-18	PA108475	22203080	2#	Q235B	转炉吹炼	2022-04-09 8:40	75.00
3					PA015323	3-18	PA108476	22302001	2#	Q235B	下发	2022-04-09 8:50	75.00
4					PA015323	4-18	PA108477	22104006	2#		下发	2022-04-09 09:00	75.00

浇铸实绩

浇次号	PA015323	连浇数	4-13	炉号	22203080	铸机		钢种	Q235B	规格	150*150
钢包		开浇重量		停浇重量	0	净重	0	要钢温度	0	到站温度	0
时间		自流情况		1	钢包加盖	1	回炉重量		0	保护渣	
包到		二冷水压		0	设备水流量	0	闭环水压力	0	主油站冷却水压	厂家	方圆
开浇		结晶器水压		0	新重后温度	0	新重前温度	0	0	生产日期	
停浇		中包A		9	中包B	13	完成区分			型号	FYF-A-3
作业日期	2022-04-09	合格支数		0	定尺(mm)	0	铸坯产量(t)	0	不合格支数		0
结晶器水温差	200	班次班组	夜班	甲班	机长	张三	备注		0		

钢水成分

序号	样号	C	Si	Mn	P	S
1	17081	0.2	0.1	0.2	0.1	
2	23034	0.3	0.2	0.2	0.1	

中包测温

序号	时间	A包温度	B包温度
1	2022-04-09 10:00	1540	
2	2022-04-09 10:08	1541	
3			

铸流信息

选择	流号	拉速（m/分）	结晶器编号	结晶器水流量
✓	1			
✓	2			
✓	3			
✓	4			
✓	5			
✓	6			
✓	7			
✓	8			
✓	9			
✓	10			
✓	11			
✓	12			

图 3-28　方坯连铸炉次浇铸作业实绩图

（扫描书前二维码看大图）

操作岗位：炼钢事业部方坯连铸机主控岗位。

界面功能：

（1）点击查询按钮，可以显示查询条件时间段内连铸出钢计划信息。双击作业计划信息中其中一行可在下方显示该炉次的连铸实绩信息。包括连铸铸流信息，钢水成分，各时间段中包测温。

（2）下方连铸实绩可编辑，录入后点击保存按钮保存该炉次连铸实绩，实现对连铸实绩的修改或录入。

说明：

（1）计划作业信息内容在MES计划下发的炉次作业计划表中读取。

（2）浇次号，连浇号，炉号，铸机号，钢种，计划切割规格，完成区分代码，合格支数，不合格支数为MES系统自动填入。

（3）钢包号，开浇质量，停浇质量，净重，目标温度，到站温度，包到时间，开浇时间，停浇时间，二冷水压，钢包加盖，结晶器水温差，回炉质量，结晶器水压，设备水流量，闭环水压力，结晶器水压，矫直前温度，矫直后温度，铸流信息（拉速，结晶器编号，结晶器水流量）需从炼钢实绩数据接口获得，若无法上传需人工录入。

（4）钢水成分信息从检化验接口中读取。

（5）班次班组，炉长，保护渣厂家，备注等需人工填写。

N　方坯管理（手持端）

界面设计如图3-29所示。

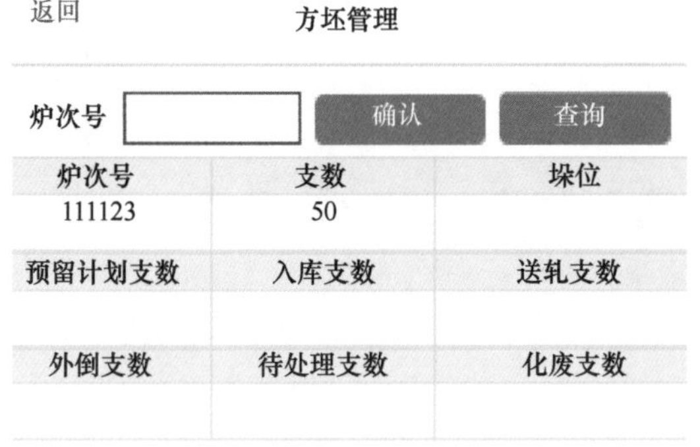

图3-29　方坯手持机管理画面
（扫描书前二维码看大图）

界面功能：录入炉次号，点击查询，可在下方表格中录入支数、垛位、预留计划、入库支数等数据，点击确认按钮上传数据。

O　板坯连铸炉次浇铸作业实绩

界面设计如图3-30所示。

操作岗位：炼钢事业部板坯连铸机主控岗位。

界面功能：

（1）录入炉次号，点击查询按钮，可显示计划炉号、目标钢种、中包基本信息、铸流信息、含氧量信息、中间包温度、操作人员备注等信息。

（2）炉次浇铸信息计划由连铸机二级发送（目前未上线），当特殊情况时，可人为录入，若信息需要调整，可在该界面修改，点击保存按钮存储。

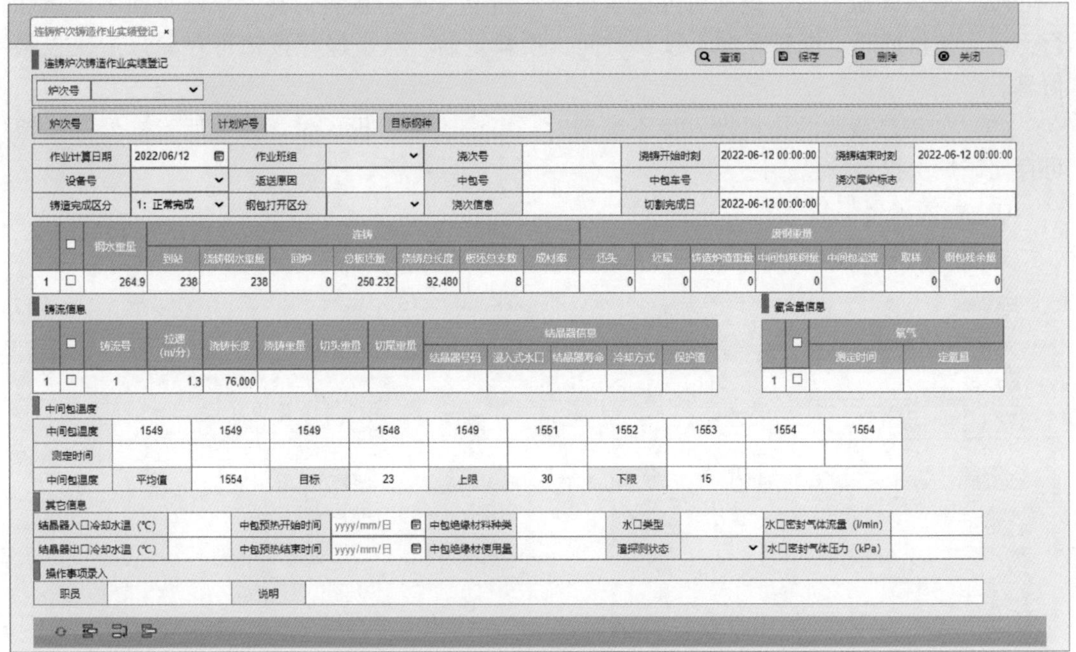

图 3-30 板坯连铸炉次浇铸作业实绩图

（扫描书前二维码看大图）

P 炼钢各工序投料管理

界面设计如图 3-31 所示。

炼钢各工序投料管理　　查询　保存　删除　确认　关闭

炉次号 224460700　炼钢工序代码　录入时间 2022-06-10 ~ 2022-06-11

主材料投入

		炉次号	铸机号	炼钢工序代码	总处理次数	物料编码	投料区域	物料			确认人员	确认时间	数[illegible]
								投入量	开始时间	结束时间			
1		224460700	2	DC:BOF(De-C)	1	RRCA01:BOF 生白云石	BOF	1.018					TC06
2		224460700	2	DC:BOF(De-C)	1	RRCD04: BOF 石灰	BOF	5.674					TC06
3		224460700	2	DC:BOF(De-C)	1	RRCD06:WF 小颗粒石灰	BOF	0.724					TC06
4		224460700	2	DC:BOF(De-C)	1	RRDA21:废钢 生铁块	*	25.3					TC06
5		224460700	2	DC:BOF(De-C)	1	RRDA26:废钢 外购废钢…	*	24					TC06
6		224460700	2	DC:BOF(De-C)	1	RRDA47:废钢 热熔压块	*	7.3					TC06
7		224460700	2	DC:BOF(De-C)	1	RREA01:WF 锰硅合金	BOF	0					TC06
8		224460700	2	DC:BOF(De-C)	1	RREB01:WF 硅铁	BOF	0.582					TC06
9		224460700	2	DC:BOF(De-C)	1	RREC01:WF 高碳锰铁	BOF	1.111					TC06
10		224460700	2	DC:BOF(De-C)	1	RREC04:WF 铝锰铁	BOF	0.464					TC06
11		224460700	2	DC:BOF(De-C)	1	RREZ05:WF 铌铁	BOF	0					TC06
12		224460700	2	DC:BOF(De-C)	1	RREZ17:WF 70钛铁	BOF	0					TC06
13		224460700	2	DC:BOF(De-C)	1	RRFC09:WF 钙铝包芯线	BOF	0					TC06
14		224460700	2	DC:BOF(De-C)	1	RRGA04:RH 石墨增碳剂	BOF	0.156					TC06
15		224460700	2	DC:BOF(De-C)	1	RRGD17:BOF 轻烧镁球	BOF	1.045					TC06

View 1-30 的 30

图 3-31 炼钢各工序投料管理图

（扫描书前二维码看大图）

操作岗位：炼钢事业部各工序主控岗位。

界面功能：

（1）在天车定位管理系统或现场 PLC 数采未上传投料信息或投料信息因异常情况无法采集时，可通过该页面手动录入。

（2）录入炉次号后，查询后可显示该炉次所有工序的投料信息，点击页面下方添加行，录入物料编码、投料区域、投料时间、投料量后，点击保存按钮可存储该炉次投料信息。

（3）如果已接收的物料投入量不准确时，可修改物料投入量。修改后点击保存按钮可存储该炉次投料信息。

Q　能源消耗实绩

界面设计如图 3-32 所示。

图 3-32　能源消耗实绩图
（扫描书前二维码看大图）

操作岗位：炼钢事业部连铸主控岗位。

界面功能：

（1）点击查询可显示符合查询条件的能源消耗实绩，上方表格主要显示用量单号等信息。下方主要显示日累和月累能源消耗。

（2）可在表格中修改、新增能源消耗明细，录入完成后点击保存按钮。

（3）可在选择框中勾选能源信息后，点击删除按钮删除。

R　板坯表面检查实绩

界面设计如图 3-33 所示。

操作岗位：炼钢事业部方坯连铸机/板坯连铸机切割岗位。

界面功能：

（1）点击查询可根据查询条件筛选出符合条件的板坯。

（2）可在下方编辑表格中修改板坯表面检查相关参数信息。

S　钢坯检验（手持端）

界面设计如图 3-34 所示。

操作岗位：炼钢事业部方坯连铸机/板坯连铸机切割岗位。

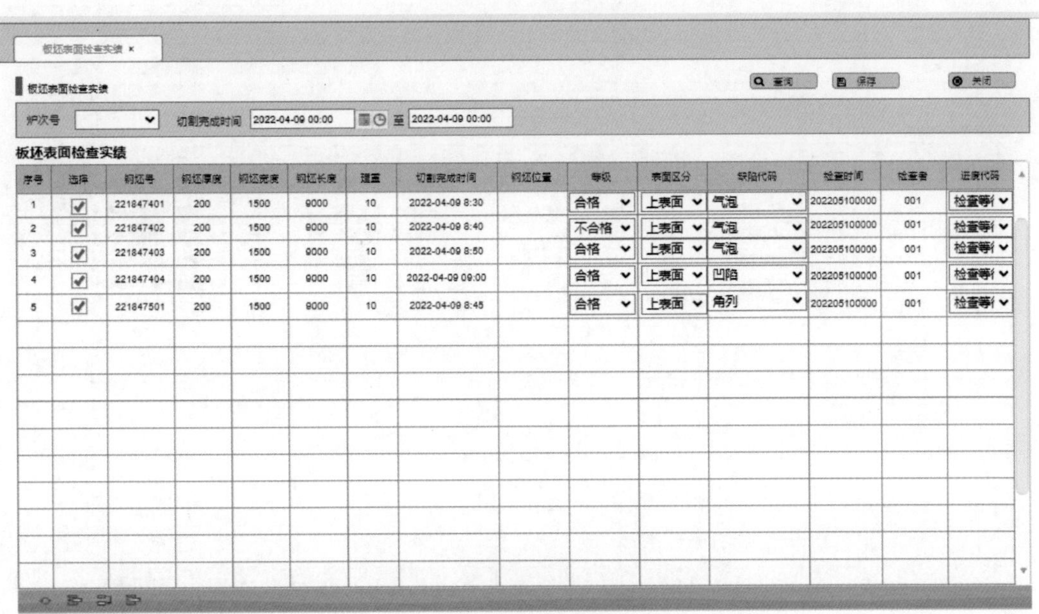

板坯表面检查实绩 ×

板坯表面检查实绩　　查询　保存　关闭

炉次号　切割完成时间 2022-04-09 00:00 至 2022-04-09 00:00

板坯表面检查实绩

序号	选择	钢坯号	钢坯厚度	钢坯宽度	钢坯长度	理重	切割完成时间	钢坯位置	等级	表面区分	缺陷代码	检查时间	检查者	进度代码
1	✓	221847401	200	1500	9000	10	2022-04-09 8:30		合格	上表面	气泡	202205100000	001	检查等(
2	✓	221847402	200	1500	9000	10	2022-04-09 8:40		不合格	上表面	气泡	202205100000	001	检查等(
3	✓	221847403	200	1500	9000	10	2022-04-09 8:50		合格	上表面	气泡	202205100000	001	检查等(
4	✓	221847404	200	1500	9000	10	2022-04-09 09:00		合格	上表面	凹陷	202205100000	001	检查等(
5	✓	221847501	200	1500	9000	10	2022-04-09 8:45		合格	上表面	角列	202205100000	001	检查等(

图 3-33　板坯表面检查实绩图

（扫描书前二维码看大图）

返回　　　　**钢坯检验**

炉次号　　确认　查询

炉次号	钢坯号	等级	表面区分	
2200001	220000101	合格	上表面	气泡
2200001	220000102	合格	上表面	气泡
2200001	220000103	合格	上表面	气泡
2200001	220000104	合格	上表面	气泡
2200001	220000105	合格	上表面	气泡

图 3-34　板坯检验手持机界面图

（扫描书前二维码看大图）

界面功能：录入炉次号，点击查询按钮，在下方表格中录入钢坯表检基本信息。点击确认按钮上传数据。

T　板坯精整作业实绩

界面设计如图 3-35 所示。

操作岗位：炼钢事业部方坯连铸机/板坯连铸机切割岗位。

界面功能：

（1）点击查询可根据查询条件筛选出符合条件的板坯。

（2）查询后可在下方编辑表格中修改板坯精整实绩相关参数信息。

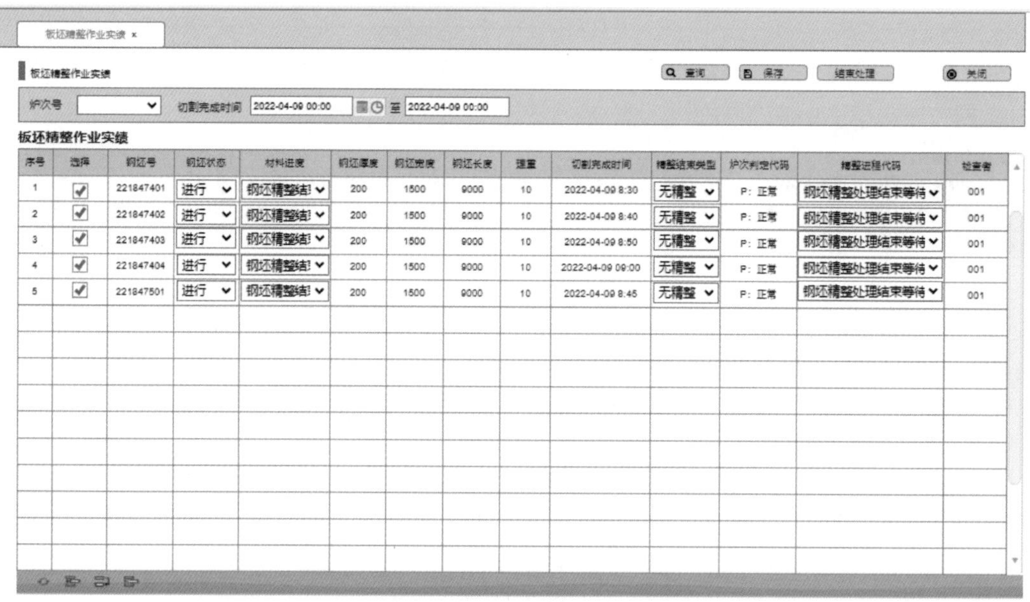

序号	选择	钢坯号	钢坯状态	材料进度	钢坯厚度	钢坯宽度	钢坯长度	理重	切割完成时间	精整结束类型	炉次判定代码	精整进程代码	检查者
1	✓	221847401	进行	钢坯精整结	200	1500	9000	10	2022-04-09 8:30	无精整	P：正常	钢坯精整处理结束等待	001
2	✓	221847402	进行	钢坯精整结	200	1500	9000	10	2022-04-09 8:40	无精整	P：正常	钢坯精整处理结束等待	001
3	✓	221847403	进行	钢坯精整结	200	1500	9000	10	2022-04-09 8:50	无精整	P：正常	钢坯精整处理结束等待	001
4	✓	221847404	进行	钢坯精整结	200	1500	9000	10	2022-04-09 09:00	无精整	P：正常	钢坯精整处理结束等待	001
5	✓	221847501	进行	钢坯精整结	200	1500	9000	10	2022-04-09 8:45	无精整	P：正常	钢坯精整处理结束等待	001

图 3-35　板坯精整作业实绩图
（扫描书前二维码看大图）

U　板坯切割作业实绩

界面设计如图 3-36 所示。

序号	选择	板坯实绩类型	计划钢坯号	钢坯号	顺序号	流号	厚	开始宽度	结束宽度	宽	计划长度	实际长度	理重	切割完成时间	切割位置	混交坯	去向	下线原因
1	✓	切割完成	PA108474-01	221847401	01	1	200	1400	1500	1500	9000	9000	10	2022-04-09 8:30	楔形坯	否	入库	成分不合
2	✓	喷号结束	PA108474-02	221847402	02	1	200	1500	1500	1500	9000	9000	10	2022-04-09 8:40	正常铸	否	入库	毛刺
3	✓	称重完成	PA108474-03	221847403	03	1	200	1500	1500	1500	9000	9000	10	2022-04-09 8:50	正常铸	否	轧线	轧钢原因
4	✓	到达目的	PA108474-04	221847404	04	1	200	1500	1500	1500	9000	9000	10	2022-04-09 09:00	正常铸	否	轧线	成分不合
5	✓	到达目的	PA108474-05	221847501	01	2	200	1500	1500	1500	9000	9000	10	2022-04-09 8:45	尾坯	否	轧线	成分不合

图 3-36　板坯切割作业实绩图
（扫描书前二维码看大图）

操作岗位：炼钢事业部方坯连铸机/板坯连铸机切割岗位。

界面功能：

（1）录入炉次号，点击查询按钮，上方基本信息可显示所查询炉次的基本切割信息，

如钢种、设备号、支数等。下方表格中显示该炉次的板坯实绩类型、计划钢坯号、钢坯号，钢坯规格定尺、理论质量、切割完成时间、切割位置代码，是否混浇坯、钢坯去向、下线原因信息。

(2) 可选中特定的板坯，可对板坯信息进行修改。同时也可增加或删除板坯信息。

说明：

(1) 炉次钢种、设备号、支数；钢坯、计划钢坯号、钢坯号，钢坯规格定尺、理论质量、切割完成时间为MES系统从计划信息中自动采集。

(2) 板坯实绩类型、切割位置代码、是否混浇坯、钢坯去向、下线原因信息需手工录入（可为默认值，人工修改）。

V　板坯综合判定

界面设计如图3-37所示。

板坯综合判定 ×

板坯综合判定　　查询　　关闭

炉次号　　切割完成时间 2022-04-09 00:00 至 2022-04-09 00:00

板坯精整作业实绩

序号	选择	钢坯号	炉次号	浇次号	切割完成时间	作业班组	客户名称	外观等级	成分等级	物性等级	综合等级	缺陷代码	缺陷说明	综合判定时间
1	☑	221847401	2218474	PA00001	2022-04-09 8:30	白班甲班		合格	合格	合格	合格			2022-04-09 10:30
2	☑	221847402	2218474	PA00001	2022-04-09 8:40	白班甲班		合格	合格	合格	合格			2022-04-09 10:30
3	☑	221847403	2218474	PA00001	2022-04-09 8:50	白班甲班		合格	合格	合格	合格			2022-04-09 10:30
4	☑	221847404	2218474	PA00001	2022-04-09 9:00	白班甲班		合格	合格	合格	合格			2022-04-09 10:30
5	☑	221847501	2218474	PA00001	2022-04-09 8:45	白班甲班		合格	合格	合格	合格			2022-04-09 10:30

图3-37　板坯综合判定图

（扫描书前二维码看大图）

操作岗位：炼钢事业部方坯连铸机/板坯连铸机切割岗位。

界面功能：

(1) 点击查询可根据查询条件筛选出符合条件的板坯，显示板坯的综合判定结果。

(2) 对炼钢生产的方坯、板坯进行管理。包含对钢坯库的垛位管理、钢坯的出库、入库、内倒等操作管理。同时可查询钢坯出入库明细及履历。

W　炼钢事业部钢坯库管理

界面功能：

(1) 仓库区分选择钢坯库，点击查询可显示炼钢钢坯库的垛位信息。

(2) 可在下方显示表格中增加或删除钢坯库垛位信息，也可修改垛位参数，如垛位长宽、垛位位置、垛位最大堆放数等。

界面设计如图3-38所示。

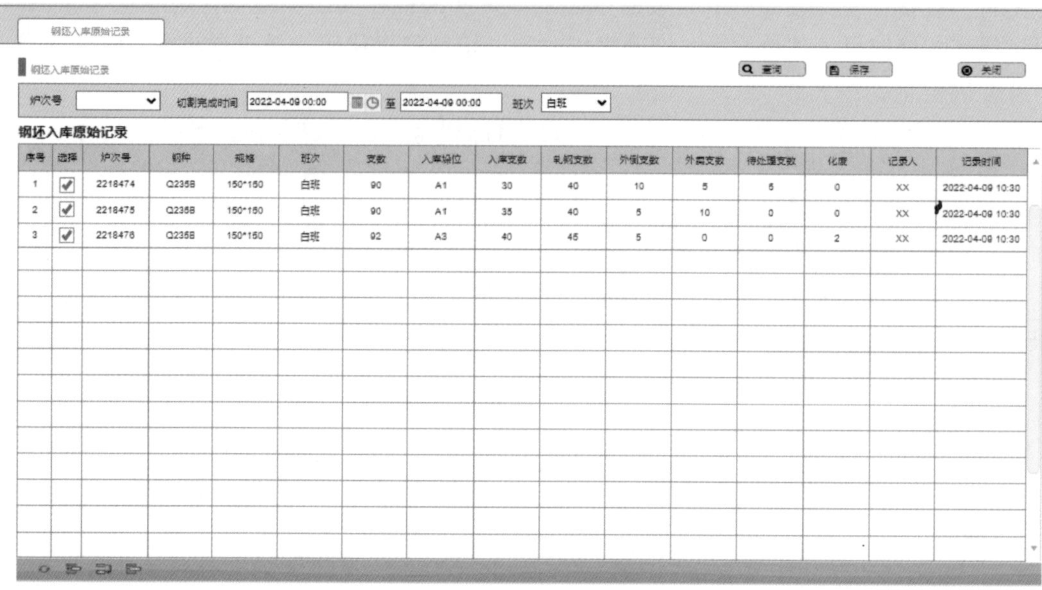

图 3-38　钢坯库管理图
（扫描书前二维码看大图）

操作岗位：炼钢事业部钢坯库管理岗位。

界面功能：

（1）点击查询可显示出符合查询条件的炉次钢坯出库信息。

（2）可在下方入库列表中录入炉次钢坯入库的去向、垛位及支数。

X　废钢管理

管理炼钢废钢出入库操作。

界面设计如图 3-39 所示。

图 3-39　废钢管理图
（扫描书前二维码看大图）

操作岗位：炼钢事业部废钢库管理岗位。

界面功能：

（1）点击查询按钮，废钢计量信息中显示未入库的废钢计量信息明细。

（2）在废钢计量信息中选择废钢信息后，点击入库按钮可将所选择废钢信息入库。

Y　误工管理

工序的误工信息、误工原因管理，并可根据责任单位、产生工序、作业班组等条件查询误工信息。

界面设计如图 3-40 所示。

误工管理　查询　保存　删除　确认　关闭

开始日期 2023-09-20　结束日期 2023-09-22　事件编号　工序代码

班组　班次

		开始时间	结束时间	事件描述	停机时长(分)	影..	状态	创建时间	创建人	更新时间
1		2023-09-21 20:00:00	2023-09-21 21:12:00	梭布皮带尼龙棒挡...	72		未确认	2023-09-22 00:19:55	SJ105027	2023-09-22 00:19:55
2		2023-09-21 19:02:00	2023-09-21 20:00:00	梭布皮带尼龙棒挡...	58		已确认	2023-09-21 19:50:46	SJ105027	2023-09-21 21:23:09
3		2023-09-20 08:00:00	2023-09-20 19:45:00	停机检修	705		已确认	2023-09-20 19:53:11	SJ105027	2023-09-21 21:22:50
4		2023-09-20 12:15:00	2023-09-20 18:57:00	计划检修	402		已确认	2023-09-20 20:08:57	SJ100721	2023-09-20 20:09:05

View 1-4 的 4

图 3-40　误工管理图

（扫描书前二维码看大图）

操作岗位：炼钢事业部各工序主控岗位。

界面功能：

（1）点击查询可显示查询条件下的误工信息明细，包括影响时间、班次班组、责任划分等。

（2）可新增误工信息，录入完成后点击保存可保存误工信息。

（3）选中误工信息点击发布，可将信息发布，已发布信息可在误工信息查询界面查询。

Z　工器具信息登记

对钢包、结晶器等工器具进行统一管理。并可根据钢包号、结晶器种类等条件在相应界面查询汇总信息。

界面设计如图 3-41 所示。

操作岗位：炼钢事业部各工序主控岗位。

界面功能：

（1）点击查询可显示查询条件下的工器具的信息明细。

（2）可录入工器具信息，包括工器具种类、编号、入库时间等信息并保存。

（3）选中工器具，点击删除按钮可删除工器具信息。

（4）钢包使用信息录入。

Z1　工器具查询

界面设计如图 3-42 所示。

图 3-41　工器具管理图

（扫描书前二维码看大图）

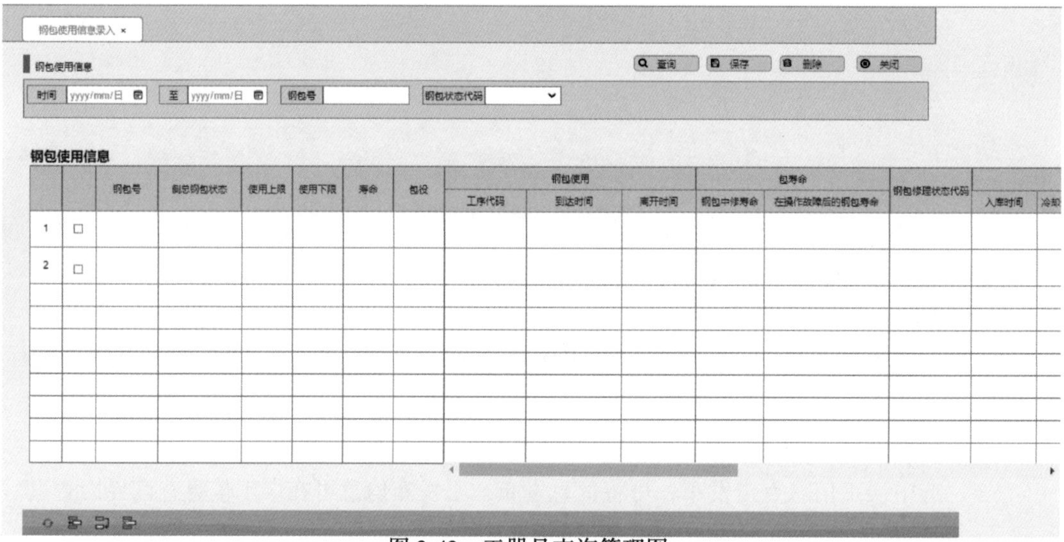

图 3-42　工器具查询管理图

（扫描书前二维码看大图）

操作岗位：炼钢事业部各工序主控岗位。

界面功能：

（1）点击查询可显示查询条件下的钢包使用信息。

（2）可手动录入钢包信息，包括钢包号、钢包使用情况、钢包寿命等信息录入界面。点击保存后储存信息。

Z2　炼钢报表

根据钢铁提供的报表格式定制开发炼钢生产日报，如图 3-43 所示。

操作岗位：炼钢事业部管理岗位/炼钢事业部转炉主控岗位。

界面功能：报表中可显示当日、月累的炉次能源消耗、物料消耗的明细。

编制单位：炼钢事业部

		生产炉量/炉	合格产量/t	次品/t	合格率/%	成坯量	全钢产量	钢水量/t	钢水收得率	铸坯收得率	年合格产量			生产炉数	全钢产量/t	炉龄	一倒炉率	一到率/%	钢水量/t	收得率/%	转炉生产时间	转炉作业率	转炉故障时间	转炉设备故障率
1号机	当日	48	9114.528	10.52	99.86%	190.105	9125.048	9385.00	97.12%	97.23%	503977.432	1号炉	当日	48	9047.959	48	45	93.75%	9297	97.47%	1435	99.65%	0	0.00%
	累计	219	41450.904	237.752	99.00%	190.359	41688.656	42334	97.91%	98.48%			累计	226	43798.754	2792	211	93.36%	44101	95.64%	6962	96.69%	0	0.00%
2号机	当日	46	8646.842	6.261	99.93%	188.111	8653.103	8939.00	96.73%	96.80%	463795.966	2号炉	当日	46	8735.282	46	43	93.48%	9027	98.24%	1395	96.88%	0	0.00%
	累计	229	44174.606	69.259	99.78%	194.052	44243.865	44805	98.59%	98.75%			累计	221	42206.185	14903	205	92.76%	43039	96.77%	6922	95.14%	0	0.00%
合计	当日	94	17761.37	16.781	99.89%	189.185	17783.411	18324	96.93%	97.05%	967773.398	合计	当日	94	17783.241	94	88	93.62%	18324	97.85%	2830	98.26%	0	0.00%
	累计	447	85625.51	307.011	99.40%	192.405	86005.109	87140	98.26%	98.70%			累计	447	86004.939	17695	416	93.06%	87140	96.19%	13884	96.42%	0	0.00%
		铁水总耗/t	铁块总耗/t	外购废钢总耗/t	自产废钢总耗/t	硅铝钙钡/t	调碳剂总耗/t	硅锰总耗/t	硅铁总耗/t	硅铝铁总耗/t	炭线总耗/t	钒氮合金/t	白灰总耗/t	轻烧白云石/t	生白云石/t	返矿总耗/t	铁球总耗/t	改质剂/t	萤石/t	铌铁/t	连铸生产时间	连铸作业率	连铸故障时间	连铸设备故障率
1号炉	当日	7052.70	10.00	2375.50	100.00	6.00	12.00	138.00	13.00	3.00	0.00	1.80	331.36	95.54	8.00	28.82	43.00	0.00	6.00	0.00	1440	100.00%	0	0.00%
	累计	34473.12	126.80	10945.52	568.16	26.63	68.50	722.00	47.00	14.50	0.00	12.12	1638.58	370.28	13.70	130.56	310.50	0.00	24.00	0.00	7045	97.86%	0	0.00%
2号炉	当日	6822.30	40.00	2185.10	141.00	5.40	12.00	132.00	16.00	3.00	0.00	1.65	333.30	90.20	7.00	32.00	39.00	0.00	5.00	0.00	1440	100.005	0	0.00%
	累计	33970.70	73.42	9820.38	611.00	23.00	65.50	538.00	50.00	15.50	0.00	7.51	1592.78	313.92	19.00	119.62	301.00	0.00	26.30	0.00	7037	97.74%	0	0.00%
合计	当日	13875.00	50.00	4560.60	241.00	11.40	24.00	270.00	29.00	6.00	0.00	3.45	664.66	185.74	15.00	60.82	82.00	0.00	11.00	0.00	2880	100.00%	0	0.00%
	累计	68443.82	200.22	20765.90	1179.16	49.63	134.00	1260.00	97.00	30.00	0.00	19.63	3231.36	684.20	32.70	250.18	611.50	0.00	50.30	0.00	14083	97.80%	0	0.00%
		铁水吨耗(kg/t)	铁块吨耗(kg/t)	外购废钢吨耗	钢铁料吨耗	硅铝钙钡吨耗	调碳剂总耗(kg/t)	硅锰总耗(kg/t)	硅铁总耗(kg/t)	硅铝铁总耗	炭线总耗(kg/t)	钒氮合金吨耗(kg/t)	白灰吨耗(kg/t)	轻烧白云石吨耗	生白云石吨耗	返矿总耗	铁球总耗	改质剂吨耗	萤石吨耗	铌铁吨耗	中包温度合格	中包温度合格率	铁水库存	
1号炉	当日	779.48	1.11	262.55	1054.18	0.66	1.33	15.25	1.44	0.33	0.00	0.20	36.62	10.56	0.88	3.19	4.75	0.00	0.66	0.00	45	93.75%	包数	重量/t
	累计	787.08	2.90	249.90	1052.85	0.61	1.56	16.48	1.07	0.33	0.00	0.28	37.41	8.45	0.31	2.98	7.09	0.00	0.55	0.00	205	93.61%	3.00	445.00
2号炉	当日	781.01	4.58	250.15	1051.87	0.62	1.37	15.11	1.83	0.34	0.00	0.19	38.16	10.33	0.80	3.66	4.46	0.00	0.57	0.00	43	93.48%	当日铸铁外购生铁块	
	累计	804.87	1.74	232.68	1053.77	0.54	1.55	12.75	1.18	0.37	0.00	0.18	37.74	7.44	0.45	2.83	7.13	0.00	0.62	0.00	214	93.86%	0.00	0.00
合计	当日	780.23	2.81	256.45	1053.05	0.64	1.35	15.18	1.63	0.34	0.00	0.19	37.38	10.44	0.84	3.42	4.61	0.00	0.62	0.00	88	93.62%	154.63	0.00
	累计	795.81	2.33	241.45	1053.30	0.58	1.56	14.65	1.13	0.35	0.00	0.23	37.57	7.96	0.38	2.91	7.11	0.00	0.58	0.00	419	93.74%		生铁库存/t
		压空总耗/m^3	电总耗/kW	生产消防水总耗	除盐水总耗/m^3	水总耗/m^3	氧气总耗/m^3	中压氮气总耗/m^3	低压氮气总耗	氮气总耗/m^3	氩气总耗/m^3	自产煤气/m^3	内耗煤气/m^3	高炉煤气/m^3	外送蒸汽/t	粒子钢/t	回收一次除尘	回收二次除尘	回收氧化铁皮	尺坯产返白灰粉				889.99
当日		296309.04	229680.00	9594.27	1491.00	11085.27	860641.00	836335.00	363195.00	1199530.00	1454.04	2285195.52	409997.00	0.00	1921.04	53.00	151.60	0.00	0.00	5.26	0.00			外购废钢/t
累计		1361836.11	1179200.00	47208.27	7583.00	54791.27	4203976.60	4135970.44	1802456.64	5938427.08	7151.86	10984868.41	3955434.00	0.00	9341.05	258.96	909.62	0.00	65.92	72.59	0.00			1320.72
		压空总耗/$m^3 \cdot t^{-1}$	电总耗/$kW \cdot t^{-1}$	生产消防水单耗	除盐水总耗	水单耗/$m^3 \cdot t^{-1}$	氧气单耗/$m^3 \cdot t^{-1}$	中压氮气单耗	低压氮气单耗	氮气单耗/$m^3 \cdot t^{-1}$	氩气单耗/$m^3 \cdot t^{-1}$	自产煤气单耗/$m^3 \cdot t^{-1}$	内耗煤气单耗	高炉煤气单耗	外送蒸汽单耗	粒子钢单耗	回收一次除尘	回收二次除尘	回收氧化铁皮	炼用电	坯废品/t			5697.72
当日		16.66	12.92	0.54	0.08	0.62	48.40	47.03	20.42	67.45	0.08	128.50	23.06	0.00	0.11	2.98	8.52	0.00	0.00	0	2.104			废钢库存/t
累计		15.83	13.71	0.55	0.09	0.64	48.88	48.09	20.96	69.05	0.08	127.72	45.99	0.00	0.11	3.01	10.58	0.00	0.77	0	210.19			53693.35

图 3-43 炼钢生产日报表图

（扫描书前二维码看大图）

说明：报表中数据来源为现场数采设备、天车定位管理系统、现场 PLC 数采、能源系统，不能采集到的数据需人工录入。

Z3 LF 冶炼信息

界面设计如图 3-44 所示。

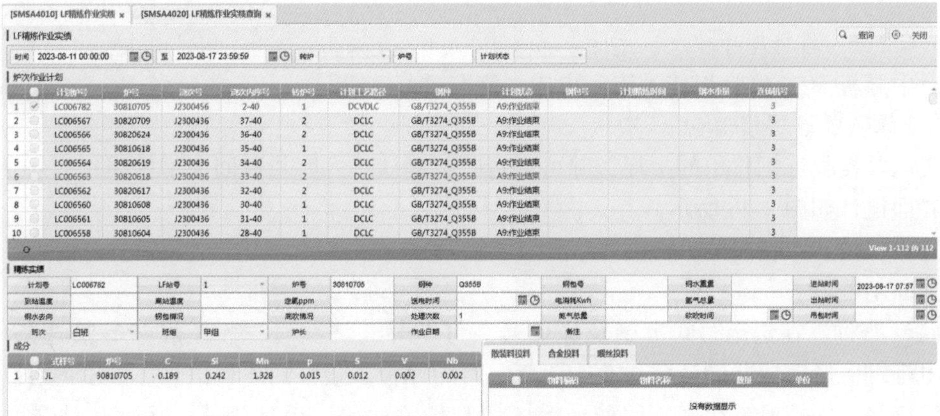

[SMSA4010] LF精炼作业实绩 × [SMSA4020] LF精炼作业实绩查询 ×

LF精炼作业实绩 查询 关闭

时间 2023-08-11 00:00:00 至 2023-08-17 23:59:59 转炉 炉号 计划状态

炉次作业计划

	计划号	炉号	浇次号	浇次内序号	转炉号	计划工艺路径	钢种	计划状态	钢包号	计划精炼时间	钢水重量	连铸机号
1	LC006782	30810705	J2300456	2-40	1	DCVDLC	GB/T3274_Q355B	A9:作业结束				3
2	LC006567	30820709	J2300436	37-40	2	DCLC	GB/T3274_Q355B	A9:作业结束				3
3	LC006566	30820624	J2300436	36-40	2	DCLC	GB/T3274_Q355B	A9:作业结束				3
4	LC006565	30810618	J2300436	35-40	1	DCLC	GB/T3274_Q355B	A9:作业结束				3
5	LC006564	30820619	J2300436	34-40	2	DCLC	GB/T3274_Q355B	A9:作业结束				3
6	LC006563	30820618	J2300436	33-40	2	DCLC	GB/T3274_Q355B	A9:作业结束				3
7	LC006562	30820617	J2300436	32-40	2	DCLC	GB/T3274_Q355B	A9:作业结束				3
8	LC006560	30810608	J2300436	30-40	1	DCLC	GB/T3274_Q355B	A9:作业结束				3
9	LC006561	30810605	J2300436	31-40	1	DCLC	GB/T3274_Q355B	A9:作业结束				3
10	LC006558	30810604	J2300436	28-40	1	DCLC	GB/T3274_Q355B	A9:作业结束				3

View 1-112 共 112

精炼实绩

计划号	LC006782	LF站号	1	炉号	30810705	钢种	Q355B	钢包号		钢水重量		进站时间	2023-08-17 07:57
到站温度		离站温度		定氧ppm		送电时间		电消耗Kwh		氩气总量		出站时间	
钢水去向		钢包情况		底吹情况		处理次数	1	氮气总量		软吹时间		吊包时间	
班次	白班	班组	甲组	炉长		作业日期		备注					

成分

	试样号	炉号	C	Si	Mn	p	S	V	Nb
1	JL	30810705	0.189	0.242	1.328	0.015	0.012	0.002	0.002

散装料投料 合金投料 喂丝投料

物料编码	物料名称	数量	单位

没有数据显示

图 3-44 LF 冶炼信息表图

（扫描书前二维码看大图）

操作岗位：炼钢事业部管理岗位/炼钢事业部精炼主控岗位。

界面功能：查看 LF 精炼炉冶炼信息汇总。包含精炼炉生产实绩汇总、成分一览等。

说明：

（1）报表中钢包号、出站时间、进站时间、冶炼周期、投料信息在天车定位管理系统或现场 PLC 数采中读取。

（2）还原成分、出站成分等在检化验系统中读取。

（3）钢包情况、吹底情况、定氧量、软吹时间、吊包时间等需人工录入。

3.4.2 中厚板 MES 程序设计

中厚板 MES 程序设计板块图如图 3-45 所示。

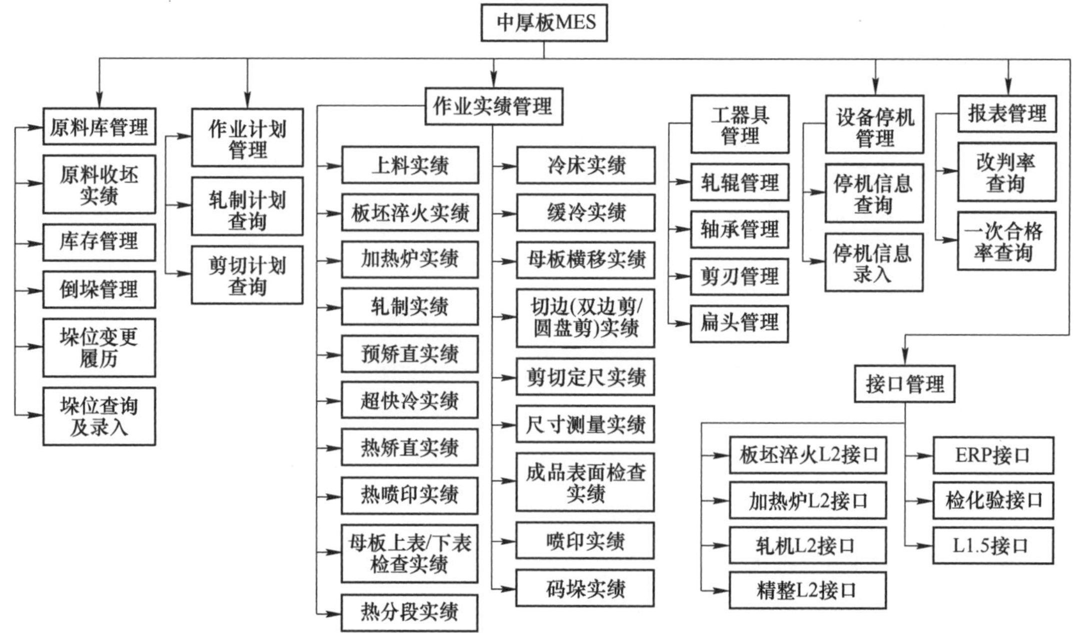

图 3-45 中厚板 MES 程序设计板块图

3.4.2.1 原料库管理

对中厚板 MES 原料板坯入库、出库、库存进行管理。

A 原料收坯实绩确认

查询并接收炼钢移送的板坯，并可进行收料确认、入库及退回炼钢等操作。

界面设计如图 3-46 所示。

操作岗位：原料岗位。

界面功能：

(1) 查询，在选定时间范围及垛位号、订单号、炉次号、板坯规格等筛选条件内，查询由炼钢生产完成并确认移送至中厚板，且中厚板未接收的坯料信息。显示内容含炉次号、板坯号、垛位号、层号、钢种、板坯切割位置代码、板坯规格、板坯理论质量、实重、实重测量次数、进度、订单号、订单材标记、板坯接收时间、板坯接收者、板坯切割时间等信息。

(2) 在选定时间范围内按板坯规格、炉次号、订单号筛选条件查询已经接收，且未装炉的坯料信息。显示内容含炉次号、板坯号、垛位号、层号、板坯规格、板坯质量、进度、订单号、订单材/余材、入库时间、入库人员、备注等信息。

(3) 查询已操作请求退回炼钢，但炼钢尚未确认是否同意退回的坯料信息。显示内容含炉次号、板坯号、垛位号、层号、板坯厚度、板坯宽度、板坯长度、板坯质量、进度、订单号、退回炼钢请求时间、退回炼钢申请者等信息。

(4) 入库：选中第一个表格中某板坯数据，填写垛位号，点击保存，保存即入库。

(5) 退回炼钢，选中第二个表格中某板坯数据，点击退回炼钢，即向炼钢发起退回请求。

B 库存管理

界面设计如图 3-47 所示。

原料收坯实绩确认 ×

原料收坯实绩确认　　查询　保存　关闭

钢种：　进度代码　查询条件　：　子/母坯标识 子坯

时间：2022-04-09 00:00　至 2022-04-09 08:00　厚度

厚板板坯信息

	●	炉次号	板坯号	垛位号	层号	国家标准及牌号	原国家标准及牌号	板坯厚度	板坯宽度	板坯长度
1	☐	223485400	22348544618	M3G0103	3	SGRZX206_W500R		300	2200	2650
2	☐	223485400	22348544619	M3G0103	2	SGRZX206_W500R		300	2200	2650
3	☐	223485400	22348544620							

轧钢下线坯料信息　厚度　炉次号　订单号　查询　退回炼钢

	●	炉次号	板坯号	原国家标准及牌号	是否轧制	垛位号	层号	坯料规格	实际重量	理论重量	进度	订单号
1	☐	223485400	22348544618		0-否	P1X0101	1	300*2200*2650	13.91	13.89	PH1A-中厚板作业计划等待	3520000003-010
2	☐	223485400	22348544619		0-否	P1X0101	2	300*2200*2650	13.764	13.89	PH1C-中厚板作业等待	3520000003-010
3	☐	223485400										

退回炼钢信息

	●	炉次号	板坯号	垛位号	层号	坯料规格	理论重量	实绩重量	进度	订单号	退回炼钢请求时间
1	☐	223485400	22348544618	P1X0101	1	300*2200*2650	13.89	13.91	PH1A-中厚板作业计划等待	3520000003-010	2022-06-19 15:51
2	☐										
3	☐										

图 3-46　钢坯收料实绩图

（扫描书前二维码看大图）

库存管理 ×

库存管理　　查询　保存　关闭

仓库区分　垛位号　进度　订单材/余材　板坯号

订单号　厚度　厚度上限　宽度　宽度上限

国家标准及牌号　炼钢内控钢种编号

数量　板坯重量　产量　入库量

	●	钢种	规格	数量	重量
1	☐				
2	☐				
3	☐				
4	☐				
5	☐				

	●	垛位号	板坯号	切割位置代码	国家标准及牌号	炼钢内控钢种编号	进程代码	板坯厚度	板坯宽度	板坯计划长度	板坯实际长度	板坯重量	理论重量
1	☐												
2	☐												
3	☐												
4	☐												
5	☐												

图 3-47　库存管理界面图

（扫描书前二维码看大图）

操作岗位：原料库管理岗位。

界面功能：

（1）按仓库区分、垛位号、进度、订单材/余材、炉次号、订单号、厚度、国家标准牌号、是否改钢轧制等筛选条件查询各钢种、规格板坯数量和总质量。点击相应钢种、规格即可触发明细查询。显示内容包含垛位号、层号、炉次号、板坯号、钢种、原钢种、炼钢内控钢种编号、板坯规格、理论质量、称重次数、计划号、订单号、订单规格、订单材/余材、订单交货期、板坯切割时间、入库时间、客户名、板坯去向、订单确认时间、充当/代替时间、铸坯下线时间、缓冷时间等信息。

（2）改钢种的板坯按改之前的钢种轧制（按原钢种给二级发 PDI），按改之后的钢种进行质量判定。

C 坯料倒垛管理

界面设计如图 3-48 所示。

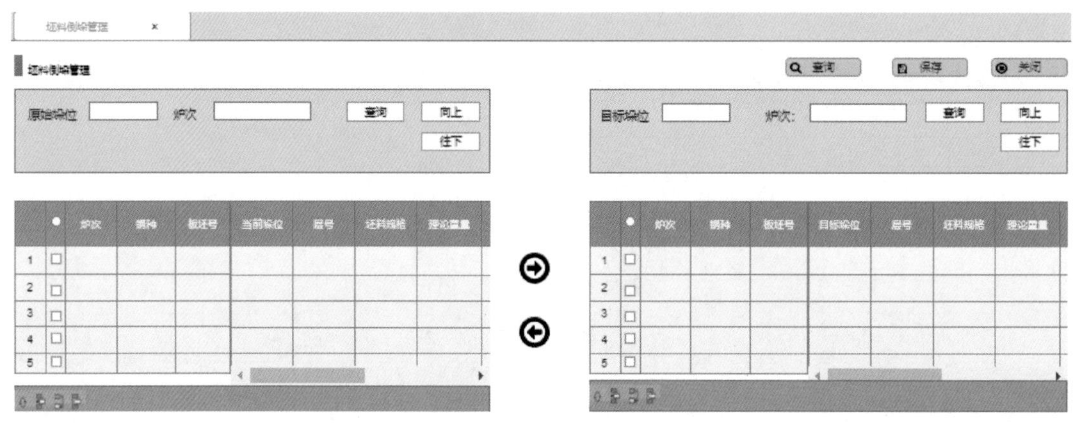

图 3-48 坯料倒垛管理图
（扫描书前二维码看大图）

操作岗位：原料库管理岗位。

界面功能：左侧表格可按垛位、炉号查询原始垛位上坯料详细信息，显示内容包括炉次号、板坯号、现存垛位、层号、板坯规格、板坯质量、进度、订单材/余材、订单号等信息；右侧表格可按目标垛位、炉号查询目标垛位已有的坯料信息，显示内容包括炉次号、板坯号、垛位号、层号、板坯规格、板坯质量、进度、订单材/余材、订单号等信息；通过方向箭头可以实现由左侧原始垛位，倒垛至右侧目标垛位。

D 垛位变更履历查询

界面设计如图 3-49 所示。

操作岗位：原料库管理岗位。

界面功能：按照操作时间、修改人及入库、倒垛分类查看垛位变更信息。显示内容含炉次号、板坯号、坯料规格、板坯质量、修改人、倒垛时间、变更前垛位、层号、变更后垛位、层号、班次班组等信息。

E 垛位信息查询及录入

界面设计如图 3-50 所示。

垛位变更履历查询　X

垛位变更履历查询　　查询　关闭

日期 2022-04-09 至 2022-04-09　修改人　分类　数量　重量　顺序号

	■	板坯号	原始垛位	原始层号	目标垛位	目标层号	材料厚度	材料宽度	材料长度	材料重量	修改人	倒垛时间	班次班组
1	□												
2	□												
3	□												
4	□												
5	□												

图 3-49　垛位变更图
（扫描书前二维码看大图）

垛位信息查询及录入　×

垛位信息查询及录入　　查询　保存　关闭

垛位号　垛位状态

	●	垛位号	垛位尺寸	垛位状态	最大层数	最大存放数量	现存放数量
1	□						
2	□						
3	□						

图 3-50　垛位信息查询图
（扫描书前二维码看大图）

操作岗位：生产技术科/原料库管理等岗位。

界面功能：对原料库垛位、坯料厚度、可用状态、最大装载个数、最大层数进行维护。可新增、删除垛位，或修改现有垛位的存放上限和可用状态。显示内容包括垛位号、垛位是否可用、坯料厚度、最大装载个数、最大层数、现堆放个数等信息。

3.4.2.2　作业计划管理

接收查询订单/计划模块下发的轧制计划、剪切计划，依据计划组织生产，并跟踪计划完成情况。

A　轧制计划查询

界面设计如图 3-51 所示。

操作岗位：原料/加热炉/轧机等操作岗位。

界面功能：

(1) 按计划号、下达时间范围、炉次号、计划状态、订单号及国家标准牌号等筛选条件查询轧制计划信息。包括轧制序列号、轧制序列内顺序、计划母板号、国家标准及牌号、原牌号、炼钢内控钢种编号、公差执行标准、目标出炉温度、目标终轧温度、目标终冷温度、计划板坯号、实际板坯号、是否改钢轧制、炉次号、板坯规格、中间坯目标厚

图 3-51 轧制计划查询图
（扫描书前二维码看大图）

度、板坯质量、板坯切割时间、交货状态、作业状态、轧制计划状态、冷热送、母板设计规格（厚、宽、长）、成品订单规格、宽展比、计划成材率、主要化学成分。

（2）对于改钢种轧制的板坯，显示该板坯原钢种的轧制计划信息。

B 剪切计划查询

界面设计如图 3-52 所示。

图 3-52 剪切计划查询图
（扫描书前二维码看大图）

操作岗位：生产技术科/原料/加热炉/轧机/定尺剪/喷号/分段剪/双边剪/圆盘剪等操作岗位。

界面功能：按计划号、下达时间范围、炉次号、计划状态、规格（1 号、2 号剪切线）、订单号及国家标准牌号等筛选条件查询轧制序列号、轧制序列内顺序、钢板号、国

家标准及牌号、公差执行标准、炼钢内控钢种编号、实际板坯号、炉次号、交货状态、作业状态、轧制计划状态、母板实际规格、成品订单规格、目标宽度及宽度上下限、目标长度及长度上下限，计划倍尺数等。

3.4.2.3 板坯管理

A 外购坯信息录入

界面设计如图 3-53 所示。

图 3-53 外购坯信息录入图

（扫描书前二维码看大图）

操作岗位：生产技术科/原料库管理等岗位。

界面功能：

（1）查询，按原炉号、炉次号、板坯号、采购订单编号、生产厂家、加热炉装炉时间等筛选条件，查询该范围内已录入的外购板坯。显示内容含采购订单编号、采购订单行号、订单原始炉号、订单原始板坯号、炉次号、板坯号、炼钢内控钢种编号、制造标准说明、厚度、宽度、长度、板坯质量、订单材/余材区分、订单号、订单行号、钢种、订单用途、库房垛位、层号、问题坯、加热炉装炉时间、ERP 传送标志、ERP 传送日、生成日期、录入人员、板坯状态等信息。

（2）保存，将外购板坯的规格、钢种等基础信息录入到界面中，点击保存，生成符合现场实际炉号、板坯号管理规则的新号，并保存在系统中。

B 外购坯炉次成分录入

界面设计如图 3-54 所示。

图 3-54 外购坯炉次成分录入图

（扫描书前二维码看大图）

操作岗位：生产技术科/原料库管理等岗位。

界面功能：

（1）查询，按原炉号、炉次号、板坯号等筛选条件，查询该范围内已录入的外购板坯成分信息。显示内容含原炉号、炉次号、成分试验实际值等信息。

（2）保存，将外购板坯的主要成分信息录入到界面中，点击保存，保存在系统中供PDI编制及现场操作人员使用。

C　复合制坯实绩管理

界面设计如图3-55所示。

操作岗位：生产技术科/原料库管理等岗位。

图3-55　复合制坯实绩管理图
（扫描书前二维码看大图）

界面功能：

（1）查询，按炉次号为筛选条件，查询该炉次复合条件的板坯信息。显示内容含原存放垛位、层号、原料板坯号、炉次号、是否铣削、国家标准及牌号、板坯规格、板坯质量、复合后规格、复合后质量等信息。

（2）保存，选中要复合的板坯，点击保存，按照第一张板坯为代表板坯，生成新复合坯号，并置为待计划编制状态。

D　复合制坯实绩查询

界面设计如图3-56所示。

操作岗位：生产技术科/原料库管理等岗位。

界面功能：查询，按复合时间、板坯号、国家标准及牌号等筛选条件，查询该范围内

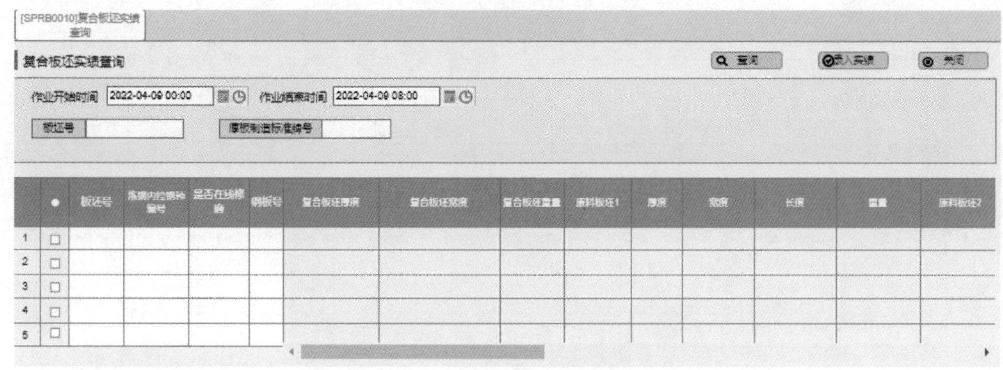

图 3-56　复合制坯实绩查询图
（扫描书前二维码看大图）

已复合的板坯信息。显示内容含原料板坯号、是否铣削、国家标准及牌号、板坯规格、板坯质量、复合后规格、复合后质量、订单号等信息。

E　板坯淬火实绩查询

界面设计如图 3-57 所示。

板坯淬火实绩查询
查询　保存　删除　关闭
作业开始时间 2022-04-09 00:00　作业结束时间 2022-04-09 08:00　炉次号　板坯号

●	板坯号	国家标准及牌号	板坯规格	板坯切割完成时间	淬火开始时间	开始温度	淬火结束时间	淬火时长	表面计算温度	表温最大值	表温最小值	表面平均温度	返红温度
1													

图 3-57　板坯淬火实绩查询图
（扫描书前二维码看大图）

操作岗位：生产技术科/原料岗位。

界面功能：查询，按炉次号、板坯号等筛选条件，查询该范围内板坯淬火 L2 系统发送的板坯淬火实绩信息。显示内容含炉次号、国家标准及牌号、板坯切割完成时间、板坯规格、淬火开始时间、淬火时长、开始温度、淬火结束时间、结束温度、表面计算温度、表温最大值、表温最小值、表温平均值、芯部计算温度、返红温度等信息。

F　板坯称重实绩查询

界面设计如图 3-58 所示。

操作岗位：生产技术科/原料库管理等岗位。

界面功能：查询，按炉次号、板坯号、称重时间等筛选条件，查询该范围内板坯称

图 3-58 板坯称重实绩查询图
（扫描书前二维码看大图）

重。显示内容含炉次号、板坯号、板坯规格、板坯切割完成时间、理论质量、实绩质量、称重次数、质量差等信息。

G 板坯二次切割实绩录入

界面设计如图 3-59 所示。

操作岗位：生产技术科/原料库管理等岗位。

界面功能：

（1）查询：上方表格，按板坯切割结束时间及炉次号等筛选条件，查询该范围内母坯信息。显示内容含母坯状态、计划板坯号、板坯号、炉次号、母坯规格、板坯切割完成时间、理论质量、实绩质量、切割位置代码、订单材/余材区分、板坯外观等级等信息。点击选中某母坯信息，即可触发自动查询，在下方表格显示该母坯下的子坯切割计划信息，显示内容包括子坯状态、计划板坯号、板坯号、母坯号、炉次号、子坯规格、板坯切割完成时间、理论质量、实绩质量、切割位置代码、订单材/余材区分、板坯外观等级等信息。

（2）录入实绩：按炉次批量确认二次切割完成。

（3）切割：当某二切未按计划进行时，可在下方子坯信息处更改子坯长度，点击切割按钮，按母坯张数确认二切情况。

（4）删除：未按计划情况进行二切时，如计划切三块，实绩切为两块，选中要删除的子坯信息，点击删除按钮即可。

3.4.2.4 加热炉作业实绩管理

记录加热炉工序发生的作业实绩信息，包括加热炉装炉、出炉、回炉吊销实绩信息，以及加热炉运行状态数据。

板坯二次切割实绩录入

查询　录入实绩　关闭

作业开始时间 2022-04-09 00:00　作业结束时间 2022-04-09 08:00　炉次号

母坯信息

	●	原铸坯状态	计划板坯号	板坯号	炉次号	母坯厚度	母坯宽度	母坯计划长度	母坯实际长度	理论重量	实际重量	板坯切割完成时间	切割位置代码
1	☐	待切割	PB000016-54	21257634601	212576300	230	1820	9290	9290	30.527	30.527	2022-7-1 00:40:01	正常铸坯
2	☐	切割完成											
3	☐												
4	☐												
5	☐												

子坯信息　切割　删除

	●	子坯状态	母坯号	计划板坯号	板坯号	板坯厚度	板坯宽度	板坯计划长度	板坯实际长度	板坯理论重量	板坯实际重量	切割位置代码	订单材/
1	☐	待切割	21257634601	PB000016-5401	212576346011	230	1820	3090	3090	10.093	10.093	正常铸坯	订单材
2	☐	待切割	21257634601	PB000016-5402	212576346012	230	1820	3090	3090	10.093	10.093	正常铸坯	订单材
3	☐	待切割	21257634601	PB000016-5403	212576346013	230	1820	3090	3090	10.093	10.093	正常铸坯	订单材

图 3-59　板坯二次切割录入图

（扫描书前二维码看大图）

A　加热炉实绩管理

界面设计如图 3-60 所示。

查询加热炉实绩

查询加热炉实绩　查询　取消装炉　关闭

自动刷新 停止　工序工厂代码 厚板工厂　计划号 122500573P　装炉时间从: yyyy/mm/日　至 yyyy/mm/日　装出炉区分 未出炉

炉号 1#炉　板坯号　装炉　出炉　吊销

	●	计划号	计划内顺序	批号	板坯号	母板号	炉次号	炼钢内控钢种编号	原料接收时间	装炉班次	装炉班组	出炉班次
1	☐	122500570P	196	22E-0023514	22348544618	P62260743300T	223485400	PG31ER1100	2022-06-19 08:56:00	中班	甲班	夜班
2	☐	122500570P	198	22E-0023514	22348544617	P62260743300T	223485400	PG31ER1100	2022-06-19 08:56:00	中班	甲班	夜班
3	☐	122500570P	199	22E-0023514	22348544616	P62260743300T	223485400	PE35BM1100	2022-06-19 06:22:00	中班	甲班	夜班
4	☐	122500570P	211	22E-0023514	22348544615	P62260743300T	223485400	PE35BM1100	2022-06-19 06:22:00	中班	甲班	夜班
5	☐	122500570P	225	22E-0023514	22348544614	P62260743300T	223485400	PE35BM1100	2022-06-19 06:22:00	中班	甲班	夜班

图 3-60　加热炉实绩管理图

（扫描书前二维码看大图）

操作岗位：加热炉岗位。

界面功能：

（1）查询：按计划号、装炉时间、加热炉炉号、炉次号、板坯号等筛选条件查询轧制序列号、轧制序列内顺序、板坯号、母板号、炉号、炼钢内控钢种、国家标准及牌号、目标温度、冷热送、订单信息等，以及 L2 系统上传装炉时间、出炉时间、加热炉号、列号、在炉时间、预热段温度、1～3 加热段温度、均热段温度、表面温度、中心部温度、装炉温度、出炉平均温度、上表温度、下表温度、表面温差等过程信息。

（2）装炉：加热炉 L2 系统未发送装炉实绩时，按生产计划（PDI）对坯料信息进行装炉操作。

（3）出炉：加热炉 L2 系统未发送出炉实绩时，按生产计划（PDI）对坯料信息进行出炉操作。

（4）回炉：加热炉 L2 系统未发送回炉实绩时，按生产计划（PDI）对坯料信息进行回炉操作。

（5）取消装炉：加热炉 L2 系统未发送取消装炉实绩或操作装炉错误时，按板坯张对坯料信息进行取消装炉操作。

B　查询加热炉内信息

界面设计如图 3-61 所示。

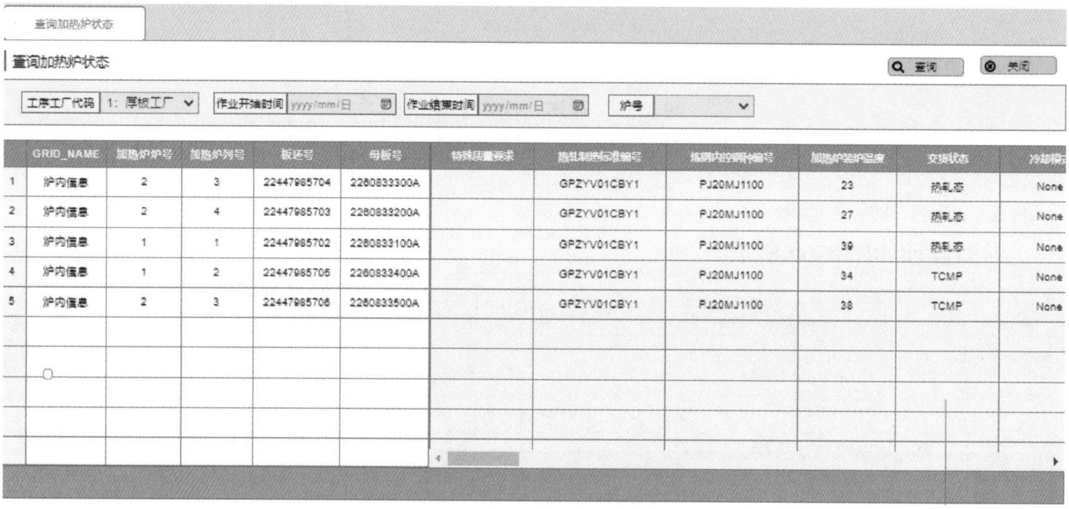

查询加热炉状态

查询加热炉状态　　查询　关闭

工序工厂代码　1：厚板工厂　作业开始时间　yyyy/mm/日　作业结束时间　yyyy/mm/日　炉号

	GRID_NAME	加热炉炉号	加热炉列号	板坯号	母板号	特殊质量要求	热轧制造标准编号	炼钢内控钢种编号	加热炉装炉温度	交货状态	冷却模
1	炉内信息	2	3	22447985704	2260833300A		GPZYV01CBY1	PJ20MJ1100	23	热轧态	None
2	炉内信息	2	4	22447985703	2260833200A		GPZYV01CBY1	PJ20MJ1100	27	热轧态	None
3	炉内信息	1	1	22447985702	2260833100A		GPZYV01CBY1	PJ20MJ1100	39	热轧态	None
4	炉内信息	1	2	22447985705	2260833400A		GPZYV01CBY1	PJ20MJ1100	34	TCMP	None
5	炉内信息	2	3	22447985706	2260833500A		GPZYV01CBY1	PJ20MJ1100	38	TCMP	None

图 3-61　查询加热炉内信息图
（扫描书前二维码看大图）

操作岗位：加热炉出钢岗位。

界面功能：

查询：按作业时间、加热炉炉号、炉号等筛选条件查询已装炉未出炉的板坯信息查询，包括装炉炉号、列号、板坯号、炉号、是否回炉坯、板坯尺寸、板坯理论质量、板坯实重、质量差、宽展比、订单规格、目标成材率等信息，以指导粗轧岗位做轧制准备。

C　出炉顺序查询

界面设计如图 3-62 所示。

操作岗位：加热炉装/出钢岗位。

界面功能：

查询：可按出炉时间、炉次号、板坯号等筛选条件查询加热炉出炉顺序，还包括板坯号、母板号、炉次号、国家标准牌号、炼钢内控标准牌号、原料接收时间、板坯尺寸、板坯理论质量、实际质量、质量差、装炉次数、装炉班次班组、出炉班次班组、冷热送区

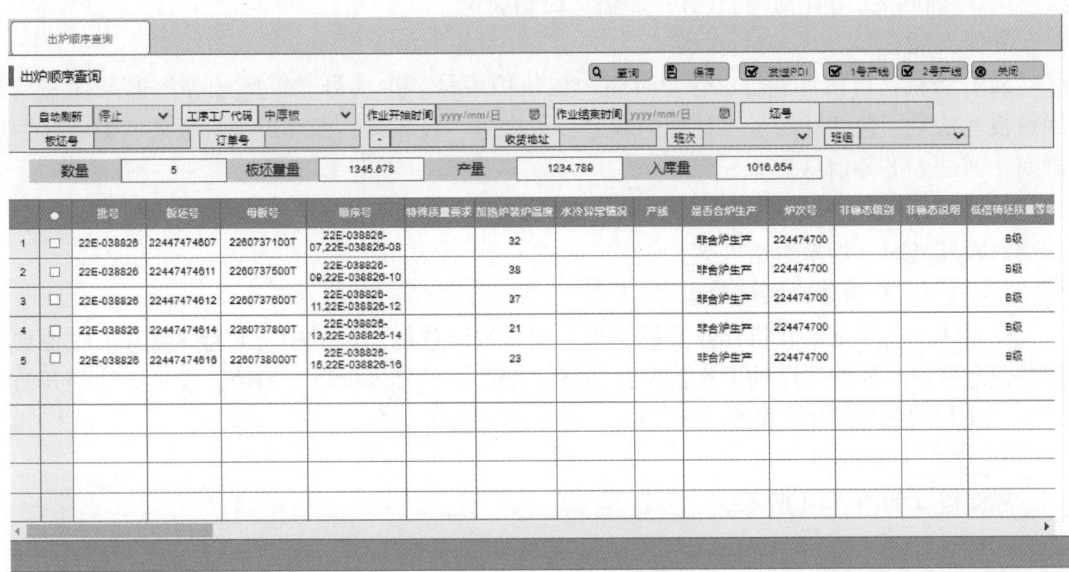

图 3-62　出炉顺序查询图
（扫描书前二维码看大图）

分、计划取消原因等信息。

D　回炉吊销实绩查询

界面设计如图 3-63 所示。

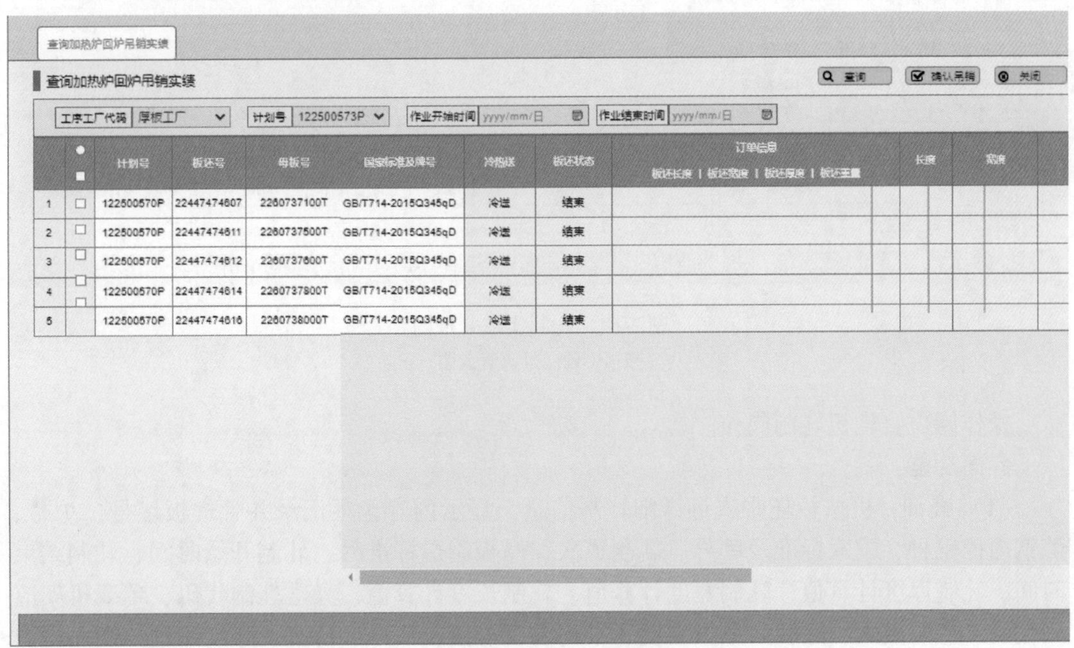

图 3-63　回炉吊销实绩图
（扫描书前二维码看大图）

操作岗位：生产计划编制岗位/加热炉出钢岗位。

界面功能：

（1）查询：可按计划号、作业时间、加热炉炉号、炉次号、板坯号等筛选条件查询回炉板坯信息，包括计划号、计划内顺序、炉次号、板坯号、板坯尺寸、板坯质量、回炉时间、回炉人员等信息。

（2）确认吊销：确认L2系统发来的回炉实绩，并对不具备轧制条件或另行安排轧制计划的板坯轧制计划做返送处理。

3.4.2.5 轧制作业实绩管理

轧制作业实绩记录轧机作业实绩信息，包括过钢数量、轧制相关工艺参数等。主要功能是记录并显示轧制工序的生产情况，包括过钢量、炉号、批号、钢种、规格、轧制开始时间、轧制结束时间以及轧制过程中的工艺参数信息等。

A 轧制实绩管理

界面设计如图3-64所示。

轧制实绩管理

查询 | 录入轧制实绩 | 查阅计划值 | 关闭

工序工厂代码 | 中厚板 | 板坯号

板坯号		工厂工序代码		炼钢内控钢种编号		国家标准及牌号	
板坯重量		母板号		Stand ID		控轧模式	
控轧模式		加热炉出炉时间		开轧时间		终轧时间	
轧制作业时间		粗轧开始时间		粗轧结束时间		精轧开始时间	
精轧结束时间		轧制道次数		轧道次数		热喷印与否	
热喷印时间		Div.Number		是否楔形坯		计划号	
计划内顺序		板坯长度		板坯厚度		板坯厚度	
操作者		实测信息					

母板Size	厚度	宽度	长度	重量	凸度	厚度测量	实测厚度	实测凸度	实测OPER厚度	实测DRIVE厚度	实测CENTER厚度	SCALE去除后温度	SCALE去除平均温度	SCALE去除最大温度

快冷（ACC） | 矫直 | 厚度测量 | 表面检查

快速冷却方式		AD质量代码		厚度测量					
冷却开始时间	yyyy/mm/日	快冷结束时间	yyyy/mm/日	入口平均温度	头部温度	中部温度	尾部温度	入口温度最大值	入口温度最小值
冷却率（计算）		冷却率（实绩）							
最小表面温度		冷却开始温度		@_COOLBEDOUTTEMP					
冷却结束温度（计算）		冷却结束温度（实绩）		合计	@_HEAD	@_BODY	@_TAIL	最大值	最小值
冷却开始时间	yyyy/mm/日	HCR Cooling End Date	yyyy/mm/日						

图3-64 轧制实绩管理图
（扫描书前二维码看大图）

操作岗位：轧机轧制岗位。

界面功能：

（1）查询：可按板坯张查询详细轧制信息，显示内容包括记录并管理板坯号、炉号、炼钢内控钢种、国家标准及牌号、轧制道次、厚板制造标准号、轧制开始时间、轧制结束时间、轧制厚度计算值、轧制宽度计算值、轧制长度计算值、异常轧制代码、单双机架应用代码、控轧模式、除鳞后最大温度、平均温度等以及快冷、矫直、厚度测量、表面检查等关键信息。

（2）保存：在轧机L2系统未能发送轧制报文时，按板坯张保存轧制结束。

B 查询轧制实绩

界面设计如图 3-65 所示。

查询轧制实绩

查询轧制实绩 查询 轧制异常 关闭

工序工厂代码 中厚板 作业开始时间 2022-04-09 00:00 作业结束时间 2022-04-09 08:00 钢板号 批号 板坯号

板坯号 班组 炼钢内控钢种编号 厚板制造标准牌号 国家标准及牌号

钢板宽度 — 钢板厚度 —

	●	顺序号	钢板号	板坯切割位置代码	炼钢内控钢种编号	国家标准及牌号	厚板制造标准牌号	板坯号	批号	轧制作业时间	SLAB规格	在炉时间(min/cm)	板坯出炉平均温度
1	□	122500570P											
2	□	122500570P											
3	□	122500570P											
4	□	122500570P											
5	□	122500570P											

图 3-65 查询轧制实绩图

（扫描书前二维码看大图）

操作岗位：轧机轧制岗位。

界面功能：

(1) 可按计划号、作业时间、炉次号、板坯号等筛选条件查询详细轧制信息。显示内容包括记录并管理板坯号、炉号、炼钢内控钢种、国家标准及牌号、轧制道次、厚板制造标准号、轧制开始时间、轧制结束时间、轧制厚度计算值、轧制宽度计算值、轧制长度计算值、异常轧制代码、单双机架应用代码、控轧模式、除鳞后最大温度、平均温度等。粗轧开始时间、粗轧结束时间、粗轧道次数、粗轧扭矩、粗轧电流、轧制压力、粗轧开轧温度、粗轧终轧温度、粗轧第一道次最大/最小温度、粗轧最后道次最大/最小温度、实测宽度等。精轧开始时间、精轧结束时间、精轧道次数、精轧扭矩、精轧电流、轧制压力、精轧开轧温度、精轧终轧温度、精轧第一道次最大/最小温度、精轧最后道次最大/最小温度、控轧温度、控轧厚度、实测厚度、凸度等。快冷模式、快冷开始时间、入口平均温度、入口头/中/尾温度、入口温度最大/最小值、出口平均温度、出口头/中/尾温度、出口温度最大/最小值、实绩开冷温度、模型预测终冷温度、实绩终冷温度、模型预测冷速、实绩冷速等。

(2) 轧制异常：出现非计划轧制或轧废时，点击轧制异常按钮，跳转至轧制异常录入页面，录入轧制异常位置、原因，如非计划轧制还需录入非计划厚度。

C 查询道次轧制实绩

界面设计如图 3-66 所示。

操作岗位：工艺管理人员。

界面功能：查询，可按板坯号、钢板号为筛选条件查询轧制道次实绩等。

D 查询轧制异常实绩

界面设计如图 3-67 所示。

操作岗位：调度岗位。

图 3-66　查询道次轧制实绩图

（扫描书前二维码看大图）

	●	计划号	板坯号	母板号	炼钢内控钢种编号	国家标准及牌号	品名代码	订单信息 板坯长度	板坯宽度	板坯厚度	板坯重量	长度	宽度
1	□	122500570P											
2	□	122500570P											
3	□	122500570P											
4	□	122500570P											

图 3-67　查询轧制异常实绩图

（扫描书前二维码看大图）

界面功能：可按计划号、终轧时间为筛选条件查询轧制异常实绩，即非计划轧制信息。主要显示内容为计划号、板坯号、母板号、国家标准及牌号、板坯规格、板坯质量、母板设计规格（厚、宽、长）、实际轧制厚度、出炉时间、开轧时间、终轧时间等信息。

E　查询母板表面检查实绩

界面设计如图 3-68 所示。

操作岗位：生产技术科/调度岗位。

界面功能：可按终轧时间、炉次号、板坯号为筛选条件查询母板（分段板）号、检查时间、缺陷代码、缺陷等级、缺陷位置、检查位置等内容。

F　查询水冷实绩

界面设计如图 3-69 所示。

操作岗位：矫直机操作岗位。

界面功能：查询，可按作业时间、炉次号、板坯号等筛选条件查询记录并管理板坯号，母板号、炉次号、快冷模式、快冷开始时间、入口平均温度、入口头/中/尾温度、入口温度最大/最小值、出口平均温度、出口头/中/尾温度、出口温度最大/最小值、实绩开冷温度、模型预测终冷温度、实绩终冷温度、模型预测冷速、实绩冷速、返红温度等。

3.4.2.6　矫直作业实绩查询

界面设计如图 3-70 所示。

操作岗位：预矫直/热矫直操作岗位。

界面功能：可按作业时间、炉次号、板坯号、矫直机类型等筛选条件查询矫直作业实

母板表面检查实绩

母板表面检查实绩　　查询　保存　删除　关闭

轧制时间　2022-04-09 00:00　至　2022-04-09 08:00　炉次号　　板坯号

		板坯号	母板号	分段板号	国家标准及牌号	板坯规格	上表检查时间	下表检查时间	下表缺陷数量	上表缺陷数量	上表缺陷等级	上表缺陷详细说明	下表缺陷等级	下表缺陷详细说明
1	□	22447474607			GB/T714-2015Q345qD		2022-06-19 20:57:01	2022-06-19 20:57:01	0	1	2：普通缺陷		0：无缺陷	
2	□	22447474606			GB/T714-2015Q345qD		2022-06-19 20:57:01	2022-06-19 20:57:01	0	2	3：中等缺陷		0：无缺陷	
3	□	22447474605			GB/T714-2015Q345qD		2022-06-19 20:57:01	2022-06-19 20:57:01	0	3	4：中等缺陷		0：无缺陷	
4	□	22447474604			GB/T714-2015Q345qD		2022-06-19 20:57:01	2022-06-19 20:57:01	1	0	0：无缺陷		2：普通缺陷	

图 3-68　查询母板表面检查实绩图

（扫描书前二维码看大图）

查询水冷实绩

查询水冷实绩　　查询　保存　删除　关闭

轧制时间　2022-04-09 00:00　至　2022-04-09 08:00　炉次号　　板坯号

		板坯号	母板号	国家标准及牌号	板坯规格	冷却开始时间	冷却开始时间	冷却模式	入口平均温度	入口头部温度	入口中部温度	入口尾部温度	入口温度最大值	入口温度
1	□	22447474607		GB/T714-2015Q345qD		2022-06-19 20:57:01	2022-06-19 20:57:01	ACC						
2	□	22447474606		GB/T714-2015Q345qD		2022-06-19 20:57:01	2022-06-19 20:57:01	ACC						
3	□	22447474605		GB/T714-2015Q345qD		2022-06-19 20:57:01	2022-06-19 20:57:01	ACC						
4	□	22447474604		GB/T714-2015Q345qD		2022-06-19 20:57:01	2022-06-19 20:57:01	DQ						

图 3-69　水冷实绩查询图

（扫描书前二维码看大图）

绩，显示内容包括记录并管理板坯号、母板号、炉次号、轧后厚度、矫直开始时间、结束时间、矫直开始温度、矫直结束温度、矫直力、矫直道次、入口处辊缝、出口处辊缝、矫直机机速等。

A　剪切实绩管理

以炉次为单位记录分段剪、定尺剪实绩信息。使用分段剪分段时记录母板分段情况，定尺剪定尺情况，火切定尺情况等。对圆盘剪、双边剪下达剪切计划。

B　查询分段剪实绩

界面设计如图 3-71 所示。

操作岗位：分段剪/冷床操作岗位。

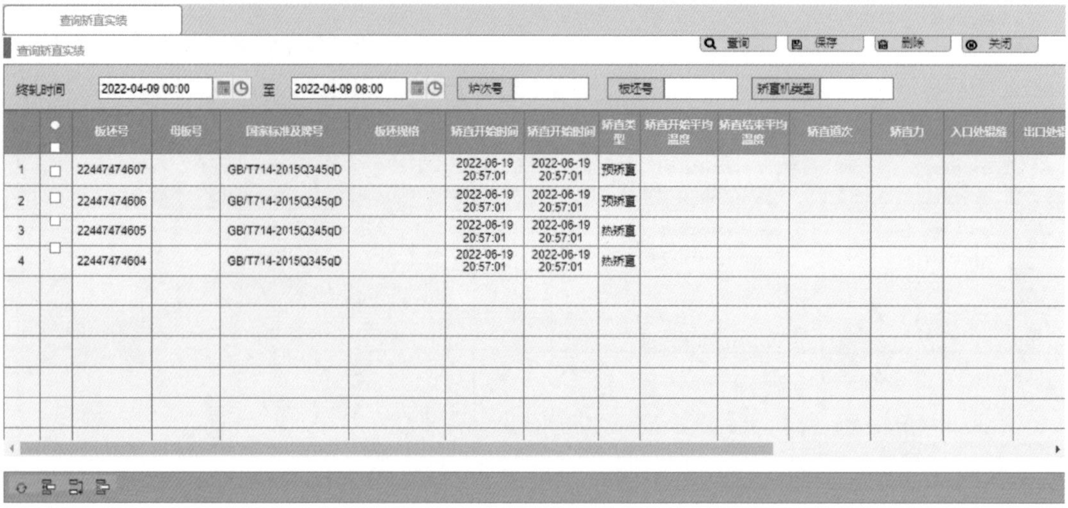

查询矫直实绩

查询矫直实绩　　查询　保存　删除　关闭

终轧时间 2022-04-09 00:00 至 2022-04-09 08:00　炉次号　板坯号　矫直机类型

		板坯号	母板号	国家标准及牌号	板坯规格	矫直开始时间	矫直开始时间	矫直类型	矫直开始平均温度	矫直结束平均温度	矫直道次	矫直力	入口处辊缝	出口处辊
1	□	22447474607		GB/T714-2015Q345qD		2022-06-19 20:57:01	2022-06-19 20:57:01	预矫直						
2	□	22447474606		GB/T714-2015Q345qD		2022-06-19 20:57:01	2022-06-19 20:57:01	预矫直						
3	□	22447474605		GB/T714-2015Q345qD		2022-06-19 20:57:01	2022-06-19 20:57:01	热矫直						
4	□	22447474604		GB/T714-2015Q345qD		2022-06-19 20:57:01	2022-06-19 20:57:01	热矫直						

图 3-70　矫直作业实绩图
（扫描书前二维码看大图）

查询热分段剪实绩 ×

查询热分段剪实绩 ×　　查询　关闭

作业开始时间 2022-04-09 00:00　作业结束时间 2022-04-09 08:00　钢板号　炉次号　批号

		母板号	板坯号	热分段板号	母板Size	分段板厚度	分段板宽度	分段板长度	国家标准及牌号	剪切结束时间	订单规格	订单号
1	□											
	□											
	□											
	□											
	□											

图 3-71　分段剪实绩查询图
（扫描书前二维码看大图）

界面功能：查询，查询由轧机 L2 系统上传包括母板号、分段剪切温度、剪切作业开始时间、剪切作业结束时间、分段块数、分段板号、分段板长度、是否切头切尾等。

C　冷床实绩查询

界面设计如图 3-72 所示。

操作岗位：冷床操作岗位。

界面功能：可按作业时间、炉次号、冷床号等筛选条件查询精整 L2 系统上传的冷床作业实绩信息。包括母板号、上冷床时间、下冷床时间、冷床列号、冷床号、上冷床温度、下冷床温度、缓冷时间、下冷床去向等。

D　剪切实绩录入

界面设计如图 3-73 所示。

操作岗位：定尺剪操作岗位/火切操作岗位。

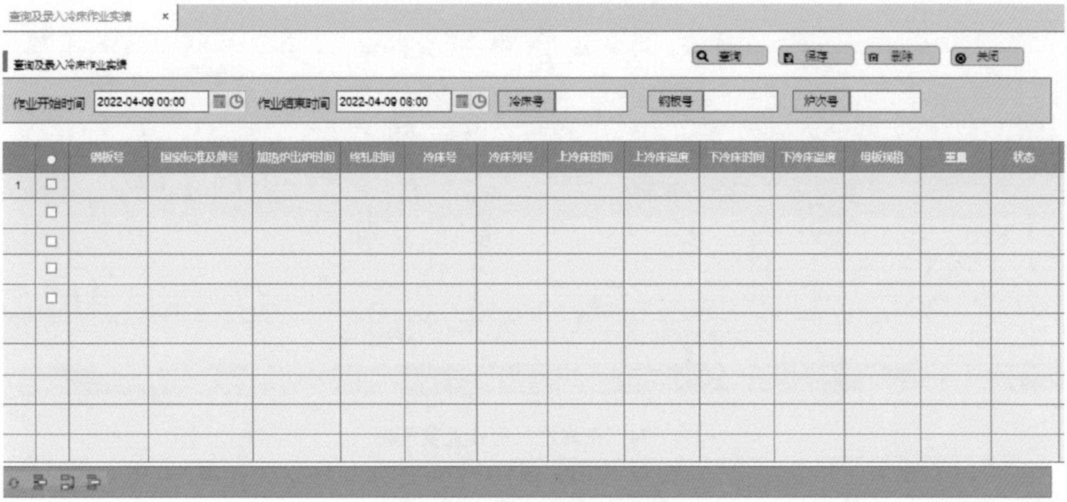

查询及录入冷床作业实绩
查询
保存
删除
关闭
作业开始时间
2022-04-09 00:00
作业结束时间
2022-04-09 08:00
冷床号
钢板号
炉次号
钢板号
国家标准及牌号
加热炉出炉时间
终轧时间
冷床号
冷床列号
上冷床时间
上冷床温度
下冷床时间
下冷床温度
母板规格
重量
状态

图 3-72　冷床实绩查询图
（扫描书前二维码看大图）

录入剪切实绩
查询
保存
确认切割
增加倍尺
删除
关闭
计划号
出炉时间
2022-04-09 00:00
至
2022-04-09 08:00
板坯号
母板状态
计划号
计划内顺序
顺序号
母板号
批号
切割方式
国家标准及牌号
定尺类型
订单切边分类
探伤

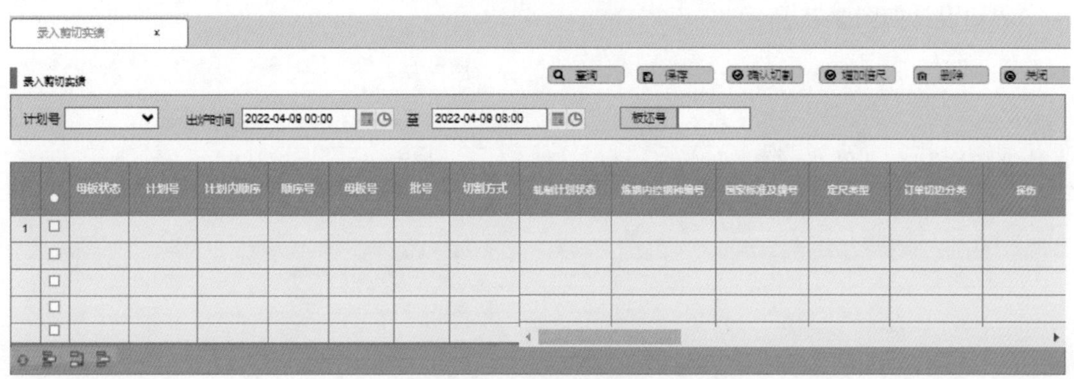

图 3-73　剪切实绩录入图
（扫描书前二维码看大图）

界面功能：

（1）查询：按计划号、下冷床时间、板坯号、炉次号等筛选条件，查询未入库的钢板剪切实绩信息。显示内容包括板坯号、钢板号、钢种、炉次号、订单规格、厚度、宽度、长度、切边类型等信息。

（2）保存：使用在线剪切但精整 L2 系统未上传剪切实绩及火切的钢板，由人工确认切割完成。

E　查询定尺剪作业实绩

界面设计如图 3-74 所示。

操作岗位：定尺剪操作岗位/火切操作岗位。

界面功能：

（1）查询：按作业时间、板坯号、炉次号等筛选条件，查询定尺剪切实绩信息。显示内容包括子板号、炉次号、板坯号、成品规格、成品倍尺数量、是否切头尾、是否取样、取样长度、取样位置等信息。

图 3-74　查询定尺剪作业实绩图
（扫描书前二维码看大图）

（2）如有短尺或长尺情况，由精整 L2 系统自动上传，现场操作人员在系统中手动确认。

F　查询切边（圆盘剪/切边剪）作业实绩

界面设计如图 3-75 所示。

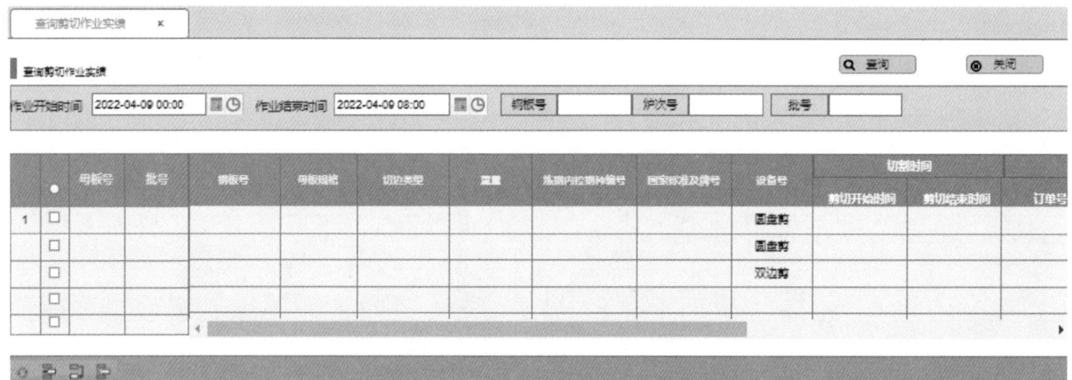

图 3-75　查询切边/圆盘剪作业实绩图
（扫描书前二维码看大图）

操作岗位：定尺剪操作/火切操作/圆盘剪操作/双边剪操作岗位。

界面功能：

查询：按作业时间、板坯号、炉次号等筛选条件，查询精整 L2 系统上传的切边作业实绩信息。包括：

（1）双边剪作业实绩：记录并管理精整 L2 系统上传的母板号、切边量、是否毛边板、作业开始时间、作业结束时间、剪切开始时温度、成品宽度等信息。

（2）圆盘剪作业实绩：记录并管理精整 L2 系统上传的母板号、切边量、是否毛边板、作业开始时间、作业结束时间、剪切开始时温度、成品宽度等信息。

3.4.2.7　收集检查实绩管理

A　录入外观检查实绩

界面设计如图 3-76 所示。

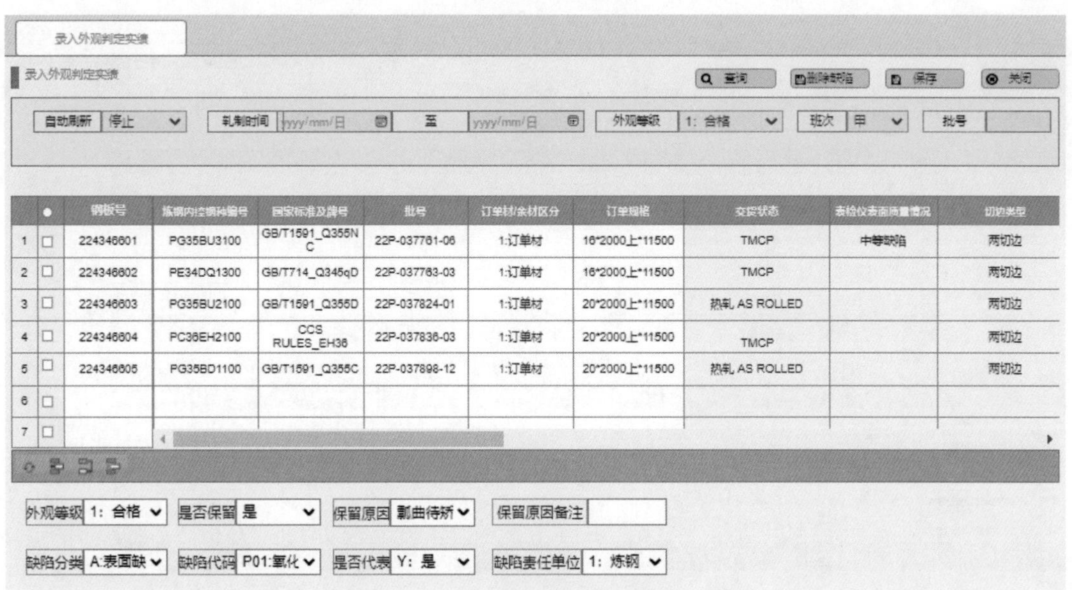

图 3-76　录入外观检查实绩图

（扫描书前二维码看大图）

操作岗位：质检岗位。

界面功能：

（1）查询：按炉次、轧制时间、板坯号、班组、缺陷分类、外观等级等筛选条件查询未入库钢板表面检查信息。显示内容包括钢板号、钢种、炉次号、订单规格、交货状态、进度代码、表面等级、缺陷分类、缺陷代码、实际规格、是否保留、保留原因、保留备注等信息。

（2）保存：在下方表格处选择钢板的外观等级、缺陷、缺陷代码、是否代表缺陷、缺陷责任单位等信息，点击保存按钮进行外观判定。外观等级分为合格、协议一级、协议二级、废品，判为合格和废品必须同时录入缺陷分类和缺陷代码。判为合格需要先使用删除缺陷按钮将缺陷删除。保存为保留状态时，需要录入保留原因，保留状态默认无外观等级，但仍为订单材。

B　查询成品表面检查实绩

界面设计如图 3-77 所示。

操作岗位：质检岗位。

界面功能：

（1）查询：按炉次、轧制时间、板坯号、班组、缺陷分类、外观等级等筛选条件查询所有钢板表面检查信息。显示内容包括钢板号、钢种、炉次号、订单规格、交货状态、进度代码、表面等级、缺陷分类、缺陷代码、实际规格、出炉时间、终轧时间、判定时间、判定人员、判定班组、是否保留、保留原因、保留备注等信息。

（2）点击上方表格处某钢板数据后，触发自动查询。下方表格显示缺陷信息。

C　倍尺信息增加或删除

界面设计如图 3-78 所示。

图 3-77 查询成品表面检查实绩图

（扫描书前二维码看大图）

图 3-78 倍尺信息增删图

（扫描书前二维码看大图）

操作岗位：定尺剪操作岗位/火切操作岗位。

界面功能：

（1）查询：按作业时间、钢板号、批号等筛选条件，查询钢板信息，已入库或判废的钢板无法查询。

（2）增加倍尺：选择一条钢板信息，挂靠至对应钢板订单号下。

（3）删除倍尺：选择一条钢板信息，在系统中删除。

D 非计划钢板信息查询

界面设计如图 3-79 所示。

操作岗位：定尺剪操作岗位/火切操作岗位。

界面功能：查询，按作业时间、非计划原因、板坯号、订单号、班组、外观等级等筛

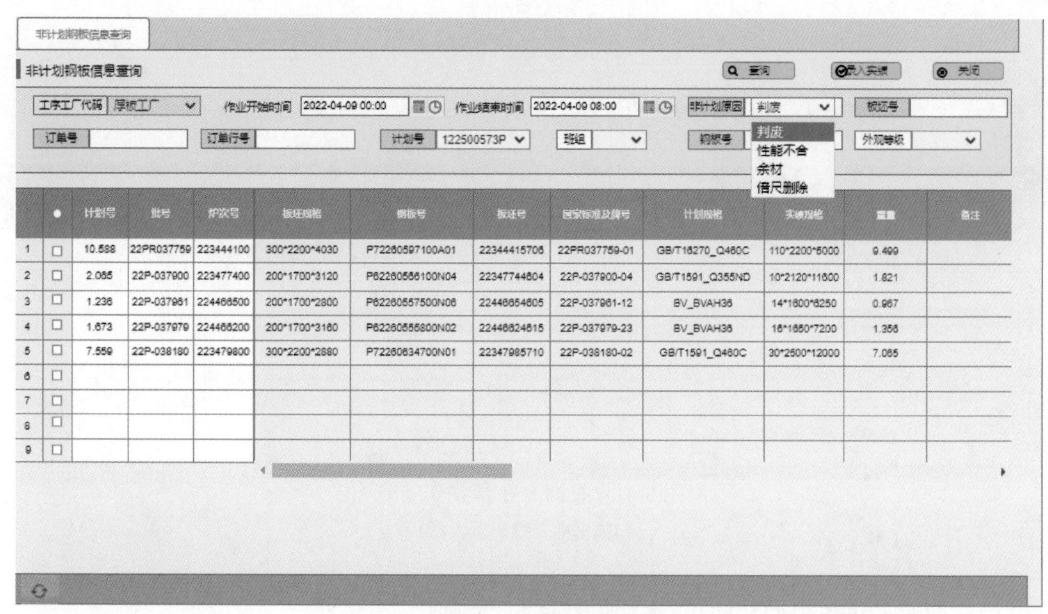

图 3-79　非计划钢板信息查询图

（扫描书前二维码看大图）

选条件，查询所有非计划生产钢板信息，包括计划号、钢板号、板坯号、国家标准及牌号、计划规格、实绩规格、钢板质量、外观等级、物理性能等级、缺陷代码、缺陷表面代码、外观判定时间、外观判定操作人员、订单号、入库时间、存放位置、加热炉出炉时间、生产班次班组、是否改判尺寸、尺寸修改时间、尺寸修改人员等信息。

E　外观判定操作记录

界面设计如图 3-80 所示。

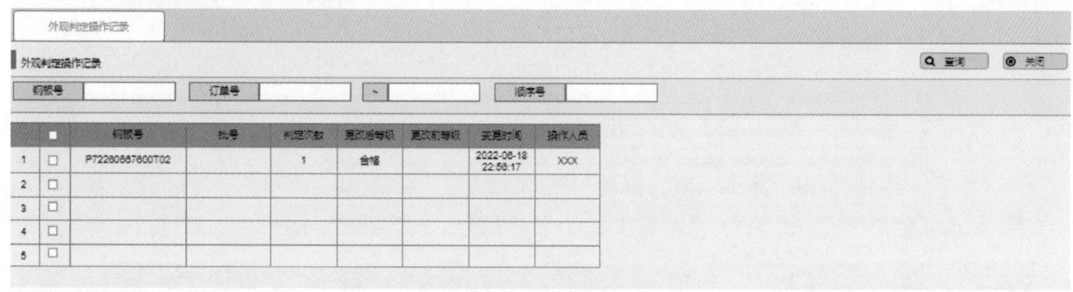

图 3-80　外观判定操作记录图

（扫描书前二维码看大图）

操作岗位：定尺剪操作岗位/火切操作岗位/质检岗位。

界面功能：查询，按钢板号、订单号、批号、炉次号等筛选条件，查询外观判定操作记录，包括钢板号、批号、判定次数、更改前外观等级、更改后外观等级、变更时间、变更人员等信息。

F　查询 UST 探伤实绩

界面设计如图 3-81 所示。

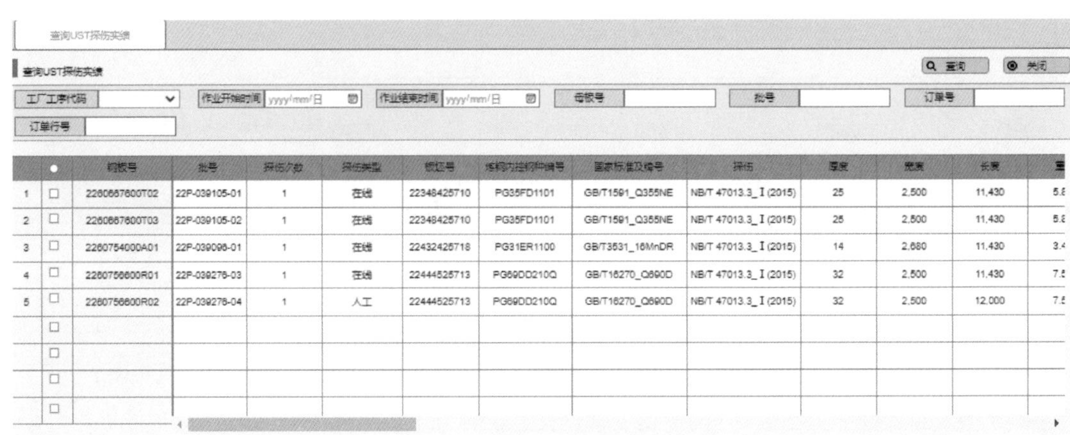

查询UST探伤实绩

工厂工序代码 | 作业开始时间 yyyy/mm/日 | 作业结束时间 yyyy/mm/日 | 母板号 | 批号 | 订单号 | 订单行号

	●	钢板号	批号	探伤次数	探伤类型	板坯号	炼钢内控钢种编号	国家标准及牌号	探伤	厚度	宽度	长度	重
1	☐	2260667600T02	22P-039105-01	1	在线	22348425710	PG35FD1101	GB/T1591_Q355NE	NB/T 47013.3_Ⅰ(2015)	25	2,500	11,430	5.8
2	☐	2260667600T03	22P-039105-02	1	在线	22348425710	PG35FD1101	GB/T1591_Q355NE	NB/T 47013.3_Ⅰ(2015)	25	2,500	11,430	5.8
3	☐	2260754000A01	22P-039096-01	1	在线	22432425718	PG31ER1100	GB/T3531_16MnDR	NB/T 47013.3_Ⅰ(2015)	14	2,680	11,430	3.4
4	☐	2260756600R01	22P-039276-03	1	在线	22444525713	PG69DD210Q	GB/T16270_Q690D	NB/T 47013.3_Ⅰ(2015)	32	2,500	11,430	7.5
5	☐	2260756600R02	22P-039276-04	1	人工	22444525713	PG69DD210Q	GB/T16270_Q690D	NB/T 47013.3_Ⅰ(2015)	32	2,500	12,000	7.5

图 3-81　查询 UST 探伤实绩图

（扫描书前二维码看大图）

操作岗位：定尺剪操作岗位/火切操作岗位/质检岗位。

界面功能：查询，按作业时间、板坯号、炉次号、批号、订单号等筛选条件，查询所有探伤实绩信息。显示内容包括钢板号、批号、探伤次数、探伤类型、板坯号、炼钢内控钢种编号、国家标准及牌号、合格探伤等级、厚度、宽度、长度、质量、订单号、订单探伤执行标准及等级、订单探伤等级、检查代码、检查缺陷代码、严重缺陷数量、缺陷数量、检查长度、检查宽度、检查面积等信息。

G　UST 探伤实绩录入

界面设计如图 3-82 所示。

人工探伤实绩录入

人工探伤实绩录入　查询　合格　不合格　撤销

作业开始时间 yyyy/mm/日 | 作业结束时间 yyyy/mm/日 | 批号 | 订单号 | 订单行号

	●	UST代表与否	钢板号	母板号	批号	顺序号	交货状态	国家标准及牌号	是否重要客户	厚度	宽度	长度
1	☐		P72260667600T02	P72070140000R	22P-039105-01	20P-035227-01	热轧 AS ROLLED	GB/T1591_Q355NE		25	2,500	11,43
2	☐		P72260667600T03	P72080232300N	22P-039105-02	20PR041538-02	热轧 AS ROLLED	GB/T1591_Q355NE		25	2,500	11,43
3	☐		P72260754000A01	P02130258600F	22P-039096-01	21P-014031-01	热轧 AS ROLLED	GB/T3531_16MnDR		14	2,680	11,43
4	☐		P72260756600R01	P72161260400F	22P-039276-03	21P-041641-01	热轧 AS ROLLED	GB/T16270_Q690D		32	2,500	11,43
5	☐		P72260756600R02									

检验合格标准 GB/T 2970-2016_

	●	钢板号	UST	母板号	顺序号	是否重要客户	UST等级	厚度	宽度	长度	重量	探伤执行标准及等级
1	☐	P72260667600T02		P118B1070700T	18PR005072-07		合订单	25	2,500	11,430	5.888	GB/T 2970_Ⅱ(2016)
2	☐	P72260667600T03		P72080232300N	19PR021828-01		合订单	25	2,500	11,430	5.888	NB/T 47013.3_TⅠ(2015)
3	☐	P72260754000A01	Y:Y	P02130258600F	20PR013900-01		合订单	14	2,680	11,430	3.487	NB/T 47013.3_Ⅰ(2015)
4	☐	P72260756600R01		P72161260400F	20PR013901-01		合订单	32	2,500	11,430	7.536	NB/T 47013.3_Ⅰ(2015)
5	☐	P72260756600R02										

图 3-82　UST 探伤实绩录入图

（扫描书前二维码看大图）

操作岗位：探伤操作岗位。

界面功能：

(1) 查询：上方表格按作业时间、批号、订单号等筛选条件，查询未录入探伤结果的钢板信息。显示内容包括 UST 代表与否、钢板号、批号、顺序号、交货状态、国家标注及牌号、厚度、宽度、长度、质量、探伤要求、订单号、探伤不合缺陷描述等信息。下方表格显示已录入探伤结果未入库的钢板信息，包括钢板号，顺序号、UST 等级、厚度、宽度、长度、质量、订单探伤标准及等级、合格探伤标准及等级、订单号等信息。

(2) 合格：批量选中需要判定的钢板，点击合格按钮，即保存为探伤合格。

(3) 不合格：批量选中需要判定的钢板，如不符合订单探伤标准及等级，但符合其他探伤标准及等级，可在 TABLE 中选择符合的标准及等级，点击不合格按钮即可保存不合格订单，但符合选定标准。

(4) 撤销：撤销为未判定状态。

H　查询尺寸测量实绩

界面设计如图 3-83 所示。

查询尺寸测量实绩

查询尺寸测量实绩

查询　保存　删除　关闭

终轧时间　2022-04-09 00:00　至　2022-04-09 08:00　炉次号　板坯号

	●	板坯号	钢板号	国家标准及牌号	订单规格	尺寸测量时间	实测厚度	实测宽度	实测长度	订单号	外观等级	缺陷代码	缺陷说明
1	□	22447474607		GB/T714-2015Q345qD		2022-06-19 20:57:01							
2	□	22447474606		GB/T714-2015Q345qD		2022-06-19 20:57:01							
3	□	22447474605		GB/T714-2015Q345qD		2022-06-19 20:57:01							
4	□	22447474604		GB/T714-2015Q345qD		2022-06-19 20:57:01							

图 3-83　查询尺寸测量实绩图

(扫描书前二维码看大图)

操作岗位：定尺剪操作岗位/火切操作岗位。

界面功能：查询，按作业时间、板坯号、炉次号等筛选条件，查询精整 L2 系统上传的成品尺寸测量实绩信息。显示内容包括板坯号、钢板号、订单规格、国家标准及牌号、尺寸测量时间、实测厚度、实测宽度、实测长度、订单号、外观等级、缺陷代码、缺陷说明等信息。

I　待入库钢板信息查询

界面设计如图 3-84 所示。

操作岗位：精整收集岗位。

界面功能：

(1) 查询：按时间、板坯号、炉次号、批号、订单号、落地区域、是否封闭、钢板号、保留原因、班次班组等筛选条件，查询所有待入库钢板信息。显示内容包括入库时

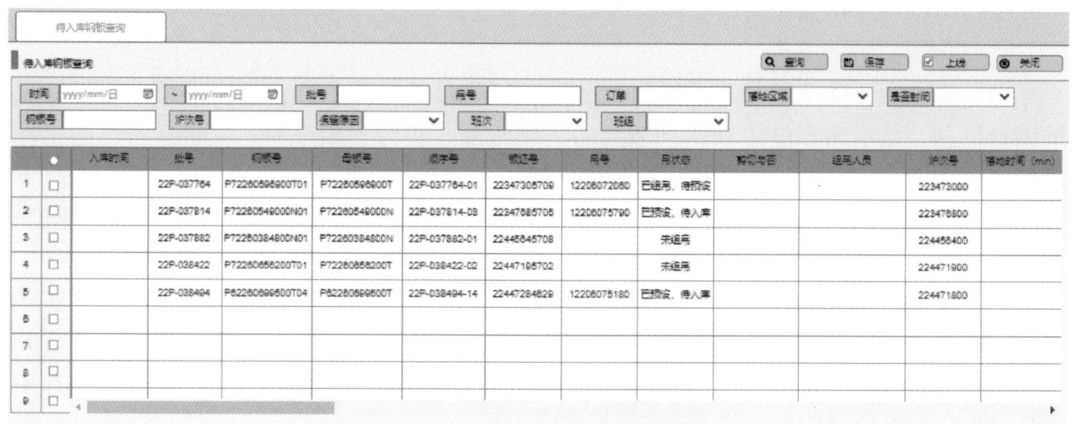

图 3-84 待入库钢板信息查询图
（扫描书前二维码看大图）

间、批号、钢板号、板坯号、钢种、炉次号、吊号、吊状态、订单规格、钢板厚度、钢板宽度、钢板长度、交货状态、理论质量、入库质量、下线位置、下线时间、落地时间、落地原因、落地备注、是否封闭、外观判定状态、改尺时间、外观缺陷、外观等级、探伤要求、出炉时间、物理性能等级、综合等级、质量、订单材/余材区分、切割位置代码、探伤结果、订单信息等信息。

（2）上线、下线信息由精整 L2 系统发送，精整 L2 系统无法发送上线信息时，批量选中需上线钢板，点击上线按钮，即可保存钢板状态为上线状态，下线状态的钢板无法组吊入库。

J 落地履历查询

界面设计如图 3-85 所示。

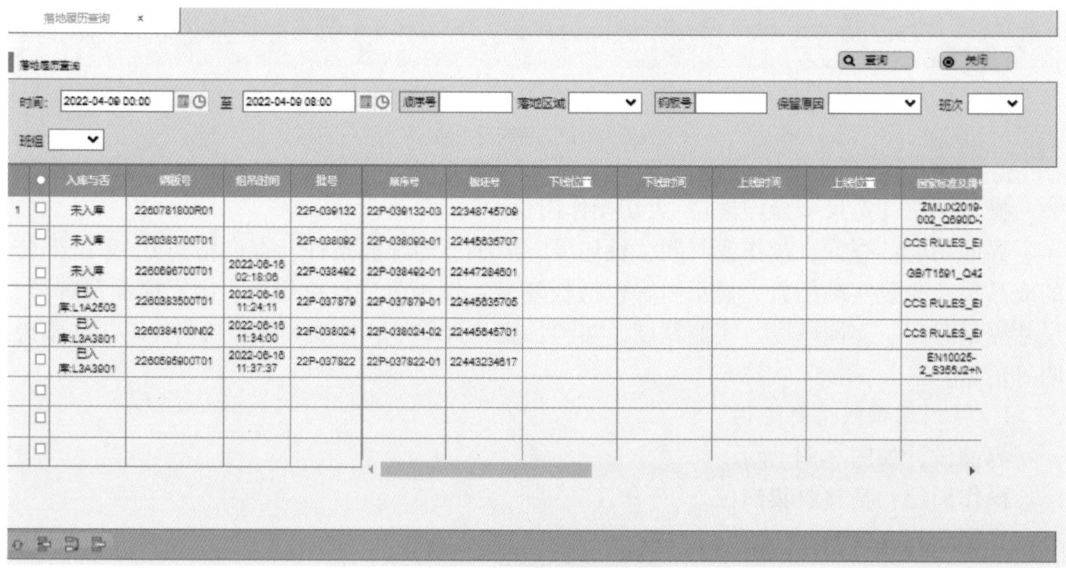

图 3-85 落地履历查询图
（扫描书前二维码看大图）

操作岗位：精整收集岗位。

界面功能：查询，按时间、批号、钢板号、保留原因、班次班组等筛选的条件，查询落地履历。包括入库与否、钢板号、组吊时间、批号、顺序号、板坯号、下线位置、下线时间、上线位置、上线时间、国家标准及牌号、子板规格、落地区域、落地原因、落地原因备注、落地时间、落地人员、落地班次班组。

K 组吊作业实绩

界面设计如图 3-86 所示。

图 3-86 组吊作业实绩图

（扫描书前二维码看大图）

操作岗位：记录操作岗位。

界面功能：

(1) 查询：按钢板号、吊号、批号、炉号等筛选条件查询待组吊信息和已组吊未入库信息，包括批号、钢板号、国家标准及牌号、定尺类型、主要缺陷、厚度、宽度、长度、质量、交货状态、探伤级别、探伤要求、水冷方式、库房准入量、订单质量、最近落地原因、订单号、订单尺寸、外观等级等信息。

(2) 组吊：选中待组吊的钢板信息，点击组吊按钮，即可将钢板信息置为已组吊状态，系统自动生成吊号，并判断库房准入量，超过订单量的钢板设置为订单余材，设置颜色显示。

(3) 落地：选择待组吊钢板信息，选择落地原因、落地区域，输入落地原因备注等信息，点击落地按钮，将钢板信息置为落地状态，信息进入待入库钢板信息查询页面。

(4) 吊内删除：选择已组吊钢板信息，可按张或批量将钢板从已组成吊次内删除，置为未组吊状态。

(5) 退回判定：选择未组吊钢板信息，可按张或批量将钢板信息退回未判定状态，必须手动判定后才可再次进行组吊。

L 成品表面检查操作履历

界面设计如图 3-87 所示。

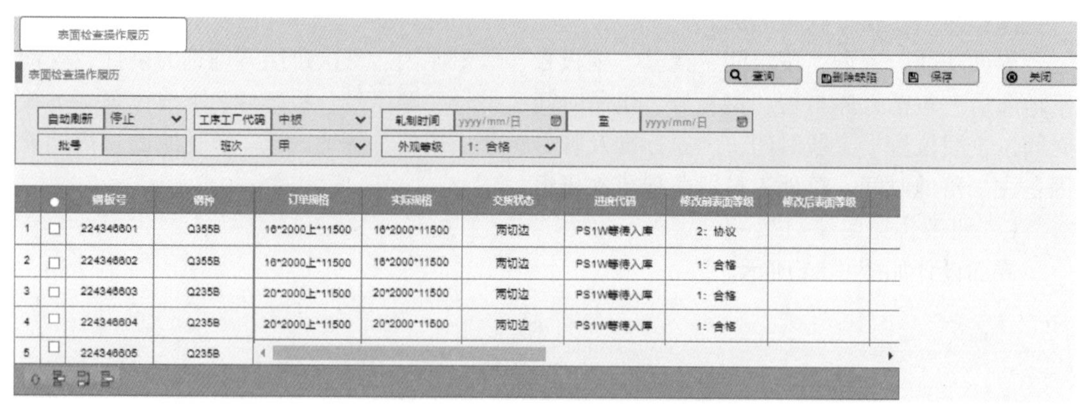

图 3-87　成品表面检查操作履历图

（扫描书前二维码看大图）

操作岗位：质检部表检人员。

界面功能：查询，按炉次、轧制时间、批号、班组、外观等级等筛选条件查询精整 L2 系统上传的表面检查实绩。显示内容包括钢板号、钢种、炉次号、板坯号、母板号、子板号、表检设备号、上表检查时间、上表缺陷数量、上表缺陷等级、缺陷说明、上表缺陷头部轧向坐标、横向坐标，上表缺陷尾部轧向坐标、横向坐标等信息。

3.4.2.8　喷号机实绩管理

界面设计如图 3-88 所示。

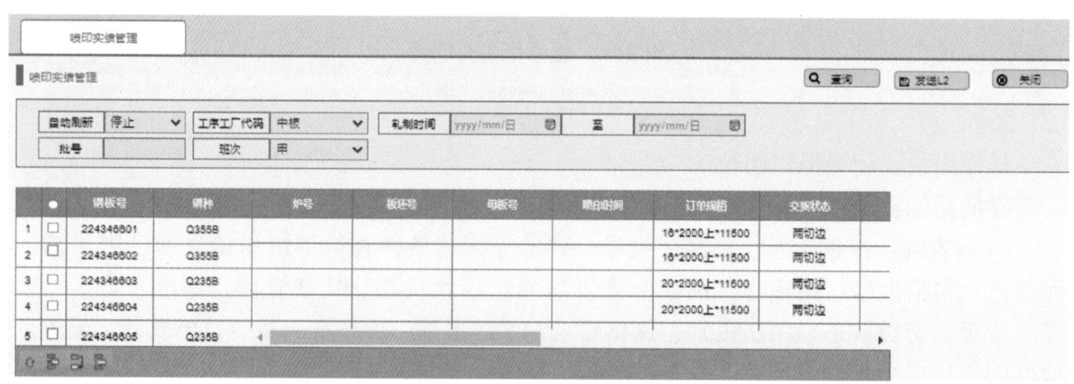

图 3-88　喷号机实绩管理图

（扫描书前二维码看大图）

操作岗位：喷号机操作岗位。

界面功能：查询，按批号、轧制时间、班组等筛选条件查询喷印实绩信息。显示内容包括钢板号、钢种、炉次号、板坯号、母板号、喷印时间、订单规格、交货状态、进度代码、实际规格、出炉时间、面喷内容、侧喷内容、是否打印 LOGO、是否使用钢印、钢印内容、终轧时间、喷印时间、喷印人员、喷印班组、备注等信息。

3.4.2.9　能源消耗实绩

查询每日的能源消耗数据。人工修正每日的能源消耗数据。对修正后的数据进行确认

和撤销。

界面设计如图 3-89 所示。

能源数据收集及修正×

能源数据收集及修正　　查询　保存　确认　撤销　关闭

产线 1-1#线材　日期: 2022-05-29 08:00:00 至 2022-05-30 08:00:00　分类 投入　物料名称　班次 夜班　班组 甲班

	■	生产日期	班次	班组	分类	能源编码	能源名称	数采数据	修正值	最终值	修正时间	修正人	备注	确认
1	□	2022-5-29	白班	甲	投入	1106316632541	煤	50	2.5	52.5	2022-05-30 14:30:20	XXX		N-未确认
2	□	2022-5-29	夜班	乙	投入	1106316632541	煤	50	2	52	2022-05-30 14:30:20	XXX		N-未确认
3	□	2022-5-29	白班	甲	投入	1106316632541	高炉煤气	50	-1	52.5	2022-05-30 14:30:20	XXX		N-未确认
4	□	2022-5-29	夜班	乙	投入	1106316632541	高炉煤气	50	2	52	2022-05-30 14:30:20	XXX		N-未确认
5	□	2022-5-29	白班	甲	投入	1106316632542	压缩空气	29	30	28	2022-05-30 14:30:20	XXX		N-未确认
6	□	2022-5-29	夜班	乙	投入	1106316632542	压缩空气	30	-5	32	2022-05-30 14:30:20	XXX		N-未确认
7	□	2022-5-29	白班	甲	投入	1106316632543	电	200	2	230	2022-05-30 14:30:20	XXX		Y-已确认
8	□	2022-5-29	夜班	乙	投入	1106316632543	电	200	1	195	2022-05-30 14:30:20	XXX		Y-已确认
9	□	2022-5-29	白班	甲	投入	1106316632544	软化水	25	2	27	2022-05-30 14:30:20	XXX		Y-已确认
10	□	2022-5-29	夜班	乙	投入	1106316632544	软化水	25	2	26	2022-05-30 14:30:20	XXX		Y-已确认
11	□	2022-5-29	白班	甲	投入	1106316632545	生产水	60	1	62	2022-05-30 14:30:20	XXX		Y-已确认
12	□	2022-5-29	白班	甲	投入	1106316632545	生产水	60	2	62	2022-05-30 14:30:20	XXX		Y-已确认
13	□	2022-5-29	夜班	乙	投入	1106316632546	脱硫水	10	1	11	2022-05-30 14:30:20	XXX		Y-已确认
14	□	2022-5-29	夜班	乙	投入	1106316632546	脱硫水	10	-2	12	2022-05-30 14:30:20	XXX		Y-已确认
15	□	2022-5-29	白班	甲	产出	1106316632547	蒸汽	5	1	6	2022-05-30 14:30:20	XXX		Y-已确认
16	□	2022-5-29	夜班	乙	产出	1106316632547	蒸汽	6	1	7	2022-05-30 14:30:20	XXX		Y-已确认
17		......												

图 3-89　能源消耗实绩图

（扫描书前二维码看大图）

3.4.2.10　工器具管理

对轧辊、轴承、轴承箱的管理，重点是对轧辊从进厂开始到报废为止的整个使用生命周期的管理，以及轧辊的配辊、使用和磨削情况的管理。

A　轧辊状态管理

界面设计如图 3-90 所示。

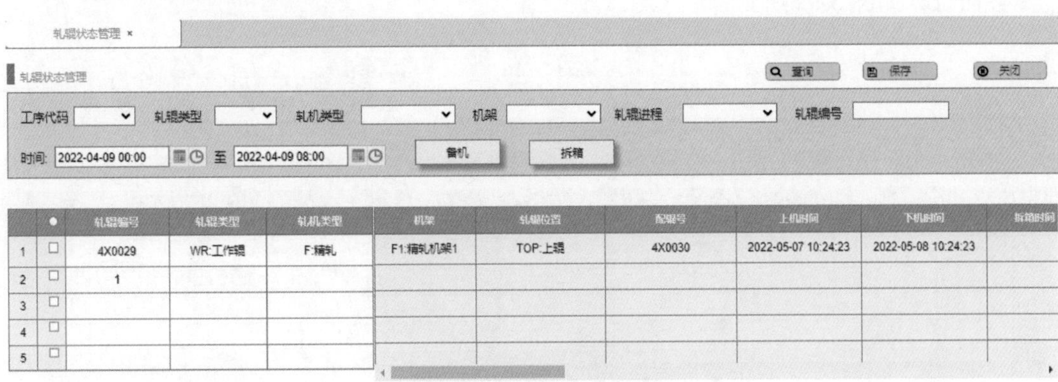

图 3-90　轧辊状态管理图

（扫描书前二维码看大图）

操作岗位：中厚板生产准备负责人。

界面功能：

（1）查询：轧辊编号、轧辊类型、轧机类型、机架号、轧辊位置、配辊号、上机时间、下机时间、拆箱时间。

（2）备机：将选中轧辊置为备机状态。

（3）拆箱：将选中轧辊置为拆箱状态。

（4）新增记录：勾选与要新增的信息相似的记录，再点击列表左下角复制按钮，可以实现复制选中行并新增在下一行，对新增加的行信息修改后，点击“保存”按钮即可。

（5）删除记录：勾选要删除的行记录，点击“删除”按钮即可。

B 轧辊操作履历

界面设计如图 3-91 所示。

图 3-91 轧辊操作履历图

（扫描书前二维码看大图）

操作岗位：中厚板生产准备负责人。

界面功能：查询，轧辊编号、轧辊进程、轧辊类型、磨削直径、轧制吨位、总吨位、上传材质、磨削量、总磨削量、组装号、装配时间、组装人员、配辊号、所处机架、在机时间、在机人员、下机时间、下机人员、拆箱时间、拆箱人员、报废日期、报废人员等信息。

C 轧辊入库及报废处理

界面设计如图 3-92 所示。

图 3-92 轧辊入库及报废处理图

（扫描书前二维码看大图）

操作岗位：中厚板生产准备负责人。

界面功能：轧辊编号、轧辊类型、进厂时间、轧辊材质、厂家、原始直径、辊身硬度、辊颈硬度、工作层深度等及轧辊 C、Si、Mn、P、S 等主要化学成分信息录入及其报废处理信息录入。

D　轧辊装配管理

界面设计如图 3-93 所示。

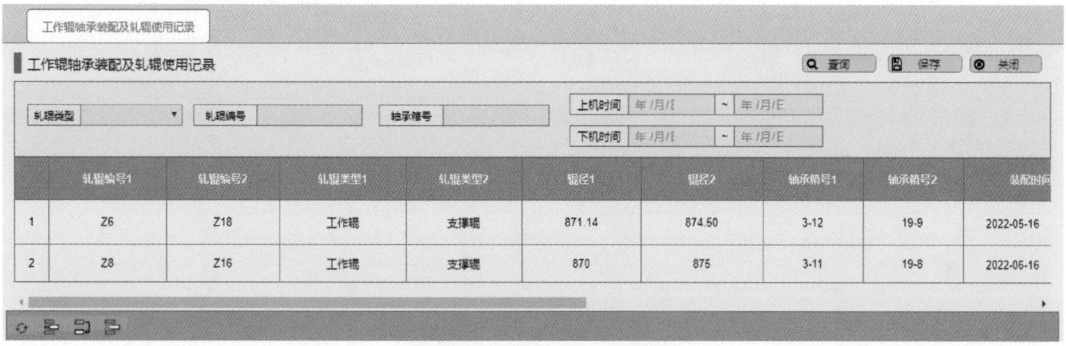

工作辊轴承装配及轧辊使用记录

工作辊轴承装配及轧辊使用记录　　查询　保存　关闭

轧辊类型　轧辊编号　轴承箱号　上机时间 年/月/日 ~ 年/月/日　下机时间 年/月/日 ~ 年/月/日

	轧辊编号1	轧辊编号2	轧辊类型1	轧辊类型2	辊径1	辊径2	轴承箱号1	轴承箱号2	装配时间
1	Z6	Z18	工作辊	支撑辊	871.14	874.50	3-12	19-9	2022-05-16
2	Z8	Z16	工作辊	支撑辊	870	875	3-11	19-8	2022-06-16

图 3-93　轧辊装配管理图
（扫描书前二维码看大图）

操作岗位：中厚板生产准备负责人。

界面功能：根据现场实际配辊规则，系统自动生成工作辊、支撑辊配辊信息，手动录入轴承座、轴承装配信息。

（1）查询：轴承编号 1、轴承编号 2、轧辊类型 1、轧辊类型 2、辊径 1、辊径 2、轴承箱号 1、轴承箱号 2、装配时间、装配人员、上机时间、下机时间、工作时长、过钢量、备注。

（2）新增：勾选与要新增的信息相似的记录，再点击列表左下角复制按钮，可以实现复制选中行并新增在下一行，对新增加的行信息修改后，点击“保存”按钮即可。

（3）删除：勾选要删除的行记录，点击“删除”按钮即可。

E　轧辊磨削量统计

界面设计如图 3-94 所示。

图 3-94　轧辊磨削量统计图
（扫描书前二维码看大图）

操作岗位：中厚板生产准备负责人。

界面功能：查询，轧辊号、当前辊径、磨前辊径磨削量、磨削开始时间、磨削结束时间、磨削班次、磨削班组、磨床号等信息。

F　轴承入库及报废处理

界面设计如图 3-95 所示。

轧辊入库及报废录入 ×

轧辊入库及报废录入　查询　保存　删除　关闭

工序代码　轧辊类型　轧机类型　使用状态　轧辊编号

		工序代码	轧辊编号	轧辊类型	轧机类型	接收时间	使用状态	轧辊材质	上传材质	供货单位	原始直径	辊身硬度
1	□	1										
2	□											
3	□											
4	□											
5	□											

图 3-95　轴承入库及报废处理图

（扫描书前二维码看大图）

操作岗位：中厚板生产准备负责人。

界面功能：

（1）查询：轴承编号，轴承类型，上机次数，上机位置，进厂日期，厂家信息，是否报废，报废日期，备注等信息。

（2）新增：勾选与要新增的信息相似的记录，再点击列表左下角复制按钮，可以实现复制选中行并新增在下一行，对新增加的行信息修改后，点击“保存”按钮即可。

（3）删除：勾选要删除的行记录，点击“删除”按钮即可。

G　轴承座入库及报废处理

界面设计如图 3-96 所示。

图 3-96　轴承座入库及报废处理图

（扫描书前二维码看大图）

操作岗位：中厚板生产准备负责人。

界面功能：

（1）查询：轴承座编号，轴承座类型，过钢量，上机次数，进厂日期，厂家信息，是否报废，报废日期，备注等信息。

（2）新增：勾选与要新增的信息相似的记录，再点击列表左下角复制按钮，可以实现复制选中行并新增在下一行，对新增加的行信息修改后，点击“保存”按钮即可。

（3）删除：勾选要删除的行记录，点击“删除”按钮即可。

H　剪刃入库及报废登录

界面设计如图 3-97 所示。

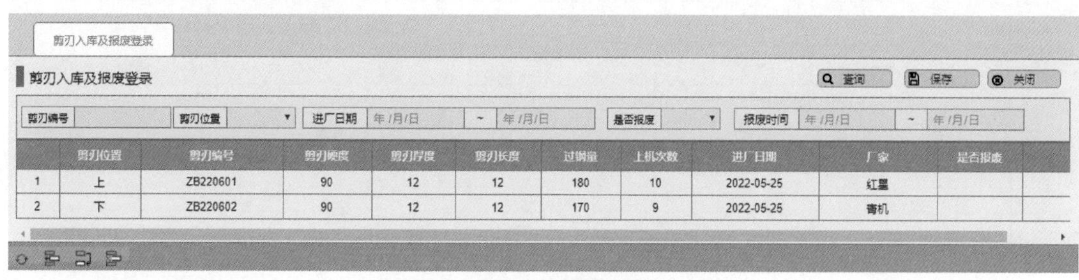

图 3-97　剪刃入库及报废登录图

（扫描书前二维码看大图）

操作岗位：中厚板生产准备负责人。

界面功能：

（1）查询：剪刃位置，剪刃编号，剪刃硬度，剪刃厚度，剪刃材质，剪刃长度，过钢量，上机次数，进厂日期，厂家，是否报废，备注。

（2）新增：勾选与要新增的信息相似的记录，再点击列表左下角复制按钮，可以实现复制选中行并新增在下一行，对新增加的行信息修改后，点击“保存”按钮即可。

（3）删除：勾选要删除的行记录，点击“删除”按钮即可。

I　剪刃磨削量统计

界面设计如图 3-98 所示。

图 3-98　剪刃磨削量统计图

（扫描书前二维码看大图）

操作岗位：中厚板生产准备负责人。

界面功能：

（1）查询：磨床 L2 系统上传剪刃编号、磨前厚度、磨后厚度、磨后长度，磨削开始、结束时间，磨削班次班组、磨床号等信息。

（2）新增：勾选与要新增的信息相似的记录，再点击列表左下角复制按钮，可以实现现复制选中行并新增在下一行，对新增加的行信息修改后，点击“保存”按钮即可。

（3）删除：勾选要删除的行记录，点击“删除”按钮即可。

J 扁头入库及报废处理

界面设计如图 3-99 所示。

图 3-99 扁头入库及报废处理图

（扫描书前二维码看大图）

操作岗位：中厚板生产准备负责人。

界面功能：

（1）查询：查询扁头编号、扁头类型、扁头使用状态、进厂日期、录入人、制造商等信息。

（2）保存：录入扁头信息，进行扁头的入库或者报废。

3.4.2.11 设备停机管理

包括生产过程计划停机、非计划故障停机、外部原因停机信息管理，准时性评价信息等情况的管理以及误工相关标准的维护。

界面设计如图 3-100 所示。

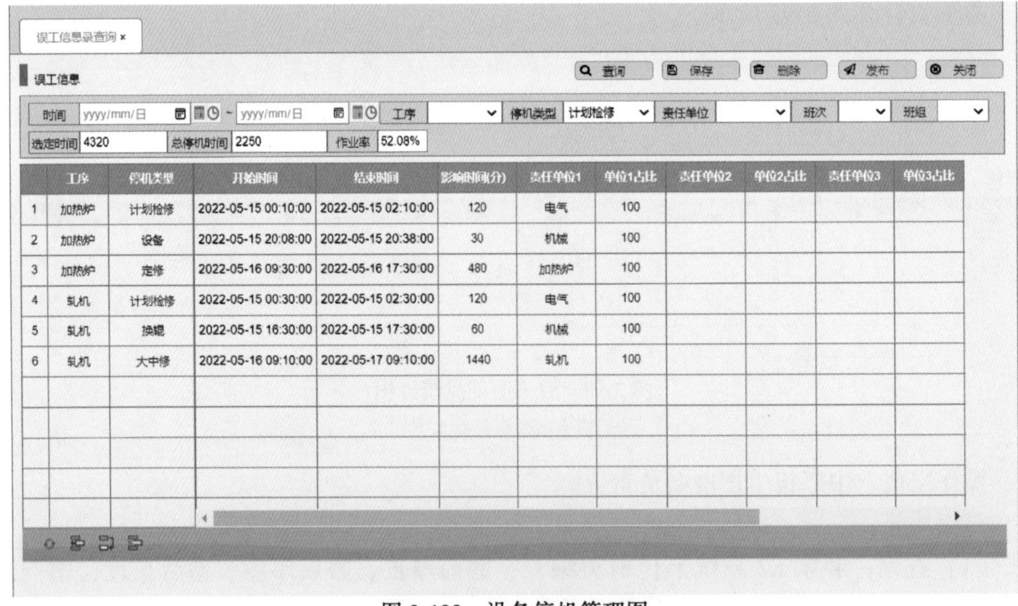

	工序	停机类型	开始时间	结束时间	影响时间(分)	责任单位1	单位1占比	责任单位2	单位2占比	责任单位3	单位3占比
1	加热炉	计划检修	2022-05-15 00:10:00	2022-05-15 02:10:00	120	电气	100				
2	加热炉	设备	2022-05-15 20:08:00	2022-05-15 20:38:00	30	机械	100				
3	加热炉	定修	2022-05-16 09:30:00	2022-05-16 17:30:00	480	加热炉	100				
4	轧机	计划检修	2022-05-15 00:30:00	2022-05-15 02:30:00	120	电气	100				
5	轧机	换辊	2022-05-15 16:30:00	2022-05-15 17:30:00	60	机械	100				
6	轧机	大中修	2022-05-16 09:10:00	2022-05-17 09:10:00	1440	轧机	100				

图 3-100 设备停机管理图

（扫描书前二维码看大图）

操作岗位：设备维检人员。

界面功能：

(1) 查询：可通过时间、待机类型、工序、责任单位、班组、班次等筛选条件查询误工信息。显示内容包括工序、停机类型、开始时间、结束时间、影响时间、责任单位1、单位1占比、责任单位2、单位2占比、责任单位3、单位3占比等信息。

(2) 设备停机信息录入。

3.4.2.12　报表管理

包括改判率查询、一次合格率查询，如图3-101所示。

一次合格率查询

作业开始时间 2022-06-01 00:00:00　作业结束时间 2022-06-02 00:00:00

	ITEM	甲班	乙班	丙班	丁班	合计
1	--					厚板
2	轧制质量(产量)					2463.632
3	初验性能不合格量					0
4	性能合格率					100.000%
5	外观一次不合格量					138.929
6	外观合格率					94.361%
7	一次合格率					94.361%

图3-101　一次合格率查询图

（扫描书前二维码看大图）

3.4.3　业务流程设计

质量模块的业务流程如图3-102所示。

3.4.3.1　产品询问流程

客户发起订单询问，销售部线下进行订单规格审阅，如有需要则线下联系技术中心进行订单审核。

技术研发中心判断当前有没有满足条件的质量控制标准，并将情况反馈给销售部。

评估订单可以生产，但目前没有适用的质量控制标准时，启动新的质量设计。

3.4.3.2　质量设计流程

根据订单产品的牌号、尺寸规格、成分、性能、其他交付条件等要求，检查系统中有没有符合条件的成分标准、性能标准、制造标准、尺寸标准等，如果不具备则需在系统中进行相应标准的新建，并在质量设计基准表中录入信息，实现订单信息与内部钢种、公司标准、客户标准、制造标准的关联。

3.4.3.3　订单处理流程（ERP）

客户确认之后，销售人员根据客户订购产品的品名、产品形态、标准或协议（含年代版本）、用途、尺寸、交期、质量及其他特殊要求等项目在ERP系统（或者电商系统）进行订单录入。

ERP系统（或者电商系统）将该订单下发MES系统。

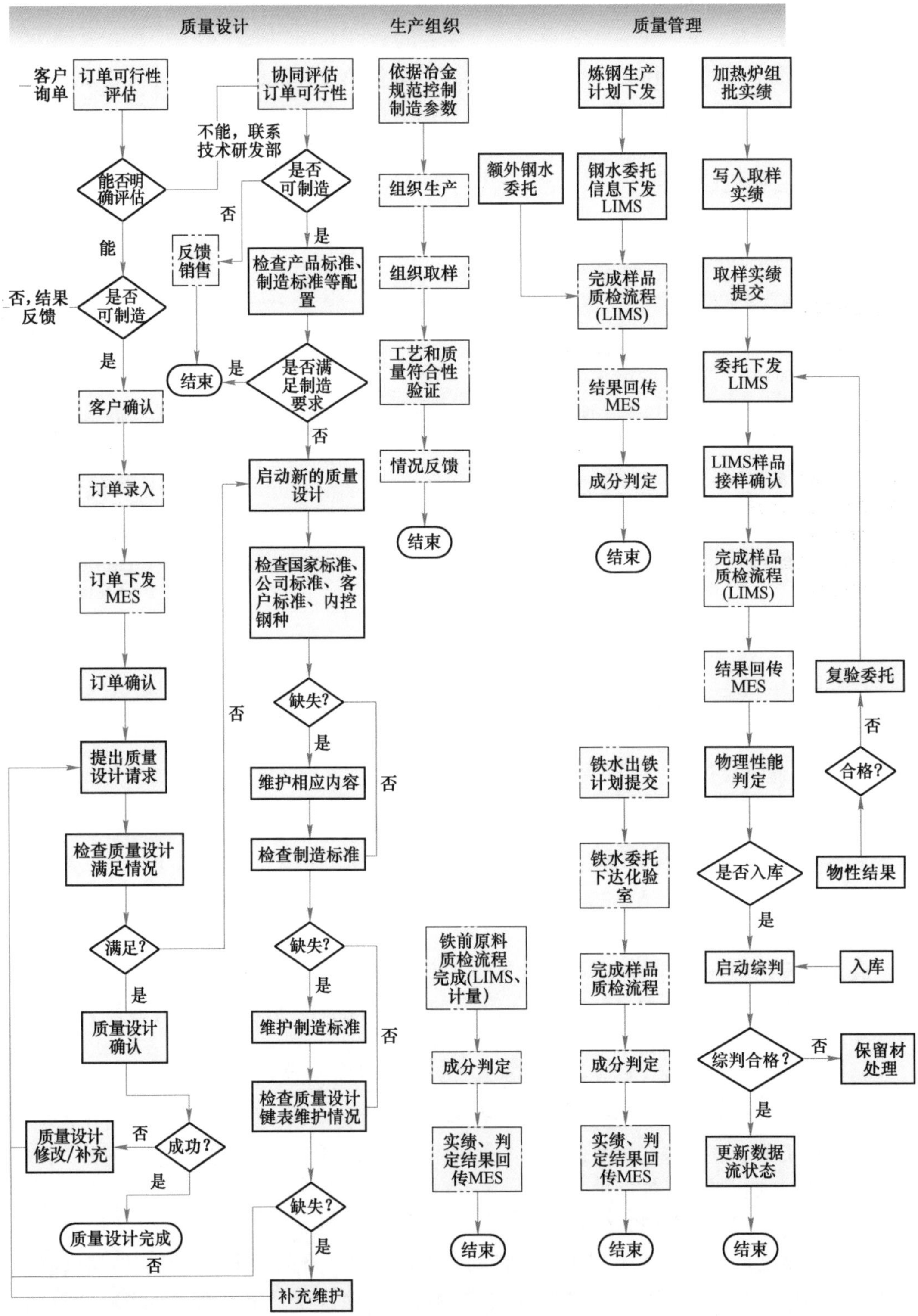

图 3-102 质量模块的业务流程

MES 系统根据质量设计键表进行比对并完成订单的质量设计，如果不成功则由技术负责人员进行判断是否要进行订单修改或启动新的质量设计。

3.4.3.4　炼钢、轧线质检管理流程

炼钢：炼钢事业部负责炼钢所需化验的炉前钢样、炉后钢样、精炼钢样、中包钢样、钢坯钢样等的取样和送样工作。质量管理部质检站在核对送样信息无误后，进行化学分析并将结果传送到 LIMS。LIMS 系统把质检数据传送到 MES 系统。

轧线：MES 系统向 LIMS 系统下发委托，轧钢事业部负责钢材试样的取样，负责将取样信息（取样炉号、取样日期、钢种等信息）传递到物理检验室。物理检验室在核对送样信息无误后，在 LIMS 系统进行样品交接确认，相关检化验结果由 LIMS 系统自动采集或人工录入至 LIMS，在 LIMS 系统上点击保存或上传，LIMS 系统自动上传至 MES 系统。

3.4.3.5　质保书打印流程

质保书打印流程在 LIMS 系统进行管理，发货单/配车单传到 LIMS 系统，LIMS 系统根据配车单进行质保书打印。

A　业务处理概述

质量模块涵盖质量设计基准，质量设计结果，基础信息维护，组批管理，化学实绩管理，物理实绩管理，判定管理，报表及查询等业务功能，见表 3-12。

表 3-12　质量业务处理一览表

顺序	业务处理名	内　　容
1	质量设计基准	钢铁企业所有的质量标准维护，以及参与质量设计的基准维护
2	质量设计结果	质量设计完毕结果的确认和修改
3	基础信息维护	检验项目，物料编码等信息的维护
4	组批试样	试样的组批，委托等功能
5	化学实绩	铁前原料，铁水，钢水等成分实绩管理
6	物理实绩	产品物理实绩管理
7	质量判定	产品的综合判定
8	报表及查询	质量报表及查询
9	接口	与 LIMS、MES 内部、主数据等接口

B　质量设计功能流程图

质量设计功能流程图如图 3-103 所示。

C　质量设计基准

质量设计基准管理表见表 3-13。

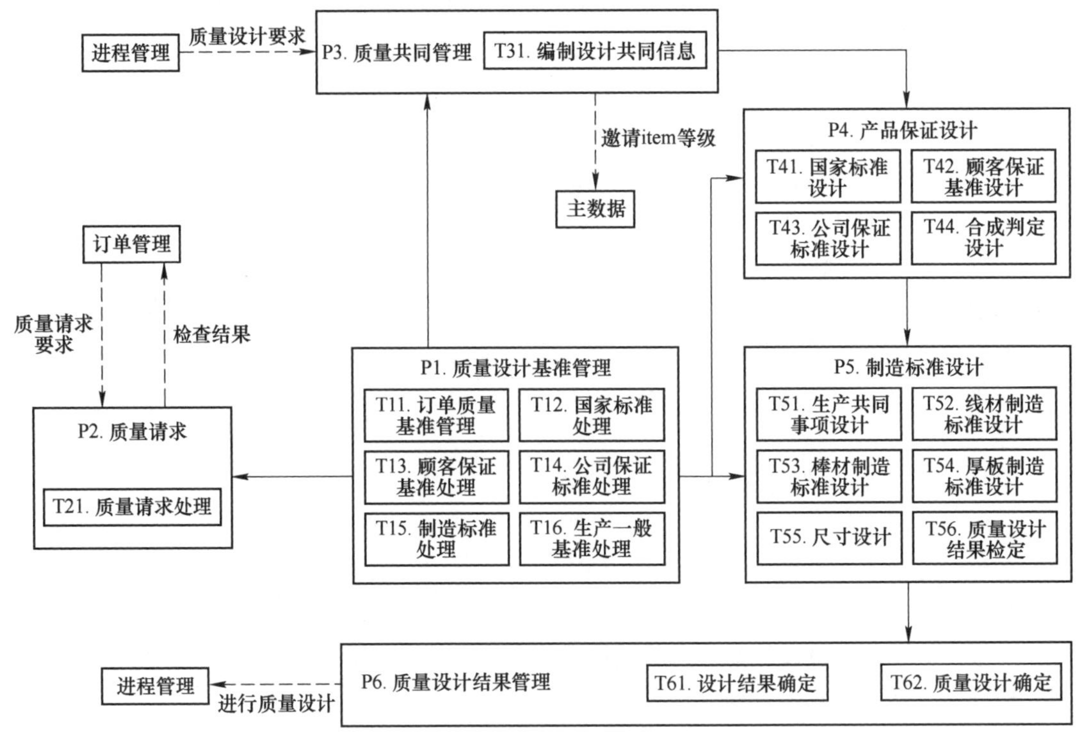

图 3-103　质量设计功能流程图

表 3-13　质量设计基准管理表

进程	事　务	内　容
质量设计基准管理	T11 订单质量基准处理	管理订单和质量中共同使用的质量基准： 订单用途基准
	T12 国家标准处理	国家标准基准进行管理： 国家标准（共同）定义，化学成分基准，物性基准，尺寸外观基准维护；
	T13 客户保证基准处理	管理客户提出的超出国家标准基准的特别质量保证事项： 客户标准（共同）定义，化学成分基准，物性基准，尺寸外观基准维护
	T14 公司标准处理	把相似的国家标准牌号集合起来管理公司定义的质量保证基准： （1）公司标准（共同）定义，化学成分基准，物性基准，尺寸外观基准维护； （2）内控钢种定义及基准维护
	T15 制造标准处理	为了生产出客户要求的产品，管理工序主要制造标准事项： 炼钢连铸制造标准、线材制造标准、棒材制造标准、中厚板制造标准定义及基准维护
	T16 生产一般基准处理	包装方法、检查机关、标准工序、探伤基准、质量设计键表、切边基准等

D　质量设计键表

质量设计键表是用户根据实际生产情况维护好的一个基准表，表中详细记录生产符合

某个国标的某个品种某个规格的产品时，使用的公司产品标准、炼钢内控牌号、制造标准等信息。

质量设计键表是质量设计的索引表，系统进行订单评审时会通过该索引表搜寻是否有满足条件的条目，并对订单模块进行结果反馈。

质量设计键表中项目与标准的对应关系如图 3-104 所示。

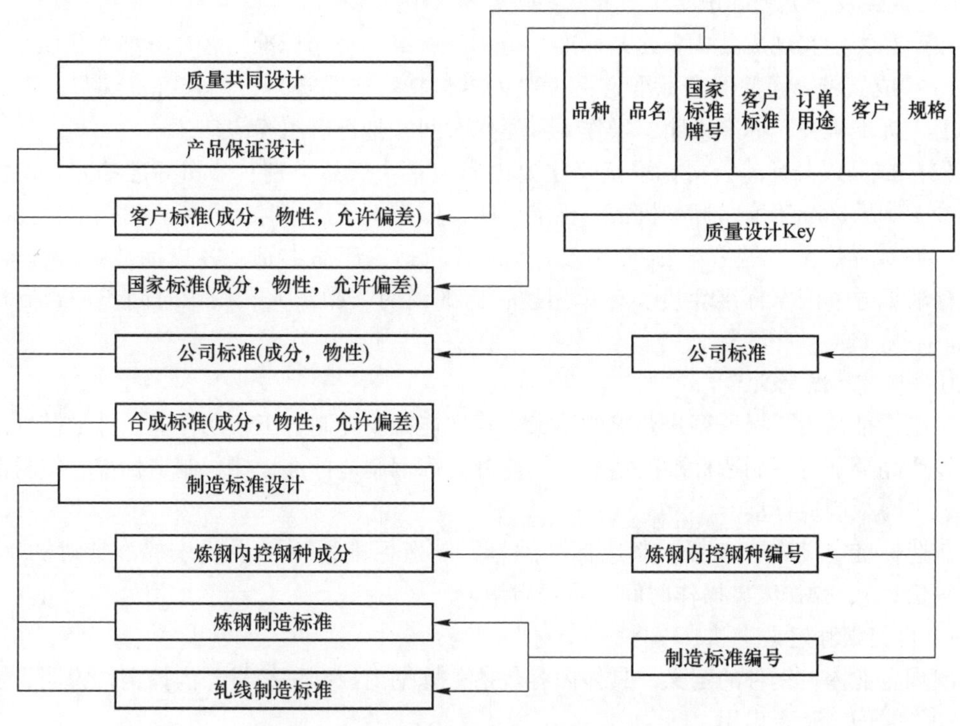

图 3-104 质量设计键表与标准对应关系图

E 材质质量标准定义

按产品类别实现国家标准、客户标准、公司标准的定义。

(1) 国家标准定义内容主要包括：产品类别、国家标准编号、国标年度、国家标准机关、标准编号、钢种/牌号、规格、尺寸形状允许差国家标准、标准说明、操作人、操作时间、是否启用等信息。

(2) 客户标准定义内容主要包括：产品类别、客户标准编号、客户、国家标准、钢种/牌号、规格、订单用途、客户标准说明、尺寸形状允许差国家标准、操作人、操作时间、是否启用等信息。

(3) 公司标准定义主要内容包括：产品类别、公司标准编号、质量管控计划编号、标准说明、操作人、操作时间、是否启用等信息。

F 尺寸外观标准定义

按产品类别实现尺寸外观标准（分国家标准、公司标准、客户标准）定义。

(1) 尺寸形状允许差国家标准定义主要内容包括：产品类别、国家标准编号、国家标准年度、标准机关、标准说明、操作人、操作时间、是否启用等信息。

（2）尺寸形状允许差公司标准定义主要内容包括：产品类别、公司标准编号、国家标准编号、国家标准年度、标准机关、标准说明、操作人、操作时间、是否启用等信息。

（3）尺寸形状允许差客户标准定义主要内容包括：产品类别、客户标准编号、客户、国家标准编号、国家标准年度、订单用途、标准说明、操作人、操作时间、是否启用等信息。

G　成品成分允差标准定义

按产品类别实现成品成分允差标准（分国家标准、公司标准、客户标准）定义。

（1）成品成分允差国家标准定义主要内容包括：产品类别、国家标准编号、国家标准年度、标准机关、标准说明、操作人、操作时间、是否启用等信息。

（2）成品成分允差公司标准定义主要内容包括：产品类别、公司标准编号、国家标准编号、国家标准年度、标准机关、标准说明、操作人、操作时间、是否启用等信息。

（3）成品成分允差客户标准定义主要内容包括：产品类别、客户标准编号、客户、国家标准编号、国家标准年度、订单用途、标准说明、操作人、操作时间、是否启用等信息。

H　制造标准定义

制造标准是为了保证客户要求的质量，管理连铸及轧制各工序的作业条件的基准。

按产品类别实现制造标准的定义，具体分为炼钢制造标准、棒材制造标准、线材制造标准、中厚板制造标准。

制造标准定义内容包括：制造标准编号、制造标准说明（说明该标准针对的钢种、规格等信息）、操作人、操作时间、是否启用。

I　内控钢种定义

实现企业内控钢种的定义。具体内容包括：炼钢内控钢种编号、内控钢种说明、操作人、操作时间、是否启用。

J　材质标准成分基准维护

在同一个材质标准编号下，分规格实现具体检验项目属性的配置，包括每个项目的判定标准、公式、质保书显示情况等。

规程中钢水成分要求见表 3-14。

表 3-14　钢水成分要求表　（%）

钢种	成分	C	Si	Mn	P	S
45 号	国标成分	0. 42~0. 50	0. 17~0. 37	0. 50~0. 80	≤0. 035	≤0. 035
	内控成分	0. 43~0. 48	0. 20~0. 30	0. 55~0. 65	≤0. 025	≤0. 010
	目标成分	0. 45	0. 25	0. 6	≤0. 02	≤0. 01
50 号	国标成分	0. 47~0. 55	0. 17~0. 37	0. 50~0. 80	≤0. 035	≤0. 035
	内控成分	0. 48~0. 53	0. 20~0. 30	0. 55~0. 65	≤0. 025	≤0. 010
	目标成分	0. 5	0. 25	0. 6	≤0. 02	≤0. 01
55 号	国标成分	0. 52~0. 60	0. 17~0. 37	0. 50~0. 80	≤0. 035	≤0. 035
	内控成分	0. 53~0. 58	0. 20~0. 30	0. 55~0. 65	≤0. 025	≤0. 010
	目标成分	0. 55	0. 25	0. 6	≤0. 02	≤0. 01

续表 3-14

钢种	成分	C	Si	Mn	P	S
60 号	国标成分	0.57~0.65	0.17~0.37	0.50~0.80	≤0.035	≤0.035
	内控成分	0.58~0.63	0.20~0.30	0.55~0.65	≤0.025	≤0.010
	目标成分	0.6	0.25	0.6	≤0.02	≤0.01

其他成分元素要求：$w(\mathrm{Cr}) \leqslant 0.25\%$，$w(\mathrm{Ni}) \leqslant 0.25\%$。

K　产品成分标准基准维护

实现国家标准、客户标准、公司标准的成品成分允差标准的维护；成品成分允差维护允许用户分检验项目维护成品成分相对熔炼成分的允许偏差上限和允许偏差下限。

L　内控钢种成分基准维护

实现内控钢种成分的维护，具体包括成分具体检验项目、每个项目的内控标准上限、内控标准下限、内控目标、公式的维护。

M　物性基准维护

分产品、分规格实现国家标准、客户标准、公司标准的物理性能检验项目的细目、取样信息（包括取样条件、取样位置、取样方向、取样个数等）、制样信息、试验条件、判定标准的维护。

(1) 棒材：棒材物理性能维护-国家标准、棒材物理性能维护-公司标准、棒材物理性能维护-客户标准。

(2) 线材：线材物理性能维护-国家标准、线材物理性能维护-公司标准、线材物理性能维护-客户标准。

(3) 中厚板：中厚板物理性能维护-国家标准、中厚板物理性能维护-公司标准、中厚板物理性能维护-客户标准。

工艺规程对物理性能检验要求表见表 3-15。

表 3-15　工艺规程对物理性能检验要求表

检验项目	每批组取样数量	取样方法	试验方法	复验要求
拉伸	2	不同根盘条	GB/T 228	GB/T 2101
脱碳	2		GB/T 224	
非金属夹杂	3		GB/T 10561	
显微组织	1		GB/T 13298	
冷顶锻	4		内部要求：1/2 顶锻	

3.4.3.6　尺寸/形状基准维护

实现尺寸形状允许偏差种类及代码基础信息维护，用户自行维护偏差种类代码、偏差种类名称、偏差单位等信息。

分规格实现国家标准、客户标准、公司标准的尺寸/形状基准信息的维护，具体包括允许偏差种类、允许偏差上下限、允许偏差单位等信息。

3.4.3.7　制造标准明细维护

同一制造标准编号下按规格、产线、来坯状态等分类维护加热炉加热一段、加热二段、均热段温度上下限、在炉时间、开轧温度、进精轧温度、上冷床温度或风冷线风机控制参数、打捆规则等信息，具体需要实现哪些项目参照现有工艺规程。下面列举部分现有工艺规程中关于整个制造工艺的要求。

A　规程中转炉工艺操作要点示例

铁水：$w(P) \leqslant 0.130\%$，$w(S) \leqslant 0.040\%$。生铁块：使用 $w(S) \leqslant 0.070\%$ 的低硫生铁块。

终点控制：出钢温度1630~1680℃，终点 $w(C) \geqslant 0.08\%$，$w(P) \leqslant 0.035\%$。

出钢合金化：脱氧剂使用硅铝铁，终点 $w(C) \geqslant 0.08\%$。脱氧剂硅铝铁加入量0.8kg/t，终点 $w(C) \leqslant 0.07\%$，炉后定氧不大于 50×10^{-6}。

氩站处理：吹氩时间≥8min。

B　规程中连铸工艺操作要点示例

浇注过程大中包全程保护浇铸，确保长水口氩封良好，浸入式水口密封良好。大包套管每炉换一次密封圈，且保证吹氩压力。

浇注前中包要确保清理干净，干式料不得有脱落现象；正常中包液面不得低于600mm，开浇液面不得低于400mm；中包及时排渣，每3~4h提液面排渣一次，过程中中包渣厚不得超过100mm。中包气幕挡墙投用。

235钢种液相线温度1518℃，正常浇注时过热度要求控制在15~30℃之间，即中包温度控制在1533~1548℃之间。

C　规程中轧线工艺操作要点示例

严格执行按炉送钢制度，控制炉膛压力≤30Pa，控制空燃比0.6~1.0。轧制中的操作要点见表3-16~表3-18。

表3-16　加热炉温度控制表

来坯状态	加热一段/℃	加热二段/℃	均热段/℃	在炉时间/min
冷装	840~920	1020~1100	1080~1160	≥70
过冷床热装	820~900	1000~1080	1060~1140	≥70
直接热装	820~900	950~1030	1060~1140	≥70

表3-17　轧制温度控制表　（℃）

规格/mm	开轧温度	进精轧温度	夹送辊前温度	吐丝温度
φ6.0~10	1010~1070	910~960	910~970	≤1060
φ12~16	1010~1070	910~960	890~950	≤1060

表3-18　风冷线控制表

规　格	HRB400(E)	保温罩	钢坯类型
φ6	1号风机70%，2号风机50%	全部开启	含钒钢
φ8	1号风机80%，2号风机60%，4号风机50%	全部开启	
φ10	1~2号风机各80%，3~6号风机50%	关闭7~11号	
φ12	1~4号风机各80%，5~6号风机各60%	全部开启	

精整控制：打包道次至少4道。

表面质量及尺寸精度要求：执行GB/T 14981—2009中B级精度要求（ϕ10mm及以下允许偏差±0.25mm，不圆度≤0.40mm）；表面要求光滑，不允许有折叠、裂缝、划伤、结疤、麻面、密集性发纹等表面缺陷。

D　取样组批规则示例

组批≤60t，每批由同一炉号、同一牌号、同一规格的坯料组成。

a　合炉混浇钢种基准维护

钢铁合炉混浇有明确文件规定，具体可参照《过渡坯管理规定》。

异钢种浇铸时，即在同一中间包内浇铸两个及以上不同牌号，连续浇铸时产生的混浇坯称为过渡坯。其他相关定义如下：

（1）混浇钢种：混浇两炉次，先开浇炉次的钢种；

（2）被混浇钢种：混浇两炉次，后开浇炉次的钢种；

（3）混浇两个钢种成分要求相对高的定义为高标号钢种，成分要求相对低的钢种定义为低标号钢种；

（4）异常混浇：不符合混浇要求表中（见表3-19）规定的混浇操作"×"表示不可混浇。

表3-19　当前钢铁合炉混浇钢种表　（%）

钢种	Q235B	Q235G	Q235M	Q235L	Q355	Q355B	Q355M	Q355F	Q355L
Q195									
Q235B	—								
Q235G	√	—							
Q235M	×	×	—						
Q235L	×	×	×	—					
Q355	×	×	×	×	—				
Q355B	×	×	×	×	×	—			
Q355M	×	×	×	×	×	×	—		
Q355F	×	×	×	×	×	×	混浇的两个炉次 C：0.25~0.26 Si：0.40~0.50	—	
355L	×	×	×	×	×	×	混浇炉次 C：0.21~0.25 Si：0.40~0.50 Mn：1.00~1.10	×	—
355T	×	×	×	×	×	×	×	×	×
HPB300	×	√	×	√	×	Q355B锰控制在1.40~1.50之间，HPB300的碳控制在0.16~0.21之间	混浇炉次 C：0.21~0.24 Si：0.40~0.50 Mn：1.00~1.10	×	混浇炉次 C：0.20~0.24 Si：0.40~0.50 Mn：1.00~1.10

续表 3-19

钢种	Q235B	Q235G	Q235M	Q235L	Q355	Q355B	Q355M	Q355F	Q355L
HRB400E	×	×	×	×	×	×	×	×	×
HRB500	×	×	×	×	×	×	×	×	×

系统实现合炉混浇钢种基准的维护，允许用户把上述混浇钢种表录入系统，实现混浇控制。

b 钢种替代标准的维护

当前操作模式：出现不合格品后，改判目标钢种依据经验判断。实现判定序列替代钢种维护，具体内容由用户自行维护。当前组批取样规则表见表 3-20。

表 3-20 当前组批取样规则表

序号	产 品	组 批 规 则
1	螺纹钢筋 光圆钢筋	同一牌号、同一炉罐号、同一规格，每批质量通常不大于 60t。超过 60t 的部分，每增加 40t（或不足 40t 的余数），增加一个拉伸试验试样和一个弯曲试验试样。公司内部控制每批不大于 100t，对新生产的品种钢暂组批不超过 60t，增加检测次数，允许由同一牌号的不同炉罐号组成混合批，但各炉罐号含碳量之差不大于 0.02%，含锰量之差不大于 0.15%。混合批的质量不大于 60t。公司内部控制混炉组批按每批不超 2 个炉号，每批质量不大于 60t
2	棒材 Q235B（GB/T 700—2006） 碳素结构钢	每批由同一牌号、同一炉号、同一质量等级、同一品种、同一尺寸、同一交货状态的钢材组成。每批质量应不大于 60t。公称容量比较小的炼钢炉冶炼的钢轧成的钢材，允许不同炉号、同一质量等级的组成混合批，但每批各炉号含碳量之差不大于 0.02%，含锰量之差不大于 0.15%。混合批的质量不大于 60t。公司内部控制混炉组批按每批不超 2 个炉号，每批质量不大于 60t
3	棒材 45 号	棒材 45 号（GB/T 699—2015）优质碳素结构钢： 钢棒应成批验收，每批由同一牌号、同一炉号、同一加工方法、同一尺寸、同一交货状态、同一热处理制度（或炉次）的钢棒组成。公司内部控制每批质量应不大于 60t
4	低碳钢热轧圆盘条	线材 Q195、Q235（GB/T 701—2008）低碳钢热轧圆盘条，每批由同一牌号、同一炉号、同一尺寸的盘条组成，每批质量应不大于 60t。不允许混炉组批
5	线材 30MnSi	线材 30MnSi（GB/T 24587—2009）预应力混凝土钢棒用热轧盘条： 每批由同一牌号、同一炉号、同一规格的盘条组成，每批质量应不大于 60t。不允许混炉组批

当前轧制组批的钢坯是否满足要求是完全靠人工进行控制的，需要把组批规则数字化，系统协助现场操作人员进行组批是否符合条件的筛选。

3.4.3.8 产品保证设计

产品设计四级标准表见表 3-21。

表 3-21 产品设计四级标准表

进程	事 务	内 容
产品保证设计	T41 国家标准设计	设计出和订单相匹配的国家标准质量保证事项： 化学成分、物性、外观及尺寸允差
	T42 客户基准设计	设计客户特别要求的客户保证基准事项： 化学成分、物性、外观及尺寸允差
	T43 公司标准设计	设计公司内部规定的公司质量标准事项： 化学成分、物性、外观及尺寸允差
	T44 合成判定设计	为了高效地处理产品判定，结合质量设计基准维护的国家标准，客户保证标准，公司标准制定合成判定基准： 化学成分，物性，外观及尺寸允差

A 质量合成规则说明

质量合成规则如图 3-105 所示。

标准的优先级：客户标准>公司标准>国家标准。

当客户要求的质量条件比国家标准更严格时，在系统中管理客户的质量要求标准。质量设计时，会结合各类标准数据，按照上述标准优先级合成最终的产品出厂控制标准。

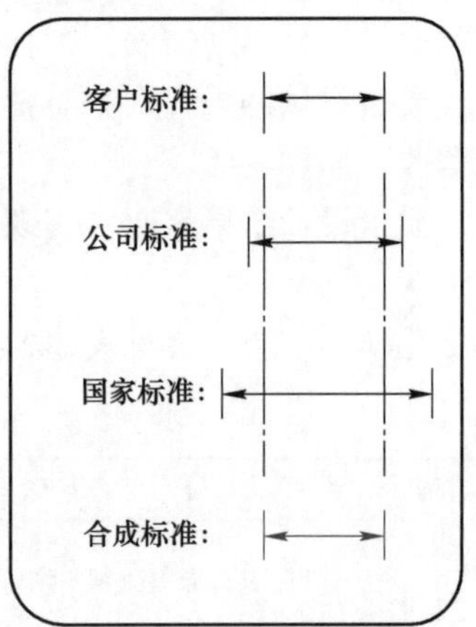

图 3-105 质量合成规则图

B 制造标准设计

制造标准设计表见表 3-22。

C 质量设计结果

质量设计结果管理表见表 3-23。

表 3-22 制造标准设计表

进程	事 务	内 容
制造标准设计	T51 生产共同事项设计	制造标准以外对生产指令及质量管理所需的质量事项进行设计： 标准通过工序、合炉混浇钢种、判定钢种替代序列
	T52 线材制造标准设计	炼钢/连铸，线材轧制工序的作业管理项目中对质量影响度高的项目设计生产基准： （1）炼钢内控钢种基准（炼钢目标成分），炼钢精炼方法等； （2）轧制：加热炉温度，轧钢温度，冷却方法等
	T53 棒材制造标准设计	炼钢/连铸，棒材轧制工序的作业管理项目中对质量影响度高的项目设计生产基准： （1）炼钢内控钢种基准（炼钢目标成分），炼钢精炼方法等； （2）轧制：加热炉温度，轧钢温度，冷却方法等
	T54 中厚板制造标准设计	炼钢/连铸，中厚板轧制工序的作业管理项目中对质量影响度高的项目设计生产基准： （1）炼钢内控钢种基准（炼钢目标成分），炼钢精炼方法，板坯处理方法，HCR（热送）区分，铸板使用限制等； （2）轧制：加热炉温度，轧钢温度，冷却方法等
	T55 尺寸设计	各工序目标厚度及目标宽度基准设计
	T56 质量设计结果检定	对质量设计（共同），质量保证设计，制造标准设计结果的一致性进行检查，结合设计结果更新设计结果状态（正常，出错）

表 3-23 质量设计结果管理表

进程	事　务	内　容
质量设计结果管理	T61 设计结果确定	确认质量设计结果是否正常结束： （1）确认设计进行现状； （2）确认质量设计申请内容； （3）确认质量设计结果（共同），质量保证设计结果，制造标准设计结果； （4）确认质量设计出错内容
	T62 质量设计确定	如果质量设计结果正常的话就进行质量设计确认。不正常时变更质量基准后再发出设计申请

质量设计请求：订单评审完毕后，人工发起质量设计请求。

质量设计确认：质量设计请求发起后，人工在质量设计确认页面进行质量设计确认。如果质量设计出现错误，则在质量设计确认页面发起重新设计请求。

质量设计结果查询：质量设计结果完毕查询，查询出的错误信息通过设计结果修改进行修改。

质量设计结果修改：实现质量设计结果的细节调整。

D 质量管理

化学实绩管理表见表 3-24。

表 3-24 化学实绩管理表

进程	事　务	内　容
化学实绩管理	T11 铁前原料化学实绩管理	实现投入料、中间品、副产品质检委托下发及质检实绩查询
	T12 铁水化学实绩管理	实现铁水质检委托下发及质检实绩查询
	T13 钢水化学实绩管理	实现钢水质检委托及实绩查询
	T14 成品成分化学实绩管理	实现成品成分质检委托及实绩查询

3.4.3.9 铁前原料化学实绩管理

本模块提供铁前原料检验实绩查询功能，根据用户需求进行展示，为企业及时调整计划、降低生产成本提供管理平台和决策支持。

A 铁水化学实绩管理

委托管理：铁水按罐进行检验，常规每个罐检验 1 个样，铁前 MES 在出铁配罐完成后向本模块按照每个罐次一个样进行质检委托下达，本模块同步给 LIMS 系统下发质检委托。如果有额外的检验需求，需要人工在本模块进行铁水委托的下达。其余物料也是在铁前 MES 中根据生产计划和取样规则进行委托下达，无法自动下达的由人工在本模块进行委托下达。

查询管理：所有质检结果回传本模块进行数据查询展示。

铁水质检流程图如图 3-106 所示。

B 炼钢化学实绩管理

委托管理：炼钢 MES 生产计划下达时，按照转炉 1 个样，精炼 3 个样，中间包 1 个样自动给本模块下发委托，本模块同步给 LIMS 系统下达钢水质检委托，如果有额外的检验需求，需要人工在本模块进行钢水委托的下达。

查询管理：所有检验实绩返回本模块查询展示。

钢水委托流程图如图 3-107 所示。

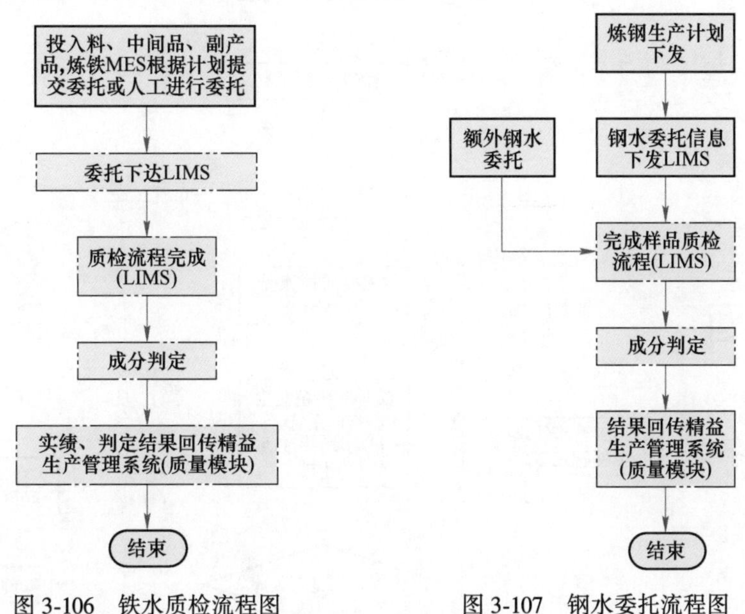

图 3-106 铁水质检流程图　　　图 3-107 钢水委托流程图

C 成品成分化学实绩管理

根据质量计划合成情况，如果有成品成分要求则在进行物理性能委托下达时同步下发成品成分质检委托。表 3-25 为组批试样管理表。

表 3-25 组批试样管理表

进程	事 务	内 容
组批试样管理	T21 制定组批试样管理	制定组批试样（试样采取指令）
	T22 试样监控	（1）取样实绩管理：对指令中的试样进行采样时，记录采取实绩； （2）样品交接确认管理； （3）作业实绩与下发的作业计划比对，严重不符时系统进行提示，并联动质量判定功能进行相关处理

D 成品质检流程

成品质检流程图如图 3-108 所示。

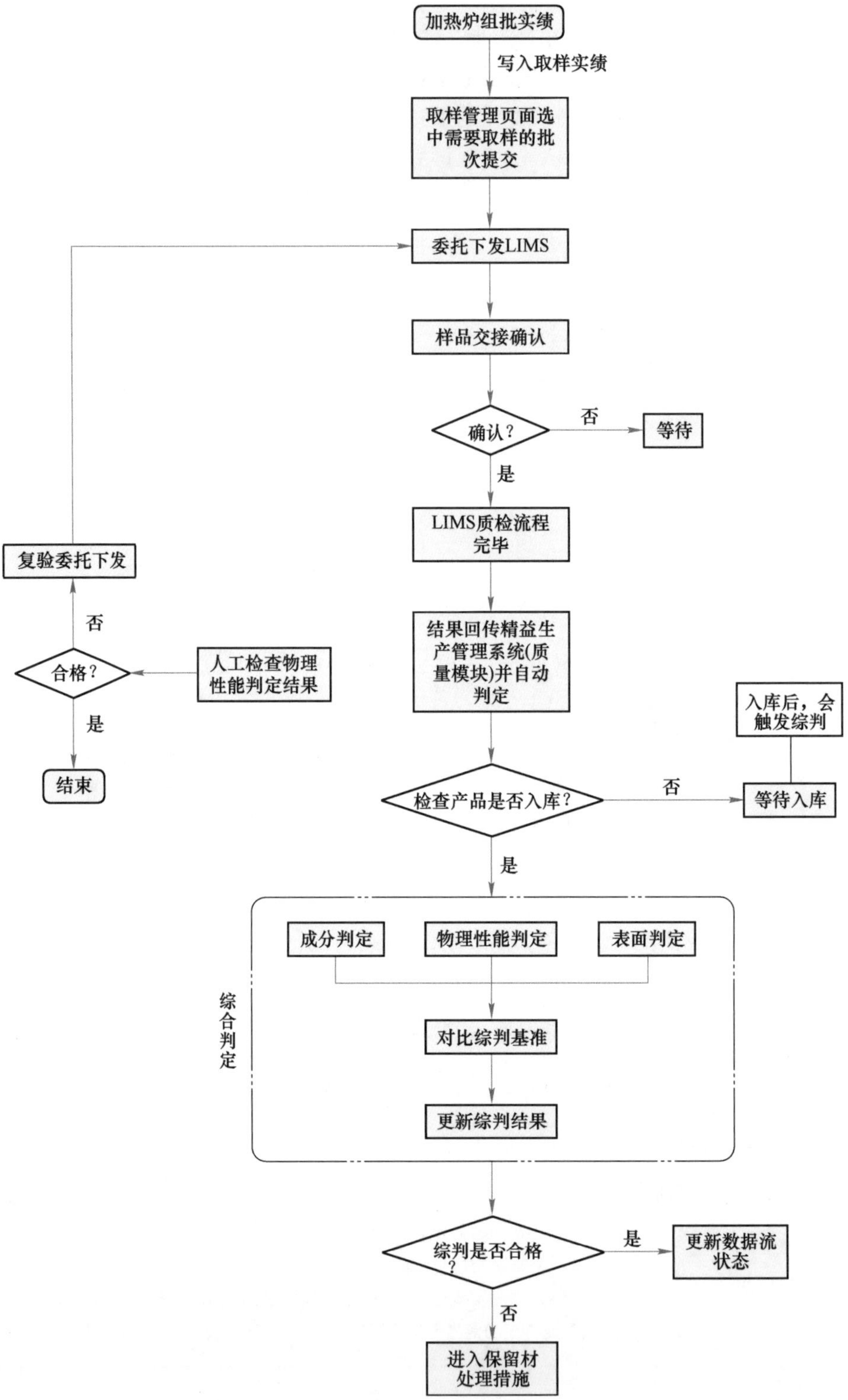

图 3-108　成品质检流程图

E 物理实绩管理

T31 实验指令管理，委托下发 LIMS 系统。

T32 实验实绩管理，LIMS 完成质检流程后，结果回传 MES 系统。接收实验实绩后，自动判定。包含物理性能结果查询、性能异常拆批处理与对物理性能不合格的试样进行复验管理。

复验管理，复验允许下达一次，合格项目不再复验，不合格项目翻倍检验。

F 性能异常拆批处理

允许用户对物理性能不合格的轧制批次进行轧制批次的拆分，拆分后生成新的轧制批次号，并重新下发检验委托。质量判定管理见表 3-26。

表 3-26 质量判定管理

进程	事 务	内 容
质量判定管理	T41 成分等级判定	综合判定时以炉号为单位判定炼钢成分实绩是否符合质量设计成分标准，判定等级
	T42 物理等级判定	综合判定时以批号为单位判定物理实验实绩是否符合质量设计物理项目（物理标准），判定等级
	T43 外观等级判定	对比质量设计基准中的表面，形状检查实绩，判定等级
	T44 产品综合判定	收集物理、成分、外观判定结果，比对综判基准，确定产品综合判定结果及产品等级
	T45 综判基准维护	维护综合判定基准

G 综判基准管理

分产品类别实现综判基准维护，为自动综判提供基准。综判管理流程图如图 3-109 所示。

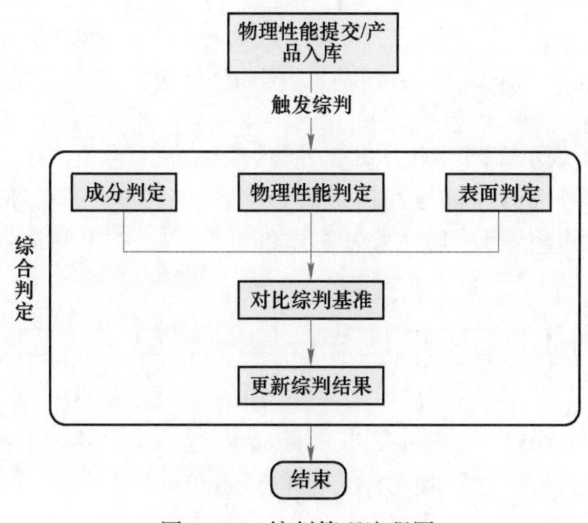

图 3-109 综判管理流程图

综判触发：成品入库会触发综判，如果已经入库但是物理性能还未提交，则物理性能提交时会再次触发综判。

表面尺寸及外观：中厚板上线后会有尺寸检验设备介入，线材当前是全人工操作，后续可能会上设备，表面及尺寸外观检验人工完成。

成分、性能、表面及尺寸三者的判定结果综合成综判结果，按照综判基准表进行自动综合判定。

质量异常材料管理：进程做质量异常材料管理，事务做T51保留材处理，内容做综判结果不合格的产品处理。

H　保留材处理流程

保留材：综判不合格产品及已入库但是综判未完成的材料信息都会进入保留材状态，综判未完成的保留材等物理性能提交时会重新触发综判，综判合格后就不再保留材状态了，不合格产品由人工通过保留材管理功能进行钢种改判操作，钢坯按支改判，轧材按捆/卷/张改判。

I　报表管理

（1）实现焦化按物料类别的产品产量及质检结果统计。

（2）实现烧结按物料类别的产品产量、质检结果、合格率统计。

（3）实现球团按物料类别的产品产量、质检结果、合格率统计。

（4）实现炼铁按高炉的产品产量、成分、铁号统计。

（5）实现连铸按连铸机的产品产量、检验量、合格量、协议品、外观等统计。

（6）实现轧材按轧线的产品产量、检验量、合格量、协议材、废品情况统计。

J　炉号与铸坯编号规则

铸机炉号：不改变现有炉号定义规则即转炉炉号规则不变，炉号排到连铸机后，后缀分别加上一位数字：1代表1号机、2代表2号机、3代表3号机，标识如图3-110所示。

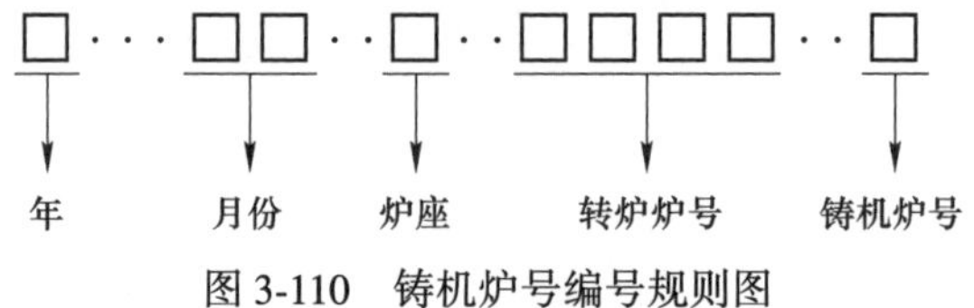

图3-110　铸机炉号编号规则图

举例：210200011表示22年10月份2号转炉第1炉1号机。

铸坯编号：1、2号机铸坯标号和铸机炉号一致；针对3号板坯连铸机的铸坯编号，在铸机炉号的基础上加上流号、坯序号及头尾坯（T、W）、中间坯（C）、过渡坯（H），标识如图3-111所示。

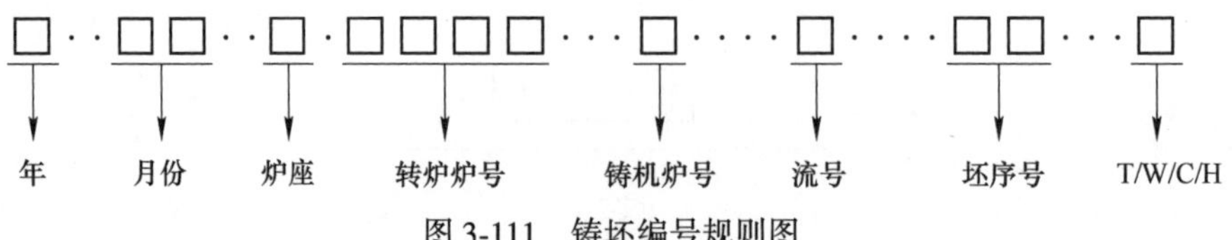

图3-111　铸坯编号规则图

举例：211200093101T表示2022年11月份2号转炉第9炉3号机1流第1块（头坯）。

4 物流计量系统（LES）

4.1 物流计量系统简介

本系统集“无人值守计量+大宗检化验管理+物流派车”于一体，系统以计量业务为核心，通过二维码或IC卡、传感、视频、语音、红外以及计算机网络技术，结合先进的软件技术实现计量业务的远程集中管控，计量方式有远程计量、自助计量、自动计量，实现与财务对接。

通常500万吨钢铁园区设计进出口地磅12台，内倒2台，外围4台，结合物流一卡通管理模式，实现车辆的物流管理（采购、销售、调拨）、运输计划与车辆资源监控管理、实时库存、防作弊的计量管理、条码跟踪管理等。

机房设在智能管控中心大楼中心机房。

“无人值守计量管理系统”通过调整、优化计量业务流程，以采购物流、生产物流和销售物流为主轴，随着工程、生产进行，陆续连通所有现有汽车衡等设备，并结合多种计量防作弊手段，利用各种技术手段，在计量中心构建完善的自助可操控计量管理系统，自动完成或辅助计量操作员完成计量任务，实现对全厂物资的自助集中计量，提升公司物资计量管控水平和信息化管理水平。

无人值守计量系统成功上线应用后，现场计量值班人员每班不多于2人，要求达到有效减少计量岗位定员，取消单据打印、传递岗位，压缩人力成本的效果。同时，完全杜绝偷盗、内部职务犯罪等无法预知的损失。

4.2 系统功能

4.2.1 自助下单

经销商申请用户账号、密码后可选择通过电脑终端、企业网站、手机APP等方式直接下单，生成销售订单。经销商通过终端进行送货单填制，便于司机至工厂验证进厂。未使用终端的供应商，司机携带送货凭证至门岗，制作收货通知单、填写车号、输入发货净重。

4.2.2 自助取卡

司机凭有效证件或二维码操作自助发卡终端，领取IC卡。车至门岗，进行车号识别，验证通过，自动抬杆；验证失败，显示屏提示等待监控中心确认，监控中心对车牌号进行核对，手工干预，有记录，拍照。

4.2.3 自助计量

司机绿灯时熄火上磅，监控中心可通过影像数据采集进行远程监控，司机遇异常情况（皮重异常、红外被挡等）可呼叫监控中心，进行远程操作。

4.2.4 自助出厂

计量完毕后，司机开车至门岗自助收卡终端，将卡交回，自动抬杆，离开，若终端收卡不成功，可实时与监控中心联系处理。

4.2.5 固定车辆管理

厂内倒运物资的车辆在其管理部门领取固定的厂内倒运类型 IC 卡，该 IC 卡根据倒运业务需求预先由其管理部门指定人员录入相关信息：车号、物资名称、发货单位、收货单位、规格型号、厂内物资等。

厂内倒运物资的车辆在仓库装货和料场卸货时，使用 IC 卡刷卡进行发货出库确认和点收入库确认。

厂内倒运物资的车辆不需要车车回皮，程序中可以根据管理要求设置倒运皮重有效时间，比如 15 天一回皮，皮重 15 天内有效，皮重过期前 X 小时（系统可设定）提醒司机及时回皮。回皮方式采用现场自助的方式。

4.3 系统结构设计

系统采用 C/S 结构，部分查询统计功能采用 B/S 结构展现，为保证系统实时响应性能，不采用任何第三方中间件。系统数据库采用 SQL SERVER 2012。

系统由 IC 卡物流跟踪系统、现场终端、视频监控系统、自助集中计量监控平台组成。

整个系统的信息通过计量系统服务器进行收发。计量系统服务器与数据库服务器直接连接，所有对服务器数据库的操作都通过计量系统服务器进行交互，再将数据库操作结果返回给数据库请求终端。

现场的计量情况由硬盘录像机通过网络传输到自助计量终端、系统监控终端以及视频监控电视墙。系统结构设计如图 4-1 所示。

4.3.1 计量终端设计

4.3.1.1 汽车衡秤房设计

汽车衡计量终端由操作终端、摄像头、扩音器、硬盘录像机、红外线对射探测器（选）、交换机等组成，如图 4-2 所示。

（1）摄像机：在衡器两端的较低位置各一个，对准车牌位置，车顶安装一个监控车厢内情况。

（2）扩音器：安装在计量操作终端旁边，用于计量员与司机通话交流。

（3）硬盘录像机：连接衡器监视的 3 个摄像机和计量终端上的 2 个摄像头，具有录像本地存储和视频网络监控的功能。

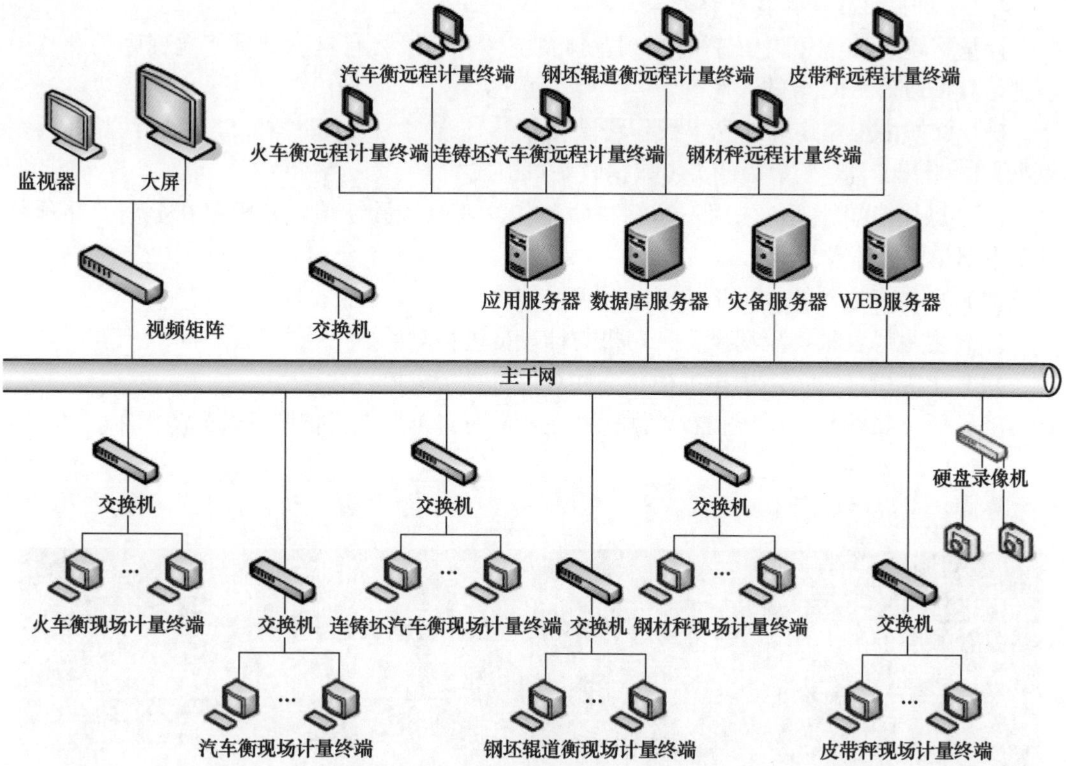

汽车衡远程计量终端　钢坯辊道衡远程计量终端　皮带秤远程计量终端
火车衡远程计量终端　连铸坯汽车衡远程计量终端　钢材秤远程计量终端
监视器　大屏
应用服务器　数据库服务器　灾备服务器　WEB服务器
视频矩阵　交换机
主干网
交换机　交换机　交换机　硬盘录像机
火车衡现场计量终端　交换机　连铸坯汽车衡现场计量终端　交换机　钢材秤现场计量终端　交换机
汽车衡现场计量终端　钢坯辊道衡现场计量终端　皮带秤现场计量终端

图 4-1　系统结构设计

（4）红外对射探测器（选）：安装在衡器两端各一对，用于车辆位置检测。

（5）交换机：连接计量终端、硬盘录像机。

（6）LED 屏幕：显示车辆的各项业务信息。

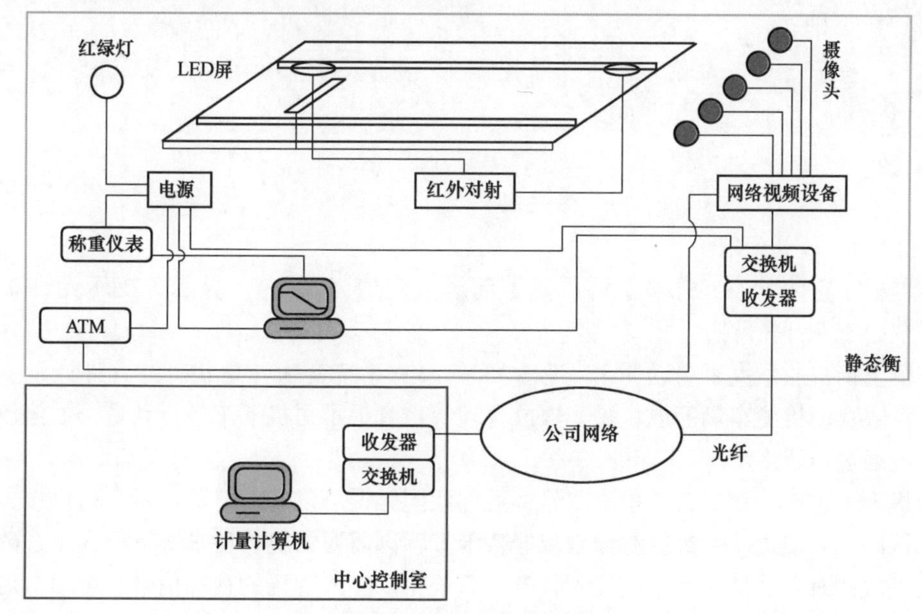

图 4-2　汽车衡秤房设计

4.3.1.2 ATM 一体操作终端设计

计量终端的 ATM 机中配置有视频音频系统，计算机装有自助计量终端程序负责与中心进行数据通信，IC 卡的读写等。

操作终端由操作终端外壳、操作终端支架、15 英寸（1 英寸 = 2.54 厘米）晶屏、麦克风、IC 卡读卡器、2 个摄像头、票据收集口组成。

（1）操作终端外壳：采用不锈钢材质制作，其他计量终端设备固定在上面，并预留计量申请单的放置位置。

（2）操作终端支架：用于在墙壁固定操作终端。

（3）麦克风：采集现场声音，司机与计量员进行对话。

（4）上方摄像头：用于司机拍照，并对司机进行监控。

（5）下方摄像头：用于查看单据，并在计量时对单据进行拍照。选配防雨罩。

4.3.1.3 终端计量界面

终端计量界面如图 4-3 所示。

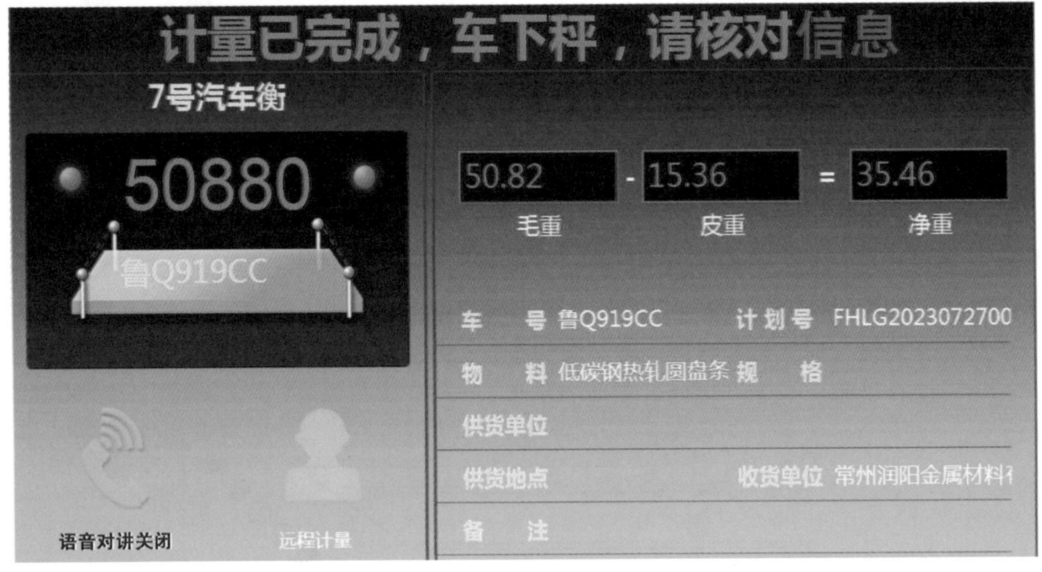

图 4-3 终端计量界面

4.3.1.4 计量细节

衡器处于空闲状态，并且空秤质量不超过设定值（20kg），显示屏提示允许车辆上衡，系统处于非计量状态。

车辆上衡，质量大于启动质量（默认 500kg），系统变为计量状态，允许计量。车辆停稳，系统自动检测车辆停放位置，停放合理，声音提示司机下车进行计量，如停放不合理，系统通过声音提示。

司机下车过磅，系统自动检查车号，数据匹配无误可以进行自动计量，司机核实质量后按确认即可完成过磅。数据有异常或非持卡车辆则需要司机按请求键进行人工过磅。

人工过磅时自助操作计量员接收任务，系统自动接入现场的视频信号，可根据需要与现场建立视频对话。

计量时系统进行拍照，将计量业务与过秤照片相对应并保存到数据库。

系统通过显示屏及声音提示计量完成，提示司机将车辆开下衡器。

车辆下衡，质量小于启动质量（默认500kg），系统解锁，在网络中断，可将系统切换到本地计量。

4.3.2　计量辅助管理

4.3.2.1　票据管理

对票据的打印实行集中统一管理，提供票据打印、票据打印记录保存、历史票据打印记录查询等功能。对磅单重复打印审核和痕迹保存。在实际的应用过程中，往往会发生计量的辅助信息发生错误，如供货单位、运输单位、物料、收货单位等，这时需要首先根据业务部门的申请修改计量的业务数据，然后才能重新打印磅单，系统做相应的记录。

4.3.2.2　调度监控管理

调度程序是人工过磅服务的一个程序，在计量中心自动运行，为人工过磅分配异常情况的请求任务；系统自动根据计量中心操作台的状态，对计量任务进行随机的分配。

4.3.2.3　报警管理

首先，在系统管理功能模块中设定报警的数据上下限范围、报警方式，以及正常状态和非正常状态区分原则。对计量业务、设备状态、现场磅房室内环境、市电供给状态等各种异常情况，通过声音报警、屏幕闪烁、醒目文字颜色等方式实时报警，并根据需要进行记录。

4.3.2.4　异常情况应急处理

对于异常情况的发生，我方将制定出一系列的故障应急处理方案，以保证系统的正常顺利运行。

（1）制定一套详细的维护操作手册，当现场设备出现问题时，能迅速判断出故障设备，按维护操作步骤及时更换、快速恢复。

（2）做好应急备份，当门岗、磅房、料场或仓库的计算机或设备故障无法及时恢复时，投放备用计算机或设备现场使用。

4.3.2.5　计量防作弊设计

系统采用完整的业务逻辑，严密的操作规程。以下为几个常见处理逻辑：

（1）历史皮重比较，对于出厂车辆，禁止连续两次过毛或过皮，每次毛重（皮重）匹配上一次的皮重（毛重）。计量皮重，系统自动与最近的5次皮重的平均值进行比较，超差进行自助报警。计量皮重，系统自动与初始皮重进行比较，超差进行自助报警。

（2）厂内倒运车辆，限定其皮重的有效时间，同时也限制其最近两次过毛的时间间隔不能小于设定的值。

（3）系统红外检测车辆位置不正确时，系统不允许采集保存数据，避免联合作弊。

（4）质量数据一旦采集、司磅员不能修改其数据，若修改数据必须经过系统外审批，由管理部门进行数据的修改，数据修改在系统中将做详细的记录，记录其修改时间，修改原因，修改的原质量，改后质量，修改人，批准人等。

（5）计量系统数据的修改都有记录，防止恶意修改数据。每一次车辆回皮都会与历史皮重自动对比，误差超过50kg就报警。

（6）计量时存储图片，并调取上次计量的图片进行对比，防止毛重和皮重不是同一车辆。除以上外，系统的防作弊亮点还有：

1）建立车辆信息的黑名单：违规方面包括四号不全，夹带，滴水，撒漏超出亏吨率等。黑名单上的违规车辆下次不准进厂。

2）防止更换车牌：车辆第二次计量，计量员通过照片可比较车辆是否为同一辆。

3）系统中同一车号只能进行一项计量任务，车辆出厂必须为未进行任何业务或业务进行完毕。

4）防止调拨车辆转圈计量：调拨发货库房或收货库房必须有一方进行发货或收货确认。第一次业务未进行完，不允许进行第二次业务。在设定时间内同一车不允许进行多次计量。

5）视频管理系统：对计量过程的视频信息提供管理功能，以便满足日后视频回放及查询的需要。提供视频文件的查询、删除、回放等功能。每个计量点的视频信息在硬盘录像机中要求存储半年或更久。

6）防雷、防尘、防磁设计：部分前端设备安装在室外，受雷电损坏和干扰的现象时有发生，为保证设备的安全，采取必要及可行的防雷设备及防雷措施是完全有必要的，也是保证系统长期、稳定运行的首要条件。

前端设备如摄像头，置于接闪器（避雷针或其他接闪导体）有效保护范围之内。当摄像机独立架设时，避雷针最好的高度应使受保护的摄像机在避雷针有效保护范围以内，防雷系统的相关标准是按滚雷效应来设置避雷针的保护区域。如有困难，避雷针也可以架设在摄像机的支撑杆上，引下线可直接利用金属杆本身或选用 ϕ8mm 的镀锌圆钢。为防止电磁感应，沿立杆敷设的摄像机的电源线和信号线应穿金属管屏蔽。接闪器采用传统式避雷针，符合国家标准 GB 50057—1994。采用滚球法原理计算其保护范围。

4.4 系统硬件

系统硬件主要包括：计量中心设备（电视墙、解码器、远程计量终端等）、服务器（环境监控、文件、应用及数据库服务器）、网络设备、现场计量设备（计量终端、环境监测、视频监控设备及 UPS 等）等，见表 4-1。

表 4-1 无人值守计量系统硬件

设备名称	型号	单价	单位	数量	总价	备 注
计量终端			台	1		
400 万车牌摄像机			台	1		车号识别 LED 屏显示用
400 万数字摄像机			台	3		抓拍
语音提示系统			套	1		
信号控制卡			块	1		
红外对射定位系统			对	2		
控制系统（PLC）			套	1		

续表 4-1

设备名称	型号	单价	单位	数量	总价	备　注
专用电源			台	1		
施工辅材			套	1		
软件开发接口费			套	1		
手持终端设备			台	1		windows 操作系统
手持 APP 开发费			套	1		
合　计						

4.5　视频监控平台

硬件平台是指搭建全数字网络监控平台，实现对所有取样点和制样点的全时监控及录像。监控平台硬件包括监控摄像头和 DVR，以及流媒体服务器、视频管理服务器、业务服务器、数据库服务器、存储以及监控大屏幕。

在主要的取样、样品缩分、制样及样品传递环节安装监控设备。对取制送样全过程实行全程监控并确保有据可查。

软件平台如图 4-4 所示。

大宗物资监管系统可按供货厂商、货物批次、运输车辆、货物种类、取样时间、取样地点、取样人、制样时间、制样地点、制样人员、送样时间、送样地点、送样人员、化验时间、化验地点、化验人员等信息统计、分析和物资质检监察业务流程有关的全部记录信息，并能形成报表输出。

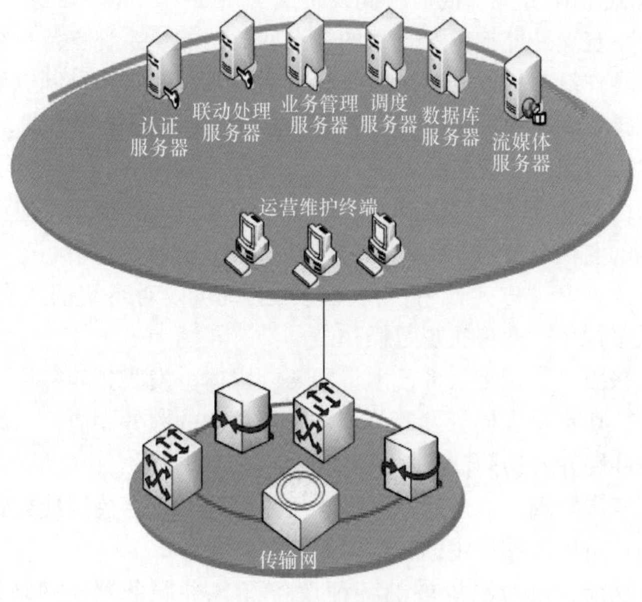

图 4-4　视频监控平台

视频监控功能如图 4-5 所示。

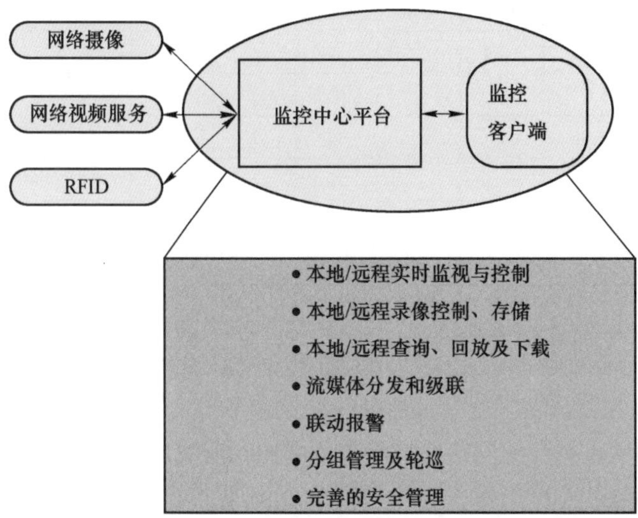

图 4-5　视频监控功能

远程实时监视与控制：通过 IP 网络，监控终端通过监控中心的服务器，可实时监视经授权监控点的图像及控制监控点的辅助设备。可以在远程计算机上实时监控，亦可实现在远程通过硬件解码器在监视器、电视墙上观看实时视频。可实时监视多路（1、4、9、16）实时图像信息和一机同屏同时监视。多台终端可以同时监控任一有权限的监控点。

本地存储：录像数据存储在本地监控节点的 DVR 上。录像存储支持：全程录像、手动录像、定时录像、联动录像等模式，录像文件的大小可配置，录像功能支持自动循环覆盖。系统充分支持 IPSAN 存储，同时存储设备支持热插拔功能。

查询、回放：系统支持监控中心远程的查询回放功能。系统支持三级视频存储：前端存储、中心存储和客户端存储。支持定时录制、手动录制和报警录制三种模式。

录像回放可选择逐帧、慢放、常速、快速、放大/缩小等操作方式。可将任意一幅回放图像存放成 JPEG、BMP 等格式的图像。

网管功能：系统具有丰富可靠的网管功能，可对主机、数据库、应用服务模块和前端设备进行功能性能的监控，能将产生的故障告警及时准确地上传中心监控平台。

系统采用集中式的管理方式，用户在客户端上就可以对系统的所有设备进行批量配置、远程升级、远程操作、业务实现等操作。

视频系统分告警服务、调度服务、网管服务、媒体分发服务等模块，使得系统设备的控制、监测、报警、切换、媒体分发等信令均采用独立的服务完成，以满足系统的性能要求。系统可支持 500 路并发访问。

系统支持多级权限管理。可进行域管理、用户管理和云台控制冲突管理等多种权限管理模式。不同的用户可以根据指定的权限对系统进行操作。

系统支持网管功能，可对系统中的各种设备（各种服务器、网络设备、前端设备、存储设备等）及相关应用（应用服务器、数据库服务器、中间件等）进行监测与控制。

视频监控平台需要同如下系统进行集成：

(1) 视频监控平台需要跟物资质量管控系统进行集成。实现由取样点操作人员触发，通过流媒体服务器，在监控中心的存储器上进行视频监控片段的录像。同时能够实现多路监控画面的同步回放功能。

(2) 视频监控平台和大屏系统进行集成，通过流媒体服务器和视频管理服务器实现大屏既可以轮流巡回播放全部视频，又可以指定通路播放。

(3) 物资质量管控系统能够通过视频监控平台查询、调用回放采样点录像，多摄像点同步回放功能。

(4) 系统网络结构。视频监控平台和物资质量管控系统的运行需要网络基础设施的支撑，其中：取样点和制样点的监控视频经 DVR 压缩后通过光纤传到监控中心机房；取样点信息网关和监控中心服务器的数据通信也通过光纤交互。

4.6 网络设备

(1) 取样点和制样点交换机。取样点交换机需要满足：至少 6 路 D1 格式压缩的视频流传输，并能满足将来监控摄像头扩容和升级；取样点交换机还需满足取样点信息网关和监控中心服务器的数据通信，通信数据内容包括控制信息、数据信息、图片信息等。交换机端口数需要满足取样点现场一台 DVR 连接、一台信息网关连接、一台 MES 系统连接等至少三台设备的连接，并能满足未来其他网络设备的添加需求。

根据上述需求，取样点和制样点交换机至少选择百兆交换机。

(2) 监控中心交换机。监控中心交换机需要满足 12 个取样点和 5 个制样点的视频接入，按每个点至少 5 路视频计算，共需满足至少 100 路以上 D1 格式的压缩视频流的传输。同时，还要满足业务系统的数据通信，数据通信内容包括控制信息、数据信息、图片信息等。交换机端口数需要满足至少 10 台服务器的接入。

根据上述需求，监控中心交换机选择千兆交换机。

(3) 光纤模块。根据取样点、制样点和监控中心的需求，光纤模块选择千兆模块。

4.7 远程集中控制及监控中心方案

(1) 工位数量。系统实施后，自动取样机的远程控制中心所需工位计算如下：取样机远程取样点制作工位可以按 4 人设计既能兼顾效率，又能兼顾成本。

(2) 大屏显示方案。显示大屏为 3×4 拼接屏，如图 4-6 所示。

屏幕显示画面分配如下：

1) 左上角 4 块屏做 2×2 拼接，显示控制中心四个工位的电脑工作画面，四个 VGA 电脑输出画面通过 VGA 矩阵控制上大屏。可以将 1 路 VGA 画面放大切换独占 2×2 拼接屏。

2) 右侧 6 块（3×2 屏幕）做取样点主监控画面轮巡，如果同时发出取样点制作请求，默认轮巡模式。

取样点数量超过 4 个，在 4 路 VGA 输出大屏显示不下时，则显示在 3×2 屏幕中；如果取样点制作请求的等待数超过 6 个，则在 3×2 屏幕中轮巡等待请求的取样点主画面；

VGA 1	VGA 2	取样点制作请求等待状态 主监控画面 1	取样点制作请求等待状态 主监控画面 2
VGA 3	VGA 4	取样点空闲状态 主监控画面 1	取样点空闲状态 主监控画面 1
制样点监控轮巡 主监控画面 1	制样点监控轮巡 主监控画面 2	取样点空闲状态 主监控画面 1	取样点空闲状态 主监控画面 1

图 4-6　显示屏分布

如果取样点制作请求等待数不到 6 个，则在 3×2 屏幕中显示全部等待请求的取样点主画面，剩余屏幕轮巡显示空闲的取样点主画面。

3）左下角 2 块 1×2 名目做制样点主监控画面的轮巡显示。

4）大屏轮巡策略由视频监控平台统一制定和控制。

（3）大屏显示参数。3×4 大屏每块屏幕的显示参数：每块屏幕 55 英寸；每块屏幕分辨率 1920×1080。

（4）场地需求。监控中心场地面积需要考虑如下因素：

1）安装 3×4 监控大屏，每块屏幕 55 英寸。

2）同时保证至少能够安排 5 个工位，2~3 个操作人员，一个中心主任。

3）大屏的可视距离及人员活动空间。可视距离 4m，建议安排 60~80m^2 办公区域。

4.8　经典案例汇编

4.8.1　出货磅房至门岗常见故障分析与应急预案

物流计量系统是建立在网络正常基础上的一套无人值守系统，电流不稳定造成网桥电源适配器自助发卡终端电源适配器烧坏、无线网桥信号被货车金属箱体阻断衰减、黑客攻击外网派车软件，都会造成业务中断，长时间的断网和严重的堵车有可能给生产带来影响。

此时的应急预案一是平常准备足够的备件，包括做好备用自助收卡终端机和自助发卡终端机的测试，磅房增加大功率 UPS 电源；二是准备备用网络并及时切换联网，如借助 5G 技术；三是增加网络安全防火墙软件。

遇到网络故障，首先排查是单个电脑无法登录计量系统还是所有电脑包括计量终端机无法登录计量系统或无法过磅。若出现单台电脑无法登录物流计量系统，查看这台电脑屏幕右下方网络连接符号，出现红叉则是这台电脑网络有问题，顺着电脑网线找到交换机重新拔插。

若磅房全部电脑无法登录计量系统，则查看网络交换机柜和光纤收发器是否正常供

电。图 4-7 是一个正常状态下的指示灯照片，三个灯都亮，是正常运行，中间一个灯未亮则是光纤不通。若遇到光纤不通请立即联系信息自动化部专业部门测试。

图 4-7　光纤收发器正常供电状态图

4.8.2　终端设备开关机顺序

开机顺序如下。

（1）先打开总电源开关，再依次打开插排开关、开关电源。如图 4-8 所示。

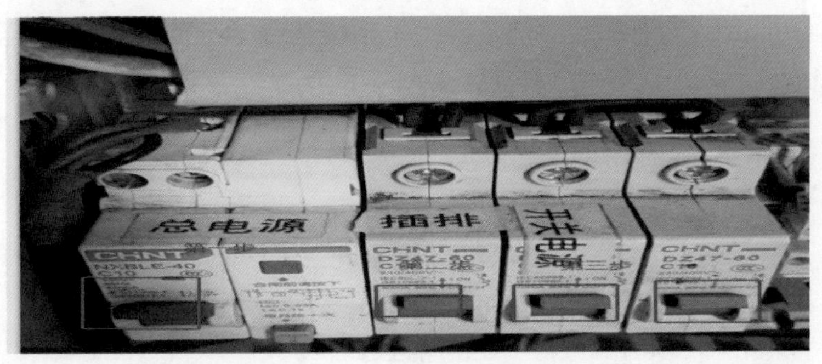

图 4-8　终端设备电源标示图

（2）打开工控机电源，开关指示灯红色表示关闭状态，绿色表示开机正常运行状态，如图 4-9 所示。

关机顺序：先关工控机电源再关闭电源，再关插排电源，最后关总电源，与开机顺序相反。特别是遇到雷雨天气，立即向直属领导报告是否停用过磅系统，避免遭受雷击。若

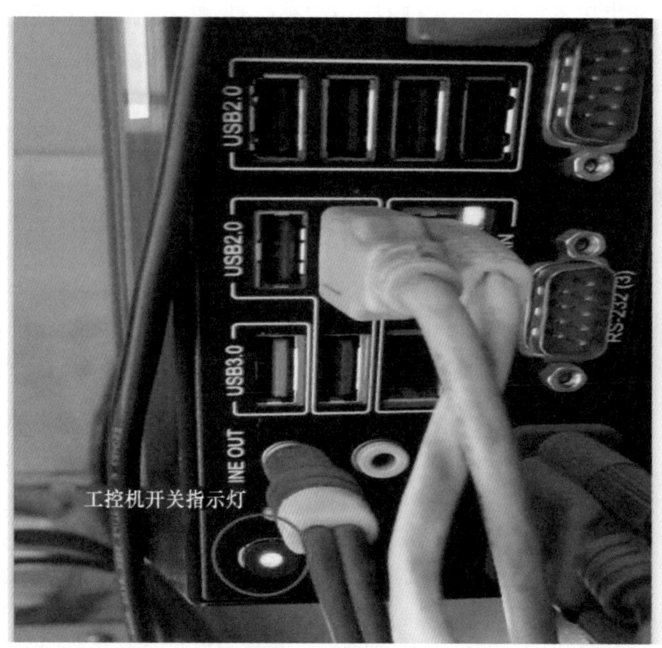

图 4-9 工控机正常状态指示图

领导批示请立即按照正常关机顺序关闭所有电源，并立即通知信息自动化部人员做好维护工作。

4.8.3 用户锁定事件

2021 年 5 月 10 日 18 时 30 分，3 号门岗计量人员反映计量系统异常，无法出厂，经过排查发现数据访问过大，导致计量系统数据库和 ERP 系统数据库接口交换发生异常，TLH0307 账号因为有效期失效被锁定，计量系统不能正常出厂打印小票。

当出现 TLH0307 账号被锁定，计量系统和 ERP 系统之前的通信断开，导致计量系统销售计量、出厂、采购出厂等业务停止，如图 4-10 所示。

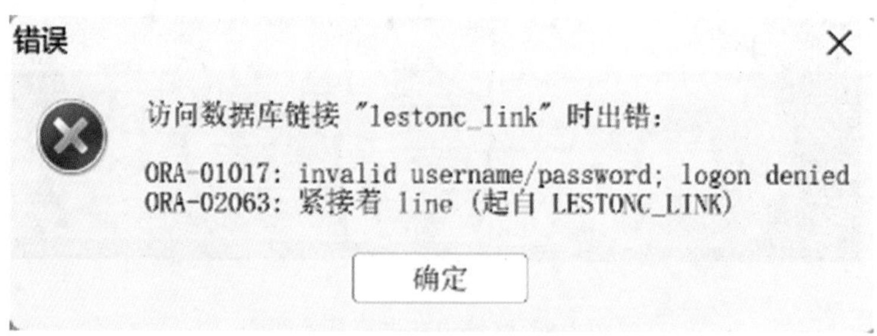

图 4-10 计量系统与财务系统通信故障报警提示图
（扫描书前二维码看大图）

判断方式：需要在计量系统数据库中找到 M_PRINTDATA_V 视图，点击查询是否有数据，如果没有数据，提示报错，则计量系统数据库和 ERP 数据库之前通信断开；如果

能够查到数据说明系统正常。图 4-11 说明是正常的。

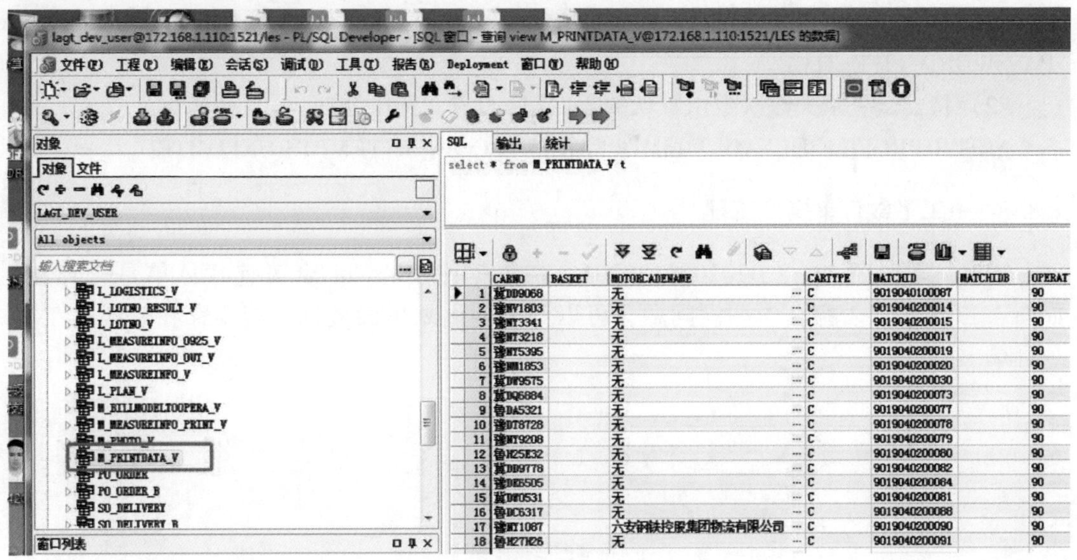

图 4-11 数据库视图截图

（扫描书前二维码看大图）

如果 ERP 创建的账号被锁了则需要在管理员权限下进行解锁：

Alter--user--TLH0307 account--unlock

更改密码（见图 4-12）：

alter user TLH0307 identified by <新密码>

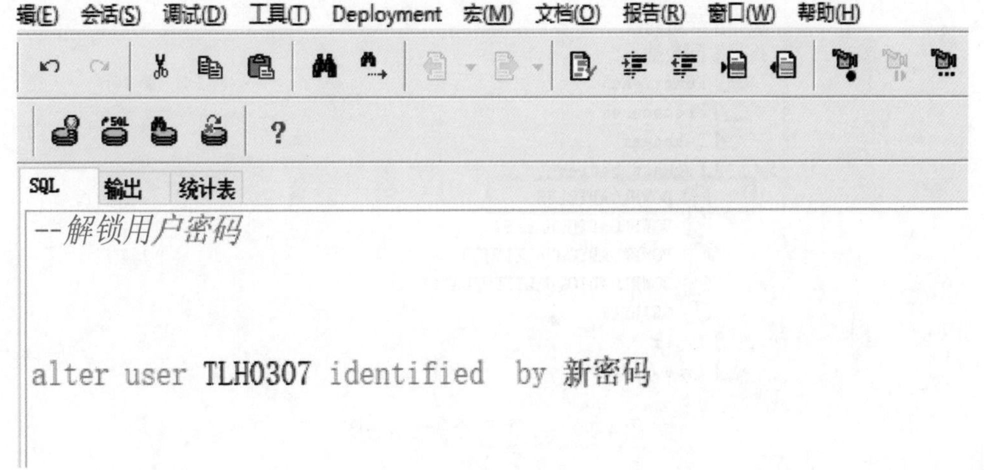

图 4-12 财务系统密码解锁图

（扫描书前二维码看大图）

防范措施：

（1）定期查看指定概要文件（如 default）的密码有效期设置：

SELECT--FROM--dba_ profiles--s--WHERE--s. profile = ' DEFAULT--AND resource_name = ' PASSWORD_LIFE_TIME' ;

（2）将尝试登录失败次数由默认的 10 次修改成“无限制”：

ALTER PROFILE DEFAULT LIMIT FAILED_LOGIN_ATTEMPTS UNLIMITED。

4.8.4 手工下载订单操作流程

知道订单号例如：CD202009130001，在数据库中心 sql 窗口查找订单是否存在，如图 4-13 所示，若存在说明没问题，可以到采购计划里面查询；若不存在需要人工下载订单。

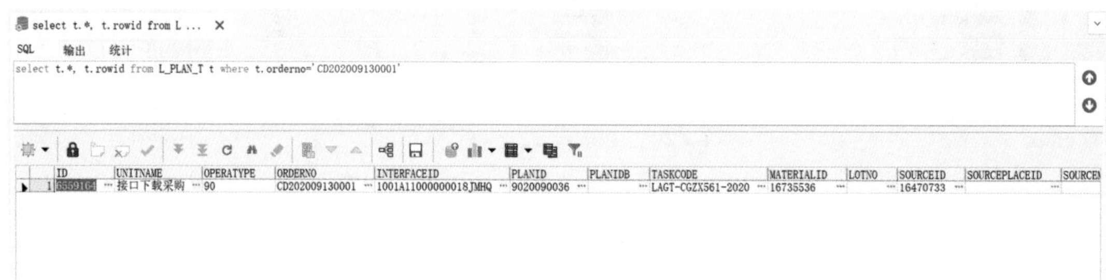

图 4-13 订单查询窗口示意图

（扫描书前二维码看大图）

右击编辑，如图 4-14 所示。

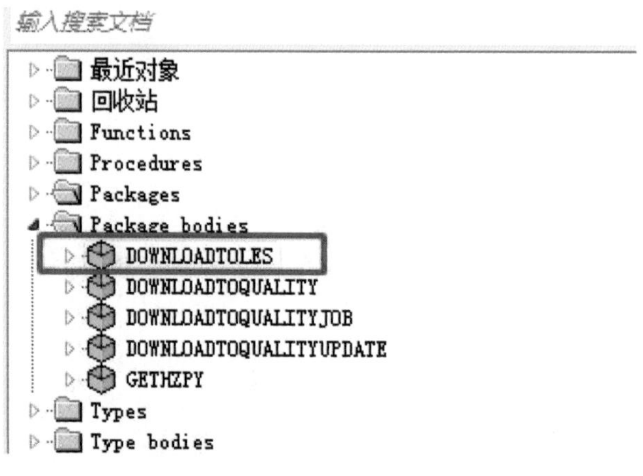

图 4-14 订单下载编辑示意图

在此新增订单号，如图 4-15 所示。

选中执行，如图 4-16 所示。

要把这句话注销掉：*and p. VBILLCODE = 'CD202009140004'*，如图 4-17 所示。

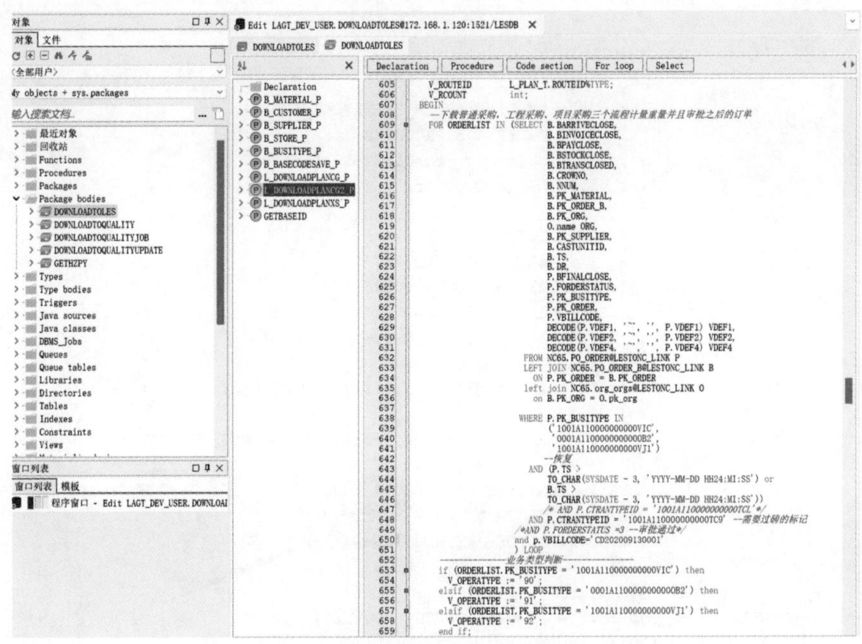

图 4-15 新增订单号的数据库后台查询图

（扫描书前二维码看大图）

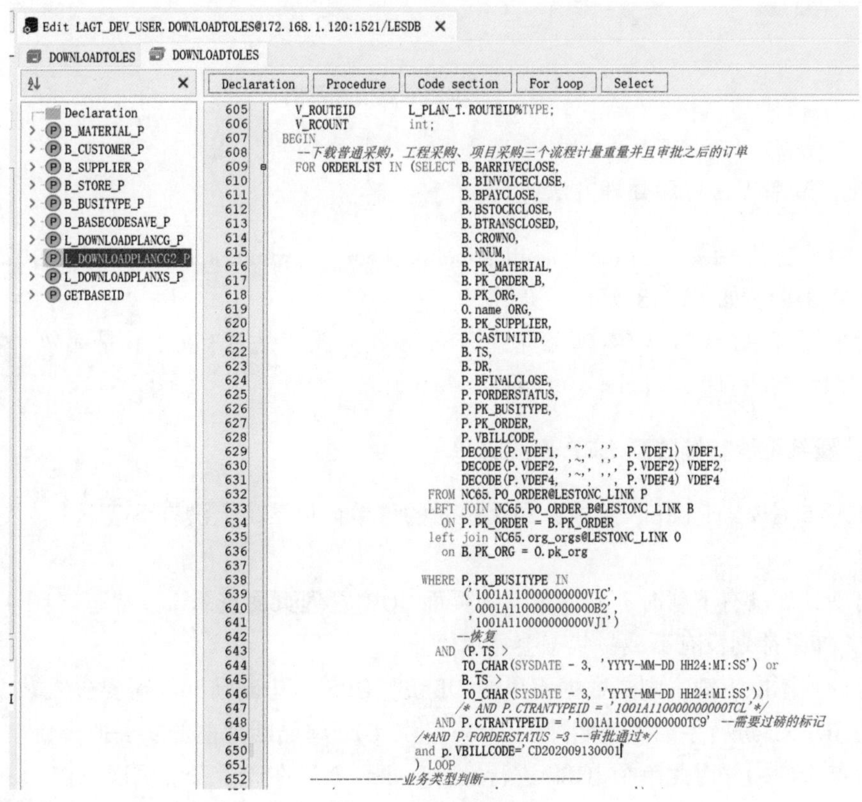

图 4-16 订单下载执行图

（扫描书前二维码看大图）

```
          LEFT JOIN NC65.PO_ORDER_B@LESTONC_LINK B
            ON P.PK_ORDER = B.PK_ORDER
          left join NC65.org_orgs@LESTONC_LINK O
            on B.PK_ORG = O.pk_org

         WHERE P.PK_BUSITYPE IN
               ('1001A110000000000VIC',
                '0001A110000000000OB2',
                '1001A110000000000VJ1')
              --恢复
           AND (P.TS >
               TO_CHAR(SYSDATE - 3, 'YYYY-MM-DD HH24:MI:SS') or
               B.TS >
               TO_CHAR(SYSDATE - 3, 'YYYY-MM-DD HH24:MI:SS'))
              /* AND P.CTRANTYPEID = '1001A110000000000TCL'*/
           AND P.CTRANTYPEID = '1001A110000000000TC9' --需要过磅的标记
        /*AND P.FORDERSTATUS =3 --审批通过*/
        /*and p.VBILLCODE='CD202011030048'*/
        ) LOOP
--------------业务类型判断---------------
if (ORDERLIST.PK_BUSITYPE = '1001A110000000000VIC') then
  V_OPERATYPE := '90';
elsif (ORDERLIST.PK_BUSITYPE = '0001A110000000000OB2') then
  V_OPERATYPE := '91';
elsif (ORDERLIST.PK_BUSITYPE = '1001A110000000000VJ1') then
  V_OPERATYPE := '92';
end if;
```

图 4-17　订单删除状态标示图

4.8.5　出厂磅单无法打印处理方法

点击制卡主表 select ＊ from l_applicationbill_item_t a where a. matchid='8021020400884' 找到订单接口 ID，如图 4-18 所示。

然后根据订单接口 id=9462760 在制卡子表找到派车是否有效，0 是无效，需要将 0 改为 8，然后出厂打印，如图 4-19 所示。

4.8.6　计量系统没有接收到 ERP 系统订单

2021 年 5 月 11 日上午，物流公司反映做的订单计量系统上没有下载下来。图 4-20 为计量订单图。

当出现计划没有下载时，到计量系统页面 JOB 管理页面查看 job 状态（图 4-21 是正常页面），如果计划没有下载，状态会显示停止。

出现计划不能下载，则是数据库里的 DBMS_JOBS 有中断情况。需要进入数据库找到已断掉的 JOBS，进行手动关闭断掉的 JOBS（图 4-22 将已断掉前的√去掉）。

然后点击应用并对此单个 JOBS 进行运行。每天上班在计量系统页面 JOB 管理页面查看 job 状态，出现异常立马处理。

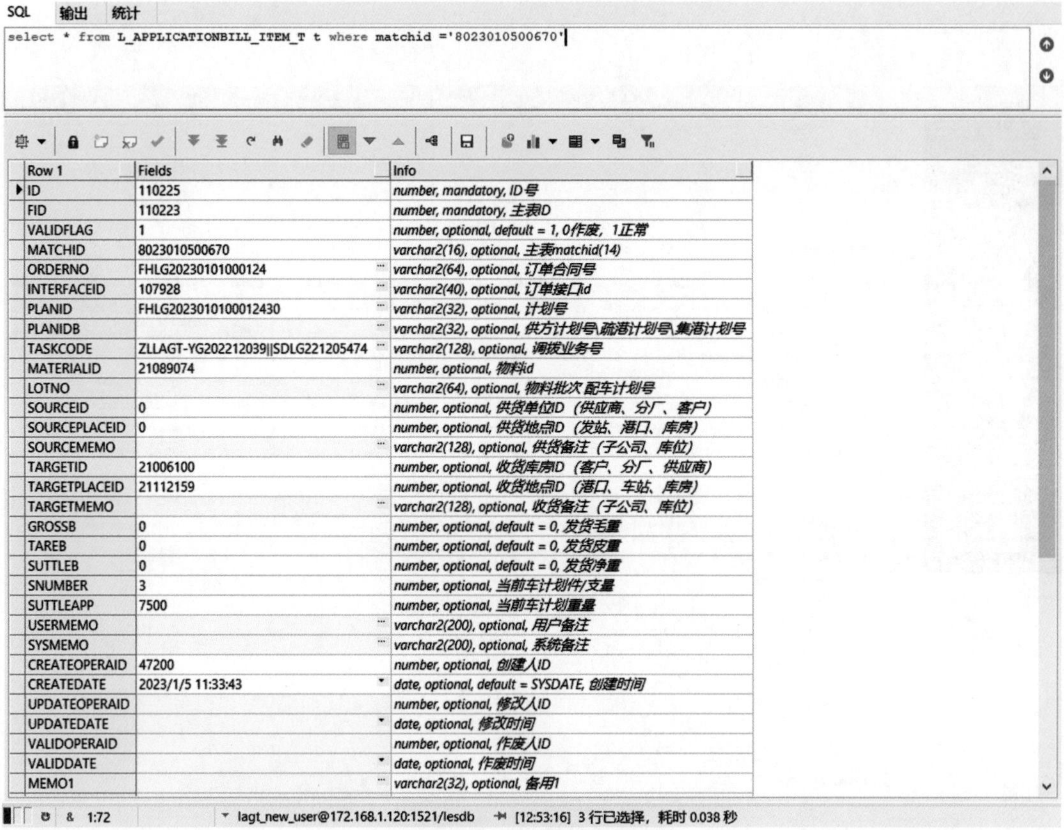

SQL 输出 统计

```
select * from L_APPLICATIONBILL_ITEM_T t where matchid ='8023010500670'
```

Row 1	Fields	Info
ID	110225	number, mandatory, ID号
FID	110223	number, mandatory, 主表ID
VALIDFLAG	1	number, optional, default = 1, 0作废，1正常
MATCHID	8023010500670	varchar2(16), optional, 主表matchid(14)
ORDERNO	FHLG20230101000124	varchar2(64), optional, 订单合同号
INTERFACEID	107928	varchar2(40), optional, 订单接口id
PLANID	FHLG2023010100012430	varchar2(32), optional, 计划号
PLANIDB		varchar2(32), optional, 供方计划号\疏港计划号\集港计划号
TASKCODE	ZLLAGT-YG202212039||SDLG221205474	varchar2(128), optional, 调拨业务号
MATERIALID	21089074	number, optional, 物料id
LOTNO		varchar2(64), optional, 物料批次 配车计划号
SOURCEID	0	number, optional, 供货单位ID（供应商、分厂、客户）
SOURCEPLACEID	0	number, optional, 供货地点ID（发站、港口、库房）
SOURCEMEMO		varchar2(128), optional, 供货备注（子公司、库位）
TARGETID	21006100	number, optional, 收货库房ID（客户、分厂、供应商）
TARGETPLACEID	21112159	number, optional, 收货地点ID（港口、车站、库房）
TARGETMEMO		varchar2(128), optional, 收货备注（子公司、库位）
GROSSB	0	number, optional, default = 0, 发货毛重
TAREB	0	number, optional, default = 0, 发货皮重
SUTTLEB	0	number, optional, default = 0, 发货净重
SNUMBER	3	number, optional, 当前车计划件/支量
SUTTLEAPP	7500	number, optional, 当前车计划重量
USERMEMO		varchar2(200), optional, 用户备注
SYSMEMO		varchar2(200), optional, 系统备注
CREATEOPERAID	47200	number, optional, 创建人ID
CREATEDATE	2023/1/5 11:33:43	date, optional, default = SYSDATE, 创建时间
UPDATEOPERAID		number, optional, 修改人ID
UPDATEDATE		date, optional, 修改时间
VALIDOPERAID		number, optional, 作废人ID
VALIDDATE		date, optional, 作废时间
MEMO1		varchar2(32), optional, 备用1

1:72 lagt_new_user@172.168.1.120:1521/lesdb [12:53:16] 3 行已选择，耗时 0.038 秒

图 4-18 制卡主表结构图

（扫描书前二维码看大图）

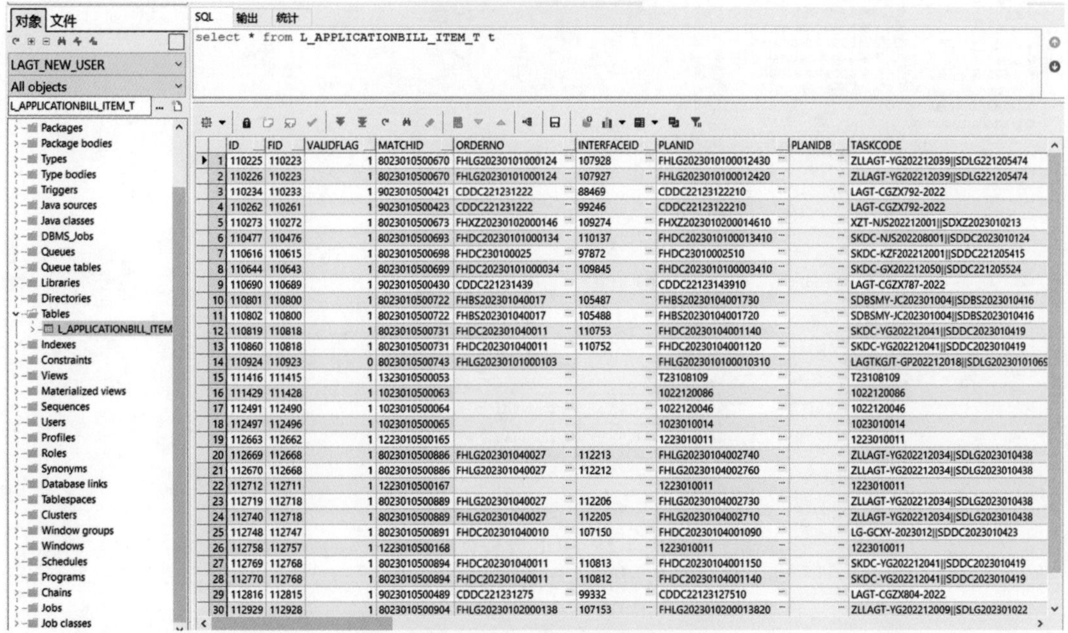

SQL 输出 统计

```
select * from L_APPLICATIONBILL_ITEM_T t
```

	ID	FID	VALIDFLAG	MATCHID	ORDERNO	INTERFACEID	PLANID	PLANIDB	TASKCODE
1	110225	110223	1	8023010500670	FHLG20230101000124	107928	FHLG2023010100012430		ZLLAGT-YG202212039||SDLG221205474
2	110226	110223	1	8023010500670	FHLG20230101000124	107927	FHLG2023010100012420		ZLLAGT-YG202212039||SDLG221205474
3	110234	110233	1	9023010500421	CDDC221231222	88469	CDDC22123122210		LAGT-CGZX792-2022
4	110262	110261	1	9023010500423	CDDC221231222	99246	CDDC22123122210		LAGT-CGZX792-2022
5	110273	110272	1	8023010500673	FHXZ20230102000146	109274	FHXZ2023010200014610		XZT-NJS202212001||SDXZ2023010213
6	110477	110476	1	8023010500693	FHDC20230101000134	110137	FHDC2023010100013410		SKDC-NJS202208001||SDDC2023010124
7	110616	110615	1	8023010500698	FHDC230100025	97872	FHDC23010002510		SKDC-KZF202212001||SDDC221205415
8	110644	110643	1	8023010500699	FHDC20230101000034	109845	FHDC2023010100003410		SKDC-GX202212050||SDDC221205524
9	110690	110689	1	9023010500430	CDDC221231439		CDDC22123143910		LAGT-CGZX787-2022
10	110801	110800	1	8023010500722	FHBS202301040017	105487	FHBS20230104001730		SDBSMY-JC202301004||SDBS2023010416
11	110802	110800	1	8023010500722	FHBS202301040017	105488	FHBS20230104001720		SDBSMY-JC202301004||SDBS2023010416
12	110819	110818	1	8023010500731	FHDC202301040011	110753	FHDC20230104001140		SKDC-YG202212041||SDDC2023010419
13	110860	110818	1	8023010500731	FHDC202301040011	110752	FHDC20230104001120		SKDC-YG202212041||SDDC2023010419
14	110924	110923	0	8023010500743	FHLG20230101000103		FHLG2023010100010310		LAGTKGJT-GP202212018||SDLG2023010106
15	111416	111415	1	1323010500053			T23108109		T23108109
16	111429	111428	1	1023010500063			1022120086		1022120086
17	112491	112490	1	1023010500064			1022120046		1022120046
18	112497	112496	1	1023010500065			1023010014		1023010014
19	112663	112662	1	1223010500165			1223010011		1223010011
20	112669	112668	1	8023010500886	FHLG202301040027	112213	FHLG20230104002740		ZLLAGT-YG202212034||SDLG2023010438
21	112670	112668	1	8023010500886	FHLG202301040027	112212	FHLG20230104002760		ZLLAGT-YG202212034||SDLG2023010438
22	112712	112711	1	1223010500167			1223010011		1223010011
23	112719	112718	1	8023010500889	FHLG202301040027	112206	FHLG20230104002730		ZLLAGT-YG202212034||SDLG2023010438
24	112740	112718	1	8023010500889	FHLG202301040027	112205	FHLG20230104002710		ZLLAGT-YG202212034||SDLG2023010438
25	112748	112747	1	8023010500891	FHDC202301040010	107150	FHDC20230104001090		LG-GCXY-2023012||SDDC2023010423
26	112758	112757	1	1223010500168			1223010011		1223010011
27	112769	112768	1	8023010500894	FHDC202301040011	110813	FHDC20230104001150		SKDC-YG202212041||SDDC2023010419
28	112770	112768	1	8023010500894	FHDC202301040011	110812	FHDC20230104001140		SKDC-YG202212041||SDDC2023010419
29	112816	112815	1	9023010500489	CDDC221231275	99332	CDDC22123127510		LAGT-CGZX804-2022
30	112929	112928	1	8023010500904	FHLG20230102000138	107153	FHLG2023010200013820		ZLLAGT-YG202212009||SDLG202301022

图 4-19 ID 制卡子表图

（扫描书前二维码看大图）

图 4-20　计量订单图

图 4-21　JOB 管理页面图

（扫描书前二维码看大图）

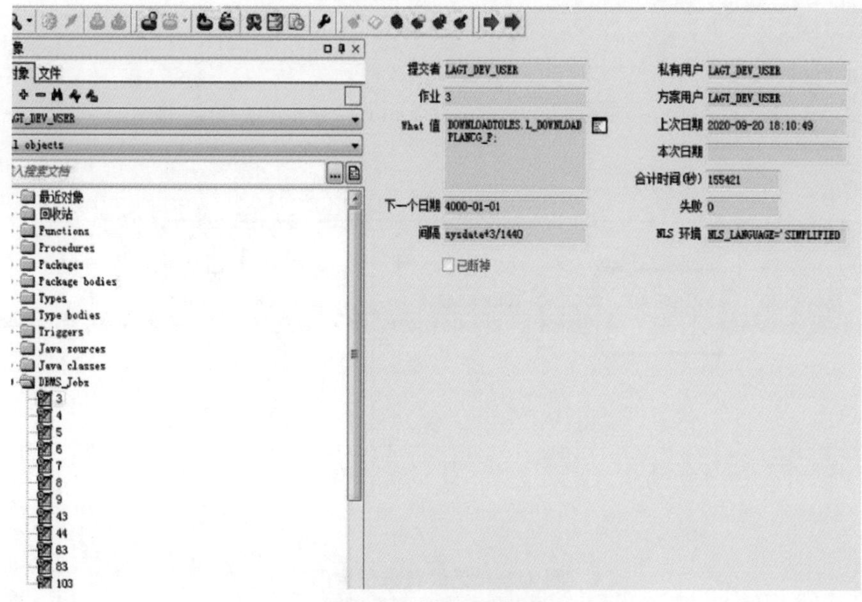

图 4-22 JOBS 界面图

（扫描书前二维码看大图）

4.8.7 派车管理有效状态无法修改删除

派车查询时发现该车已完成出厂业务，但是派车管理显示有效状态，无法从前端修改或作废，导致该车下次无法派车。

排查原因：客户派车身份证派错了，司机无法取出卡，司机联系外网派车客户做修改，司机又让门岗业务人员先做修改，司机已取出卡，该车实际是已完成状态，在完成状态不允许修改，外网客户页面未刷新，实际状态是有效，然后做修改，导致完成状态改为有效状态，属于违规操作。如图 4-23 所示。图 4-24 为无效状态位置图。

图 4-23 外网客户页面实际状态图

（扫描书前二维码看大图）

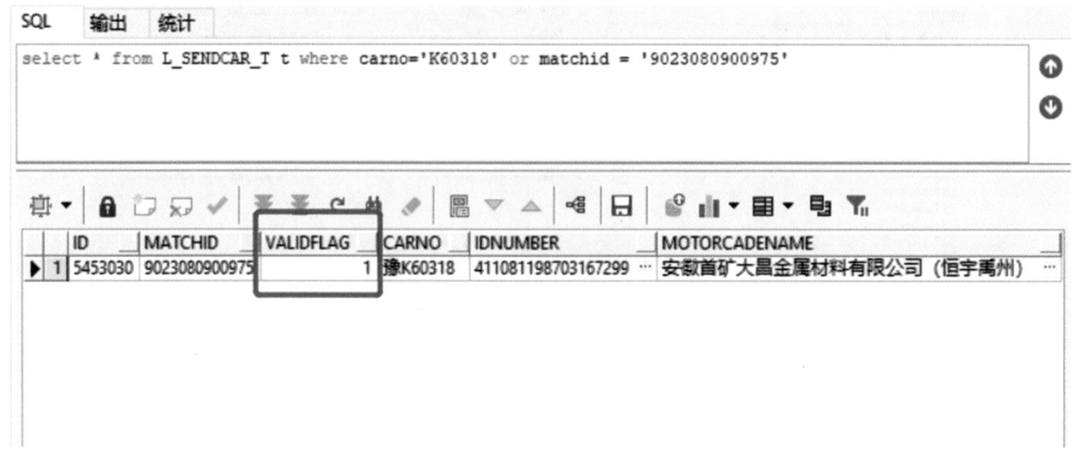

图 4-24 无效状态位置图
（扫描书前二维码看大图）

解决方案：进入数据库，找到派车子表，根据条件将有效状态修改成完成状态。select * from L_SENDCAR_ITEM_T where matchid='9021041800235'，如图 4-25 所示。图 4-26 为发货信息核对列表图。

```
select * from L_SENDCAR_ITEM_T t where   matchid = '9023080900975'
```

Row 1	Fields	Info
ID	5453031	number, mandatory, ID号
FID	5453030	number, mandatory, 主表ID
VALIDFLAG	1	number, optional, default = 1, 0作废，1正常
MATCHID	9023080900975	varchar2(16), optional, 主表matchid(14)
ORDERNO	CDDC202308080003	varchar2(64), optional, 订单合同号
INTERFACEID		varchar2(40), optional, 订单接口id
PLANID	CDDC20230808000310	varchar2(32), optional, 计划号
PLANIDB		varchar2(32), optional, 供方计划号\疏港计划号\集港计划号
TASKCODE	LAGT-MJH121-2023	varchar2(128), optional, 调拨业务号
MATERIALID	21054060	number, optional, 物料id
LOTNO		varchar2(64), optional, 物料批次
SOURCEID	21016903	number, optional, 供货单位ID（供应商、分厂、客户）
SOURCEPLACEID	0	number, optional, 供货地点ID（发站、港口、库房）
SOURCEMEMO		varchar2(128), optional, 供货备注（子公司、库位）
TARGETID	0	number, optional, 收货库房ID（客户、分厂、供应商）

图 4-25 有效状态位置图
（扫描书前二维码看大图）

发货信息　可用余额明细

	销售订单号	销售出库单号	磅单号	净重	订单单价	金额	过磅时间
2	S030202005230004	XC202005240043*10	8020052400072	10.05000000	3,680.00000000	36,984.00000000	2020-05-24 04:08:42
3	S030202005230004	XC202005240043*20	8020052400072	22.11000000	3,680.00000000	81,364.80000000	2020-05-24 04:08:42
4	S030202005230004	XC202005240108*10	8020052400277	2.01000000	3,680.00000000	7,396.80000000	2020-05-24 09:33:40
5	S030202005230004	XC202005240108*20	8020052400277	2.01000000	3,680.00000000	7,396.80000000	2020-05-24 09:33:40
6	S030202005230004	XC202005240108*30	8020052400277	28.14000000	3,680.00000000	103,555.2000...	2020-05-24 09:33:40
7	S030202005290002	XC202005300023*10	8020052900788	12.06000000	3,630.00000000	43,777.80000000	2020-05-30 01:32:31
8	S030202005290002	XC202005300023*20	8020052900788	16.08000000	3,630.00000000	58,370.40000000	2020-05-30 01:32:31
9	S030202005290002	XC202005300023*30	8020052900788	2.01000000	3,630.00000000	7,296.30000000	2020-05-30 01:32:31
10	S030202005290002	XC202005300023*40	8020052900788	2.01000000	3,630.00000000	7,296.30000000	2020-05-30 01:32:31
11	S030202005290002	XC202005300229*5	8020052901179	4.02000000	3,630.00000000	14,592.60000000	2020-05-30 10:43:32
12	S030202005290002	XC202005300229*7	8020052901179	28.14000000	3,630.00000000	102,148.2000...	2020-05-30 10:43:32
13	S030202005290002	XC202005300229*10	8020052901179	2.01000000	3,630.00000000	7,296.30000000	2020-05-30 10:43:32
14	S030202005290002	XC202005300535*5	8020053000725	14.07000000	3.630.00000000	51.074.10000000	2020-05-30 23:40:26

图 4-26　发货信息核对列表图

（扫描书前二维码看大图）

必须先点修改按钮，如图 4-27 所示。

新增　修改　删除　查询　复制　刷新　提交　收回　审批　取消审批　联查单据　预览　打印　输出...　查看审批意见　对账

<返回

组织	安徽首矿大昌金属材料有限公司	集团	集团	客户	安徽云钢物资有限公司		
可用余额	0.00000000	收款余额	0.00000000	信用余额	0.00000000	返利余额	0.00000000

发货信息　可用余额明细

	销售订单号	销售出库单号	磅单号	净重	订单单价	金额	过磅时间
1	SO30202005290009	XC202005300176*5	8020053000081	10.00500000	3,660.00000000	36,618.300000...	2020-05-30 08:32:48
2	SO30202005290009	XC202005300176*7	8020053000081	2.00100000	3,660.00000000	7,323.66000000	2020-05-30 08:32:48
3	SO30202005290009	XC202005300176*8	8020053000081	2.00100000	3,660.00000000	7,323.66000000	2020-05-30 08:32:48
4	SO30202005290009	XC202005300176*9	8020053000081	6.00300000	3,660.00000000	21,970.980000...	2020-05-30 08:32:48
5	SO30202005290009	XC202005300176*...	8020053000081	2.00100000	3,660.00000000	7,323.66000000	2020-05-30 08:32:48
6	SO30202005290009	XC202005300176*...	8020053000081	10.00500000	3,660.00000000	36,618.300000...	2020-05-30 08:32:48
7	SO30202005290009	XC202005300267*5	8020053000122	12.06000000	3,660.00000000	44,139.600000...	2020-05-30 11:57:38
8	SO30202005290009	XC202005300267*7	8020053000122	14.07000000	3,660.00000000	51,496.200000...	2020-05-30 11:57:38
9	SO30202005290009	XC202005300267*8	8020053000122	2.01000000	3,660.00000000	7,356.60000000	2020-05-30 11:57:38
10	SO30202005290009	XC202005300267*...	8020053000122	4.02000000	3,660.00000000	14,713.200000...	2020-05-30 11:57:38
11	SO30202005290009	XC202005300316*5	8020053000095	10.05000000	3,660.00000000	36,783.000000...	2020-05-30 14:01:46
12	SO30202005290009	XC202005300316*...	8020053000095	22.11000000	3,660.00000000	80,922.600000...	2020-05-30 14:01:46
13	SO30202005290009	XC202005300308*5	8020053000105	2.01000000	3,660.00000000	7,356.60000000	2020-05-30 13:59:08
14	SO30202005290009	XC202005300308*7	8020053000105	10.05000000	3,660.00000000	36,783.000000...	2020-05-30 13:59:08
15	SO30202005290009	XC202005300308*8	8020053000105	4.02000000	3,660.00000000	14,713.200000...	2020-05-30 13:59:08
16	SO30202005290009	XC202005300308*9	8020053000105	14.07000000	3,660.00000000	51,496.200000...	2020-05-30 13:59:08
17	SO30202005290009	XC202005300308*...	8020053000105	2.01000000	3,660.00000000	7,356.60000000	2020-05-30 13:59:08
18	SO30202005290009	XC202005300148*...	8020053000080	3.98200000	3,660.00000000	14,574.120000...	2020-05-30 06:34:10
19	SO30202005290009	XC202005300148*...	8020053000080	5.97300000	3,660.00000000	21,861.180000...	2020-05-30 06:34:10
20	SO30202005290009	XC202005300148*...	8020053000080	5.97300000	3,660.00000000	21,861.180000...	2020-05-30 06:34:10
21	SO30202005290009	XC202005300148*...	8020053000080	5.97300000	3,660.00000000	21,861.180000...	2020-05-30 06:34:10
22	SO30202005290009	XC202005300148*...	8020053000080	9.95500000	3,660.00000000	36,435.300000...	2020-05-30 06:34:10
23	SO30202006060005	XC202006060272*5	8020060600547	12.54000000	3,840.00000000	48,153.600000...	2020-06-06 23:58:07
合计						265,731,985.99...	

图 4-27　修改信息位置图

（扫描书前二维码看大图）

再点删除按钮，如图 4-28 所示。

发货信息 可用余额明细

	销售订单号	销售出库单号	磅单号	净重	订单单价	金额	过磅时间
1	SO30202005290009	XC202005300176*5	8020053000081	10.00500000	3,660.00000000	36,618.300000...	2020-05-30 08:32:48
2	SO30202005290009	XC202005300176*7	8020053000081	2.00100000	3,660.00000000	7,323.66000000	2020-05-30 08:32:48
3	SO30202005290009	XC202005300176*8	8020053000081	2.00100000	3,660.00000000	7,323.66000000	2020-05-30 08:32:48
4	SO30202005290009	XC202005300176*9	8020053000081	6.00300000	3,660.00000000	21,970.980000...	2020-05-30 08:32:48
5	SO30202005290009	XC202005300176*...	8020053000081	2.00100000	3,660.00000000	7,323.66000000	2020-05-30 08:32:48
6	SO30202005290009	XC202005300176*...	8020053000081	10.00500000	3,660.00000000	36,618.300000...	2020-05-30 08:32:48
7	SO30202005290009	XC202005300267*5	8020053000122	12.06000000	3,660.00000000	44,139.600000...	2020-05-30 11:57:38
8	SO30202005290009	XC202005300267*7	8020053000122	14.07000000	3,660.00000000	51,496.200000...	2020-05-30 11:57:38
9	SO30202005290009	XC202005300267*8	8020053000122	2.01000000	3,660.00000000	7,356.60000000	2020-05-30 11:57:38
10	SO30202005290009	XC202005300267*...	8020053000122	4.02000000	3,660.00000000	14,713.200000...	2020-05-30 11:57:38
11	SO30202005290009	XC202005300316*5	8020053000095	10.05000000	3,660.00000000	36,783.000000...	2020-05-30 14:01:46
12	SO30202005290009	XC202005300316*...	8020053000095	22.11000000	3,660.00000000	80,922.600000...	2020-05-30 14:01:46
13	SO30202005290009	XC202005300308*5	8020053000105	2.01000000	3,660.00000000	7,356.60000000	2020-05-30 13:59:08
14	SO30202005290009	XC202005300308*7	8020053000105	10.05000000	3,660.00000000	36,783.000000...	2020-05-30 13:59:08
15	SO30202005290009	XC202005300308*8	8020053000105	4.02000000	3,660.00000000	14,713.200000...	2020-05-30 13:59:08
16	SO30202005290009	XC202005300308*9	8020053000105	14.07000000	3,660.00000000	51,496.200000...	2020-05-30 13:59:08
17	SO30202005290009	XC202005300308*...	8020053000105	2.01000000	3,660.00000000	7,356.60000000	2020-05-30 13:59:08
18	SO30202005290009	XC202005300148*...	8020053000080	3.98200000	3,660.00000000	14,574.120000...	2020-05-30 06:34:10
19	SO30202005290009	XC202005300148*...	8020053000080	5.97300000	3,660.00000000	21,861.180000...	2020-05-30 06:34:10
20	SO30202005290009	XC202005300148*...	8020053000080	5.97300000	3,660.00000000	21,861.180000...	2020-05-30 06:34:10
21	SO30202005290009	XC202005300148*...	8020053000080	5.97300000	3,660.00000000	21,861.180000...	2020-05-30 06:34:10
22	SO30202005290009	XC202005300148*...	8020053000080	9.95500000	3,660.00000000	36,435.300000...	2020-05-30 06:34:10
23	SO30202006060005	XC202006060272*5	8020060600547	12.54000000	3,840.00000000	48,153.600000...	2020-06-06 23:58:07
合计						265,731,985.99...	

图 4-28 信息删除完成图

（扫描书前二维码看大图）

完成操作。

⑤ 检化验管理系统（LIMS）

作为第三代具备智能化特点的检化验管理系统（以下简称 LIMS），是一套以过程跟踪为核心的全方位信息化实验室应用系统，通过对各关键业务环节的信息化改造，建立从检验委托、检验任务下发、检验过程跟踪、报表查询与打印、检验结果输出等一体化信息管控平台。该系统主要包括烧结、球团、焦化、炼铁、炼钢、轧钢等工序，通过检化验管理系统的实施，帮助企业实现信息化、智能化的需求；提高质检的效率和准确率，为进一步的质量问题分析提供数据支撑，帮助管理人员迅速查找数据、分析原因，在保证生产效率的同时，降低企业人工成本，提高企业竞争力。

5.1 系统技术要求

检化验管理系统的管理范围涵盖铁前半成品和成品、炼钢、轧钢的样品检验管理，具体包括各分析室的委托单调度、制样、试验、审核、台账报表管理，试验数据的管理。对实验室内部的人员、仪器、标准物质、耗材试剂等实验室资源进行管理。实现各实验室对检化验数据的管理、统计和共享，上下游与 ERP 系统、MES 系统、计量系统、现场焊牌机器人、标牌打印机、质保书打印机等系统做接口，接收检验基础信息，上传检化验实绩数据。

可配置：检验流程、检验标准、计算公式、业务规则、数据采集及需求中要求的其他可配置化内容。

搭建完整的闭环质量体系，通过设计规范的标准流程，实现所有检验由委托到实绩的业务可追溯，形成完整的质量数据闭环体系。

（1）保证检验质量，通过对实验室人员、设备、检测方法的管理和数据的自动采集减少人为因素造成的数据误差。

（2）提高检验效率，通过检验数据自动采集、样品跟踪、自动判定等提高工作效率、降低差错率。

（3）规范检验业务，实现对与检测和校准业务密切相关的实验室人员、仪器、材料的管理。

（4）易扩展和统一性，通过搭建结构统一的平台，平台具备统一的数据采集、报表服务，如果日后增加新的实验室和业务应该确保可以在统一平台下扩展实现，而无须增加应用服务。当有新的设备、新的实验室、新流程时，可以通过配置和简单接口开发直接扩展。

实验室包括：物理实验室、化学实验室、综合实验室三种；物理实验室 1 个、化学实验室（铁钢水、原料、焦化）3 个、水渣微粉化验室 1 个。

（1）物理实验室：负责成品材的性能检验，成品气体、熔炼气体检验。

（2）化学实验室：负责铁前原料、炉渣、铁水、钢水等的成分检验。

（3）水渣化验室：检验水渣，水渣的物理化学性质检验都在该实验室完成。

（4）焦化化验室：负责焦化生产的化工产品的检验。

5.1.1 物料基础信息管理

LIMS 系统中物料分四个大类：铁前物料、过程产品、成品、化工产品。

铁前物料主要包括：烧结矿、球团矿、焦煤、焦炭、白灰、炉渣、钢渣、水渣等。

过程产品包括：铁水、钢水。铁水不在炼铁工序检验，只在炼钢工序检验，检验结果作为结算依据，按罐检验，按罐结算。

铁水：2 个高炉，类别维护可分为 1 号高炉铁水、2 号高炉铁水。

钢水：2 个转炉，类别维护可分为 1 号转炉钢水，2 号转炉钢水。

成品材包括：轧材（棒材、线材）、钢坯。

物料编码的管理：支持用户在新增物料类别或具体物料时手动维护代表码，最终物料的物料编码是从最顶层开始代表码的累加，如果希望物料编码都长短一致，则需层级一致，否则物料编码会长短不一致。

根据物料类别维护相应的非常规委托项目、常规委托项目、查询项目、委托单位、取样单位、制样单位、物理分析单位、成分分析单位等信息。

5.1.2 钢种（牌号）管理

（1）LIMS 系统中钢种管理内容包括：钢种名称、所属产品类别、所属具体产品、状态。

（2）分层级的管理方式满足需求，分 2 层即可。

（3）在炼钢工序有主钢种和子钢种的区分，轧材工序没有。

（4）钢种数量：几十种。

（5）根据不同牌号增加组批上限设置和组批质量上限设置。

（6）根据不同牌号和产线维护对应的质保书模板。

5.1.3 产品规格管理

（1）LIMS 系统中规格管理内容包括：规格名称、所属产品类别、所属具体产品、状态，规格包括直径、长度、宽度、厚度。

（2）技术标准管理：LIMS 系统中技术标准管理内容包括，标准编码、标准名称、标准种类、所属类别、当前状态、文件上传、下载、预览。

（3）检验项目管理：实现检验项目的维护，包括检验项目名称、简称等信息，用户根据实际工作需求录入检验项目。

（4）技术指标配置：按一定维度提供质检指标维护，检验项目、项目类型、是否修约、修约方式、小数位数、计算公式、是否显示在质保书、判定范围及相应判定等级。

（5）不同物料种类维护质检指标的维度，铁前原料：只跟具体物料有关；化产品：只跟具体物料有关；过程产品：铁水，只跟具体物料有关；钢水：钢种+技术标准；成品材：钢种+技术标准。

(6) 检验方法管理，实现检验方法名称、编码、成分质检项目、物理质检项目、对应物料类别的管理。

5.1.4　总体目标

通过检化验管理系统的实施，建立一套以检化验过程跟踪为核心的全面信息化实验室应用系统，通过对各关键业务环节的信息化改造，建立从检验委托、检验任务下发、检验过程跟踪、报表查询与打印、检验结果输出等一体化信息管控平台。可根据用户实际业务需求，选择所需模块快速部署实施。

检化验管理系统的管理范围涵盖铁前半成品和成品、炼钢、轧钢的样品检验管理，具体包括各分析室的委托单调度、制样、试验、审核、台账报表管理，试验数据的管理。对实验室内部的人员、仪器、标准物质、耗材试剂等实验室资源进行管理。实现各实验室对检化验数据的管理、统计和共享。与 ERP 系统、MES 系统、计量系统等系统做接口，接收检验基础信息，上传检化验实绩数据。

可配置：检验流程、检验标准、计算公式、业务规则、数据采集及需求中要求的其他可配置化内容。

5.2　方案功能设计

项目范围为公司检化验管理系统，本系统按功能可划分为 18 个功能模块，分别是基础配置管理、实验室资源管理、原燃辅料检验、冶炼过程产品检验、产成品检验、非常规委托、外部委托、产成品表检及各工序产量录入、质保书管理、外部系统接口、数据采集、统计报表管理、文件管理和系统管理等。

系统平台性能要求如下。

标准开放，系统建设符合国际、国内和行业相关标准，确保系统与外部系统对接的开放性，内容包括系统建设的整个过程和相关要素，如空间要素分类编码、属性数据编码、文件系统命名规则、源文件格式、数据字典、接口规范等。

实用、易用性，系统的设计和开发，以满足用户应用需求为目标，做到系统结构简洁、清晰、实用。实用性一方面表现为良好的人机界面，另一方面更主要使应用层切合实际，满足业务需求。本系统采用浏览器/服务器架构模式，即 B/S 模式。这样的系统结构能提供最大限度的实用性。

可扩展性，系统进行开放式设计，采用分层体系结构和构件化技术，既考虑系统的整体性、开放性，也考虑系统的可扩充性，便于系统二次开发和功能调整扩充，便于系统升级。

完整的闭环质量体系，通过设计规范的标准流程，实现所有检验由委托到实绩的业务可追溯，形成完整的质量数据闭环体系。

技术先进、界面友好，先进性不仅表现在采用先进的技术和先进的体系结构，更重要的是在应用层中的多种信息综合查询、图文紧密结合等功能。

LIMS 系统总体功能框架图如图 5-1 所示。其中系统涉及到的外部系统包括：ERP 系统、计量系统、智能焊牌机器人系统。

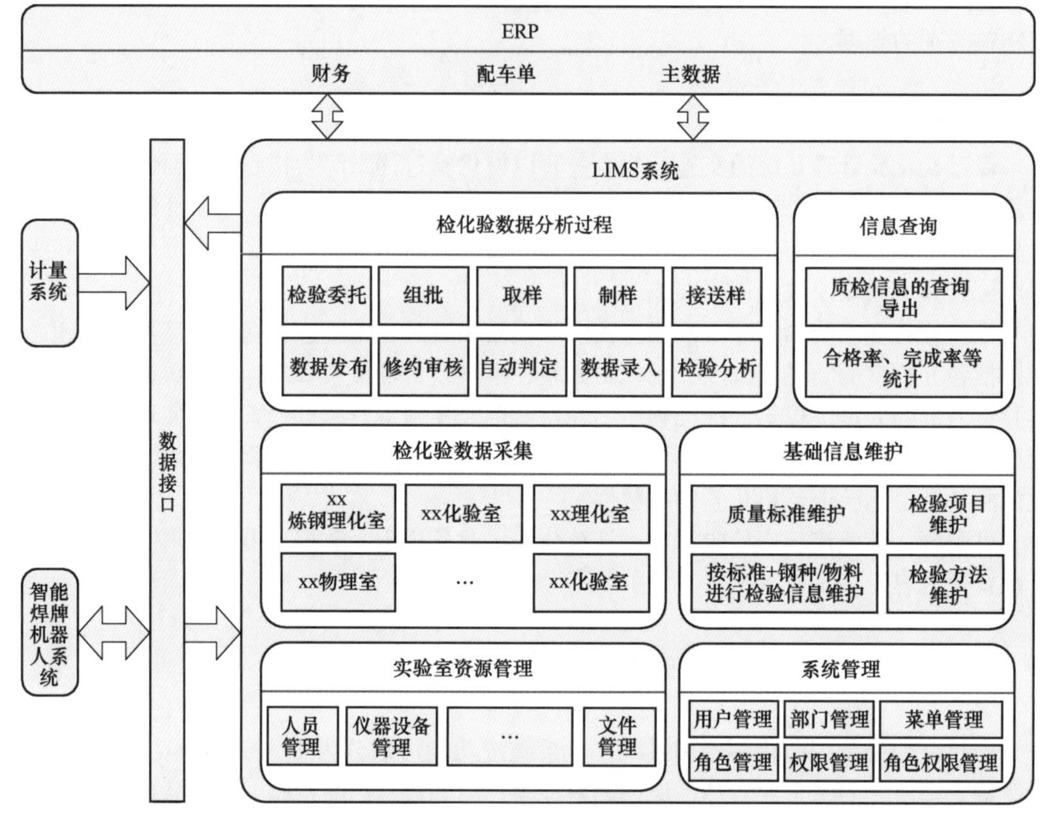

图 5-1　LIMS 系统功能框架图

5.2.1　部门管理

所有部门都在视图左侧以树状图形式展现，简洁明了，如图 5-2 所示。可以看到备注与排序信息。右上角有新增按钮、右侧有修改和删除按钮。点击新增部门按钮，可以添加新的部门，通过输入部门名称、上级部门、排序来确定新增的部门在左侧部门的树形结构中的位置。可以设置部门职能描述的备注栏。通过点击关闭可以直接关闭，而点击保存后关闭，即可保存新增后关闭。

点击修改信息按钮，可以修改当前选定的部门，所有信息的填写如同新增部门一样，都可重新定义。点击关闭则不进行保存直接关闭，点击保存后关闭则会对修改进行保存并关闭。

5.2.2　用户管理

所有人员都在本页面显示，有筛选功能，可以根据所属部门、业务部门、用户名直接搜索、启用状态筛选，以及部门类型的精确筛选或者继承；精确就是筛选的部门人员，不包括所选部门的下属二级部门等；继承就是包括选择的部门以及下属部门。

新增用户（见图 5-3），点击新增后可以增加人员，详细信息有：用户名，所属部门，性别，是否启用，所属角色，所属岗位，安全邮箱，公司邮箱，工作电话，分机号，家庭

图 5-2 部门管理树状图

（扫描书前二维码看大图）

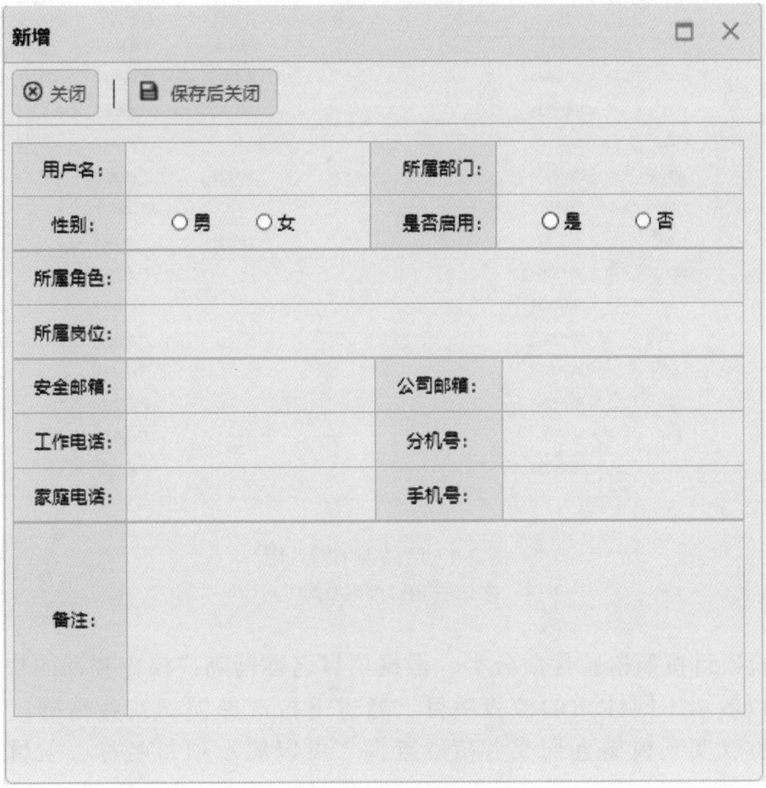

新增

⊗ 关闭 | 保存后关闭

用户名：		所属部门：	
性别：	○男 ○女	是否启用：	○是 ○否
所属角色：			
所属岗位：			
安全邮箱：		公司邮箱：	
工作电话：		分机号：	
家庭电话：		手机号：	
备注：			

图 5-3 新增用户图

电话，手机号，备注。

在人员信息右边一列，会有编辑按钮。可以对人员信息更改、删除，修改用户密码和查看详细信息。右侧功能区可以给左侧选中的角色进行权限的分配，有全选、反选按钮。权限的列表也是以树形结构展示。当勾选完毕后点击左上角更新当前角色的权限，即可实现更新角色权限的配置。

5.2.3 产品类别

如图 5-4 所示，在页面右侧可以对原料辅料、过程产品和成品进行类别的筛选。右边可以选择折叠，并且可以进行模糊搜索和精确搜索。在页面右上角点击新增类别可以增加类别，在每行的产品右侧有一排功能键。其中修改键，是对产品信息的修改；检测时限配置，可以载入项目并且设置检测的时限；委托字段配置，可以对产品进行字段的维护；生产部门，可以配置该物料的取样、制样、维护规则人员等；而删除键可以删除该条产品。

图 5-4 产品类别筛选图
（扫描书前二维码看大图）

实现质检项目按照检验性质分类、根据项目名称精确或模糊查询的功能。点击单选按钮，可以展示不同性质的检验项目。通过下拉选择模糊或者精确，可以在输入框中输入名称，实现模糊查询或者精确查询。可以展示项目名称、项目简称、数据类型等信息。

新增项目和修改实现对质检项目的录入、修改、保存。通过选择输入项目名称，选择数据类型、类别性质、修约规则、小数位数等信息，录入项目名称的检验配置。选择上级菜单以及本层最大序号，可以选择保存的位置。

牌号管理，在页面左上角可以在牌号中搜索，也可以按照产品类别和是否正常进行筛选，右上角按钮可以配置主牌号和载入 ERP 牌号，增加内控牌号，并且支持导出，如图 5-5 所示。

图 5-5　牌号新增管理图

5.2.4　判定规则管理

质检项目显示顺序配置：第一列展示检验项目的名称，第二列展示排列顺序，可以手动调整显示顺序。第三列、第四列可以选择检验项目是否展示以及展示形式。载入项目按钮可以导入数据。保存后的数据用于检化验项目的查询结果展示，如图 5-6 所示。

基础配置信息查询，默认展示原料辅料，可以根据单选按钮选择展示物品的种类(原料辅料、过程产品、化产品、成品)。根据名称可以搜索具体的物品，可以对质检项目的总显示顺序和判定项目进行配置。定项目配置页面主要分为三部分，分别为对产品类别的查询、新增、导出管理。对质检项目的查询管理，可以进行新增、修改、删除操作，同时可以点击查看化学、物理、表面检验模块和条件要求配置。对质检项目的规则进行管理配置，可以进行新增、修改、删除操作。

在页面右上角点击新增按钮，可以进行新增。每行的右边编辑按钮，点击后可以修改该行信息。

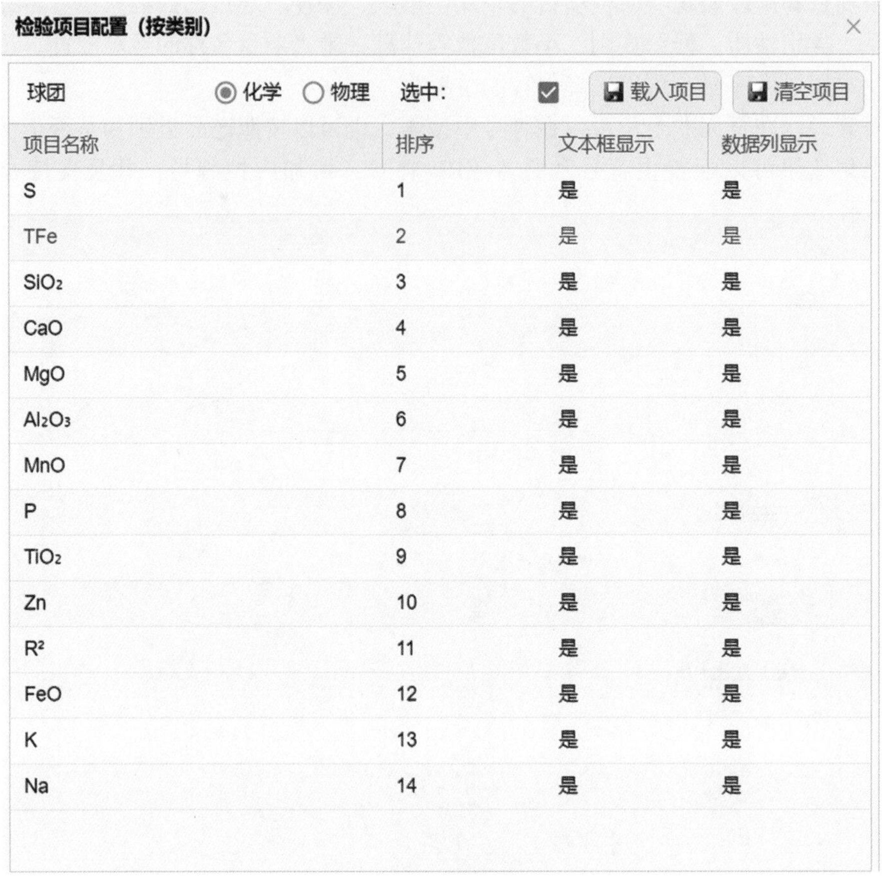

检验项目配置（按类别）

球团 ◉化学 ○物理 选中: ☑ 载入项目 清空项目

项目名称	排序	文本框显示	数据列显示
S	1	是	是
TFe	2	是	是
SiO_2	3	是	是
CaO	4	是	是
MgO	5	是	是
Al_2O_3	6	是	是
MnO	7	是	是
P	8	是	是
TiO_2	9	是	是
Zn	10	是	是
R^2	11	是	是
FeO	12	是	是
K	13	是	是
Na	14	是	是

图 5-6 判定规则管理图

（扫描书前二维码看大图）

5.2.5 原料委托登记业务模版

点击新增委托按钮后，即可弹出该页面，选择物料名称后，部分信息可自动带出，界面下方为分析项目的信息，化学项目和物理项目分开显示，选择物料后自动带出，确认信息无误后，点击保存并关闭按钮，即可完成新增操作，如图 5-7 所示。

委托提交后，即可在委托接样界面查询到相关信息，选择需要退回的委托，输入退回原因，点击退回，委托将变成已退回状态，需要重新下达委托。也可以手动修改，业务模版如图 5-8 所示。

如光谱仪采集信息中无相应的信息，可手动增加铁水化验信息，图 5-8 中手动输入信息后，点击保存并关闭即可完成操作。获取成分信息点击获取按钮，可跳转至光谱仪信息导入界面，操作完毕后，成分信息将同步至此表，如图 5-9 所示。

5.2.6 改判

首先，选择改判类型，包括改判结果、改判钢种、改判标准；再选择目标钢种、目标质量计划、目标技术标准；改判原因选填。输入完毕后点击保存并关闭，如图 5-10 所示。

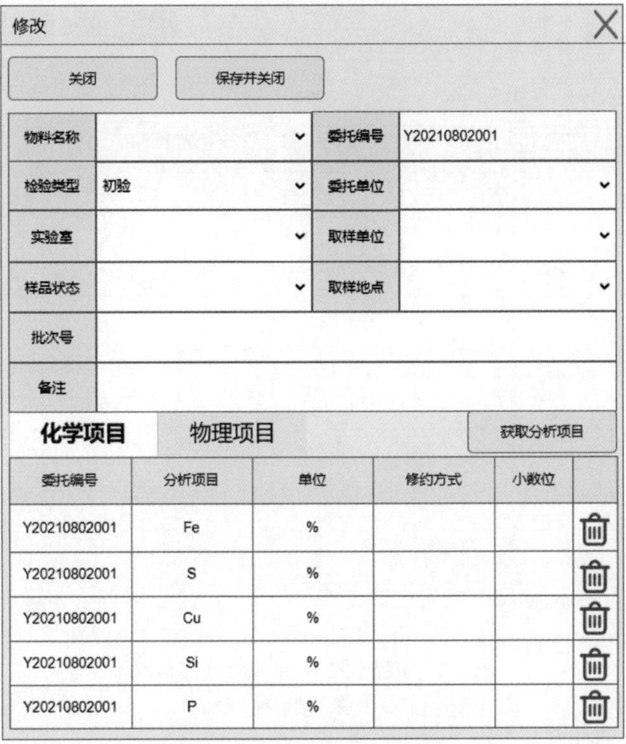

图 5-7　委托的修改示意图

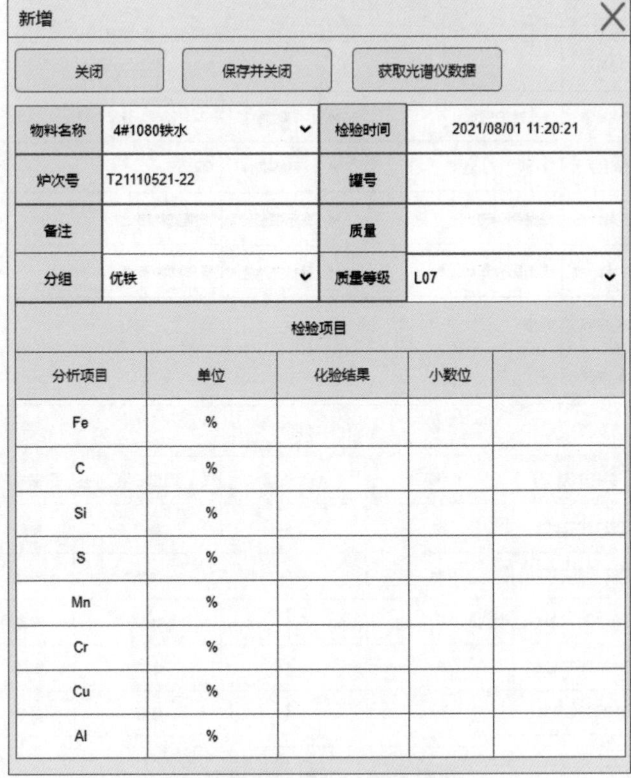

图 5-8　手动新增铁水化验信息图

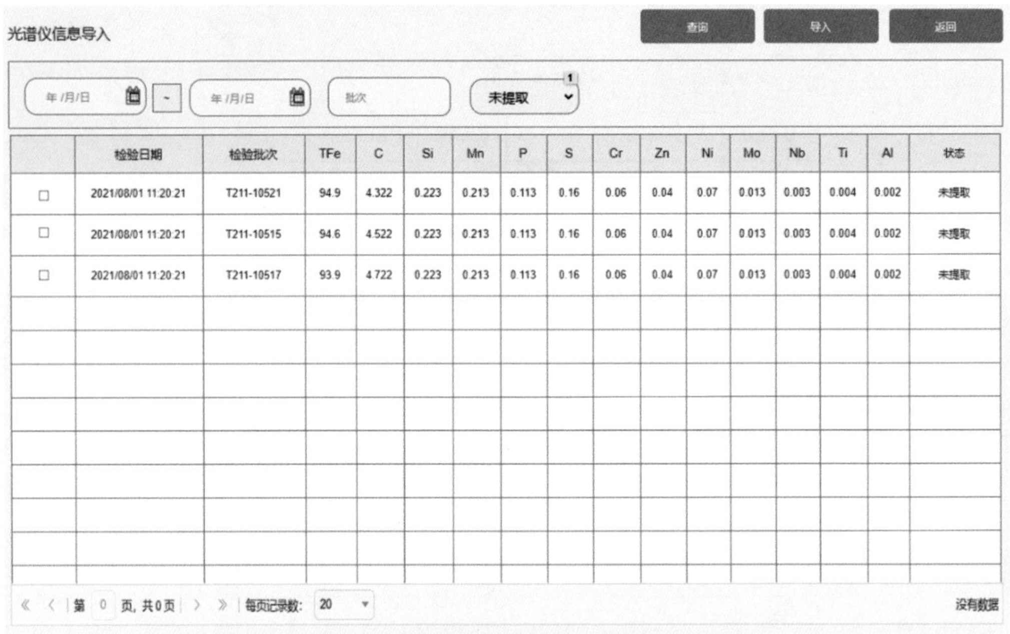

图 5-9　光谱仪数据导入成分信息图

（扫描书前二维码看大图）

图 5-10　改判操作界面

点击左侧树形结构筛选栏，选择不同物料，即可查询到对应物料的成分信息。点导出按钮，可将此界面信息导出至 EXCEL。界面上方为钢水信息，下方为改判人、改判时间、修改项目、原值、目标值、改判类型（改判结果、改判钢种、改判标准）。

5.2.7　成品委托登记

成品委托信息查询，点击查询按钮，查询委托信息，上方为委托信息，下方为委托项目详细信息。点击新增委托按钮，即可弹出新增委托界面，输入信息后点击保存并关闭按钮，即可保存，如图 5-11 所示。新增委托完毕后，信息确认无误，即可提交委托进入下一阶段。提交委托后，如需修改委托信息，点击撤回委托按钮，即可撤回委托，修改委托，撤回委托的前提为该委托还未接样。选择一条委托信息，点击复制委托按钮，即可复制一条相同的委托信息。

图 5-11　新增委托页面图

委托提交后，即可在委托接样界面查询到相关信息，选择需要接样的委托，点击接样，记录接样人和接样时间完成接样。

5.2.8 生产计划与产量

实现烧结矿、球团矿等产量按照时间、名称、班次、产线查询，根据查询条件筛选出符合查询条件的产量录入单并显示在表格中，结果包括：日期、物料名称、生产批号、班次、产线、规格、质量等信息。

点击新增按钮以及数据行中的编辑按钮可以弹出相应的窗口，如图 5-12 所示，新增页面数据为空，用户手动填写完数据后，点击保存后关闭，即可在表格中看到新增加的数据。对于已经存在的数据可以进行修改，点击修改后，数据会填充到修改窗口，让用户去修改并保存关闭。

图 5-12　新增按钮以及数据行中的编辑按钮窗口图

铁水的信息按照时间段、炉号、罐号、去向等筛选条件进行查询。展示录入日期、生产日期、炉号、罐号、重量、去向等信息，如图 5-13 所示。

铁水产量实绩　　查询　关闭

日期从：2023-09-20 00:0(至 2023-09-23 00:0(工序

	计量日期	高炉号	供炼钢铁水量	铁水总毛产量	铁水总净产量
1	2023-09-22	1	4361.402	4383.209	4361.402
2	2023-09-22	2	4931.321	4955.978	4931.321

View 1-6 的 6

	计量日期	高...	班次	产量
1	2023-09-21	2	乙	3573.777
2	2023-09-21	2	丙	3607.036

View 1-2 的 2

	高炉号	铁次	铁罐号	净重	扣渣	实际重量	目的地
1	2	T23210598	7	148.179 t	0.05	140.77 t	
2	2	T23210596	21	145.552 t	0.05	138.274 t	
3	2	T23210593	33	147.259 t	0.05	139.896 t	
4	2	T23210596	10	57.687 t	0.05	54.803 t	

View 1-29 的 29

图 5-13　铁水产量录入模板图

（扫描书前二维码看大图）

点击新增按钮以及数据行中的编辑按钮可以弹出相应的窗口，新增页面数据为空，如图 5-14 所示，用户手动填写完数据后，点击保存后关闭，即可在表格中看到新增加的数据。同时可以进行导入操作，点击导入按钮，即可弹出展示铁水信息的信息，勾选后点击确定，即可在新增页面自动补充相关信息。然后手动录入铁水去向，即可保存。对于已经存在的数据可以进行修改，点击修改后，数据会填充到修改窗口，让用户去修改并保存关闭。

图 5-14 铁水新增信息图

点击批量导入后，可以勾选相同去向的数据，并且选择去向以及填写备用信息，然后点击导入并保存，即可批量导入数据。在主页面，可以勾选多条数据，点击批量修改，可以批量修改去向。

实现不同批次的产量按照名称、时间范围、班次、成品规格、牌号等条件查询，根据查询条件筛选出符合查询条件的产量录入单并显示在表格中，结果包括：日期、批次号、物料名称、规格、牌号、钢坯规格、支数、轧废及剔除支数、打捆支数、缺陷等信息。图 5-15 为棒材产量录入界面图。

5.2.9 机器人打标牌

首先，页面刚进入时，会根据时间段展示相应的批次生产信息，同时可以通过修改时间段、选择办席班次、产线、牌号、成品规格等条件去筛选，如图 5-16 所示。点击单条批次生产信息，可在上方展示基本信息，如果数据有误，可以进行实时修改。勾选左侧单条或者多条数据，点击生成，即可通过总支数以及配置的倍尺方案计算出每捆的信息，并在右侧展示。左侧打印标牌数据，可以进行修改删除，也可以勾选需要上传打印的信息。

同时对于不同状态的生产批次产品会以不同的颜色展示，已下发的数据不能再次下发，已生成的不能重复生成。最下方展示当前成品的成分检测数据，已下发的打标数据可以点击撤回。

5.2.10 质保书管理

导入 ERP 出库信息界面——业务模版，查询出库单信息，点击查询按钮，即可查到 ERP 系统出库单信息，包括出库单号、出库日期、合同号、车号、客户名称、物料名称、牌号、规格、生产批号、产线、件数、理论重量等信息。

提取出库单信息，选择需要打印质保书的单号信息，点击确认按钮，即可把信息导入 LIMS 系统，用于下一步打印质保书，确认提取后，该出库单状态由未提取变为已提取。

新增出库单信息，对于 ERP 中无出库信息的出库单，可点击界面新增按钮，即可跳转至新增出库单信息界面，包括出库单号、出库日期、合同号、车号、客户名称、物料名称、牌号、规格、生产批号、产线、件数、理论重量等信息，填写完毕后点击保存并关闭，完成操作。

质保书维护，该页面主要为质保书生成界面自动生成模板提供基础数据，根据钢种及产线信息可确定一种对应的质保书模板，点击新增按钮，跳转至质保书信息新增界面。

5.2.11 报表

导出按钮：左上角三个并排按钮，第一个是导出按钮，点击后可以选择导出 .xls 或 .xlsx 格式，分页方式以及是否导出公式。第二个按钮是导出 pdf 格式，可以选择图形方式或文本方式，选择分页或不分页。第三个按钮是打印预览，点击后会弹出打印预览界面，可以直接进行打印。以微粉报表查询为例，左上角可以通过检索项目快速定位，如图 5-17 所示。可以选择日期然后点击查询按照时间筛选。

质量日报，左上角可以通过下拉框选定焦化、烧结、炼铁等流程进行筛选，如图 5-18 所示。也可以选择日期然后点击查询按照时间筛选。

炼钢检验报表，炼钢综合流程检验表：左上角可以选择日期然后点击查询（按照时间筛选），除此之外还有班组、炉号、钢种、流程成分、缺陷、规格进行筛选。转炉只需要查看的铁水、倒炉、成品三项可以点击选择框，勾选后只显示这三项。

其他炼钢成品、棒材综合检验记录查询、物理性能报表同理设计。

在产品名称中搜索 | 2021-08-09 ~ 2021-08-09 | 甲班 | 棒材A线 | HRB100E | 12*9000

	日期	生产批次	班次	物料名称	牌号	成品规格	牌号	规格	产线	实际长度	实际重量	重量偏差	单件重量	总数量
1	2021-08-14 15：32：26	X21112066	甲	低碳钢热轧圆盘条	G21108897	14	Q198	16*9000	棒材B线				1.991	28
2	2021-08-14 15：32：26	X21112424	甲	低碳钢热轧圆盘条	G21108456	14	Q198	16*9000	棒材B线				1.991	36
3	2021-08-14 15：32：26	X21112365	乙	低碳钢热轧圆盘条	G21108898	14	Q198	16*9000	棒材B线				1.991	15
4	2021-08-14 15：32：26	X211120123	乙	低碳钢热轧圆盘条	G21108997	14	Q198	16*9000	棒材B线				1.991	47

图 5-15 棒材产量录入界面图

（扫描书前二维码看大图）

生产批次：B21209032 成品规格：12*9000 牌号：HRB100E 钢坯规格：热轧带肋钢筋 执行标准：GB/T 18254-2016 产品名称：热轧带肋钢筋

支数：10 轧废支数：0 剔除支数：0 生产班次：甲 产线：棒材B线

	生产批次	成品规格	牌号	钢坯规格	支数	轧废支数	剔除支数	状态
1	B21209032	12*9000	HRB100E	150*150*11800	10	0	0	待下发
2	B21209034	12*9000	HRB100E	150*150*11800	10	0	0	已下发
3	B21209041	12*9000	HRB100E	150*150*11800	10	0	0	待下发
4	B21209042	12*9000	HRB100E	150*150*11800	10	0	0	待下发
5	B21209044	12*9000	HRB100E	150*150*11800	10	0	0	待下发

批号	捆号	牌号	成品规格	产品名称	执行标准	计划支数	重量	定尺长度	生产班次	生产日期	状态	实际支数
B21109929	1	Q196	12*9000	热轧带肋钢筋	GB/T18254-2016	250	1931kg	9000	甲	2021-08-11	待下发	250
B21109929	2	Q196	12*9000	热轧带肋钢筋	GB/T18254-2016	250	1931kg	9000	甲	2021-08-11	待下发	250
B21109929	3	Q196	12*9000	热轧带肋钢筋	GB/T18254-2016	250	1931kg	9000	甲	2021-08-11	待下发	249
B21109929	4	Q196	12*9000	热轧带肋钢筋	GB/T18254-2016	250	1931kg	9000	甲	2021-08-11	待下发	250
B21109929	5	Q196	12*9000	热轧带肋钢筋	GB/T18254-2016	250	1931kg	9000	甲	2021-08-11	待下发	250
B21109929	6	Q196	12*9000	热轧带肋钢筋	GB/T18254-2016	250	1931kg	9000	甲	2021-08-11	待下发	250
B21109929	7	Q196	12*9000	热轧带肋钢筋	GB/T18254-2016	250	1931kg	9000	甲	2021-08-11	待下发	250
B21109929	8	Q196	12*9000	热轧带肋钢筋	GB/T18254-2016	250	1931kg	9000	甲	2021-08-11	待下发	250
B21109929	9	Q196	12*9000	热轧带肋钢筋	GB/T18254-2016	243	1821kg	9000	甲	2021-08-11	待下发	249

图 5-16 机器人打标牌界面图

（扫描书前二维码看大图）

在检验项目中搜索　年/月/日　年/月/日　查询

第1页/共1页

每日报表

7月17日　至7月18日

时间	8:00	9:00	10:00	11:00	12:00	13:00	14:00	15:00	16:00	17:00	18:00	19:00	平均值	合格数	总数	合格率
比表面积	417	416	430	421	429	417	422	421	421	412	414	411	419	6	12	50%
入磨水份	9.20%				8.80%					9.40%						
成品水份			0.06%													
时间	20:00	21:00	22:00	23:00	0:00	1:00	2:00	3:00	4:00	5:00	6:00	7:00	平均值	合格数	总数	合格率
比表面积	424	413	418	415	413	424	419	420	426	423	417	419	419	5	12	42%
入磨水份	8.80%				8.20%				8.60%							
成品水份			0.05%													

生产编号	密度 (g/cm³)	比表面积 (m²/kg)	氯离子%	三氧化硫%	烧失量%	不溶物%	水份%	切换时间比	流动度比%	活性指数比		
										1天	7天	28天
S717	2.92	414	0.013	0.36	-0.20	0.17	0.09	119	100			
S716										69		
S710											79	
S619												106

图 5-17　微粉报表查询图

（扫描书前二维码看大图）

2020年5月31日

焦 化

机组名称		孔数	焦炭产量（t）	焦粉量（t）	种类		焦炭成分平均值（%）				热反应性（%）		机械强度（%）		粒度组成（%）		
							S	A	V	H20	CRI	CSR	M25	M10	<25mm	25~40mm	>40mm
1号焦炉	当日：	61	1754.97	143	干熄焦	当日：	0.80	12.93	1.15	0.10	24.45	66.92	92.38	5.30	-	-	-
	累计：	1888	54317.76			月平均：	0.81	12.89	1.23	0.18	24.27	67.36	92.44	5.25	3.88	23.14	72.98
2号焦炉	当日：	34	978.18		湿熄焦	当日：	-	-	-	-	-	-	-	-	注：粒度组成不区分干、湿熄焦		
	累计：	1833	52735.41			月平均：	0.94	12.90	1.36	13.35	-	-	-	-			
日合计：		95	2733.15		S<0.85；A<13；V<1.5；干熄焦H20<0.5；湿熄焦H20<5.5												
月累计：		3721	107053.17	7058	CSR>64；CRI<27；M25>90；M10<6.5												

烧 结

机组名称		产量（t）	烧结矿成分平均值（%）												转鼓指数（%）		
			TFe	FeO	SiO2	CaO	MgO	TiO2	P	S	Al2O3	MnO	R2	Zn	≥76		<6.3mm
1号、2号烧结	当日：	13366.38	54.43	8.93	5.67	11.96	2.30	0.134	0.078	0.029	2.66	0.17	2.11	0.0109	76	76.13	4.13
	累计：	527921.32	55.31	9.09	5.53	11.12	2.31	0.138	0.092	0.021	2.52	0.14	2.02	0.0112	76.065		4.59
	合格率：		83.33	66.67	-	-	-	-	-	-	-	-	66.67	-	100.00		
	月合格率：		87.90	79.57	-	-	-	-	-	-	-	-	89.78	-	59.02		
	稳定率：		99.24	89.13	-	-	-	-	-	-	-	-	96.20	-	99.88		
	月稳定率：		98.95	90.45	-	-	-	-	-	-	-	-	93.25	-	99.39		

炼 铁

炉座号		产量（t）		不合格量（t）		合格率	铁号判定（t）				优铁率（%）		铁水成分平均值（%）				
		炉数	重量	罐数	重量		L03	L07	L10	号外铁	Si<0.5	S<0.04	C	Si	Mn	P	S
1号高炉	当日：	5	2500.833	0	0.000	100.00	531.629	1969.205	0.000	0.000	84.23		5.32	0.43	0.19	0.10	0.02
	累计：	421	168201.567	10	1775.180	98.94	82582.214	81281.152	2563.021	1775.180	84.34		5.41	0.37	0.17	0.114	0.021
2号高炉	当日：	12	6215.367	0	0.000	100.00	5591.801	623.567	0.000	0.000	100.00		4.92	0.28	0.19	0.12	0.03
	累计：	380	188865.229	5	904.157	99.52	102670.170	81556.469	3734.434	904.157	83.17		5.40	0.36	0.17	0.115	0.020
日合计：		17	8716.200	0	0.000	100.00	6123.429	2592.771	0.000	0.000	95.48		硫超标：无				
月累计：		801	357066.795	15	2679.336	99.25	185252.384	162837.621	6297.455	2679.336	83.72						

图 5-18 质量日报表图

（扫描书前二维码看大图）

5.3 接 口 表

LIMS 系统需要跟其他系统进行数据接口，通过建立底层结构，来实现与其他管理系统或生产系统的数据互联，实现与 ERP、计量、智能焊牌机器人之间共享和交换数据。LIMS 有关的接口通信主要内容、接口规则内容示例如下。一些无法确定的后续可能上线的系统，LIMS 系统可以提供统一的质检数据接口，供其他系统调用。

5.3.1 外部接口及通信方案

LIMS 系统与外部系统的接口关系如图 5-19 所示。

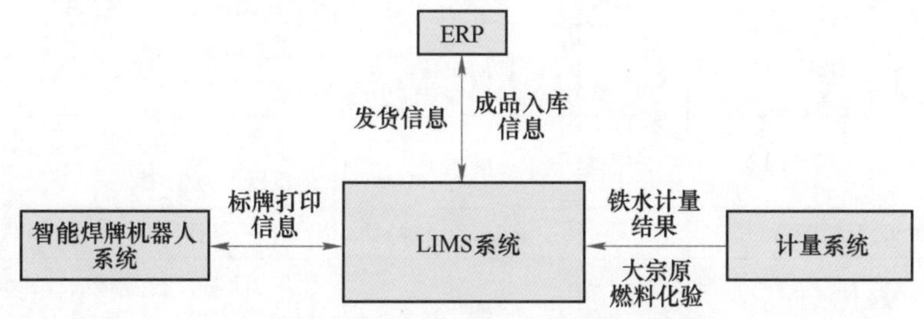

图 5-19 LIMS 系统与外部系统接口示意图

5.3.2 ERP 系统接口

LIMS 系统需要跟 ERP 进行数据接口，一方面从 ERP 系统同步基础业务字典，业务单据；另一方面向 ERP 系统回传质检数据，见表 5-1。

表 5-1　ERP 与 LIMS 业务字典和之间数据表

序号	接口名称	来源	去向	数据内容
1	ERP_ LIMS	ERP 系统	LIMS 系统	基础业务字典，配车单信息
2	ERP_ LIMS	LIMS 系统	ERP 系统	质检数据

5.3.3　计量系统接口

LIMS 系统需要计量系统进行数据接口，从计量系统接收进厂物料的计量信息，见表 5-2。

表 5-2　LIMS 与计量数据接口表

序号	接口名称	来源	去向	数据内容
1	JL_LIMS	计量系统	LIMS	物料计量信息

5.3.4　智能焊牌机器人接口表结构

发送方每次插入新记录时，MSG_ COUNTER 列必须增加一个（递增正数）。MSG_ STATIONNUM（工位编号）列用于识别不同工位。目前恒为 1，其他机器人为 2，3，…。

发送方在插入记录时将 MSG_STATUS 列设置为“N”，然后接收方根据记录管理结果进行相应更新；如果接收方处理结果为错误时，则可使用 MSG_ HANDELINFO 列保存相应的信息。MSG_ HANDELINFO 字段后面的列都是消息相关字段，在不同消息的名称和含义上有所不同（从 MSG_ COUNTER 到 MSG_ HANDELINFO 的上述字段对于每条消息都具有相同的名称和含义）。每个接口表都具有以下结构，见表 5-3。

表 5-3　LIMS 与机器人之间数据接口表

序号	字段名称	单位	数据类型	说　明
1	MSG_ COUNTER	—	number	消息序列号，发送方填写，主键，不能重复
2	MSG_ STATIONNUM	—	number	消息站点，发送方填写，目前恒为 1，其他机器人为 2，3，…
3	MSG_ DATETIME	—	varchar2（14）	消息发送时间，发送方填写
4	MSG_ TYPE	—	number	0：新增；1：修改；2：删除，发送方填写
5	MSG_ STATUS	—	varchar2（1）	处理标志位（N：未接受；P：接收成功；E：处理失败），发送方填写 N，接收方填写处理结果
6	MSG_ HANDELTIME	—	varchar2（14）	消息处理时间，接收方填写
7	MSG_ HANDELINFO	—	varchar2（200）	消息处理备注，接收方填写

LIMS 发送打捆计划表至智能焊牌机器人，LIMS 添加/修改/删除轧制计划时，人工修改打捆信息。更新时，发送方新增一条记录，MSG_TYPE 标记为 1，接收方逻辑处理程序以黄色背景的（批号+捆号）为逻辑主键更新自己的业务表记录。删除时，发送方新增一条记录，MSG_TYPE 标记为 2，接收方逻辑处理程序以黄色背景的（批号+捆号）为逻辑主键删除自己的业务表记录。智能焊牌机器人发送打捆实绩至 LIMS，标牌焊接完成时作为触发时刻。

在线精整 L2 级发送至 MES 系统，接口表名称：TT_RMS_LIMS_BUNDLE_RESULTS（打捆实绩表），触发条件为焊接完成时；更新时，发送方新增一条记录，MSG_TYPE 标记为 1，接收方逻辑处理程序以黄色背景的（批号+捆号）为逻辑主键更新自己的业务表记录。删除时，发送方新增一条记录，MSG_TYPE 标记为 2，接收方逻辑处理程序以黄色背景的（批号+捆号）为逻辑主键删除自己的业务表记录。

5.4 软硬件架构

5.4.1 软件架构设计

因为第三代检化验系统与以往的检化验系统有明显差异，所以对运行环境有最低配置要求。数据库服务器需要 Oracle Database I2C、Backup Agent、DB Link、Linux OS，应用服务器安装 Internet Information Services、. NET4. 5、Windows Server2016 Standard OS，开发人员运行环境，其中开发人员 PC 支持 Visual Studio2015、. NET4. 5、IE11 以上或 Chrome 内核浏览器、Win7 或 Window10 操作系统；用户 PC 建议用 1GHz 以上 64 位的 CPU、4G 以上内存，硬盘可用空间大于 80G，分辨率在 1024×768 像素以上，IE11 以上或 Chrome 内核浏览器、Win7 或 Window10 操作系统。

整个系统的软件分两层进行设计，第一层是“数据采集层”，第二层是“数据管理层”。

数据采集层需要完成的任务是实现对各个检验设备的数据采集。因为现场检化验设备厂家不统一、型号不统一、数据传输标准不统一，所以数据采集软件要根据设备的具体情况进行开发。数据管理层主要实现数据的管理功能及展示功能，该层采用 B/S 架构以提高用户访问的友好性。

5.4.2 硬件架构设计

通信网络采用以太网，通信协议采用 TCP/IP。汇聚交换机位于全厂骨干网之中，从而实现与其他计算机系统进行数据通信。硬件配置设计数据库服务器采用双机热备方式，共用磁盘存储阵列，确保系统不间断运行；应用服务器采用专用服务器，以提高应用处理性能，操作响应及时，确保系统安全、稳定可靠。图 5-20 为硬件架构图。

服务器、存储硬件推荐配置表见表 5-4。

5.4.3 操作终端安装位置

推荐安装操作终端的位置表见表 5-5。

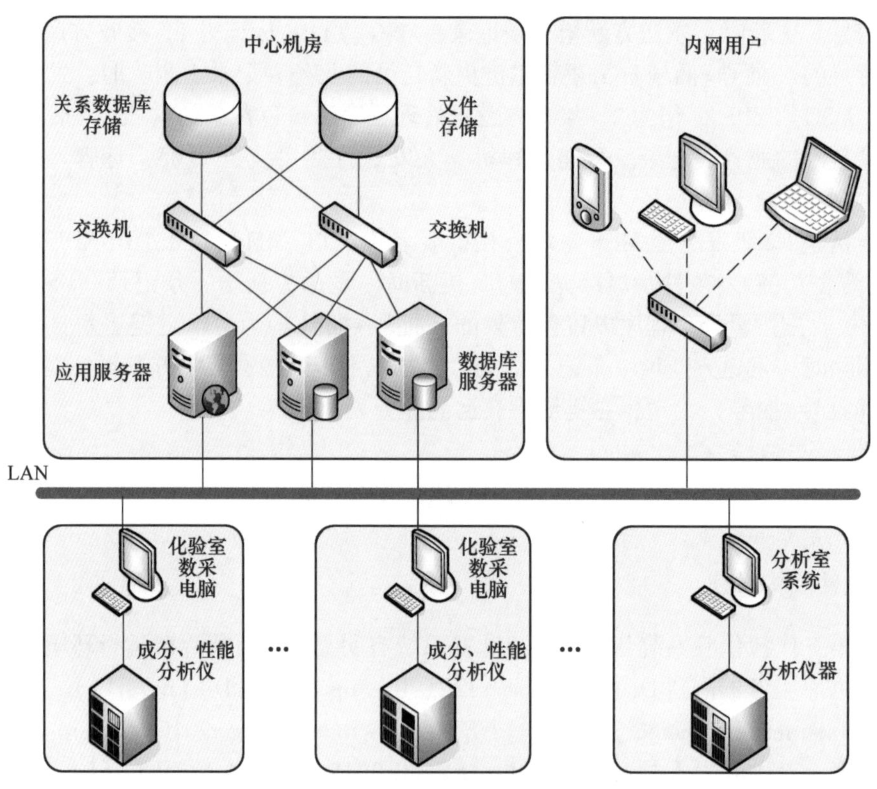

图 5-20　硬件架构图

表 5-4　服务器、存储硬件推荐配置表

类　别	描　述
服务器	数据库服务器 2 套
品牌及型号	主流品牌
服务器类型	机架式 X86 架构
CPU 主频及配置数量	CPU 2 个，英特尔至强金牌主频 2.3GHz，实配 CPU 核心数 16 核
内存	采用 DDR4 内存，实配要求内存 128GB
内置 SAS 硬盘数量	3 块 1.2T　10k SAS 磁盘
内置硬盘 Raid 支持	支持 RAID 0、5、6、10，实现数据保护
DVD 设备	1 个 DVD 外置光驱
网卡数量	2 块 4 端口千兆电口网卡
光纤通道卡	2 块单口 8GB 光纤通道卡
显卡	集成显卡
操作系统及软件	Linux64 操作系统，集群双机热备功能
售后服务	3 年原厂保修，7×24 小时热线电话支持，故障部件更换服务

续表 5-4

类　别	描　述
服务器	应用服务器 1 套
品牌及型号	主流品牌
服务器类型	机架式 X86 架构
CPU 主频及配置数量	CPU 2 个，英特尔至强金牌主频 2.3GHz，实配 CPU 核心数 16 核
内存种类	采用 DDR4 内存，实配要求内存 128GB
内置 SAS 硬盘数量	3 块 1.2T 10k SAS 磁盘
内置硬盘 Raid 支持	支持 RAID 0、1、5、10，实现数据保护
DVD 设备	1 个 DVD 外置光驱
网卡	2 块 4 端口千兆电口网卡
光纤通道卡	2 块单口 8Gb 光纤通道卡
显卡	集成显卡
操作系统	Windows Server 2016 64 位
售后服务	3 年原厂保修，7×24 小时热线电话支持，故障部件更换服务
存储	磁盘存储 1 套
品牌及型号	主流品牌
主机接口类型	SAN 连接式，8Gbps 光纤通道、1 Gbps iSCSI 以太网光纤通道（FCoE）
主机接口数量	8Gb 光纤通道接口 8 个
用户界面	图形化用户界面（GUI）
储存容量	实配 20 块 1.2T 1 万转 SAS 磁盘
支持 RAID 级别	RAID 0、1、5、6、10，分布式 RIAD
电源和风扇	冗余、热插拔
机架支持	支持标准机架
管理软件	存储管理软件
控制器缓存	实配 16GB 控制器缓存
附加的可用高级功能	支持快照功能、支持自动数据分层、支持远程镜像、支持存储双活、自动精简配置
操作系统支持	Windows、Linux、VMware、UNIX（HP-UX、AIX、Solaris 等）
售后服务	3 年原厂保修，7×24 小时接通电话支持，现场支持和故障部件更换服务

表 5-5　推荐安装操作终端的位置表

序号	部门或科室	位置	数量	用　途
1	原料部	部长办公室	1	大宗原料入场成分信息查询
2	原料部	生产技术科	2	大宗原料入场成分信息查询
3	原料部	主控室	2	大宗原料入场成分信息查询
4	焦化部	部长办公室	1	物料委托跟踪查询；物料成分信息查询；数传原始记录查询；报表查询
5	焦化部	生产技术科	2	物料委托跟踪查询；物料成分信息查询；检验项目管理；物料基础信息管理；判定规则管理；技术标准管理；产品类别管理；数传原始记录查询；基础配置日志查询；报表查询

续表 5-5

序号	部门或科室	位置	数量	用　途
6	焦化部	焦化实验室	2	委托下发；化产品成分信息录入；成分信息查询；报表查询
7	焦化部	操作生产岗位	3	委托下发；成分信息查询；判定查询；委托状态跟踪；数传原始记录查询；产量录入；报表查询
8	烧结部	部长办公室	1	物料委托跟踪查询；物料成分信息查询；数传原始记录查询；报表查询
9	烧结部	生产技术科	2	物料委托跟踪查询；物料成分信息查询；检验项目管理；物料基础信息管理；判定规则管理；技术标准管理；产品类别管理；数传原始记录查询；基础配置日志查询；报表查询
10	烧结部	操作生产岗位	3	委托下发；成分信息查询；判定查询；委托状态跟踪；数传原始记录查询；产量录入；报表查询
11	球团	部长办公室	1	化验信息查询；委托状态跟踪查询；判定查询；数传原始记录查询；报表查询
12	球团	生产技术科	2	物料委托跟踪查询；物料成分信息查询；检验项目管理；物料基础信息管理；判定规则管理；技术标准管理；产品类别管理；数传原始记录查询；基础配置日志查询；报表查询
13	球团	操作生产岗位	2	成分信息查询；判定查询；委托状态跟踪；数传原始记录查询；产量录入；报表查询
14	炼铁部	部长办公室	1	化验信息查询；委托状态跟踪查询；判定查询；数传原始记录查询；报表查询
15	炼铁部	生产技术科	2	物料委托跟踪查询；物料成分信息查询；检验项目管理；物料基础信息管理；判定规则管理；技术标准管理；产品类别管理；数传原始记录查询；基础配置日志查询；报表查询
16	炼铁部	操作生产岗	4	成分信息查询；判定查询；委托状态跟踪；数传原始记录查询；产量录入；报表查询
17	炼钢部	部长办公室	1	物料委托跟踪查询；物料成分信息查询；判定查询；数传原始记录查询；报表查询
18	炼钢部	生产技术科	2	物料委托跟踪查询；物料成分信息查询；检验项目管理；物料基础信息管理；判定规则管理；技术标准管理；产品类别管理；数传原始记录查询；基础配置日志查询；报表查询
19	炼钢部	操作生产岗	6	委托登记；成分信息查询；判定查询；委托状态跟踪；数传原始记录查询；产量录入；报表查询
20	轧钢部	部长办公室	1	物料委托跟踪查询；物料成分信息查询；判定查询；数传原始记录查询；报表查询
21	轧钢部	生产技术科	2	物料委托跟踪查询；物料成分信息查询；检验项目管理；物料基础信息管理；判定规则管理；技术标准管理；产品类别管理；数传原始记录查询；基础配置日志查询；报表查询

续表 5-5

序号	部门或科室	位置	数量	用　途
22	轧钢部	操作生产岗位	2	轧钢计划下达；报表查询
24	轧钢部	调度室	2	剔除、轧废信息录入
25	质量部	部长办公室	1	物料委托跟踪查询；物料成分信息查询；判定查询；数传原始记录查询；报表查询
26	质量部	质量管理处	1	外部委托录入、物料委托跟踪查询；物料成分信息查询；判定查询；数传原始记录查询；报表查询
27	质量部	铁前质检处	2	物料委托跟踪查询；物料成分信息查询；判定查询；数传原始记录查询；报表查询
28	质量部	钢后检验处	2	物料委托跟踪查询；物料成分信息查询；判定查询；数传原始记录查询；报表查询
29	质量部	中心化验室	2	铁前、过程产品委托下达；委托接样、制样；成分信息录入；成分信息查询；委托状态跟踪；数传原始记录查询
30	质量部	物检室	2	成品委托接样、制样；成分信息录入、发布；判定查询；成分信息查询；委托状态跟踪；数传原始记录查询；实验室管理
31	质量部	炼钢实验室	2	委托下达；委托接样、制样；成分信息录入；成分信息查询；委托状态跟踪；数传原始记录查询；实验室管理；报表查询
32	质量部	微粉化验室	2	委托下达；委托接样、制样；成分信息录入；成分信息查询；委托状态跟踪；数传原始记录查询；实验室管理；报表查询
33	质量部	铁烧质检作业点	2	委托下达；委托接样、制样；成分信息录入；成分信息查询；委托状态跟踪；数传原始记录查询；实验室管理；报表查询
34	质量部	综合判定作业点	1	综合判定、产量上传 ERP
35	质量部	质证班	2	质保书生成、打印；质量报表生成、打印
36	信息自动化部	部门办公室	2	系统运行维护

⑥ 能源管理系统（EMS）

6.1 能源管理系统设计技术要求

能源管理系统（EMS），不同企业称谓略有差异，如能源管控中心（EMCC）、能源信息管理系统（EIMS），或者叠加部分生产视频后叫作生产管控中心，最近统一叫智能管控中心的比较多。

通过对全公司各类能源数据的统计分析，生成各种能源平衡分析和实绩考核报表，科学、客观反映能源系统的运行状况，为公司生产运营、成本分析提供可靠的依据。并通过对能源系统的运行分析、预测、安全评估，实现对能源系统的优化决策调度和异常情况下的能源调度方案，提高能源系统运行的稳定性和可靠性，完成对钢铁企业能源数据的宏观和微观上的调度，提高企业生产效率和竞争力。

能源管理系统（EMS）的开发设计范围以水系统、电能系统、风系统、煤气系统、能源管理系统及整个网络平台的搭建为主。实现水、电、风、气系统的数据遥测、遥信、遥控，形成功能齐全的能源管理控制中心。

（1）水系统主要涉及到公司外供各路水源一级计量点流量、压力等，公司给各分厂工序供水（含生产、生活水、消防水和除盐水等）的二级计量点流量、压力等，全部生产厂三级计量点。

（2）电能系统要完成总厂区25（3+22）个主要变电所、高压配电室、发电一期及综保的高炉风机、制氧主电机等大型用电设备的监视与控制。

（3）风系统要包括制氧厂、空压站、炼钢干法除尘用气体、炼钢输出蒸汽、高炉鼓风、布袋除尘等处的介质压力、流量参数。完成全部氧气、氮气、氩气、压缩空气、蒸汽检测。

（4）煤气系统要完成总厂区域内轧钢加热炉、烧结点火炉、发电等部位煤气消耗，以及相关设备工艺参数的检测。

视频监控系统完成无人值守现场环境信息的采集和处理，实现系统间所有报警信息的联动。

具体采集工序点有原料、球团、烧结、焦化、炼铁、炼钢、轧钢、发电、制氧、空压站、煤气柜。

需求能源介质种类有电力、水（生产消防水、生活水、除盐水、回用水、排水）、氧气、氮气、压缩空气、助燃风、蒸汽、氩气、煤气（高炉、转炉、焦炉）。

6.1.1 公司级能源介质参数需求

电力：进厂、并网电度数（分别计量的峰、谷、平电量）、实时有功功率、实时无功功率、实时功率因数、实时B相电流、实时电压质量（等级），各用户使用电量实时有功

功率、实时无功功率、实时功率因数、实时 B 相电流、实时电压质量（等级）。

水（生产消防水、生活水、除盐水、回用水、排水）：补水实时瞬时流量、累计流量、供水压力、各用户使用用水量瞬时流量、累计流量、压力、水池水位。

氧气：出塔实时瞬时流量、累计流量、压力、温度、纯度；调压站前后压力、瞬时流量、累计流量，液氧储槽内液氧高度，液氧汽化量瞬时、累计量、压力、温度。各用户使用氧气量瞬时流量、累计流量、压力。

氮气：出塔实时瞬时流量、累计流量、压力、温度、纯度；调压站前后压力、瞬时流量、累计流量，液氮储槽内液氧高度，液氮汽化量瞬时、累计量、压力、温度。各用户使用氮气量瞬时流量、累计流量、压力

氩气：液氩储槽内液氧高度，液氩汽化量瞬时、累计量、压力、温度，调压站前后压力、瞬时流量、累计流量，各用户使用氩气量瞬时流量、累计流量、压力。

压缩空气：空压站实时瞬时流量、累计流量、供气压力，各用户使用压缩空气量瞬时流量、累计流量、压力。

蒸汽：汽包、蓄能器出口实时瞬时流量、累计流量、压力、温度。各用户使用蒸汽量瞬时流量、累计流量、压力。

煤气（高炉、转炉、焦炉）：煤气生产（回收）量瞬时流量、累计流量、压力。各用户使用煤气量瞬时流量、累计流量、压力。

6.1.2 工序级能源介质参数需求

焦化工序：焦化（含干熄焦）各设备主控室内煤气、助燃空气、压缩空气、蒸汽瞬时流量、累计流量、压力；水泵房向主要耗能设备供水量，水池水位，电力高配室后台主要耗能设备耗用电量实时有功功率、实时无功功率、实时功率因数、实时 B 相电流、实时电压质量（等级）。

烧结工序：烧结各设备主控室内煤气、助燃空气、压缩空气、蒸汽瞬时流量、累计流量、压力；水泵房向主要耗能设备供水量，水池水位，电力高配室后台主要耗能设备耗用电量实时有功功率、实时无功功率、实时功率因数、实时 B 相电流、实时电压质量（等级）。

炼铁工序：高炉各设备主控室内煤气、助燃空气、压缩空气、氧气、氮气、蒸汽瞬时流量、累计流量、压力；水泵房向主要耗能设备供水量，水池水位，电力高配室后台主要耗能设备耗用电量实时有功功率、实时无功功率、实时功率因数、实时 B 相电流、实时电压质量（等级）。高炉风机房鼓风参数、压力、进入 BPRT 煤气流量、高炉喷煤使用氮气量、空压机等。

炼钢工序：炼钢、石灰窑等设备消耗或产出煤气、压缩空气、氧气、氮气、蒸汽瞬时温度、流量、累计流量、压力；水泵房向转炉、连铸主要耗能设备供水量，水池水位，LF、转炉、连铸机、水泵房、电力高配室后台主要耗能设备耗用电量实时有功功率、实时无功功率、实时功率因数、实时 B 相电流、实时电压质量（等级）。

轧钢工序：轧钢各设备消耗或产出煤气、压缩空气、氧气、氮气、蒸汽瞬时流量、累计流量、压力；水泵房向主要耗能设备供水量，水池水位，电力高配室后台主要耗能设备耗用电量实时有功功率、实时无功功率、实时功率因数、实时 B 相电流、实时电压质量

（等级）。

发电工序：发电各设备消耗煤气、压缩空气、氮气、蒸汽瞬时流量、累计流量、压力；水泵房向主要耗能设备供水量，水池水位，电力高配室后台主要耗能设备耗用电量和并网电量实时有功功率、实时无功功率、实时功率因数、实时 B 相电流、实时电压质量（等级）。

制氧工序：制氧各设备消耗空气、氮气、蒸汽、水瞬时流量、累计流量、压力、水池水位，电力高配室后台主要耗能设备耗用电量实时有功功率、实时无功功率、实时功率因数、实时 B 相电流、实时电压质量（等级）。

水处理中心：水处理中心各设备消耗空气、水瞬时流量、累计流量、压力、水池水位，主要耗能设备耗用电量实时有功功率、实时无功功率、实时功率因数、实时 B 相电流、实时电压质量（等级）。

煤气柜：转炉、高炉、焦炉煤气柜柜容显示，煤气加压设备运行状态、转炉煤气柜回收煤气量和送出煤气瞬时流量、累计流量、压力、温度等。其他煤气进入煤气柜和送出煤气瞬时流量、累计流量、压力、温度等。

6.2　能源管理系统设计

6.2.1　系统硬件软件设计

系统硬件设计服务器设置：4 台 SCADA 服务器、2 台历史数据服务器、1 台 PAS 服务器、1 台 Web 服务器、1 台调度员培训服务器；硬件防火墙：Netscreen500 以上；GPS-1 天文时钟 1 套；工作站设置：2 台工程师工作站、6 台调度工作站、1 台报表工作站、1 台 PAS 工作站、2 台调度培训工作站、1 台电量管理工作站。

系统软件设计，RISC 平台采用 Unix 操作系统，PC 平台采用 Windows 2012 以上较新操作系统，支持 POSIX、X/OPEN、OSF、OSI、ETHERNET、TCP/IP、NFS、NCS 等工业标准。编程语言和开发工具配置标准的 C、C++、JAVA 等语言及其编译器，为程序员提供标准的软件工程环境。

应用软件开发，电能系统包括 SCADA、PAS、DTS 及 TMR 四部分。通过实现供电调度自动化，调度人员能及时全面地了解和掌握电能生产、使用和电网运行工况，做到科学决策，正确指挥，确保电网安全、可靠、经济、优质运行，实现从经验型到分析型调度职能的转变。

SCADA 功能即数据采集与监视控制，它是实现调度自动化的基础，主要完成数据的采集、处理、存储和显示，建立实时数据库，并把这些实时信息传递给其他高级应用模块，功能包括：

（1）数据采集：系统接收来自 RTU 的遥测、遥信信息，完成数据采集、定时存储等功能，所有数据的刷新速度应达到秒级。

（2）数据处理：系统能自动地对供电系统的运行情况进行分类统计、计算，包括无功总加、有功总加、电能计费、重点工序能耗计算、电能计量数据分析处理等，并定时保存。

(3) 报警与事故推送画面：对于遥信量的变位、遥测量越限等进行报警处理，并以报警信息列表及数据变色等方式进行记录并提醒运行维护人员，发生故障时自动弹出相应的故障报警画面。

(4) 即时趋势曲线：对 SCADA 实时数据库的任一模拟量，均可定义并以曲线、棒图形式表征其即时趋势。

(5) 事件顺序记录（SOE）：全网时钟统一时，以毫秒级精度记录主要断路器和保护信号的状态、动作顺序及动作时间，形成动作顺序表，帮助调度运行人员判明系统事故起因和断路器跳闸顺序。

(6) 事故追忆（PDR）：利用 SCADA 数据库的全部实时信息，对事故前和事故后时间内（时间段可调）的各开关的变位顺序和相关遥测量的数据值进行全面记录保存；可进行全场景的事故追忆和全过程的反演描述。各类事故记录可长期保存在磁盘中，随时提供追忆和反演；同时可对事故的任一断面的数据及画面拷贝打印，供领导及专业人员进行事故分析与查阅，PDR 具备自动和手动启动方式。

(7) 人机接口功能：CRT 画面显示电力系统实时网络图，各变电所实时主接线图，各变电所实时运行参数，相应监测点的功率和电压，运行参数的越限告警和事故告警，母线电压棒形图。

(8) 调度控制功能：完成遥控、遥调命令的发送，保护定值修改及特定继保功能的启用或退出等远动操作功能。

(9) 调度大屏显示功能：遥信、遥测数据上调度大屏，大屏显示断路器、隔离开关实际位置，事故时，断路器变位信号优先显示，发出不对应信号，并有声光报警，显示主要遥测量和潮流方向，显示主要检测点的功率、电压及电能累积值，显示焦化、烧结、炼铁、炼钢及轧钢系统的主要工序能耗，显示日期、时钟及安全运行日。

(10) 自动调度运行报表和事件打印：自动生成电压、电流、负荷等整点报表以便于用电的运行管理与考核，自动对 SOE 事件、遥信变位记录、越限记录和操作记录进行打印。

(11) 操作权限管理：对于各类检测电量的修改及遥控、遥调、定值修改、保护功能启用等操作功能，系统需配有多种授权密码，画面操作要按照责任区域进行管理，以便实现可靠的远动控制。

(12) 天文时钟同步功能：以 GPS 卫星时钟为基准，同步系统中各节点及厂站 RTU 的时钟。前置机按给定的规约格式接收 GPS 卫星时钟，设置本机时钟，同时，以用户设置的周期向服务器及各节点机发送时钟信息，以校正时钟。

6.2.2 电力系统高级应用软件功能（PAS）设计

预测和分析供电系统的运行趋势，使调度运行人员能够更迅速、准确、全面地掌握供电系统的实际运行状态，主要功能包括：

(1) 网络动态拓扑分析：包括实时网络建模和网络拓扑分析两部分功能构成，根据电网中断路器、隔离开关等逻辑设备的状态以及各种元件的连接关系，产生电网计算用的母线和网络模型，并能根据电网的状态变化自动启动分析，及时更新拓扑结果；把开关人工置入某种开合状态（不改变实际运行状态），拓扑分析也能够自动分析并提供模拟运行方式的拓扑结果，以实现操作预演功能；能够根据拓扑分析结果，进行拓扑图的动态着色处理，它是其他供电高级应用软件的基础。

（2）故障录波分析：所选数据采集设备及继保单元应满足当电网发生遥信变位时如开关变位、变压器温度越限等，自动记录变位时间、变位顺序，并以约 5ms 的分辨率记录开关跳闸时相应的遥测量值（如相应的三相电流、有功功率等），形成 SOE 记录，并利用后台监控软件取出数据进行显示分析。

（3）状态估计：状态估计利用量测系统采集的信息和网络拓扑分析结果，估算供电系统全面的实时运行状态，估算系统中某些重要的运行状态信息，如各母线的负荷和各发电厂的发电机出力，推算完整而准确的供电系统各种电气量，包括各支路潮流，各母线节点电压幅值及角度，各母线负荷等，可通过预测估计发现遥信信息错误并予以纠正，对遥测数据中的不良数据进行检测和辨识，进行系统可观测性分析，并确定把网络变成可观测所要增加的伪量测地点和个数，实现实时状态下的线损计算、效率分析，是系统实现在线潮流分析计算、静态安全分析的基础。

（4）负荷预测：负荷预测是根据预测的或人工设定的系统总负荷按照相应时间的母线负荷分配系数求取该时刻各回路的负荷，供有关应用使用，如为状态估计补充伪量测值，为调度员潮流提供回路的有功、无功负荷预测值。

（5）调度员潮流：潮流计算实时在线状态下的应用，是研究供电系统稳态运行的一种基本手段，它可以根据设定的运行条件（如断路器开合、变压器投退、变压器分接头调整、无功补偿装置投切、发电系统进行负荷调整等）和网络结线确定整个网络的预期运行情况，例如各母线上的电压、各元件（如线路、变压器等）通过的功率，以及整个系统的功率损耗等，并根据运算结果，评定供电系统运行方式的合理性和经济性，调度员潮流分析向其他电能高级应用软件如安全约束调度、安全分析、短路电流计算、调度员培训等提供分析的基础数据。

（6）电压控制/无功优化：电压无功优化控制能通过调整发电机母线电压，有载调压变压器抽头，同步调相机，静止补偿器、投切电容器、电抗器组等无功补偿设备，方便灵活地修改运行条件，形成新的运行方式，使电网运行达到安全性或经济性。

（7）对无功进行优化控制：对于基态潮流不存在电压越限和无功越限的系统，使无功潮流引起的系统网损最小，同时满足系统的安全约束条件。消除电压或无功超限的校正控制：对于基态潮流存在电压越限或无功越限的系统，优化调整无功设备消除超限，当无法完全消除越限时，最大可能地降低越限程度。同时使其他约束条件满足安全的要求。

（8）短路电流计算：对设置的各种故障情况（如单相接地、两相接地，两相相间短路、三相接地等）计算短路电流，计算的结果可以用于保护装置定值的整定，给出短路后母联开关和其他重要联络开关上的短路电流，软件可根据已知的电网运行状态和故障电流，进行故障点定位（误差不大于 5%），可提供不同运行方式下的电网等效归算结果，并能进行不小于 6 次的谐波电流分析。

（9）短期负荷预报：根据负荷的历史变化规律，高精度预测未来的负荷数据，为电力系统控制、运行提供调配依据，改善电力系统运行的安全性和经济性。

（10）静态安全分析：确定电力系统的预想或潜在的开断所导致的静态影响，用于对供电系统的安全性、可靠性进行评价，利用静态安全分析软件对合理的事故集（包括线路、变压器、发电机、负荷、电容器/电抗器、母线的开断及其他的开关变位等）进行分析，判断系统对故障所承受的风险度，并把预想事故集按其严重程度排列，并通知调度人员各种有危害故障下的过负荷支路，电压异常节点和无功越限的发电机及越限程度，为运行人员维护电力系统安全可靠运行提供依据。

（11）暂态安全分析：暂态安全分析是假设系统受到大扰动并启动自动控制装置的调整行为后，对系统所展现的机电暂态过渡过程进行分析，判断系统的暂态功角稳定和电压稳定，评估系统的暂态稳定水平，研究大扰动后系统的稳定裕度，对不稳定的系统，该软件可生成稳定裕度对控制参量的灵敏度系数，有助于调度运行人员制定稳定措施。

（12）优化潮流：根据给定的电网运行状态，选择优化运行的目标函数、控制变量和约束条件，求出系统的优化潮流方案，以便有效地对电网进行控制，使系统运行最经济。

（13）变损、线损分析：对网络运行进行线损、变损的计算与统计，并计算损耗变化对发电机组有功出力、区域交换功率、联络线功率的灵敏度，分析可以分线路、电压等级、分区进行，损耗计算既包括实时态网损计算，也包括离线（研究态）的网损估算，通过损耗计算归纳出网损的排列指标，计算分析结果能为调整运行方式、改善电网结构和运行的经济性提供相关信息。线损统计模块可以被状态估计、调度员潮流等其他应用软件方便地调用。

6.2.3 能源管理辅助功能设计

能源管理辅助功能设计包括：

（1）调度员模拟培训系统设计（DTS）。通过一个与在线系统相一致的系统的建立，调度人员可以在系统中模拟各种操作，从而可以实现日常操作培训、事故反演、事故分析、典型事故演示等功能，并可用于各种运行方式模拟、继电保护方案验证及电力规划方案的分析，完成安全调度中的操作预演和智能生成电子操作票等功能。

（2）电能计量分析（TMR）功能。TMR 是电能量管理的基本应用，主要用于实现完整的、高性能的、实时的电能量采集和监控功能，主要包括：1）数据采集；2）档案管理；3）统计分析；4）数据库管理；5）系统管理；6）考核结算；7）人机联系；8）报表管理；9）Web 浏览。

（3）Web 发布功能。为适合管理自动化的需要，使用 WEB 浏览器技术，将调度自动化的有关画面和实时数据以 HTML 的格式在网上发布，远方计算即可通过 IE 浏览器登录到 Web 服务器上进行浏览，为了调度自动化系统的数据安全，需要使用硬件防火墙和数据镜像技术实现数据的正、反向安全隔离。

（4）遥视。利用数字图像传输和存储技术，采用 TCP/IP 协议，实现变电站的远程图像监控，起到值班人员实地循检的作用。

6.3 能源管理系统设计组成模块

6.3.1 供电系统需求分析

园区降压变电所、分厂级重要设备、发电系统设计了综保自动化系统，但随着企业规模的迅速扩大和对供电质量、可靠性要求的不断提升，现有的自动化监控水平和供电调度模式需要适应企业对电力系统运行可靠性、安全性的要求，需要从以下几个方面考虑：

（1）设立统一的电网调度控制中心，监控全网的实时运行状态和优化电网运行方式；

（2）部分变电站建立当地监控系统，接入主网；

（3）实现电能量集抄及其计量分析功能；

（4）故障录波功能有效发挥作用；

（5）部分直流屏电源监控功能实现远程监视。

最终达到利用先进的管控技术，实现从经验型供电调度转变到分析控制型调度，提高供电调度自动化水平。通过实现供电调度自动化，调度人员能及时了解和掌握电能生产、使用和电网运行工况，做到科学决策，正确指挥，确保电网安全、可靠、经济、优质运行，实现从经验型到分析型调度职能的转变。

（1）在调度“四遥”功能的基础上，实现变电所无人值守，减少供电系统调度定员，提高工作效率。

（2）全面监控全厂电网峰、平、谷情况，预测电网负荷，实现错峰用电、“峰平谷”管理，达到节电的目的。

（3）协助调度人员充分细致地了解系统的负荷分配情况，协助生产部门正确地投运负荷，安全地调度大型电机的启动，最大限度地保障正常生产能力的发挥。

（4）电能计量数据和电能质量数据的远程集抄、数据统计、不平衡电量分析、线损变损计算，为客观分析产线电耗、主要工序电耗及供电系统运行质量提供权威报表。

（5）具备操作预演和生成具有五防闭锁功能的智能电子操作票功能，从根本上杜绝误操作，提高了调度操作的可靠性。

（6）分析供电系统运行情况，对系统运行的可靠性进行分析判断，合理设置保护定值，使保护动作快速可靠，避免因越级跳闸造成事故范围的扩大。

（7）通过事故追忆反演有效地分析故障原因，避免同类事故再次发生，保证了供电系统的安全可靠运行。

（8）在保证安全可靠运行的情况下，根据负荷分配情况进行电网运行方式的优化，有效发挥变压器的输变电能力和现有供电网络的配电能力，使供电系统内部损耗最小。

随着发电工程的投产，园区自发电容量的不断提高，电能子系统中要充分考虑分布式发电系统的自动发电控制和实现故障隔离、快速恢复供电的配电网自动化功能。

电能系统涉及的范围：园区总公司厂区 110kV 变电站 3 座、发电系统如燃气蒸汽联合发电、干熄焦发电、BPRT 发电、烧结机余压发电等设备及各分厂大型用电设备、重要工艺设备。

6.3.2　煤气系统需求分析

园区的煤气介质包括焦炉煤气、高炉煤气、转炉煤气和混合煤气，由能源动力厂承担全公司的煤气调配供应和向发电厂供应煤气的任务。

为实现全面科学调度和整体优化控制，建立全新的煤气集中管控模式，在自产自给的基础上实现高效利用，解决资源短缺和能源浪费，是园区发展循环经济，实现能源管理现代化的主流和必然趋势。

完成系统运行全过程监控，并对生产、净化、储存、混合、输送和使用各环节集中管理，

优化运行，达到供需动、静态平衡，降低产品单位能耗，最终实现煤气放散为零的目标。

(1) 合理分配煤气：煤气供应系统根据工艺要求及煤气平衡状况等因素来确定各用户的煤气用量与热值。系统会将煤气优先供给（如焦炉、热风炉、加热炉、烧结机、发电厂等）对钢铁产量质量有重要影响的用户，这是煤气供应系统得以实现科学、经济、节约、合理使用的重要途径和理论依据。

(2) 充分利用煤气：实现此目的，第一要根据煤气的产量和煤气柜的容量大小设置有效的煤气缓冲用户；第二是建立煤气储气柜，充分利用储气柜削峰填谷、吞盈补亏的功能，平抑因企业生产过程中气源增减或用户用量变化而产生的波动，稳定管网压力，减少放散损失。

系统设计范围包括各种介质（高炉煤气、焦炉煤气、转炉煤气、混合煤气）、炉气发生炉、传输及储存设备（如煤气混合站、煤气加压站及各种煤气柜）。

系统硬件设计针对煤气能源系统分散、区域分布广等特点，采用分布式结构，预设15个数据采集控制子系统，将数据全部纳入能源管控中心煤气系统的中心数据库，完成数据的集中处理和控制命令的下达。

工作站PC机选用高可靠性的工控计算机。数据采集选用Citect公司的MoxRTU控制系统，各子站控制器数据可通过EntherNet与I/O SERVER连接，将数据传递到能源管控中心中央机房，通过监控站实现对全厂数据的监控。

I/O服务器采用高可靠性的PC服务器，冗余配置。系统接入原有系统所涉及的不同控制系统，采用主流数据交换技术，实现与第三方软件或应用程序交换数据。

系统软件设计监控平台采用Citect公司的工业控制软件Citect SCADA来实现整个系统的监控。Citect SCADA软件分为两种版本。一种是FULL Version，负责生产现场子系统的数据采集，根据编程逻辑进行报警、趋势和报表的处理，并作为所有操作员站的数据来源。另外一种是Display Version，用作操作员站监控软件，只有显示和操作的功能，数据来自于FULL Version。

应用软件开发系统通过对煤气系统运行过程进行统一集中遥测与遥控操作，对主要用户的煤气流量、压力、温度等核心参数进行实时监控，以此实现煤气系统的集中监控和管理。功能简述如下：

(1) 煤气源发生量实时监视功能。各气源发生量的波动主要来自于高炉生产操作和焦化特殊工况，其中以高炉热风炉正常换炉所造成的30万立方米/h煤气发生量落差为甚。系统通过实时监控，可及时发现不利趋势，同步指导各分厂交错生产，有效减轻煤气发生量的变化对系统造成的强烈冲击。

(2) 煤气压力联动控制功能。热风炉换炉等操作所造成的管网压力波动对焦炉影响最大，不仅会导致焦炉煤气混合装置关闭使焦炉熄火，而且不当操作还会引起压力骤升，击穿煤气管道密封罐而出现设备事故。因此，管控中心设有报警功能，及时通知各单位，实现炼铁时调整高炉操作、能源动力厂调整压力、焦炉采取措施防止高炉煤气窜入焦炉煤气管道等并行联动措施。

(3) 煤气柜位监视功能。该功能可实时监视煤气柜的柜位、压力，入口、出口流量等重要参数，帮助运行人员及时了解煤气缺口及富余量，实现合理调度，防止因煤气柜柜位超限而导致的严重事故。

（4）用户流量分配功能。

（5）煤气失衡调整功能。对于因热风炉换炉、轧钢生产节奏变化、轧钢机组故障引起的波动，可自动改变能源动力厂煤气用量，对系统加以调整平衡；对于高炉临时减风或休风引起的煤气大量不足，系统通过 2 座高炉煤气柜的储气补充、调整高炉煤气用户用量加以平衡。

（6）煤气平衡前馈调整功能。系统可跟踪总公司的检修计划，在用户动作之前开始进行煤气系统的预先调整，有效化解用户的检修、定修等计划对系统造成的冲击。

6.4 能源管理系统报表与计划

园区原设计的能源管理系统中各能源介质的管理相对独立，基础控制也相对较弱，无法实现集中监控；能源介质的计量也无法实现自动，每月能源计量数据需由计量部门经过平衡后用于结算和成本统计；记录能源系统调度运行情况的调度日志需要通过电话询问，手工填写；每月的能源统计报表须人工统计计算；能源设备的检修、运维的执行还停留在人工分派，各行其责的阶段。

因此，需要将大量的历史实时数据应用于能源管理，这是本设计所要解决的问题。系统设计目标如下。

6.4.1 数据采集

（1）实现采集系统与能源管理系统、远期能源管理系统与 ERP 系统的数据通信。

（2）实现各工序能源发生量、使用量、放散量的自动统计。

（3）实现调度日报、煤气产供计划、统计等报表的自动生成。

（4）实现能源系统运行的一体化管理。

（5）实现吨钢耗能等主要能耗指标的自动计算。

6.4.2 能源计划过程管理

（1）能源通信数据管理。能源通信数据通过电文数据接口处理，累加汇总成每日数据，导入通信数据汇总信息表，实现通信数据归档与查询。

（2）能源供需、回收实绩管理。系统可生成能源实绩报表（日/报）。用户可对能源供需实绩报表进行编制、查询、打印、归档等操作。

（3）能源平衡管理。系统可生成能源平衡报表（月报），用户可对能源平衡报表（月报）进行编制、查询、打印、归档等操作。

（4）能源生产管制日报。系统可生成能源生产管制日报表，用户可对能源管制日报表进行编制、查询、打印、归档等操作。

（5）主要能源管理指标跟踪。用户可对能源管理指标进行编制、查询、归档等操作。

（6）能源单耗管理。用户可对能源单耗进行编制、查询、归档等操作。

6.4.3 能源供需计划管理

（1）计划信息查询功能。

1）生产计划信息查询：系统可实现从生产计划信息表查询生产计划信息。

2）单耗信息查询：用户可选择工序名称、能源介质种类，查询能源年月单耗信息数据。

3）历史能源供需计划值查询：用户可选择计划值种类（年、月）、介质种类和时间，从计划值信息表中查询历史计划值数据。

（2）计划制订功能：用户可利用该功能制订能源计划，以便编制下个月的能源计划报表。

1）推荐计划值：用户选择计划值种类（年、月）、介质种类，由系统列出相应计划值数据供用户设定或修改，计划值的默认值为系统推荐值。

2）计划值的制订、修改和保存：按照用户要求，系统可根据计划值设定日志表的相应记录，取出相应信息。

3）用户可点击检修计划按钮，查看用户选择时间段的各分厂检修计划，以帮助用户调整计划值。用户使用该功能可保存所修改的计划值信息，并在日志表中添加相应日志，完成上报功能。

（3）能源计划报表处理功能：用户可对能源计划报表进行编制、查询、打印、归档等操作。

6.4.4 能源调度运行管理

（1）运行方式变更单联机处理功能。系统可进行运行方式变更单的编制、签收与执行的联机处理，并提供对运行方式变更单查询、打印功能。

（2）运行方式变更单的查询。根据能源介质系统类型、时间跨度和关键字，可进行查询该能源介质系统在相应时间范围内并包含该关键字的运行方式变更单编号、操作时间及运行方式变更单执行情况，进一步可查看运行方式变更单细节。

（3）运行方式变更单的新建功能：运行工程师根据系统调整情况，新建运行方式变更单，系统自动生成相应的运行方式变更单编号，编制人信息。新建运行方式变更单完成确认后，即被归档管理，并自动发送至调度室后台计算机，等待签收。

（4）运行方式变更单的取消功能：新建运行方式变更单后，可选择取消按键，运行方式变更单编号在内的所有运行方式变更单信息将不会归档。

（5）运行方式变更单的更改功能：在运行方式变更单执行的过程中，工程师可以根据生产的实际变化，有权在“工作内容更改”栏中输入相应的记录。

（6）运行方式变更单的执行功能：根据运行方式变更单内容，调度人员填写运行方式变更单执行情况，同时由调度人员对相应的系统设备进行操作。

（7）停复役申请联机处理功能。

1）实现停复役单的申请、批准与执行的联机处理，提供对停复役单的记录、归档、查询、打印功能。

2）系统可提供当天待签收的全部申请单编号及待处理时间的提示窗口，点击申请单编号可查看申请单细节。能源中心按实际需要填写停复役申请单并发送，技术室接收到该停复役申请单信息后向能源中心返回申请单到达信息。技术室有权对停复役申请单进行批准或不批准。

（8）公司能源平衡综合能流图管理功能。根据园区能源系统的情况，建立离线综合能流图。综合能流图从总体上反映园区能源平衡的“实况”，为调度人员和运行管理人员提供能源平衡的总貌，以直观、形象的形式，为能源管理技术人员提供了解能源介质系统平衡的手段。其中原始数据是全面采集水、电、风、气主要能源计量的数据，对少量不能直接采集的数据进行估计。用户综合能源的累计量由公式计算得出。

（9）调度值班日志的管理功能。交班者和接班者的信息从人员信息表中获得，用户通过选择进行确定。待调度值班日志的全部信息完全登记后，将登记的信息保存到相应的数据库表中。登记信息主要包括：调度类型、班次、交接班人员信息、运行情况、重要交代信息，并保存到调度日志交代情况表中。用户可以对调度值班日志查询或打印。

（10）能源事故预案管理。根据园区能源系统用户提供的事故预案，将提供用户能源事故预案管理功能。有紧急情况发生时，用户可以通过能源事故预案管理系统，迅速查询到事故处理预案，为解决问题提供依据。

能源管理系统仅仅需要一个浏览器就可运行全部模块，真正达到了“零客户端”的功能，并在运行时程序自动升级，对于大型系统部署、更新方面的优势尤为明显。

该系统提供了异种机、异种网、异种应用服务的联机、联网、统一服务的最现实的开放性平台，通过 Web Service 技术可方便集成其他系统。

目前，钢铁行业对能源系统进行集中管理，成立能源中心的单位日渐增多，使用能源管理系统的大型企业有宝钢等多个钢铁企业。宝钢的能源管理系统采用 C/S 结构，能源的计量很大一部分还是人工抄表的方式，每月的能源平衡报表需 5 人 5 天才能完成。本设计目标是形成规模和系统化的管理。

6.5　视频监控

6.5.1　系统需求分析

根据能源管控中心的功能定位与设计要求，管控中心控制室需要对变电所、混合加压站、生产现场等一些无人值守的重要场所进行视频监控，以确保在第一时间发现安全隐患，尽可能地把不安全因素消灭在萌芽状态，以弥补人工管理的不足。

作为能源管理系统现场无人值守的安全技术措施，确保在第一时间发现安全隐患。该监控系统将电视监控、周界防范、安防等部分集成，完成现场环境信息的采集和处理，实现系统间所有报警信息的联动。

6.5.2　网络结构设计

监控网络采用环网主干加星型分支的方式。监控网络由两个环形千兆网组成，并通过交换机接入园区企业主干网，每个环形千兆网接入五个内置千兆模块的交换机，用于连接设立在煤气调度中心、烧结区域、降压所、降压副站、1 号 1750 高炉、能源中心等 10 个监控场的主结点，主节点附近的分节点就近接入主节点交换机。

主干交换机拟采用 Cisco WS-C2960G 以上系列交换机，分支交换机采用普通交换机。前端图像通过视频服务器变为数字网络信号后，通过光纤环网，与能源管理中心连接。

6.5.3　系统硬件配置

系统根据组网方式分为前端监控、传输网络和集中监控三部分。

(1) 前端监控：前端设备由视频服务器、数据采集器、摄像机（防护罩、摄像机、镜头、支架)、传感器、集中供电电源等主要设备组成。主要完成图像、编码、控制和环境信息等采集任务。

(2) 传输网络：由于本系统监控场所遍布整个园区，系统将充分利用能源中心主干和分支的光缆资源，各场所整合视频、控制、报警等信息就近接入环境监控专网，采用TCP/IP 以太网传输方式经过各级交换机、路由器上传至管控中心集中监控。

(3) 集中监控：集中监控部分设置在园区能源管控中心，主要由中心监控管理主机、监控客户终端、网络视频解码工作站等组成。主要完成现场信息接收，用户登录管理，优先权的分配，控制信号的协调，图像的实时监控，录像的存储、检索、回放、备份、恢复、电视墙的显示切换等。

6.5.4 系统软件设计

服务器端，eWatch 综合应用平台运行在 Windows 2000 Advanced Server 下，需要安装 . net Framework，并需要 SQL Server 2000 标准版支持。

客户端，采用 Windows 9X、Windows Me、Windows NT4、Windows 2000、Windows XP，Internet Explorer 6. 0 或更高版本。

平台软件，eWatch 综合应用平台支持用户通过自定义的方式接入各种数据采集设备，如采集环境温度、环境湿度。平台采用后台处理技术，通过建立 Windows 操作系统服务的方式，按用户设定的时间间隔常年采集数据，并存储在 SQL Server 数据库中。数据采集显示直观，数据管理功能丰富，便于用户进行数据分析。

6.5.5 应用软件设计

信号传输采用标准的 TCP/IP 网络协议，网络内计算机都可成为监控终端，不受地域环境的限制。在能源管控中心配置一台管理主机服务器，作为 eWatch 综合监控应用平台的数据库服务器、Web 服务器、录像服务器。负责管理前端所有设备以及后台上网监控用户。系统采用 B/S 结构，监控终端用户不用安装软件，授权用户直接利用 IE 浏览界面，通过 eWatch 综合应用平台系统的 WEB 服务器浏览监控点图像。

应用软件功能如下：

(1) 视频实时监视功能，可全天候、多角度、全方位监控各场所，图像在终端可同时迭加地点、时间信息；并可同时在电视墙中的 12 个等离子液晶显示器及 DLP 大屏中自动轮巡显示。

(2) 视频远程控制功能。能源管控中心能够远程操控镜头、云台。支持镜头的光圈、焦距、景深三可变控制；支持云台的全方位控制。系统支持不同的用户优先级。

(3) 布防/撤防控制，系统按照事先确定的策略能够自动进行本地或远程布防/撤防；也能够通过电子地图进行布防或者撤防控制。

(4) 视频集中录像与存储功能，视频采用监控中心集中录像方式，录像资料全部存放在硬盘上。并可实现人工录像、自动录像、移动侦测、报警联动、多方位录像资料查询与回放。

(5) 防火防盗功能，系统接入防火类探测设备和防盗类红外设备。这些探测信息与图像、音频一起依据用户定义进行关联，可实现启动声光、开启灯光、推出告警画面等等。

（6）告警管理功能，报警可根据需要进行分级，报警信号、报警内容可在任何画面自动显示；同时在大屏幕电视墙上显示，并通过能源中心音频系统报警提示。可根据报警信号位置切换指定摄像头画面，操作指定设备（照明、警笛等），并自动录像，实现报警联动；所有报警信息均能自动保存，需要时可打印输出。

（7）事故备查录像功能，接收变电所监控系统及 SACDA 系统的报警信息，当 SACDA 系统中重要设备出现报警跳开时，视频系统将能自动转换至相应位置，并指定相应摄像机进行录像，以备进行事故调查。

（8）短消息、电话、电子邮件支持功能，系统平台支持短消息、电话、电子邮件等通信手段，当有告警源产生告警时，自动给设定的手机或固定电话打电话，向指定的若干个手机号发送短消息，或者向指定的邮箱发电子邮件；这种功能对于减轻监控工作人员的工作难度大有裨益。

（9）语音对讲功能，为了便于能源中心系统的统一调度管理，要求本系统在所需场所设置语音对讲设施，实现管控中心与现场的实时语音联络。

（10）网络带宽自适应调整功能，通过算法能够实时检测网络带宽的拥塞程度，并能够实现对编码器进行动态码流整形，调整输出码率以匹配网络带宽。

（11）网络分控、组播功能，支持组播技术，能够有效利用网络带宽，对于多个监控访问同一图像信号只需传输一次。

（12）安全管理功能，重要操作均需权限密码验证，防止无关人员观看、删除、修改图像资料；未经授权的人无法远程访问。系统应具有必要的网络安全保护，保证系统数据和信息不被窃取和破坏，同时具有抗击计算机病毒和非法入侵的能力。

（13）系统管理功能，系统具有较强的容错性，不会因误操作等原因而导致系统出错和崩溃；系统应具有自诊断功能，对设备、网络和软件运行进行在线诊断，发现故障，能显示告警信息；对操作人员设置权限管理；系统应具有数据备份与恢复功能；系统应具有对前端设备远程配置、远程维护、远程启动的能力；提供对系统操作的在线中文帮助；自动生成系统运行日志，可查询或以报表方式打印输出。

（14）电子地图功能，系统平台电子地图显示设备分布和布防、撤防、报警状态。以图形化的形式，动态地表现出各个设备的运行情况以及各个报警监测点的当前状态，当报警发生时，迅速准确地以醒目的红色图标以及不同的报警声音提醒监控人员报警事件的发生，同时弹出报警画面。

6.6　能源主干网络设计

6.6.1　系统需求分析

针对能源管控系统对数据的实时性、稳定性的要求，需要搭建成一个独立的能源管理控制中心控制网络，确保高可靠性，核心部件实现多重冗余。系统架构需要支持多种网络拓扑结构，支持 VLAN、组播控制和 Port Priority（端口优先级）设置。网络安装和故障诊

断比较方便，具有开放性和可扩展性、严格的安全保证。安全策略可靠，防止外部设备的非法接入。

6.6.2 网络结构设计

网络采用环形结构和星型结构的混合结构。能源管理中心交换机采用 2 台千兆主干交换机和子站 10 台千兆工业以太网交换机构成两个环形结构。环网技术采用赫斯曼公司专利技术——Hiper-Ring 技术，采用光纤链路冗余设计，使数据通信 50ms 内切换到冗余链路，确保整个数据的传输和控制不会受到影响。

交换机之间以单模光纤、千兆速率连接，确保数据安全和流量增加的情况下网络传输带宽需求。

该网络系统具有如下特点：所有的交换机都是完全工业级的网络产品；支持多种网络拓扑结构和多重冗余方式；支持 VLAN、组播控制和 Port Priority（端口优先级）设置，提高网络的可靠性和工作效率；网络安装和故障诊断比较方便；开放性和可扩展性、严格的安全保证。交换机各层底板之间互为冗余，完全模块化，支持带电热插拔，方便在线维护。

6.6.3 系统硬件配置

核心交换机 2 台：采用新华三万兆核心交换机。每台配置 4 个千兆单模光口（2 个用于下连，2 个备用）、8 个千兆多模光口（用于服务器的连接、链路聚合）、48 个百兆双绞线接口（工作站等的连接）、路由模块。

子站交换机 10 台：Power Mice 模块化千兆工业以太网交换机。每台配置 2 个千兆单模光口（用于环网）、12 个百兆多模光口（用于下级设备连接）、12 个百兆 RJ45 接口（用于下级设备、工作站等的连接），另外有 4 台额外配置 1 个千兆单模光口（用于与核心交换机的上连）。

设置 10 个网络子站：1~2 号高炉区域、制氧区域、烧结区域、炼钢厂区域、发电厂区域、降压区域、轧钢厂区域。

6.6.4 网络管理要求

系统允许观察网络上任何一个节点的设置。通过对网络的全面监视，系统能够实现综合的负载和故障分析。

监视结果可以利用 E-Mail，SMS 或参考视窗来显示或传送。

通过标准 MIB 集成了 OEM 设备。

方便查询 Hirschmann 网络设备的状态，并具有故障陷阱处理功能，可对于整个网络或单一设备的故障陷阱历史进行精确跟踪。

自动发现并显示所有支持 SNMP 的设备，支持 SNMP、RMON 网络管理功能，自动识别所有的 Hirschmann 网络产品，显示网络的逻辑结构和 IP 地址与 MAC 地址之间的关系。

用高品质的图像真实地表示所监控的设备。

具有对标准 RMON 1~3 & 9 参数（统计、历史、报警和事件）的图形化显示功能。

集成了 OPC2.0 支持，可按 OPC 服务器的方式将 Hivision 监控的所有代理（交换机）

的状态信息和 TRAP 报警直接传到 HMI/SCADA 软件中去。

网络管理集成到 SCADA 系统中进行统一管理，对交换机的管理采用了二级密码访问机制，可以关闭不用的交换机端口，防止外部设备的非法接入。对交换机的端口和终端设备的 MAC 地址进行绑定，防止外部设备的非法接入。

6.7 能源管理系统应用案例

6.7.1 软硬件组成

能源管理系统的软硬件构成主要包括网络系统、机房计算机系统、大屏幕系统和分布现场的数据采集站以及基于能源基础数据的能源过程监控平台和能源信息管理平台软件等。

按系统架构的三个层次来划分，底层为数据采集层，主要由数据采集站、PLC 和远程 I/O 模块组成，实现对现场控制系统和仪表的数据采集、传输；中层为数据处理层，其主要设备是 I/O 服务器和实时数据库服务器，用于完成实时数据处理和短时归档，实现对数据采集层设备的数据汇总和归档，并为应用管理层提供数据支持；上层为应用管理层，其主要设备有应用服务器、历史数据库服务器、工程师站、操作员工作站、打印机等，实现系统人机接口，数据长时归档，能源运行调度和高级管理等功能。上述软硬件设备均纳入能源专用网络，并在相关软件的支持下组成功能齐全的系统。实现集中调度、经济高效的能源管理。全厂网络结构如图 6-1 和图 6-2 所示。

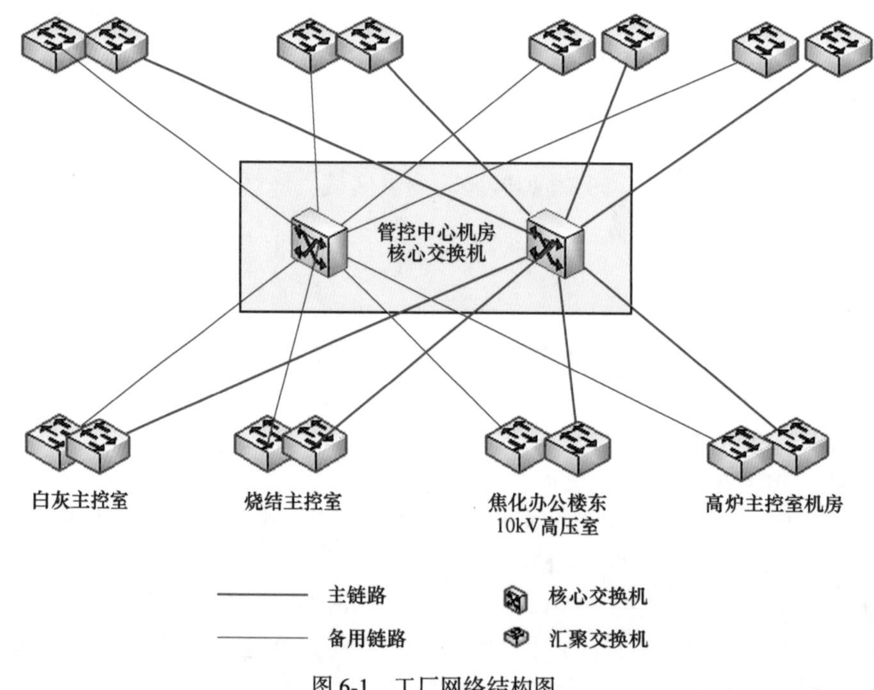

图 6-1 工厂网络结构图

能源管理系统纳入全厂网络统一规划，能源管理中心设备按以下方式接入公司网络：

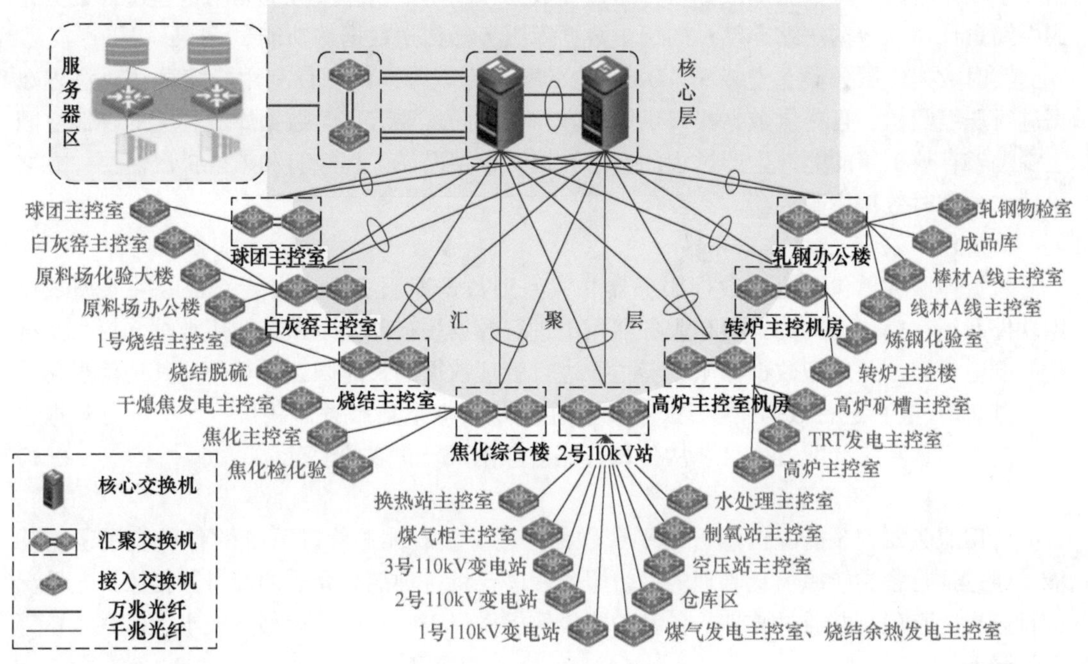

图 6-2　工厂网络分布图

（1）现场网关型数据采集器、部分现场控制系统，接入就近生产网接入层交换机。全厂生产网需配置能源中心专用 Vlan，并对相关交换机进行专用端口配置。

（2）能源中心大厅操作员站设置冗余部门交换机，连接各能源调度终端，并接入管控中心管理网汇聚层交换机。

（3）能源中心管理终端接入管理网汇聚层交换机。

（4）能源管理服务器接入数据中心核心交换机。

全厂光纤网络敷设、网络机柜安装以及生产网核心、汇聚、接入层交换机设备供货及安装属本项目范围，其余网络设备供货及安装不在本网络范围。

硬件构成选用性能强大的物理服务器，通过虚拟化技术创建本项目需使用的业务服务器，包括：数据采集（I/O）服务器（两台，冗余模式）、数据库服务器、应用服务器、Web 服务器等。各业务功能描述如下。

6.7.1.1　数据采集服务器

数据采集（I/O）服务器安装 SCADA 监控平台软件，完成与现场的 PLC、RTU、数据采集网关、远动机设备等数据采集单元的通信，进行数据采集和处理。所采集的数据在 I/O 服务器内完成传输和初步处理，并通过接口服务器向数据库服务器传送归档数据。同时 I/O 服务器支持趋势及报警记录等，并支持客户端的随时在线访问。

为了实现不间断的数据采集，并预留出扩展空间，数据采集服务器设计采用双机冗余热备的方式。

6.7.1.2　实时数据库服务器

实时数据库服务器对能源和生产数据进行短时归档。数据采集服务器定时或当过程数据发生变化时向实时数据库服务器传送过程数据，实时数据库服务器利用这些过程数据完成中间量计算、数据压缩存储、向历史数据库服务器传送数据等功能。

实时数据库服务器上安装 SCADA 平台的数据库软件，该软件利用压缩算法对过程数据进行压缩归档，且提供数据接口供第三方软件访问。要求实时数据库服务器的存储空间至少足够存放 1 年的能源生产过程的实时数据。根据以往工程经验和未来扩展需要，方案设计 2 台实时数据库服务器。

6.7.1.3　历史数据库服务器

数据库服务器包含缓存数据服务器和关系型数据库服务器，安装 Oracle 关系型数据库软件及缓存模块工具等，缓存服务器用于进行数据缓存并便于系统调用数据，提高系统访问响应时间；关系型数据库服务器主要进行管理数据的长时归档、与公司其他信息化系统（如 ERP 等）进行数据交换。归档数据主要从数据采集服务器获得，另一部分数据主要是能源管理系统的配置信息和从公司其他信息化系统获取的信息。

6.7.1.4　应用服务器

应用服务器安装能源信息管理平台软件，主要实现能源管理系统的各种应用逻辑功能，通过运行各类能源信息管理的后台服务程序，将各种能源介质的实时数据按工艺情况进行分析、整理，并通过软件的各种功能模块提供报表、实绩、计划、成本、监察考核等信息服务。

6.7.1.5　Web 服务器

Web 服务器用于支持信息在 Intranet（局域网）上的 Web 发布。在 Web 服务器上安装基于 windows 操作系统的 Web 服务器软件 IIS 和 SCADA 平台的 Web 服务器端软件，将过程监控画面进行实时发布，远程用户安装 SCADA 平台指定的组件后，可以通过网络浏览器查看设备运行状态和能源数据等。以上各服务器之间的关系如图 6-3 所示。

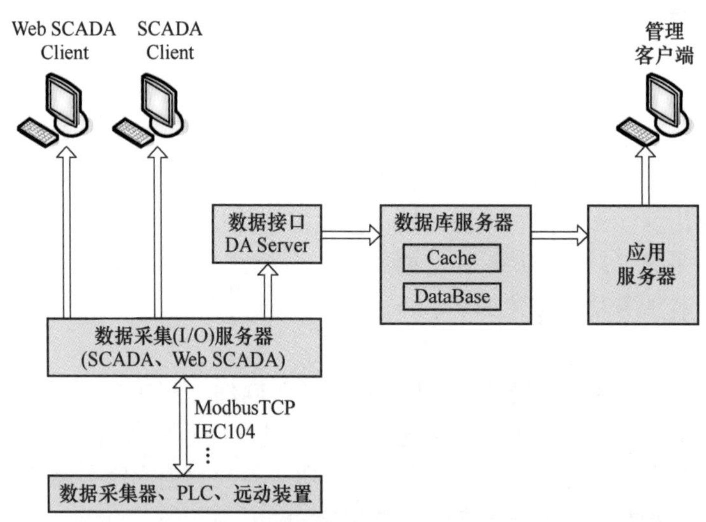

图 6-3　服务器关系图

服务器物理机通过统一采购全厂信息化服务器设备的方式，亦可由能源中心项目自行采购。虚拟化软件建议通过全厂信息化服务器集成一次性采购的方式，避免投资浪费。

6.7.1.6 GPS时间同步装置

为确保整个系统的时间一致性并保持授时精度的一致，在能源管理中心机房设置GPS时间同步装置。该装置从地球同步卫星上获取标准时钟信号，与系统网络中需要进行时间同步的设备，如计算机（服务器和操作终端）、交换机、控制器等设备进行对时。时间同步设备支持NTP或SNTP协议，授时精度能够达到不超过2ms。GPS时间同步装置运行原理如图6-4所示。

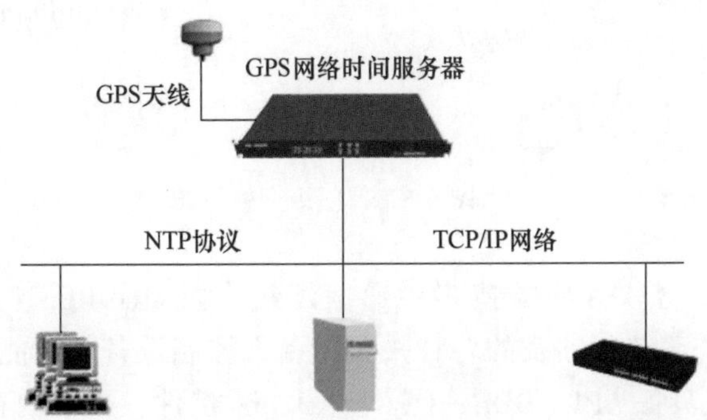

图6-4 GPS同步运行原理图

6.7.1.7 工程师站

为了方便系统后期维护，需要设置便携式工程师站2台，可选用知名品牌厂家的笔记本电脑。

6.7.1.8 操作终端

操作终端作为整个能源管理系统的人机界面，实现对有关的能源数据和设备进行监控、管理。用以完成能源管理系统的各项功能并提供良好的人机接口。不同的用户根据系统权限管理使用相应的功能，确保系统安全。

操作终端选用性能良好的商用PC机，商用打印机支持网络打印，内置打印服务器，最大打印幅面为A3，打印速度：20ppm，分辨率：1200×1200dpi。

6.7.1.9 部门级交换机

放置在能源调度大厅，目的在于把操作终端、打印机等用户设备统一接入核心交换机，要求具有足够的以太网RJ45接口。

能源中心数据采集器通过以太网以IEC104通信协议方式与监控系统进行数据通信。能源中心提出数据采集信号需求清单，系统根据信号清单进行IEC104从站配置并提供通信接口，能源中心以IEC104主站方式发送数据请求，获取相关数据，如图6-5所示。

6.7.1.10 SCADA平台软件

（1）采用国际主流基于WINDOWS平台的实时数据库系统平台完成能源数据采集及能源过程监控。采用目前最新的版本。

（2）具备分布式架构，实现海量数据采集以及处理。系统软件组态灵活、适应性强和易于扩展，通信网络结构简洁清晰。系统架构高性能，具备丰富的驱动程序子系统且支持国际主流控制系统协议和控制系统。

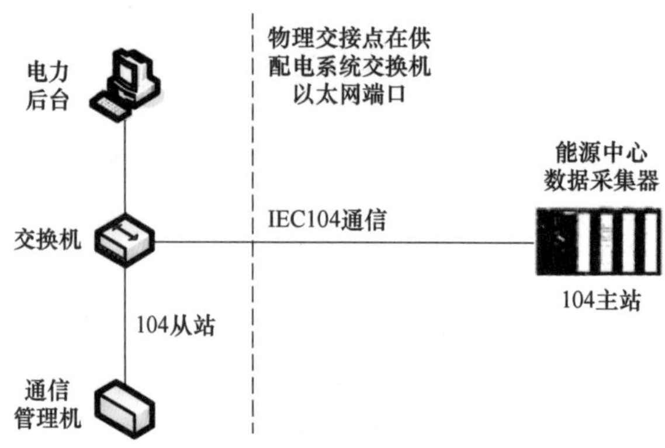

图 6-5　部门级交换机图

（3）SCADA 平台软件应支持多种通信规约，如 MODBUS、IEC60870-5-104、CDT、DNP3.0 等，具备与系统所涉及的各种采集设备、控制设备、智能设备的通信联接能力。SCADA 平台软件应具备 API、DDE、OPC、ActiveX 控件、共享内存、共享数据库、共享数据文件等多种与其他系统交换数据的方式。

（4）良好的图形界面开发环境，友好的人机界面，完整的功能模块，对逻辑控制，顺序控制，连续控制等有良好的支持，软件系统应成熟，可靠，安全，模块化，可伸缩，分布式。在所有的操作和管理终端上，具有不同级别的操作授权机制，并具有操作登录功能。

（5）支持基于 WEB 方式的过程图示，确保数据实时性和与客户端组态的一致性。

（6）应具备充足的可扩展性，面向 I/O 数目、应用功能以及客户端数量可以灵活扩展，如需要增加设备点数，应能留有足够的空间及权限进行扩展。

（7）支持数据的转储及调用、传输。支持多种数据类型数据采集，支持对能源数据的压缩存储的定义以及高效提取，支持毫秒级的数据分辨率。

6.7.2　软件平台界面

能源信息管理软件平台采用稳定可靠并有成熟应用的系统，软件功能满足以下要求：能源管理系统应用功能按使用层次不同分为实时过程监控和能源信息管理两个层次。两个层次所包含的功能模块可以根据用户实际情况分步骤依次实施或有选择地实施。应用功能层次如图 6-6 所示。

图 6-6　能源管理界面 8 大板块

能源过程监控用于支持调度人员完成日常调度业务，按专业划分又分为：电力系统监控、动力系统监控（含煤气、蒸汽、压缩空气、鼓风、氧氮氩、水、环境管理等子项）、环境管理系统。能源过程监控在SCADA平台的基础上，利用实时采集的能源相关数据进行二次开发。前端界面采用直观、清晰、内容丰富的图符组态方式进行实时显示，使能源调度人员对全厂主要能源介质的发生、消耗情况进行监控，调度人员可以通过远程控制功能对具备无人值守条件的能源站点、设备进行远程操作，进而实现对能源介质的优化调度和平衡分配。同时，设置调度大屏，显示主要节点的图像和数据，具备能源生产调度功能。

能源管理系统对所采集的有关能源数据按时间顺序存储归档。对归档能源数据，可按信号内容、起讫时间、时间粒度（分钟/小时/天/月）、数值类型（Min/Max/Ave/Sum）进行曲线查看。对于短时归档数据，提供过程曲线显示，有利于调度员了解某一设备的运行情况或某一计量点的变化趋势。在现场发生故障或事故时，趋势曲线亦能作为追溯原因的依据。

(1) 实时曲线：实时曲线显示某一条（或几条）能源数据实时曲线，曲线更新间隔和采集时间保持一致，为调度提供参考信息。

(2) 历史曲线：历史曲线显示某一条（或几条）能源数据历史曲线，用户可以选择不同的时间段进行查看，也可以选择多条相关能源数据进行同一时间段对比查看。

6.7.2.1 环境管理

环境管理（污染物管理）主要功能包括：

(1) 监测大气污染物、水污染物原始浓度及其载体流量、温度；

(2) 监控污染物治理设施运行参数及治理介质消耗；

(3) 监测大气污染物、水污染物排放浓度及其载体流量、温度，测算污染物排放量；

(4) 追踪固体废弃物去向，统计综合利用量；

(5) 监控噪声源；

(6) 大气污染物、水污染物排放浓度报警；

(7) 污染物排放量预警；

(8) 趋势功能。

6.7.2.2 计划管理

能源计划管理，根据生产计划信息，结合能源单耗数据（包括历史单耗和计划单耗），系统自动生成参考的能源计划，计划管理员能在此基础上结合设备检修等信息编制能源计划。最后将能源计划与实际消耗情况进行对比分析，以此来判断计划编制的准确程度，同时控制计划的执行情况。能源计划支持年计划、月计划，计划模板定义如图6-7所示。

6.7.2.3 实绩管理

能源实绩管理功能模块支持用户查看各分厂、车间、设备的耗能情况，包括总的能源消耗和产品单耗，并与环比期和同比期进行对比，如图6-8所示。用户可以查看能源的消耗趋势，并进行历史对比，有助于用户了解某一生产设备或工序或车间的实际耗能情况，以寻找节能点和节能措施。在此功能模块中还可以进行能源平衡查看，以了解整体或某一局部的能源平衡情况，使工厂的整个用户情况以能流的方式实现可视化，

	能源介质	计划单元	能源实绩公式	产量实绩公式	排序编号
⊟ 能源介质：电					
1	电	熔铸厂	'322'	'1245'	1
2	电	压延厂	'324'	'1246'	2
3	电	锻造厂	'460'	'1243'	3
4	电	挤压厂	'341'	'1244'	4
5	电	板带事业部	'1253'		5
6	电	其他	'1750'-'322'-'324'-'341'-'460'-'1253'		6
⊟ 能源介质：天然气					
7	天然气	板带事业部	'1254'		
8	天然气	锻造厂	'1666'		
9	天然气	挤压厂	'631'		
10	天然气	其他	'1751'-'1254'-'816'-'325'-'1666'-'631'		
11	天然气	熔铸厂	'816'		
12	天然气	压延厂	'325'		
⊟ 能源介质：新水					
13	新水	板带事业部	'1255'		
14	新水	锻造厂	'487'		
15	新水	挤压厂	'634'		
16	新水	其他			
17	新水	熔铸厂	'332'		

图 6-7 计划模板定义

（扫描书前二维码看大图）

如图 6-9 所示。能源实绩管理包括：单元能耗实绩、状态能耗管理、设备负载率、能源平衡管理等。

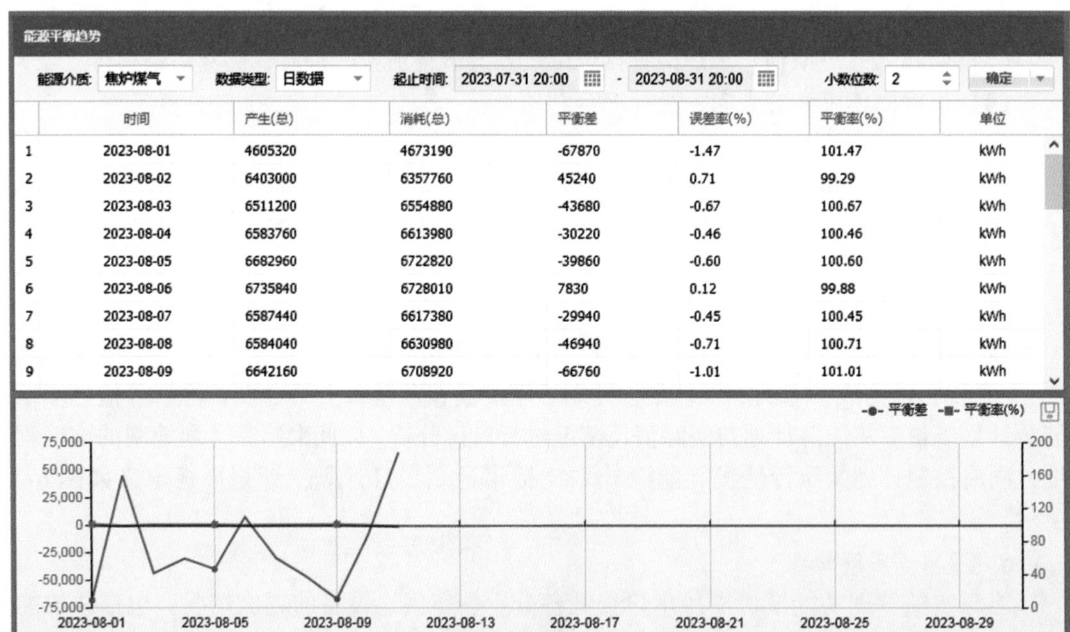

	时间	产生(总)	消耗(总)	平衡差	误差率(%)	平衡率(%)	单位
1	2023-08-01	4605320	4673190	-67870	-1.47	101.47	kWh
2	2023-08-02	6403000	6357760	45240	0.71	99.29	kWh
3	2023-08-03	6511200	6554880	-43680	-0.67	100.67	kWh
4	2023-08-04	6583760	6613980	-30220	-0.46	100.46	kWh
5	2023-08-05	6682960	6722820	-39860	-0.60	100.60	kWh
6	2023-08-06	6735840	6728010	7830	0.12	99.88	kWh
7	2023-08-07	6587440	6617380	-29940	-0.45	100.45	kWh
8	2023-08-08	6584040	6630980	-46940	-0.71	100.71	kWh
9	2023-08-09	6642160	6708920	-66760	-1.01	101.01	kWh

图 6-8 实绩管理界面图

（扫描书前二维码看大图）

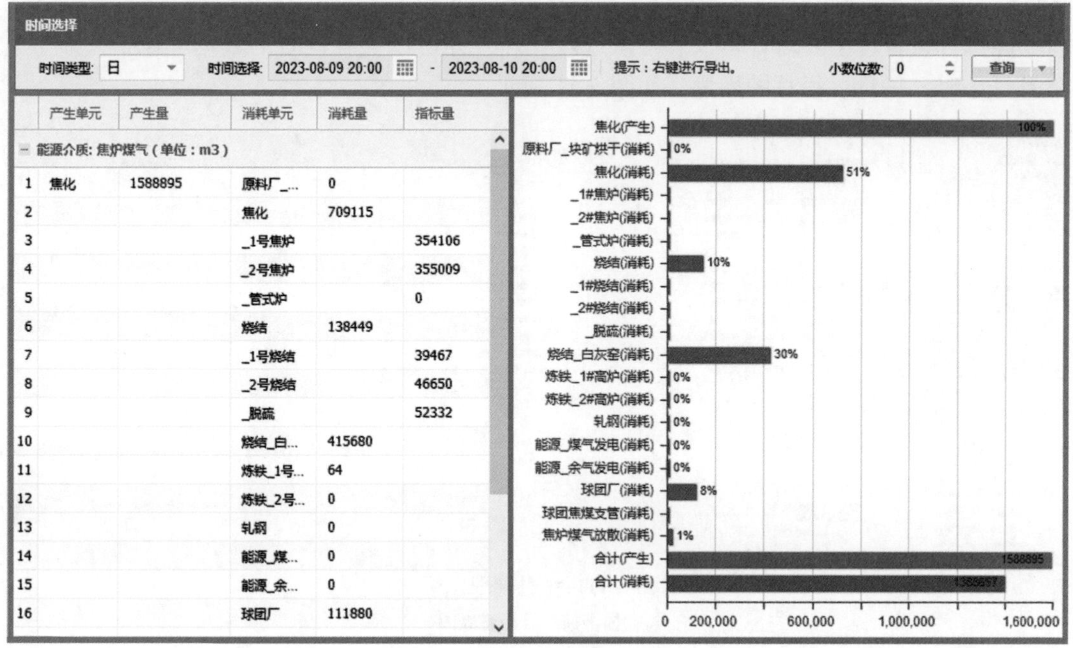

	产生单元	产生量	消耗单元	消耗量	指标量
1	焦化	1588895	原料厂_...	0	
2			焦化	709115	
3			_1号焦炉		354106
4			_2号焦炉		355009
5			_管式炉		0
6			烧结	138449	
7			_1号烧结		39467
8			_2号烧结		46650
9			_脱硫		52332
10			烧结_白...	415680	
11			炼铁_1号...	64	
12			炼铁_2号...	0	
13			轧钢	0	
14			能源_煤...	0	
15			能源_余...	0	
16			球团厂	111880	

图 6-9 实绩管理柱形对比图

（扫描书前二维码看大图）

6.7.2.4 成本管理

能源成本管理主要实现以成本中心为单位，对各成本中心的产生和消耗的能源介质量，根据单价转换后，算出各成本中心能源产出值和能源成本值。进行对比分析，用户可以方便了解各成本构成，对标挖潜，以实现精细管理、节能减排的整体优化目标。对重要工序的不同阶段，实施能耗绩效指标监控，并实现绩效监控指标趋势与改善情况分析，对各种能源生产成本进行分析，如图 6-10 所示。

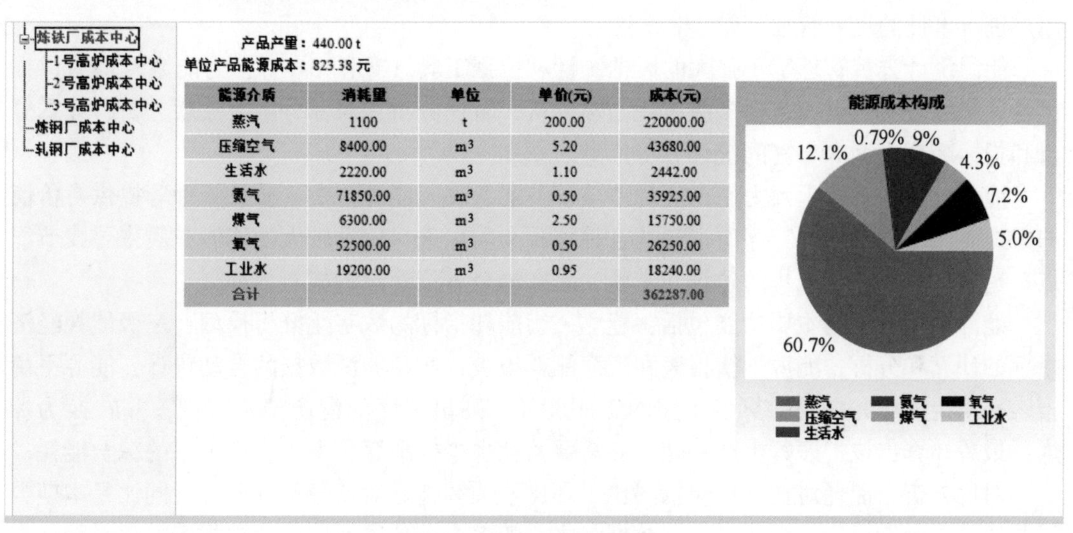

能源介质	消耗量	单位	单价(元)	成本(元)
蒸汽	1100	t	200.00	220000.00
压缩空气	8400.00	m^3	5.20	43680.00
生活水	2220.00	m^3	1.10	2442.00
氮气	71850.00	m^3	0.50	35925.00
煤气	6300.00	m^3	2.50	15750.00
氧气	52500.00	m^3	0.50	26250.00
工业水	19200.00	m^3	0.95	18240.00
合计				362287.00

图 6-10 能源成本管理图

（扫描书前二维码看大图）

6.7.2.5　计量管理

能源计量管理主要对计量仪表台账进行管理，并可以查看仪表的数据，包括读表数，以及每小时、每日、每月的用量，如图 6-11 所示。

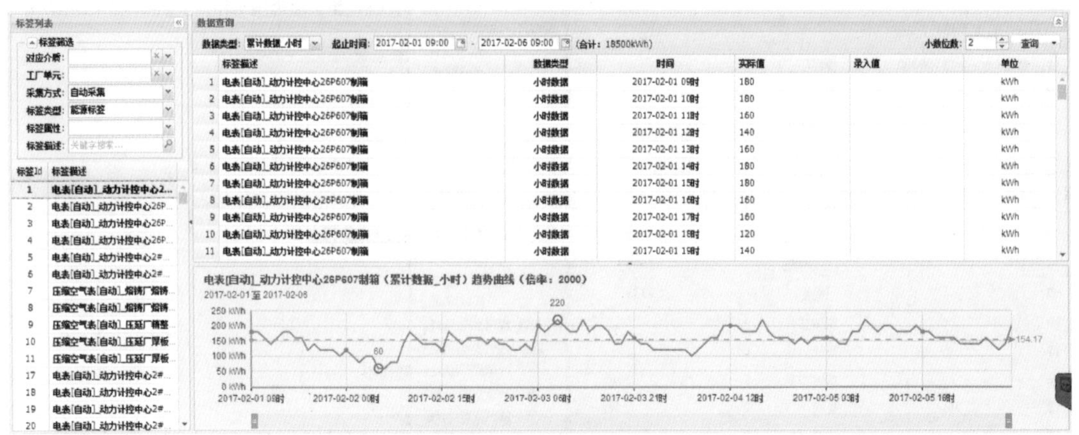

图 6-11　计量管理界面

（扫描书前二维码看大图）

仪表台账管理功能，可以通过 Excel 批量导入导出仪表信息，可以通过多种筛选条件快速查找到某一仪表信息；用户可以录入仪表检定记录，也可以为多个仪表批量录入检定记录和设定检定结果，系统将对检定不合格或逾期未检定的仪表进行提醒，系统可以显示自动采集仪表的采集状态。

6.7.2.6　综合事件管理

设备事件管理用于将设备事故情况录入系统中形成事故台账。录入信息包括设备名称、所属部门、事件类别、开始时间、结束时间、事件内容等信息，系统将自动计算出事件的耗时，用户通过选择分厂或者某一设备即可查看设备在指定情况下的所有事件，便于用户进行事件的统一管理。

能源统计分析管理基于强大的数据统计和挖掘工具（见图 6-12），为能源管理人员提供各种统计分析数据，包括多级能耗指标分析、对比分析、对标分析、关联分析、成本分析和指标综合查询等丰富的统计分析信息。

能源统计分析管理致力于为能源考核、节能管理、能源报表、质量管理等提供有价值的数据支撑，并根据各工序所消耗的各种能源介质，选择比重较大的能源介质来寻找节能点。挖掘有利于节能减排的建议和措施，是能源全方位管理的核心内容。

能源统计分析的主要功能包括：建立关键能耗指标的数字化分析模型；三级能耗经济指标的计算和分析。能源平衡报表和工序能耗报表，实现能源数据的自动统计、能源平衡报表自动生成，并自动计算各工序的工序能耗，列出工序的能源消耗明细，并转换为标煤，最后计算出该工序每生产一吨产品需要消耗多少标准煤，得出生产工序的综合能耗。

对比分析，能耗对比分析包括同比、环比、关键指标对比分析等内容。同比是本期数据与历史同时期对比，环比是本期数据与之前的多个统计段对比，关键指标对比是将任意几个指标进行同期对比。

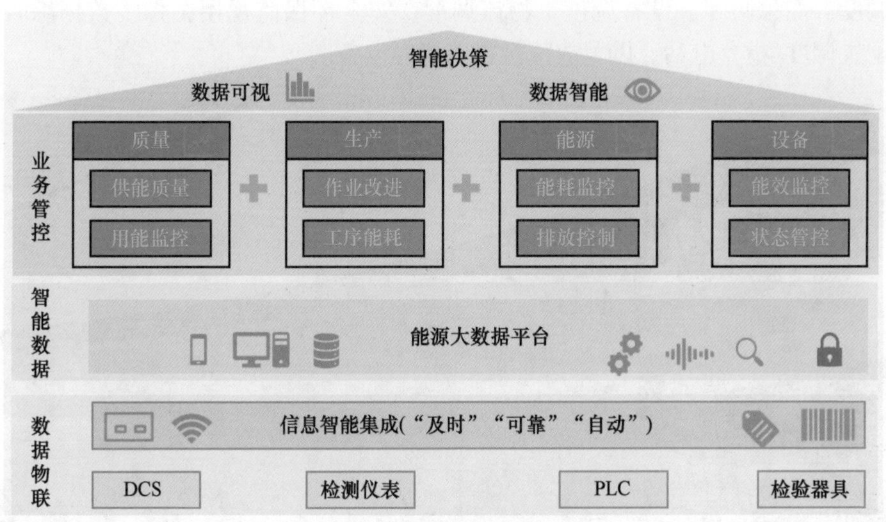

图 6-12　能源综合决策界面图

成本分析，系统自动计算各工序或重要设备的能源成本，列出成本明细，使用户了解该工序或设备的主要能源成本占比，以从能源成本的主要部分寻找节能点，降低单位产品的能源成本，如图 6-13 所示。

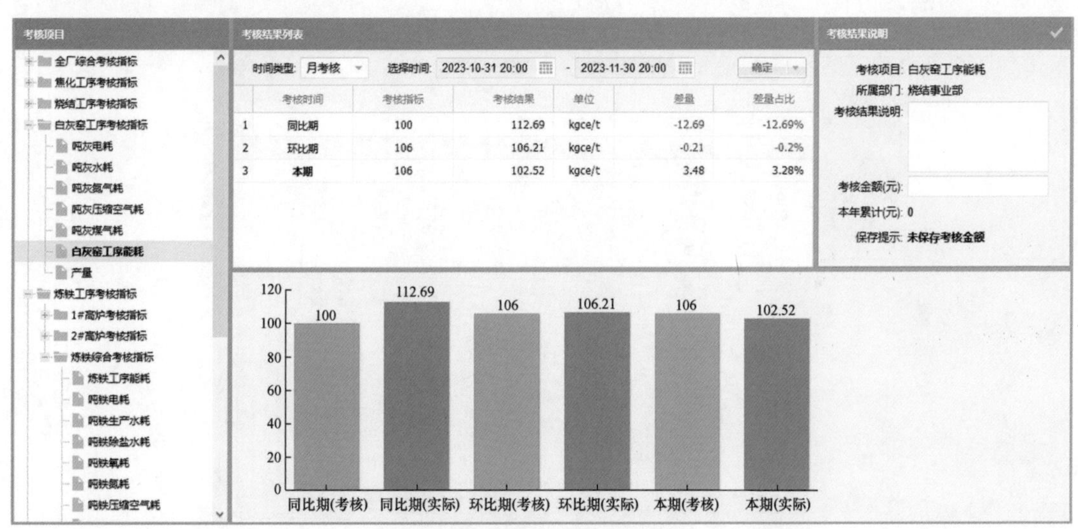

图 6-13　综合统计分析图
（扫描书前二维码看大图）

管控中心大厅（见图 6-14）是公司生产经营管理控制的核心指挥场所，管理人员依据公司生产计划，负责公司日常生产的组织和调整工作。对公司所属生产厂实行生产计划的跟踪与生产过程的指挥，直接参与生产组织、生产管理，协调工序间的生产关系，对生产中的突发事件或薄弱环节进行集中调度，统一协调，保证生产正常有序地进行。

将生产调度、设备调度、能源调度、物流调度、安全环保监视等人员集中一起办公，内设生产监控和能源调度监视台、环保监视台以及总调度台等设施。调度大厅中央设置全厂生产调度、能源调度、设备调度、物流调度、安全环保监视用图像、数据综合显示系统，并配置调度/指令电话，以及故障报警装置等设备。

图 6-14 智控中心效果图

7 环保冲A超低排放平台设计

本平台依据《钢铁企业超低排放评估监测技术指南》设计，包含后台应用展示软件和现场硬件，是实现超低排放、创建环保A类企业的桥梁，关乎企业产能和产量依法依规作业。

在全局上，充分运用物联网、大数据、互联网等信息技术，帮助企业更好地实现环保管理。实现污染源头总尘监测、全公司扬尘监测、治理设备监测、污染行为监测、生产状态监测、设备用电监管、危固废处理监管，实现对全公司环保态势的实时监测。使用“GIS一张图”，整体勾勒出环保监测内容，结合报警和数据分析功能，使各工艺单元可以在统一的“一张图”上找到自己的坐标，看清自身与环保指标的关系，实时掌握污染排放状况，落实环保主体责任，同时和超低排放评估监测相对比实现企业监测监控体系的“自证清白”，实现企业环保信息化管理，提高环境管理日常监控以及异常情况处理能力，提升企业社会形象，增加社会满意度，为公司环保绩效评级创造条件。

7.1 项目建设技术要求

7.1.1 设计原则

设计原则包括：

(1) 满足钢铁行业超低排放A级企业要求的原则。针对企业环境保护工作中存在的不足之处，提出相应书面提升改善方案、图纸和施工路线图、计划表，制订切实可行的实施计划，有效支撑企业长期稳定满足政府超低排放要求。

(2) 环境优先的原则。将环境经营提升为企业发展战略，在企业发展规划、决策过程中，优先考虑环境影响；在结构调整过程中，优先发展清洁生产；在考核管理绩效过程中，优先考核环保指标。

(3) 绿色发展、以人为本的原则。环保指标优化与公众幸福指数提升并重，通过本规划的实施，在实现企业各项环保指标达到国内先进水平的同时，使企业职工以及周边居民的环境舒适度明显提升。

(4) 智能管控、充分保护既有投资的原则。为了降低企业负担，合理规划每一分投资，对现场充分调研，充分利用现有能源管控系统遍布全厂的工业采集网络和软硬件设备，确保环保和能源系统的无缝集成。

根据无组织排放产生的源头以及产生的特点，选择相应适合的、最佳的技术进行离散点的无组织颗粒物散发治理，同时实现治理设施、监测网络、分析系统联动。

7.1.2 项目建设范围

以超低排放和A级企业评价指标为基础进行设计，满足企业评级需求，同时满足企业自身环保精细化管理和管理效率提升的需要，按照紧扣政策、适度超前原则，全面满足《关于推进实施钢铁行业超低排放的意见》（环大气〔2019〕35 号）（以下简称《意见》)、《钢铁企业超低排放改造技术指南》和《钢铁企业超低排放评估监测技术指南》(以下简称《指南》）中建设环保集中管控系统的技术要求。

本项目提供项目的设计、应用软件开发和技术服务；硬件的设计、选型、采购、安装工作；设备的现场测试与联调工作；软硬件产品的培训工作。

主要实现内容包括：

（1）环保集中管控平台。开发并建立功能完善的环保集中管控系统，满足用户环保管理的业务需求，提高日常工作及预告警处理效率，包括：100m^2 环保大屏数据实时展示、环保信息管理报表、环保 KPI 手机 APP 推送。

（2）环保数据采集。生产工艺数据、环保治理设施等相关环保数据与视频与国网联网，采集范围包括四部分：

1）有组织排放 CEMS 数据与视频，包括环保治理设备信号，如除尘、脱硫脱硝等。DCS 系统管理，在环保管控中心以及厂内的每个生产主体区域（烧结、焦化、炼钢、炼铁、石灰、发电）各设置一套 DCS 分散控制系统。现场设置独立的 DCS 系统，能够独立展示环保集中管控系统所需的各项参数。分区域对现场生产过程设施、环保治理设施、CEMS 监控设施数据进行通信收集、整合、记录历史数据。集中管控大厅的 DCS 系统，显示全公司全流程环保所需要的各项参数。

2）无组织排放数据与视频，环境质量检测信号包括标准空气站、空气微站、TSP、VOCs、LDAR 等，还有皮带、振筛、料秤等环保相关生产装置表征数据，无组织排放视频监控数据；雾炮联动、洗车台实现智能联动的功能，采集设施的运行情况，包括启停状态、运行时间等。

3）清洁运输，车辆苫盖情况视频监控，环保车辆、工程车辆、生产销售内外部运输车辆轨迹查询。

4）门禁联动，现场进出园区车辆与计量系统联网，通过用户现有的信息化系统与国家环保车辆管理系统进行通信，自动管控国六车辆。

数据与视频传输利用现有的网络基础进行扩展，新增摄像头所需的网络及配套设备设施，包括桥架、光缆敷设、熔接、通信柜（含柜内设备)，由中标方建设单位统一进行扩展。

7.2 无组织排放

钢铁企业超低排放管控技术是一个针对钢铁企业设计的环保管理信息系统，集成了计算机、网络通信、环境科学、物联网、图像识别等最新应用技术。该技术可实时采集企业各类污染物的排放数据及泄漏监测数据，监控污染处理设施的运行状况，监测环境质量状况，具备动态监控画面，报警及数据趋势图表分析，并将数据进行存储、统计、分析及数据报表打印，进行环保数据汇总分析，为企业的节能减排提供数据支撑及决策依据，为社会树立良好的环境形象提供展示平台。

同时，在生产与能源数据基础之上，实现钢铁企业能源、生产与环保数据互通，凸显

环境监测的“在线实时”性，“生产互动”性，提升企业作为环境事件风险的责任主体对异常情况的及时性反应及正向干预能力。无组织管控平台需要实现以下主要功能：通过控制污染设施达到控制低空污染数据目的；全面统筹协调源头综合系统控制治理的治理系统；污染环境监控数据管理的智能管理系统；整合污染源清单、源解析、扩散模拟及大数据分析等技术的管理系统；实现钢铁企业无组织排放管理、控制、治理以及公共服务的综合一体化的管理系统；无组织排放管控的设计、治理、评价、运维、升级等要充分体现数字化、信息化、平台化和智能化。

无组织数据按照国家环大气〔2019〕35 号文第五条“在厂区内主要产尘点周边、运输道路两侧布设空气质量监测微站点，监控颗粒物等管控情况”的要求，在厂区内主要产尘点周边、运输道路两侧需布设空气质量监测微站点，监控颗粒物等管控情况。

范围覆盖包括门岗、料场四至、炼铁煤棚、炼钢渣跨、焦炉、发电、转炉地下料仓、钢渣处理，重点对厂界东、南、西、北、东南、西南、西北、东北八个方位分别布设监测微站，监测因子：PM2. 5、PM10、TSP 温度、湿度、风向和气压。

道路及生产区域，覆盖烧结车间、高炉车间、炼钢车间、石灰车间、钢渣处理车间等车间区域，物料储存大棚、厂内道路路口、长度超过 200m 的道路中部设置空气质量监测微站。污染重点区域中的原料大棚、堆场等重点监测因子包括：PM2. 5、PM10、TSP、气象 5 参数及噪声，布置严格按照环保政策的区域及道路路口的要求，布置情况如图 7-1 所示。

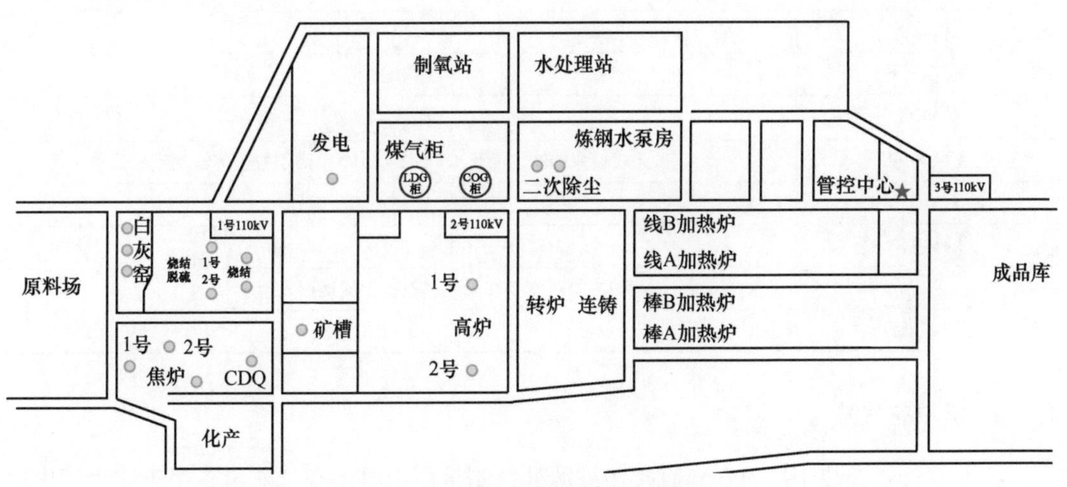

图 7-1 无组织监测站点分布图

根据《意见》及《重污染天气重点行业应急减排措施技术指南》要求，企业应在生产工艺和物料输送环节主要产尘点密闭罩、收尘罩等无组织排放控制设施周边设置悬浮颗粒物（TSP）浓度监测设施，具体为在含水率小于 6%的物料转运、混合、破碎、筛分及焦化备煤、推煤、倒焦、烧结机尾、球团焙烧设备、高炉矿槽、高炉出铁场、混铁炉、铁水预处理、修包区、精炼炉、铸铁机、石灰窑等主要产尘点，将 TSP 监测数据接入到环保集中管控系统中，以综合监控主要点位的粉尘治理情况，实时监控治理设施的运行效果和判断厂房内达标情况。

结合超低排放管控技术的要求，在无组织存储、转运、输送、生产等环节的产尘点，新增 TSP 监测设备，将现场检测到的空气质量情况，通过 5G 网传输至环保超低排放管控平台，逐步实现由控制污染设施到控制低空污染数据，由单点无组织排放无序累加治理到全面统筹协调源头综合系统控制治理；由无组织排放治理设备管理到污染环境监控数据管理。

7.2.1 颗粒物检测仪

初步设计 TSP 监测站点 220 个，具体安装位置在设计阶段根据现场实际情况会有调整。烧结 79 个、炼铁 45 个、炼钢 22 个、焦化 25 个、原料 29 个、球团 20 个，合计 220 个。扬尘颗粒物在线监测仪可实现环境总悬浮颗粒物（TSP）等扬尘污染物的在线监测，颗粒物检测仪技术参数见表 7-1。

表 7-1 颗粒物检测仪技术参数

检测因子	TSP
检测原理	激光散射法
采样方式	泵吸式
测量精度	浓度范围≤100μg/m³：测量误差<±20μg/m³ 浓度范围≥100μg/m³：测量误差<±15%
测量范围	0~10mg/m³
示值误差	±20%
示值重复性	≤10%
分辨率	1μg/m³
无线传输	无线模块传输。满足 HJ 212—2017 中因子数据传输规范
有线信号输出	RS-485；RJ45；频率信号
工作电源	AC220V±10%V，50Hz(-1.0，+0.5)
安装方式	可安装在墙上、栏杆上或地面支架上
环保认证	CCEP

7.2.2 标准空气站

标准空气站安装于厂内远离直接污染源处，测量厂内整体空气质量，用于作为厂内空气质量对标用。本项目中新增 1 台标准空气站，布点位于厂区中心公园，测量项目包括：

（1）无机类刺激性废气：SO_2、NO_2/NO/NO_x、CO、O_3等；

（2）可吸入颗粒物：PM10/PM2.5；

（3）气象五参数：风速、风向、温度、湿度、气压；

（4）噪声。

7.2.3 空气微站

根据文件要求“物料储存大棚、烧结、高炉、石灰、钢渣处理等车间区域、厂内道路路口、长度超过 200m 的道路中部设置空气质量监测微站”，在厂区主要运输车辆通道

以及料场、烧结、高炉等污染重点区域安装空气质量微站，将 PM2.5、PM10、TSP、温度、湿度、风向、风速、气压、噪声参数接入环保系统中，用于监控厂内各重点区域的空气质量情况。

厂界空气微站对厂区与周边交接区域的空气质量进行监测，见表 7-2，厂内空气微站设置覆盖生产工艺的重点污染区域以及主要道路路口和长度超过 200m 的道路中部，见表 7-3。

表 7-2　厂界空气微站布设表

序号	布点类型	安装位置	数量	监测因子
1	厂界	厂界东	1	PM2.5、PM10、TSP、温度、湿度、风向、风压、风速、噪声
2		厂界南	1	
3		厂界西	1	
4		厂界北	1	
5		厂界东南	1	
6		厂界东北	1	
7		厂界西南	1	
8		厂界西北	1	
合　计			8	

表 7-3　生产工序重点污染区域空气微站布设表

序号	布点类型	安装位置	数量	监测因子
1	厂内重点污染区域及主要道路路口	露天钢材库东南角	1	PM2.5、PM10、TSP、温度、湿度、风向、风压、风速、噪声
2		轧钢南路红绿灯路口	1	
3		轧钢线 B 东门	1	
4		钢厂中路与煤气柜南路路口	1	
5		煤气柜西北角	1	
6		焦化东路与炼焦北路交界处	1	
7		高炉矿槽西南角	1	
8		110kV 变电所西北角	1	
9		3500 中厚板东北角	1	
10		轧钢中路	1	
11		3 号门	1	
12		轧钢西路与轧钢南路交界处	1	
13		固废处理西南角	1	
14		钢渣及固废东侧	1	
15		2 号烧结机	1	
16		废钢加工区东南角	1	
17		水处理东路与水处理南路交界处	1	
18		水处理东路、水处理南路路口		

续表 7-3

序号	布点类型	安装位置	数量	监测因子
19	厂内重点污染区域及主要道路路口	发电西南角	1	PM2.5、PM10、TSP、温度、湿度、风向、风压、风速、噪声
20		制氧西北角	1	
21		高炉车间	1	
22		1 号烧结机	1	
23		焦化东路与料场南路交界处	1	
24		煤料卸车点与 1 号料棚中间	1	
25		2 号、3 号原料料棚中间	1	
26		块矿棚东南角	1	
27		料场北路	1	
28		1 号门	1	
29		料场西路拐角	1	
30		铁料卸车点东侧	1	
31		料场东路北侧拐角处	1	
32		1 号、2 号原料料棚中间	1	
33		块矿烘干棚南	1	
34		厂区西南角	1	
35		炼钢车间	1	
36		石灰车间	1	
合 计			36	

空气微型站在线监测仪，可检测环境颗粒物 PM2.5/PM10 等多种环境空气污染物。检测因子有 PM2.5、PM10、温度、湿度、气压、风速、风向等，检测原理为光散射法（PM2.5、PM10），主动泵吸式采样，无线模块传输，满足 HJ 212—2017 中因子数据传输规范，RS-485、RJ45、频率信号有线信号输出，CCEP 环保认证。

7.2.4 防爆型 VOC 浓度监测仪

国家于 2018 年开展工业企业全面达标排放行动，对钢铁、焦化等重点行业实施超低排放改造，实施生产企业的深度治理，推进 VOC 排放企业全面达标治理等，以深入推进大气污染治理。本园区设计 7 套防爆型 VOC 用于监测焦化区域的挥发性有机物，见表 7-4。

表 7-4 防爆型 VOC 浓度监测仪表

序号	工序	区域	数量	说 明
1	化产	油库区	1	VOC 监测仪（含氨和硫化氢监测）
2	化产	粗苯及硫铵区域	1	
3	化产	冷鼓区域	1	
4	化产	脱硫区域	1	
5	化产	硫铵区域	1	
6	化产	酚氰废水处理站区域	1	
7	化产	制酸区域	1	

防爆型 VOCs 环境监测微站，是一款用于室外空气中 VOCs 浓度实时监测的系统。该仪器可以实现环境 VOCs 的在线监测。VOCs 环境监测微站参数见表 7-5。

表 7-5　VOCs 环境监测微站参数

检测因子	VOCs
检测原理	光电离（PID）
采样方式	主动泵吸式，流速恒定可控
测量范围	$0\sim30\times10^{-6}$
响应时间	小于 57s
线性误差	±3% FS
零点飘移	±3% FS/h
量程漂移	±3% FS/h
重复性	3% FS
无线传输	无线模块传输
工作电源	AC220V±10%V，50Hz(-1.0，+0.5)
输出信号	RS485；频率信号
环保认证	CCEP
防爆等级	Ex d ia IIB T4 Gb

7.2.5　雾炮装置

钢铁厂料场、料棚无组织粉尘排放特点非常突出，如因卡车装卸料、铲车倒喂料等动作引起的阵发性、间歇性粉尘污染，其具有爆发集中、瞬间浓度大等特点，另外由于料棚进出口及作业场地车辆的局部强气流扰动会造成料棚内粉尘迅速扩散，且具有扩散面大的特点。

雾炮是控制和减少阵发性、大面积开放无组织尘源以及干物加湿的有效方法之一，雾炮通过雾化喷嘴，喷出平均雾滴直径为 20~50μm 的喷雾，通过涡轮增压，快速加湿料棚出口处地面，同时吸附空气中逃窜的粉尘粒子，随着雾滴沉降到地面。

雾炮装置作为无组织治理的一个重要手段，需要将雾炮装置的运行情况，包括启动、停止、运行时长等相关信息接入到管控系统中。

对 1 号、2 号原料大棚的 28 台雾炮进行联动改造，通过 AI 智能视觉识别和神经算法实现雾炮的智能联动，并将雾炮的运行信号接入到环保管控系统中。

平台预留扩展接口，方便用户后续进行扩展。

7.2.6　环卫车辆、厂内外运输车辆

厂内现有的环卫车辆，包括吸尘车、洒水车等，安装 GPS 定位系统装置，并将信号接入到管控系统，跟踪环卫车辆的实时位置并记录移动轨迹，在 GIS 地图上展示环卫车的实时位置，记录环保清洁车辆历史工作情况，根据需要可查询环卫车辆运行的历史轨迹。当空气检测站检测到空气质量异常时，能够报警并通过调度安排环卫车辆及时前往进行抑尘清扫工作，加强厂内清扫作业的管理。

按照环卫车辆 10 辆，厂内 150 辆，厂外 500 辆设计。

7.2.7　洗车台

道路扬尘来源于卡车物料倒运、轮胎携带、二次扬尘沉积、环境无组织粉尘沉降等。综合以上道路扬尘产生因素，在各个料场出口设置高压洗车装置，从源头减少道路扬尘来源。

本项目采集各个洗车台的运行情况，结合视频监控严格管理料场出入口的车辆清洗情况。

目前厂内料棚、预配料仓、煤中转库、石灰石仓、氧化铁皮堆棚等均未设置洗车台；本项目预留并设计完成洗车台的相关功能模块，预留并完成相应的数据接口，完成洗车台升级改造将相关数据接入到系统中，洗车台相关的数据保留 1 年以上。

7.2.8　生产无组织排放视频监控

在易产生无组织扬尘的区域采集或加装视频监控，实时监控生产排放状况，实现污染定位，及时管控。无组织监测仪表配套视频监控，监控周围环境状况，并能实现异常超标抓拍。平台采集的视频信号主要包括：生产无组织排放视频、料棚料场出入口视频监控。

烧结环冷区域、高炉矿槽、炉顶区域、炼钢车间顶部、焦炉炉顶、钢渣处理车间等主要易产尘生产点位需布置高清视频监控探头，视频数据实时上传至管控平台。结合厂区环保视频监测点，实现视频图像的在线监视、回放、截图存储及查询等功能，提高环保管理的过程监控能力，像素在 400 万以上。见表 7-6。

表 7-6　生产区环保监控排放点位表

序号	安装位置	摄像头个数/个	类　型
1	1 号焦炉炉顶	1	防爆球机
2	2 号焦炉炉顶	1	防爆球机
3	1 号烧结机环冷	1	球机
4	2 号烧结机环冷	1	球机
5	白灰窑	2	球机
6	1 号高炉矿槽	1	球机
7	1 号高炉炉顶	1	球机
8	2 号高炉矿槽	1	球机
9	2 号高炉炉顶	1	球机
10	炼钢车间顶部	1	球机
11	钢渣处理车间	2	球机
合　计		13	

7.2.9　料棚、料场出入口视频监控

料棚、料场的出入口监控，对进出车辆特别是出口的车辆进行实时的视频监控，按照

管控要求，料棚、料场出口的车辆必须经过洗车台，减少运输车辆轮胎上块状、粉状物料的带出，减少道路扬尘的产生。相关视频监控数据保存一年及以上时间。按照管控政策要求，料棚、料场出入口必须安装视频监控，包括杂矿、预配料、石灰石、炼铁煤、轧材库等地，洗车台视频监控单独存放。

7.2.10 碳排放

把石灰窑作为碳排放第一监控管理对象，建立碳排放数据库，自动调取后台录入的数值，降低企业填报难度。碳排放数据以月度和年度报告为准，日、周排放量结合历史数据均值计算。

7.2.11 危固废数据

危固废的管理数据来源于系统自动采集和人工填报两部分，个别需要人工录入数据，系统具备限时提醒功能。

危固废存放设立专用库房，库房总面积 $500m^2$，库房安装有三个专用的监控摄像头，出入库采用计量秤计量，手动创建出入库台账。

系统录入信息包括：危固废管理人员基本信息，包括姓名、单位、危固废名称、联系电话；生产单位、危固废类型；危固废运输车辆履历信息，包括任务类型、作业日期等。

7.2.12 化工泄漏数据监测（LDAR）

主要通过检测化工企业原料输送管道、泵、阀门、法兰等易产生泄漏的部位，并对超过一定浓度的泄漏部位进行修复，从而达到控制原料泄漏对环境造成污染，因此，它也是减少挥发性有机物排放的有效治理措施。按照环保管控的要求，将 LDAR 的检测数据接入到环保集中管控系统中，形成对应的台账和数据记录。

7.3 有组织管理与数据

7.3.1 数据监测及预警

按照《固定污染源烟气（SO_2、NO_x、颗粒物）排放连续监测技术规范》（HJ 75—2017）规定 CEMS 监测数据需准确有效，且最近连续 30 天 CEMS 有效数据 95%以上时段小时均值均满足超低排放浓度限值要求。

本设计对有组织排放清单建立台账管理，将各有组织排放监测设备采集到的数据汇总到数据采集中心服务器，所有数据可在系统操作画面和数据中心大屏幕上进行显示。

系统设置数据库，实时存储监测的信号数据，并根据数据采集模块采集、存储的数据进行监测、整理、报警、联动，如果监测数据超标，系统产生报警，为分析、报警、趋势等提供数据基础。同时在系统中能形成 CEMS 小时报表、日报、月报及年报，包含实测浓度、折算浓度、流速、流量、烟温、含氧量等。

7.3.2 同步运转管控系统

根据厂内有组织排放源清单，采集所有 CEMS 排口的数据，同时采集相应生产设施

(烧结、炼铁、炼钢等)的运行状态、治理设备(除尘、脱硫脱硝等)的运行参数,实现从生产设施、治理设施到排放检测设施全流程管控,方便溯源追踪,通过数据整合,形成曲线对比,能够清晰地反映生产工艺—治理设施—排放检测设施的逻辑关系,充分反映有组织治理设备运行效果,能够做到自证守法。所有历史数据保存时间不低于一年。

7.3.3 生产设施监视

实时采集并记录烧结、炼铁、炼钢、发电等排放相关的生产工艺设备关键运行参数,同一个界面中可组合查看生产设施及环保治理设施相关参数所代表的任意参数曲线,例如可将烧结主抽烟道入口温度与烧结机头氮氧化物浓度数据任意调整至同一界面。主要包括:

(1)焦炉生产设施参数:计划和实际装煤时间、计划和实际装煤量、推焦时间、装煤车及推焦车电流、地面放散口压力曲线、火炬点火器启动记录、煤气使用量等。

(2)干熄焦生产设施参数:提升机每次作业时间及装载量作业记录、提升机电流曲线。

(3)化产中控生产设施参数:硫酸使用量;洗油使用量,脱苯塔顶回流量、粗苯外送量、塔釜温度、洗油外送量;煤气管网:压力、液位、负压煤气管网压力、风机后煤气管网压力、外供煤气流量、煤气柜柜容、气柜高度、气柜压力;水封液位高度、压力、流量、火炬点火器启动记录;苯和焦油储槽:液位、温度。

(4)烧结生产设施参数:台车机速、主抽风机电流、主抽风机风门开度、烧结机机速、烧结矿产量、所有皮带秤作业数据(作业时间及配料量)、料层厚度、主抽风机进口温度、主抽风机出口温度、主抽风机启停信号、一次混料机启停信号、二次混料机启停信号。

(5)高炉矿槽生产设施参数:矿焦槽所有称量漏斗作业数据(作业时间、装料量)、上料主皮带运行信号、布料小车运行信号。

(6)高炉出铁场生产设施参数:顶压、风压、富氧量、动力鼓风机风量、出铁时间、出铁量、热风炉鼓风量、鼓风富氧量、煤气使用量、探尺数据、热风炉冷风流量、热风炉热风温度。

(7)炼钢生产设施参数:氧枪高度、流量、加料时间、加铁水量、加废钢量、出钢量、出渣量、转炉兑铁、吹炼、出钢信号,氧气总管流量、氧气总管压力、倾动电流、倾动角度、吹氧量、炉数等。

(8)石灰窑生产设施参数:燃气消耗量、石灰窑温度曲线、燃气流量、点火器点火温度、煤气加压机出入口压力、石灰窑产量、通道温度。

(9)发电机组生产设施参数:主蒸汽流量、燃料瞬时流量、多燃料的分别计量、锅炉累计运行小时数、高炉煤气总管流量、发电量、发电机组运行功率、锅炉送风机运行电流等。

7.3.4 治理设施监控

将纳入本项目 CEMS 对应的除尘装置、脱硫脱硝装置等环保治理设施 DCS 系统接入

到系统中，用于记录治理设施的运行情况以及除尘装置的运行状态。

烧结除尘、脱硫、脱硝、炼铁出铁场、矿槽以及转炉二次等环保治理设施点位实现联网。最终全部将除尘、脱硫、脱硝等主要设施的主要运行数据统一接入到环保系统中，并能够实现在一张图上查询记录。

治理设施主要采集的信号包括：

(1) 脱硫脱硝装置：脱硫入口硫浓度、烟气压力、入口氮氧化物浓度、脱硫剂添加量、喷氨量等。

(2) 静电除尘装置：风量、风机电流、清灰周期、颗粒物浓度、一次电流、二次电流、一次电压、二次电压。

(3) 布袋除尘装置：风量、风机电流、清灰周期、颗粒物浓度、除尘系统压差、除尘风机风门开度、电机轴承温度、电机 U/V/W 相温度、风机轴承振动、风机轴承温度等。

(4) 化产环保治理装置：碱洗塔碱液使用量、酸洗塔酸液使用量、洗油塔洗油使用量。

《固定污染源烟气（SO_2、NO_x、颗粒物）排放连续监测技术规范》（HJ 75—2017）规定 CEMS 监测数据需准确有效，且最近连续 30 天 CEMS 有效数据 95%以上时段小时均值均满足超低排放浓度限值要求。

按照《意见》要求："烧结机机头、烧结机机尾、球团焙烧、焦炉烟囱、装煤地面站、推焦地面站、干法熄焦地面站、高炉矿槽、高炉出铁场、铁水预处理、转炉二次烟气、电炉烟气、石灰窑、白云石窑、燃用发生炉煤气的轧钢热处理炉、自备电站排气筒等均应安装自动监控设施"，"钢铁企业应依法全面加强污染排放自动监控设施等建设，并与生态环境及有关部门联网"。除此之外的超过 45m 高架源排放口也应安装自动监控设施。

按照要求，本项目采集现场烟气排口 CEMS 监测设备的全部监测因子，包括：烟气流量、烟气流速、湿度、含氧量、烟气温度、颗粒物、二氧化硫、氮氧化物浓度等，CEMS 钢厂设计下限 18 点 30 套，安装情况能够满足《意见》要求，见表 7-7。

表 7-7 钢厂 CEMS 具体点位设计分布表

序号	工 序	设备安装点位
1	焦化	焦化脱硫入口
2		焦化脱硝入口
3		焦化烟气排气筒
4		装煤废气排气筒
5		出焦废气排气筒
6		干熄焦废气排气筒
7		干熄焦脱硫入口
8		干熄焦脱硫出口

续表 7-7

序号	工　序	设备安装点位
9	能源	1 号煤气发电脱硝入口
10		1 号煤气发电脱硝出口
11		2 号煤气发电脱硝入口
12		2 号煤气发电脱硝出口
13		锅炉废气排气筒
14	烧结	1-1 脱硫脱硝入口
15		1-2 脱硫脱硝入口
16		2-1 脱硫脱硝入口
17		2-2 脱硫脱硝入口
18		1 号机头脱硫脱硝排气筒
19		2 号机头脱硫脱硝排气筒
20		1 号烧结机尾废气排气筒
21		2 号烧结机尾废气排气筒
22		3 号、4 号窑体烟气排气筒
23		1 号、2 号窑体烟气排气筒
24		5 号窑体烟气排气筒
25	炼钢	1 号转炉二次烟气排气筒
26		2 号转炉二次烟气排气筒
27	炼铁	1 号高炉出铁场废气排气筒
28		2 号高炉出铁场废气排气筒
29		高炉矿槽废气排气筒
30	球团	烟囱排气筒

7.4　清洁运输数据

7.4.1　大宗物料运输车辆台账

清洁运输门禁管控系统具备对企业提供自动车辆电子台账的功能。清洁运输门禁管控系统应具备自动识别车牌号、自动抬杆、信息采集以及实时记录车牌信息并保存的功能。整个系统安装规范、运行稳定，对于首次进厂车辆，应自动记录车牌号，通过入厂抓拍实时照片和车辆详细信息登记备案后纳入电子台账。车辆电子台账必须信息完整，并保存一年。不得以任何形式在企业端手动建立车辆台账，或者以提前录入的方式建立企业车辆台账，车辆电子台账至少包含以下字段，见表 7-8。

表 7-8 运输车辆电子台账信息表

名 称	类 型	描 述
进出厂时间	时间	格式：YYYYMMDD 24hmmss
照片	—	
车牌号	字符（10）	
注册日期	日期	格式：YYYYMMDD
车辆识别代号（VIN）	字符（17）	
发动机号码	字符（32）	
排放阶段	字符（1）	国 0：0；国 1：1；国 2：2，国 3：3；国 4：4；国 5：5；国 6：6；电动：D
随车清单①	BLOB	
行驶证①	BLOB	
运输货物名称	字符（32）	
运输量	数字（4，1）	单位：吨
车队名称（自有、个人或运输公司营业执照名称）	字符（100）	

① 随车清单与行驶证电子档至少上传一种。

7.4.2 厂内车辆管理

厂内车辆包括厂内运输车辆和非道路移动机械，主要用于厂内物料的倒运以及各作业部门生产用车，分别建立台账。厂内运输车辆台账记录内容包括车牌号码、车辆类型、注册日期、发动机号码、车辆识别代码（VIN 号）、排放阶段、燃油类型、承运单位等，非道路移动机械台账记录内容包括生产厂家名称、生产日期、机械类型、环保信息公开标签、污染控制装置、排放阶段等信息。

厂内运输车辆共 100 辆，国三排放标准 3 辆；非道路移动机械共 50 辆，排放阶段国三及以上 47 辆。

7.4.3 分表计电

根据环保政策要求，对全厂污染治理设施、与治理设施相关联的生产设施、参与停限产的生产设施等，采集电流、电压、功率实现主要治理设施和生产设施的运行状态监控。

7.4.4 车辆未苫盖监视

按照政策文件要求，通过视频监视，监控进出厂车辆苫盖情况，监测到未苫盖车辆，记录并发出报警，门禁管控系统根据报警情况，禁止车辆进出厂区。

系统的设计需要本着“安全、实用、可靠”的原则，采用目前国际领先的通信技术方式，该系统的实施能及时掌握和了解工艺流程中设备的运行工况、工艺参数的变化，有效优化工艺流程，保证工艺流程的稳定、安全的运行，并降低运行成本，提高管理效率，增加长期运行的稳定性。

车辆监控要实现实时记录清扫车辆的定位和运动轨迹，司机可通过手机APP软件随时查看区域内各路口空气质量数据和接受空气质量报警信息，及时调运清扫车辆进行抑尘和清扫作业。

环卫车监控管理功能包括：

（1）车辆实时定位展示。在地图上实时展示车辆分布情况。

（2）车辆历史轨迹回放。在地图上按照一定的查询条件展示车辆运行轨迹，便于管理者查看车辆实际运行情况。

（3）台账管理功能。录入并管理全厂的环卫车信息，记录每日每台环卫车的清扫里程。

7.4.5 门禁功能

门禁视频监控系统，监控并记录运输车辆进出厂情况，门禁系统预先录入符合要求的国五以上或新能源车的车辆信息，自动对照车牌，禁止不符合要求的车辆进出厂区。

门禁视频监控要覆盖进出厂区物料运输的全部通道，拍摄进厂车辆，要求前端卡口摄像机能够清晰记录每一辆进入厂区车辆的车牌照信息，严禁采用开偏门、私自调整摄像机角度等方式逃避视频监控。通过环保管控终端车辆通行监拍系统，实现对大型货车车牌号码精准识别，根据车牌号码自动判断车辆的排放阶段和详细信息，为防止车辆排放阶段作假行为，不允许在环保门禁管控系统开通任何形式的手动录入接口，或者通过提前手工录入的方式录入车辆的排放阶段。

通过车辆的排放阶段，结合重污染天气应急管控政策和黑名单规则判断车辆状态和通行信息，控制道闸系统的开启与关闭，实现对当前车辆的阻断与放行。

对车辆的排放阶段判断要采用科技高效的自动化手段，提高判断速度和入厂效率，避免堵车。同时根据判断向企业提供详细的车辆信息（含车牌号码、大架号、发动机号、排放阶段、注册日期），自动为企业建立符合环保要求的车辆电子台账系统。

对于任何一个进出厂车辆，能够自动生成与该车辆相关的抓拍照片和通过视频实现本地存储备查，并能够根据车牌号码快速检索和查看每台车辆的车牌抓拍、进出厂车头抓拍、入闸抓拍、开闸抓拍、过闸抓拍以及全程进出通过视频等信息。

门禁与视频监控系统要对接企业运输数据，匹配企业运输过程报表，实现清洁运输自证；自动生成运输车辆电子台账，实现智慧赋能。企业门禁覆盖进出厂区物料运输的全部通道，运输车辆纳入门禁视频监控范围，车辆进出规范有序，车辆牌照清晰；门禁视频监控设施安装规范、运行稳定，监控数据、图像、视频准确清晰，实现市、县、重点用车单位三级联网。

对于抓拍位置车头不正的情况，依据企业门口情况安装隔离护栏。立杆高度固定为6m，小臂长度依据立杆位置调整，但须保证摄像机安装位置在所抓拍范围的正中间，且小臂长度>抓拍范围中心位置1.5m。

各企业依据门口进车情况，规范进场车辆秩序，严禁在视频抓拍区域跟车、加塞、倒车、挑头等情况，夜间进场车辆关闭远光灯，有条件厂区加强进场车辆车牌照管理，尽量避免脏、污、损车牌进场。

环保管控终端和拦截道闸系统通过联动，应具备以下功能。

7.4.5.1 严格监视企业进出车辆

环保管控终端，针对重污染管控期间的入厂车辆（按照环保局要求，重污染管控期间的入厂车辆，需提前在市局平台进行车辆档案注册后才能入厂），能够自动向平台注册车辆档案信息（含正确排放阶段），保证合格车辆能够在重污染期间正常快速入厂。以上工作必须由环保管控终端自动完成，以降低企业人员投入。

7.4.5.2 公示车辆状态信息

环保管控终端要求自带屏幕显示系统和语音播报系统，对于允许通行的车辆，在显示屏完整显示企业名称、车牌号码、车辆状态、进厂时间、进厂次数、尾气违章次数等详细信息，对于阻止进厂的车辆同时还要在屏幕上显示阻挡原因以明示给车辆司机。对于大屏幕显示信息，同步语音提示。对于车辆的通行和阻挡状态，通过信号灯指示。

7.4.5.3 报警信息记录

环保管控终端能够捕获人为开闸信息和车辆闯岗信息，对于企业违规用车、违规开闸、车辆违规进厂等行为实现向市、县级平台报警，并通过抓拍照片、录制视频等方式留存证据，以防止黑名单车辆到场后被放行的行为。能够捕获抓拍设备和道闸系统的工作状态，对于以上设备工作不正常时要产生报警并上报。环保管控终端本身也要自带故障报警、拆除报警和断电报警功能，对于设备本身故障、非法拆除和设备异常断电的情况能够产生报警事件并上传至平台，防止设备被断电、断网、拆除、改装等各项行为。以上报警信息在本地存储，存储时间不低于180天。

7.4.5.4 车辆信息本地存储和查询

环保管控终端要在本地加密存储黑白名单信息，能够按照固定的频率及时更新本地黑白名单信息。

环保管控终端要在本地实时存储车辆抓拍信息、进出厂记录信息、车辆状态信息和报警信息，并能够捕获和记录人为开闸信息并进行本地存储，所有信息的本地存储时间不低于1年。环保管控终端自带本地查询功能，能够根据车号、日期等信息查询车辆通行、车辆状态以及报警信息。

7.4.5.5 信息上报

环保管控终端在本地存储的信息，包括车辆抓拍信息、全程通行信息、人为开闸信息、报警信息、GPS定位信息等，要通过一定的频率按照规定的报文格式加密后实时上报至平台，对于网络不通导致数据不能及时上报的，能够在网络接通时补充上报。

7.4.5.6 数据传输与加密

环保门禁管控系统涉及到的车辆、车主以及企业相关的信息，应具备一定的加密方式实现安全存储的功能，避免信息泄露。

环保管控终端必须内置一定级别的硬件加密芯片（不低于SM2）和加密算法机制，能够根据平台要求实现相应的硬件加密，不得使用任何形式的软件加密手段进行模拟。

7.4.5.7 建设运输车辆电子台账

环保门禁管控系统应具备对企业提供自动车辆电子台账的功能。环保门禁管控系统应具备自动识别车牌号、自动抬杆、信息采集以及实时记录车牌信息并保存的功能。整个系统安装规范、运行稳定，对于首次进厂车辆，应自动记录车牌号，通过入厂抓拍实时照片和车辆详细信息纳入电子台账。车辆电子台账必须信息完整，并保存一年。

7.4.6 运输台账管理

运输台账具备如下功能：

（1）车辆进出比对。环保门禁管控系统必须具备进出车辆比对功能，能够对进出厂车辆实现进出关联，关联后的进出明细提供车辆在企业滞留时间段信息，保证系统与计量车辆数、吨数一致。

（2）视频监控车辆索引查询。环保门禁管控系统，应具备对企业提供抓拍照片和通过视频快速检索查看功能，能根据车牌号码快速检索和查看每台车辆的车牌抓拍、进出厂车头抓拍、入闸抓拍、开闸抓拍、过闸抓拍以及全程进出通过视频等信息。

（3）运输台账报表功能。按照超低排放的测评要求，钢铁企业需要建立进出厂大宗物料和产品运输基础台账，其中，铁路运输应有磅单记录台账，水路运输应有水尺记录台账，管状带式输送运输应有皮带秤记录台账，管道输送应有磅单记录台账或皮带秤记录台账。

7.4.7 厂内车辆管理功能

厂内车辆管理功能包括：

（1）运输车辆管理。厂内运输车辆台账记录内容包括车辆编号、名称、类型、规格型号、生产厂家、生产编号、出厂日期、出厂编号以及排放阶段等内容。

（2）非道路机械车辆管理。非道路机械车辆台账记录内容包括编号、名称、类型、规格型号、生产厂家、生产编号、制造商、出厂日期、出厂编号、排放阶段、环保编码标识号等内容。

7.4.8 清洁运输比例计算

根据实际进出车辆的情况，结合运输货物的种类和质量，统计分析后以饼图的方式显示清洁运输的比例。

7.5 碳排放管理功能

根据国家和省气体排放核算要求，从相关系统获取或者手动输入碳排放数据源，统计厂内各个工序的碳排放情况，根据碳排放量及排放强度，结合各工序的地理位置，在展示大屏上综合展示不同工序的碳排放数量统计及排放排名情况、碳资产组成等相关资讯。

（1）碳排放数据。根据省和国家颁布的温室气体排放核算要求，从相关系统获取或手动导入、输入碳排放数据源，按照省和国家标准要求，依据嵌入公式，计算公司每月总碳排放量、各工序排放量、能耗水平、关键参数等。同时可上传各类验证材料，进一步核验数据的可信度。另外，建立碳排放数据库，包含排放因子等缺省值，系统将自动调取后台录入的数值，降低企业填报难度。碳排放数据以月度和年度报告为准，日、周排放量结合历史数据均值计算。

国家标准：《温室气体排放核算与报告要求　第 5 部分：钢铁生产企业》（GB/T 32151.5—2015）。

(2) 燃料燃烧排放。过程排放，购入和输出的电力产生的 CO_2 排放，购入和输出的热力产生的 CO_2 排放，固碳产品 CO_2 排放。

(3) 碳数据库。碳数据库统一保存排放因子和行业对标值，便于碳排放量的计算和对比。

(4) 排放因子库。集中管理实测排放因子和国家颁布的标准参考值。

(5) 行业对标库。收录钢铁行业碳排放、碳履约优秀企业的指标值，便于进行行业对标。

(6) 碳排放强度。根据国家颁布的温室气体排放核算要求，依据嵌入公式，计算首矿大昌每月吨钢碳排放强度、各工序吨钢碳排放强度，并与行业先进值对标。

(7) 碳排放报告。导入相关计算量、对比值等，输入分析结果，生成各工序月度报告，年度报告。

7.6 固危废管理

7.6.1 固危废管理

(1) 固危废信息查询：点击查询所有固危废记录。

(2) 手工录入：手工输入固危废（除尘灰、水处理污泥、工业垃圾、废油等）的产生记录。

(3) 附件上传：选择固危废记录，提供对应该记录的转移计划单、五联单、转移厂家资质等附件的上传功能。

(4) 附件下载查询：选择固危废记录，提供对应该记录的转移计划单、五联单、转移厂家资质等附件的下载查询功能。

(5) 固危废台账报表：生成固危废台账报表。

7.6.2 放射源管理

厂内配备有专用的放射源库房，安装有视频监控，放射源为铯 137。现在厂内共有辐射源 24 个，随厂内设备设施的更新，后续还会增加辐射源管理点，系统预留数据接口和空间，保证扩展后的数据管理和接入。目前采用手动台账方式记录出入库情况。

(1) 放射源信息建立：对放射源的信息档案进行录入。

(2) 放射源信息查询：点击查询放射源的信息。

(3) 放射源信息维护：授权对放射源的信息档案进行修改和删除。

(4) 放射源检查文档上传：每月两次对放射源专项检查表、监测记录文档上传。

(5) 放射源数据查询：对放射源专项检查表、监测记录进行查询。

按照政府相关部门对放射源管理的要求，根据用户提供的报告模板，可以在系统中自动地生成报告。系统预留手工录入数据的接口，自动采集或者手动录入的数据可以自动地生成在报表或者报告模板中。

7.7 综合应用层

7.7.1 基础信息管理

按公司标准的环保管理流程，对公司环保管理涵盖的污染物、污染治理设施、排口信息、监测点等基础信息等进行综合管理，形成相应的管理台账，并进行添加、删除、查询、修改操作。

开放权限由各生产单元自主输入，环保部审核确认后完成整个信息管理录入工作，每年定期更新。例如公司各排污单位环保员在环保设施、排污口设置中，不定期进行更新，环保科审核后报部主管审定发布。

7.7.2 环保档案管理

环保相关文档管理，包括环保政策文件、厂内环保管理制度、环保监测报告等，授予权限的相关人员可以方便地进行下载、查看等。

7.7.3 排污许可证管理

排污许可相关数据支持从已有平台采集和手动录入，排污许可证管理的具体内容和格式参考但不限于《排污许可证申请与核发技术规范（钢铁工业）》附录 A。平台集中管理历史排污许可证，支持上传、下载、查看功能。

7.7.4 数据查询功能

实时查询环保监测在线数据，对超标数据进行置顶显示并且变色告警。对同站点不同因子以及不同站点相同因子之间的在线监测历史数据进行比对，管控中心调度人员对环保工艺状态和排放数据实时监视，并可实现超标排放的实时报警以及各项数据的历史查询。

7.7.5 自行监测管理

各环境监测人员可以在该系统管理界面中人工录入手动采集的日常监测数据到环境管理信息化系统数据库中，包括烟气、水、噪声以及无组织监测对象（如：颗粒物浓度）等，以保证监测数据的完整性。可在管理界面中上传图片等附件作为证明文件，以保证监测数据的完整性和真实性。手动数据输入时需选择人工采样的日期和时间（可精确到小时）。环保集中管控系统对于系统中无法确认的异常数据，采用相关标准进行标记，并提供人工审核和修改功能。

7.7.6 统计分析管理

对在线数据、手工监测数据进行统计、分析，实现同比分析、环比分析等功能。通过表格、图表、曲线的方式显示统计结果，并把统计结果导出文件。

对同站点不同因子以及不同站点相同因子之间的在线监测历史数据进行比对，为业务人员提供分析依据。

7.7.7 对比分析功能示意图

报表台账管理，报表作为整个公司运行管理的数据基础，为了方便数据分析和多单位交流，系统提供数据分析后的多种类型报表，包括：

(1) 各类台账报表：污染源、环保设备、固危废等各类档案台账报表。

(2) 运行记录报表：环境监测、污染物排放、环保设备运行记录报表。

(3) 环保报表：环保日报、月报、年报。

(4) 固定格式报表由甲方整理提供。

(5) 系统各查询数据页面提供简易的查询数据结果导出功能。

此功能模块主要通过生成各类报表、台账，来体现各分类分系统、各单位排放合格率数据，达标率同比、环比的变化。

7.7.8 三维地理地图展示（GIS）

通过无人机倾斜摄影三维建模技术，快速构建相关企业精细化、真实感、高精度、对象化、定制化的信息，直观地掌握目标区域内地形地貌与所有建筑物和生产设施特征，系统以 GIS 地图为基础，在上面展示出公司环保相关设备设施的位置和信息，包括有组织烟囱排口、无组织监测点（空气微站、TSP、VOC 站）位置、视频监控等。地图上每个站点有相应的链接，可以点击查看相关的监测信息。当监测信息异常时环保地图中的设备图标能显示不同报警颜色，环保管理人员可以迅速定位异常站点的位置，提高系统的反应速度，为环保事故的处理提供应急管理参考信息。

实现地理信息放大、缩小、地图编辑、属性编辑功能，各应用功能通过 GIS 进行功能切换，对相关数据分析功能在 GIS 地图上进行叠加展示。显示内容包括有组织排放及无组织排放的在线监测数据、周边国控点数据、区域显示、抑尘设备状态监测等，具备快速定位、局部区域详情显示、监测数据刷新等功能。

环境数据采集是 GIS 地图的基础，也是该系统建设的重要组成部分，通过自动和人工录入两种主要采集方式，实现对公司环境数据的高效、可靠地采集和传输，为环境管理信息化系统提供数据基础和信息来源，保证环境管理信息化系统统计分析结果的准确性和可靠性，有利于提高公司管理水平和管理效率。

7.7.9 环保管理驾驶舱

环保管理驾驶舱通过对大量环保数据的分析、对比、及时预警、指导环保管控重点防控区域、重点关注治理设施，最大限度地支撑公司环保的管理要求。环保管理驾驶舱将在继续深化日常环保管理工作的同时，在决策支持上加强，向知识化系统迈进，为管理层提供决策支持平台。

7.7.10 大屏幕展示

对于管控中心管理和调度人员而言，通过大屏可直观掌控全厂环保的关键管控信息，应用系统界面更加直观形象，便于操作员对于现场进行远程指挥。大屏幕显示的内容控制切换基于大屏控制软件开发，可按大屏幕尺寸和分辨率订制出全尺寸大屏界面，大屏各个区域展示的内容可根据需求灵活切换，并可配置屏幕布局内容的自动切换方案，满足应急视频切换的需要，充分发挥大屏幕的集中显示优势。

同时大屏幕组合基于 GIS 的全方位环保信息展示，极大地提升了企业的整体形象，为企业争得环保管理先进企业助力。

大屏幕展示效果如下：

在首页可查看到集团产业规划、区域产业经济、集团经营情况、集团环境整体数据等综合信息。采用视频、图片、文字相结合的方式介绍公司情况。同时可以采用图文的方式介绍公司环保治理设施、治理成效。

功能模块管理，在大屏上展示有组织功能模块、无组织功能模块、清洁运输功能模块、视频监控、报警信息等各项功能。

可以在大屏上查看有组织、无组织的实时监测数据；站点的离线在线情况；在 GIS 地图上可以点击各个站点查看各个站点的详情，包括实时数据，经纬度信息，历史曲线等。清洁运输功能可以查看公司各个出入口的车辆进出记录，并在右侧的展示栏滚动展示；完成有组织排名展示、有组织实时监测。

快速展示报警信息，进行报警处理追踪。点击报警信息可直接在 GIS 地图上自动定位该报警站点，帮助管理人员快速地查看站点情况，进行分析处理。

排放源统计将企业全厂的无组织排放源进行统计，并按照仓储、生产工艺、物料运输进行分类，统计无组织排放源的治理现状及监测现状。点击后显示产尘点的位置信息及现场照片，现场视频，治理设备现状，监测数据。可以点击查看详情并定位到地图。

7.8　移动端报警推送（APP）

系统提供基于手机 Android 系统的应用程序，应用程序通过无线网络接入环境管理服务器，授权的部门和公司领导可通过手机实时查看监测数据，接收报警信息，方便快捷地掌握公司环境管控状况。

通过平台，可以根据公司实际管理的需求，将相关信息以短信的形式发送给指定的用户，用于报警或提示。

7.9　硬 件 设 施

本项目建成后形成环保管控调度中心，建成后可实现环保可视化数据及视频信号的综合展示，同时满足参观接待和管理人员使用两大功能。

大屏幕采用模组拼接 LED 大屏，尺寸为 20000mm×3000mm。按用户的要求显示相关的播放内容。在系统设计时考虑日后的冗余功能，如需追加信号源时，只需在现有系统中按相应的输入信号源增加接口卡，不用改变整体系统的架构。在显示输出方面，能按要求显示相应的输入源内容，实现全屏、多窗口、叠加等多种模式，在控制方面要求简单、灵活。

大厅内将改造后的大屏幕尽量靠墙安装，使得操作台距离大屏幕有更大的空间，更好的视角。LED 大屏结合定制的焊接安装钢架，以离地 80cm 的安装方式进行 LED 墙的建

造。通过高性能的视频处理器和控制 PC，控制和管理各种输入输出信号源和显示方式，让 LED 墙按要求进行展示。视频处理支持 1 路 DP 1.4、1 路 HDMI2.0 输入，支持 2 路 HDMI1.4 和 2 路 DVI 输入；支持自定义分辨率设置，支持 20 路千兆网口和 2 路万兆光纤口两种输出模式。

单块屏幕尺寸 320mm×160mm，工作电压 AC 100～240V，屏体平均功耗 121W/m^2，屏体峰值功耗 484W/m^2，显示部分主要由显示单元、视频处理器、相应的信号源设备组成，系统显示方式和信号源管理由拼接处理器完成，控制整个显示系统的按需显示。每个显示单元都与处理器的对应输出通道连接；拼接好的显示墙可以经由拼接管理软件控制实现多种显示方式。其操作均在控制电脑后台完成，显示屏上不会显示各种控制界面。可实现多画面、单画面、放大缩小等显示。

控制系统的控制部分由专用计算机（控制 PC）及相应的控制软件组成。系统专用计算机通过 RS232 线缆或网线连接各设备，实现对设备的控制和管理。对拼接处理器的控制，包括不同的显示模式和各种不同的信号源管理，实现任意开窗口、窗口的放大缩小、移动、场景的预存与读取等各项功能。对显示单元的控制，主要为开关机、亮度、对比度调整等。

DCS 系统建设：为满足环保超低排放管控文件中对 DCS 系统的建设要求，本项目中根据首矿大昌的实际情况，对厂内 6 个区域，包括烧结、焦化、炼钢、炼铁、石灰、发电进行部分改造，实现环保相关数据进入 DCS 系统，能够独立展示各项参数并按环保要求实现存储和历史数据的查询。同时在环保管控大厅设置一套 DCS 系统，将上述 6 个区域的生产和环保治理的相关数据汇聚到该 DCS 系统中，进行集中的展示和存储记录。

本次改造目的是分厂区设置 DCS 分散控制系统，分区域对现场生产过程设施、环保治理设施、CEMS 监控设施数据进行通信收集、整合、记录历史数据。每套 DCS 含主控模块，通信模块，AI、DI 模块，工程师站 1 台。

系统网络架构：中央网主要设备包括应用服务器、数据库服务器、视频服务器、操作员站 HMI 等。工业网络系统负担环保集中管控系统的在线监测站、RTU 设备、PLC 设备及 DCS 设备的网络集成。此外，应用服务器需要对外进行信息发布及数据通信，要求需要具备独立的公网 IP 地址（Internet IP），该独立的 Internet IP 需由用户提供，带宽不低于 50Mbps，两个固定的公网 IP 地址。

系统配置说明：计算机方面包括服务器、操作终端（HMI）等硬件设备，以及环保 212 协议数据采集软件、环保基础平台软件、移动监控平台软件、操作系统等软件设备。

应用服务器：在应用服务器上装有 Windows Server 中文版操作系统，运行环保管理软件。应用服务器用来发布本项目的应用程序。

本项目根据应用的实际需求以及后续扩展的需求，配置两台应用服务器。

数据库服务器：数据库服务器采用 SQL Server 数据库或其他主流数据库，用以存储统计数据，在数据库服务器上安装有 Windows Server 中文版操作系统。

视频高性能硬盘录像机：高性能硬盘录像机主要用来采集和存储环保视频。本项目利用现有的视频系统和服务器实现视频系统的管理。

环保管理终端（HMI）：HMI 作为整个系统的操作界面，对有关的环保数据和设备进行监控。本项目共配置 5 台 HMI，这些操作站完成在线监测数据、设备状态显示、实时曲线、数据查询等工作。

设备通信方式：环保数据主要通过以下三种方式进入系统：充分利用已有的信息化系统，通过接口方式获取现有系统中的环保相关数据；在具备条件的环境数据采集点安装数据采集设备，完成对现场环境数据的采集；通过人工录入界面，手动录入无法实现自动采集的环境监控数据。

烟气在线数据采集：系统烟气监测数据来源包括烟气在线子站接入的在线数据、手工录入的烟气污染物监测信息。子站内数采仪按照国家标准《HJ212 协议》，将在线数据打包后以报文形式传输至首矿大昌系统历史数据库中。其中传输的数据内容、标准、频率详见国标内容。信息交互内容包括：粉尘、SO_2、NO_x、氨逃逸、含氧量、烟气流量、烟气温度、烟气湿度、烟气压力及各污染因子对应的状态位信息。

针对未安装在线监测设备的监测点位，采用人工录入方式，将烟尘、SO_2、NO_x、氨逃逸实测浓度、标态烟气量和特征因子、无组织排放浓度等信息录入至系统。

环保车辆实时监控：采用 GPS 定位装置对厂区的环保车辆进行实时定位，并实时将车辆位置信息反馈上报给管控中心，可在软件平台及大屏上进行展示。

视频数据采集：主要通过自动采集方式完成。通过现场摄像头采集监视范围内的视频信号，在系统操作界面和生产管控大厅大屏进行集中监视和显示。视频监控系统前端采用数字网络摄像机进行视频采集，视频信号通过光纤网络传输到摄像机，采用 H. 265、H. 264 等压缩方式进行压缩传输。

工业网络：须采集的数据设备地理位置比较分散，分布在全厂范围。须在现有工业网络的基础上进行扩展，将相关数据传输至机房。扩展的网络由乙方在项目实施阶段进行现场勘查后详细设计确定。

塔式图形工作站台式电脑设计渲染建模主机参数：（DELL）Precision T3650；CPU：i9-11900K（8C，16MB，3. 5~5. 3GHz）；内存：64G（32G×2 DDR4 3200）；硬盘：512G PCI-E M. 2 + 4T 7200 RPM SATA3. 5；显卡：nvidia RTX3090（24G）；电源：1000W；1000M 有线网卡，WiFi 无线网卡；其他：DVD，键鼠（有线）。主机采用 WINDOWS 专业版系统。

操作终端：十代酷睿 10400/i7/4G 独显/台式机电脑主机全套，主机 27 英寸（1 英寸（in）= 2. 54cm），显示器带键盘鼠标。编程器采用联想 ThinkBook 16+ 笔记本电脑 全新 2022 款 酷睿 i7 16 英寸标压轻薄本 i7-12700H 16G 512G RTX2050 2. 5K 120Hz。

8 智能制造集控中心

智能制造集控中心是继管控中心之后更深入的智能化标志物，二者虽然一字之别，功能区别却很大，前者更加注重操控，管控中心更侧重管理和调度，二者结合起来设计是最好的选择。智能制造集控中心设计的出发点是便于沟通、远离危险、提高效率和数据共享。从结构布局上可以分为集中式集控中心和基于生产单元的分散式集控，即在不具备将整个钢铁园区集中操控的前提下，在每个生产单元设置区域集控中心。

8.1 钢铁园区集控中心设计技术要求

8.1.1 位置选址与设计原则

本建筑设计选址位于轧钢线材厂房南侧，实景如图 8-1 所图。图 8-2 为全厂集控中心 CAD 尺寸比例图。

图 8-1 现场实物场景图

8.1.2 集控中心功能

铁区集控大厅面积 750m^2，最大不超过 1000m^2；钢轧集控大厅面积 750m^2，最大不超过 1000m^2；净空不低于 8m，大厅中间立柱以无立柱为优选方案，不到万不得已不能设计立柱。

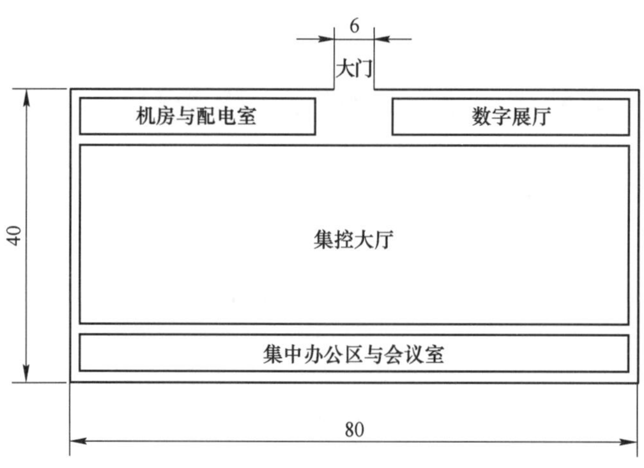

图 8-2　全厂集控中心尺寸比例图

电气室面积 120m^2，变压器室面积（2×17）m^2，干式变压器与电气室一起考虑，UPS 配电室 75m^2，UPS 电池室面积 80m^2，服务器室面积 160m^2。

以上优先考虑设在一层，方便人员进出，参考图如图 8-3 所示。

钢后集控	铁前集控
涉电区域	集中办公区

北

图 8-3　全厂集控中心功能定位图

集控中心功能定位如下。

（1）指挥中心：该大楼东北半幅是公司铁前生产经营管理控制的核心操控与指挥场所，范围覆盖原料、焦化、烧结、球团、炼铁等共 5 个工序段，现有组织架构变更为真正的铁前智能制造事业部，同时涉及的作业单元领导办公地也设置在此。西北半幅为钢后协同操控中心，涵盖钢轧两个工序。

（2）集中办公：设计单位要合理考虑以上中心的办公面积，同时，根据实际需要设置会议室、空调房和卫生间等。

（3）安全供电：根据高可靠供配电系统要求，需设置两路来自不同变电所的输入，由低压盘中 ATS 自动切换装置选择一个输入回路为管理中心空调、照明、UPS 等所有负荷供电。

（4）照明：大厅、IT 机房的平均照度≥300lx，IT 机房区设应急照明，照明电源来自 ATS，配置有续航不少于 60min 电池，其管线不能和一般照明管线混同。

（5）涉外：投产后部分涉外的接待、检查、参观、交流等在此进行，需要提前考虑代表企业形象的景观、视觉效果和亮点。主旨是：既要与现代化的计算机通信设备相匹配，又能通过精良、独特的设计构思，真正体现“现代、高雅、美观、适用”的整体形象。整个楼的建筑风格考虑现代智能制造元素。

（6）按国家绿色节能政策导向管理办法，考虑节能、采光、光伏、中水与雨水收集池、污水单线分离等，并考虑粉尘、有害气体、振动等因素，给参观者一种数字科技与智能建筑有机结合的体验。大楼为“长方形”造型，共设 2 层，二楼功能定位为公司多功能中心，承担年会等任务，设电梯 1 部。

8.1.3 集控中心用房与内部效果图

用房计划包括：

（1）铁前总监：1间。

（2）炼铁单元负责人：1间、1大间（管理与技术人员）。

（3）烧结单元负责人：1间、1大间（管理与技术人员）。

（4）焦化单元负责人：1间 、1大间（管理与技术人员）。

（5）原料单元负责人：1间、1大间（管理与技术人员）。

（6）球团单元负责人：1间、1大间（管理与技术人员）。

（7）会议室：2间，满足15人、25人开会各一间。

以上房间为东半幅，西半区钢后办公用房对称设计。图8-4为集控大厅内部效果图。

图8-4 集控大厅内部效果图

8.2 铁前集控标准设计

根据统计规律，钢铁企业铁区作业通常分布在5km^{2}范围内，操作主控室平均有45个，现有主控操作工80人/班，进入集控中心之后进行岗位合并，主控操作岗位减至50人/班，集控后减少30人/班。铁前集控中心大厅面积不低于750m^2，还需配套电气室、服务器室、UPS配电室与电池室、维护室等。集控中心关键设备用电负荷按照一级用电负荷特别重要负荷进行配电，需在低压配电室内新建2套变压器提供2路独立高压电源，每路1600kV·A，用于对集控中心控制设备及集控中心建筑的通风、照明、消防设备、UPS等低压用电负荷供电。集控中心与现场距离拉开后，集控中心与现场联系采用普通对讲难以确保通信质量，需电信运营商在厂区建设无线数字集群系统，满足远距离无线对讲需求。

8.2.1 高炉工序集控设计

2座高炉炉容相同、原燃料结构相近，设备配置相近，相关岗位的操作画面几乎一致，具备较好的集控及岗位融合条件，其中：

（1）高炉工长岗位：2座高炉2名工长迁移至集控中心，炉外工长岗位保留在现场。

（2）热风主控岗位：2座高炉热风炉的2名操作工直接迁移至集控中心。

（3）上料主控和槽上主控岗位：2座高炉的槽上主控工和上料主控工共4人，迁移至集控中心后安排3人对2座高炉的上料和槽上供料进行统一协调管理，集控后减少1人。

（4）风机主控岗位：2座高炉的风机已集中控制，共有操作工3人，迁移至集控中心安排2人进行管理，集控后减少1人。

（5）TRT主控岗位：2座高炉TRT共有操作工2人，设备、电脑操作界面一致，迁移至集控中心后可安排1名操作工进行管理，集控后减少1人，集控后TRT主控岗位转入环保工序。

（6）水冲渣主控岗位：保留在现场，仅画面接入集控。

（7）中心泵站主控岗位：保留在现场，画面接入集控中心，并预留工位。

（8）矿槽、铁前除尘主控岗位：矿槽、铁前除尘岗位操作工共4人，进行融合迁移至集控中心，安排2名操作工进行统一管理，集控后减少2人，集控后矿槽、铁前除尘岗位转入环保工序。

（9）喷煤主控岗位：喷煤主控岗位的制粉岗位需要保留在现场，画面接入集控中心，并预留工位。喷吹岗位目前有3人，2人负责高炉喷吹，1人负责白灰窑喷吹，迁移至集控中心后安排2人负责高炉及白灰窑的喷吹，集控后减少1人。

（10）微粉主控岗位：微粉工序有操作工2人，直接迁移至集控中心。

（11）调度岗位：调度室直接迁移至集控中心，调度员1人在集控中心，调度长在现场。

目前炼铁共13个主控室及操作室，其中有10个主控室及操作室岗位需要迁移至集控中心，2个水冲渣操作室及1个中心泵房操作室岗位不进集控，这10个主控室及操作室目前有主控操作人员24人/班，迁移至集控中心后人员融合至17人/班，减少7人/班。

铁水在线测温：在2座高炉4个铁口的合适位置安装红外测温仪，实现铁水的在线测温。

8.2.2 烧结工序集控设计

烧结工序岗位现状调查：

（1）烧结主控、风机主控岗位：2台烧结机已集中控制，目前烧结主控室4人，1号、2号风机主控室共2人，迁移至集控中心后对主控人员进行融合，安排2人分别负责2台烧结的看火和主抽管理，2人分别负责2台烧结机的配料管理，集控后减少2人。

（2）除尘主控岗位：目前烧结有C1~C6共6个除尘控制室，共有4名操作工分别操作，迁移至集控中心后可安排1人进行集中管理，集控后减少3人，集控后除尘岗位转入环保工序。

（3）脱硫脱硝主控岗位：脱硫脱硝外包，主控室有3名主控工，整体迁移至集控

中心。

(4) 白灰窑主控岗位：目前白灰窑已集中控制，主控室有主控工 5 人，设备、电脑操作界面一致，迁移至集控中心后安排 3 名操作工进行管理，集控后减少 2 人。

目前烧结共 11 个主控室及操作室，主控操作人员 20 人/班，计划所有主控室及操作室均迁移至集控中心，主控操作人员融合至 11 人/班，减少 9 人/班。

一混自动加水：烧结线开机后首先由现场操作员手动控制至系统稳定，再计算烧结混合料的来料含水量，并手动将此值写入控制器中，用此来料含水量计算出相应烧结混合料的加水量。

烧结终点温度预测：记录点火温度、机速、料层厚度、物料水分、风箱废气温度、风箱负压等工艺参数，利用大量数据对计算机神经元网络进行训练，进行历史数据与当前生产数据比对，给出最优的烧结风箱废气温度预测曲线。

环冷机烧结矿冷却速率：与烧结终点温度预测原理一致，记录烧结矿温度、产量、环冷机转速、风量等工艺参数，利用大量数据对计算机神经元网络进行训练，进行历史数据与当前生产数据比对，给出最优的烧结冷却速率与风量的关系曲线。铁区一体化管控系统包含烧结一体化配料、设备管理系统等智能应用。

8.2.3 球团工序集控设计

球团主控岗位：目前球团已集中控制，主控室有 2 名主控工负责生产工艺，1 名主控工负责脱硫；迁移至集控中心后岗位人数不变，脱硫岗位转入环保工序。

该工序涉及的主要控制如下：

(1) 回转窑自动控温：目前回转窑自动控温是设定温度上下限，达到限制条件时进行空煤气调节，调节时间较为滞后。可进行温度升降曲线识别和预判，实时调整空煤气，使得回转窑燃烧温度平稳。

(2) 圆盘造球机自动加水：加装水分在线监测仪，通过来料质量和水分，根据设定水分值计算出需要加水量，实现自动加水。水管上安装有电动调节阀和快切阀，快切阀与供料皮带和圆盘造球机进行联锁，任何一个设备停机则停止加水，防止加水过量。

(3) 配料计算优化：正向计算中首先获取最新的球团配料计算的成分数据，然后对各种物料的配比进行调整，最后计算出目标值并保存到数据库中，供后续查看；反向计算中则是先对目标值进行设定，再整理成分数据和其他约束条件，经过计算机的特定算法得到配比方案组。

(4) 链箅机-回转窑-环冷机的自动控温与调速：将球团抗压强度、链箅机-回转窑-环冷机温度、速度等历史数据进行分析处理建立数据库；将焙烧参数如环冷机温度、回转窑温度、链箅机各段温度、煤气压力、流量等数据作为输入条件，将球团抗压强度等一个或多个参数作为目标参数，选择数据库中最接近的模型进行综合工况处理；然后输出链箅机-回转窑-环冷机的速度和温度控制优化调节建议，辅助球团质量稳定。

8.2.4 焦化工序集控设计

焦化工序岗位现状调查：

(1) 备煤主控岗位：主控室有 1 名操作工，直接迁移至集控中心。

（2）焦炉主控岗位：主控室共有 5 人，分别负责焦炉调火、地面除尘站、余热回收、废气循环、脱硫脱硝，迁移至集控中心后安排 1 人负责焦炉调火、地面除尘站、余热回收，1 人负责废气循环和脱硫脱硝，集控后减少 3 人。

（3）干熄焦主控岗位：主控室有干熄焦主控工 2 人，汽轮机主/副操 2 人，电气主/副操 2 人，脱硫主控工 1 人，迁移至集控中心后安排 1 人负责干熄焦主控操作，1 人负责汽轮机操作，1 人负责电气操作，脱硫主控岗位与炼焦主控脱硫脱硝岗位合并，集控后减少 4 人。

（4）筛运焦主控岗位：主控室有 1 名操作工，直接迁移至集控中心。

（5）冷鼓主控岗位：主控室有 1 名操作工，直接迁移至集控中心。

（6）污水处理主控岗位：主控室有 2 名操作工，分别负责酚氰废水处理和深度处理，迁移至集控中心后安排 1 人进行统一管理，集控后减少 1 人。

（7）制酸主控岗位：主控室有 1 名操作工，直接迁移至集控中心。

（8）回收主控岗位：主控室有 1 名硫铵操作工，1 名脱苯操作工，直接迁移至集控中心。

调度岗位：调度室目前有 2 名调度员，女调度员在调度室，男调度员在现场，迁移至集控中心后，女调度员进入集控中心，男调度员保留在现场。焦化工序的脱硫脱硝岗位和污水处理岗位进入集控中心后转入新组建的环保工序。化验室内除盐系统画面进入集控中心监视，化验岗位不进入集控中心。焦化岗位进入集控的共有 10 个主控室（含化验室），目前主控操作工共 26 人/班，集控后主控操作工 13 人/班，减少 13 人/班。

自动配料：开发自动配料计算模型，自动从检化验处获取成分信息，及时进行配料计算的更新。但需要物料源头控制煤种数量及品质。

焦炉自动测温调火：建议在每个焦化室的第 8 号和 25 号立火道安装热电偶（共 264 支）进行连续测温，从而为实现自动调火奠定基础。

硫酸铵产品自动码垛及装车：建议使用码垛搬运机器人。

焦油自动排放：用特定的测温仪表对氨水澄清槽表面进行测温，根据氨水（约 76℃）和焦油（约 68℃）温度的差异判断出 2 种液体分界面的具体位置，将焦油排放阀改为远程调节阀，再通过软件结合测温数据对焦油排放阀开度进行调节，让焦油的液位始终保持在 1.0~1.5m 之间，使得氨水与焦油的分离更加彻底，同时也避免了氨水随焦油排出的问题，大量减少工作量。

重要作业区现场安装大屏显示对应工段控制系统画面：将主要工艺画面重新进行整合设计，并投放显示在作业区新增大屏上，便于现场人员作业时参考控制系统实时精准信息。安装位置主要包括污水冷鼓工段、制酸脱硫工段及硫铵粗苯工段。

8.2.5 原料工序集控设计

原料工序岗位现状调查：

（1）原料管理部主控岗位：主控室有主控工 2 名，直接迁移至集控中心。

（2）块矿烘干主控岗位：主控室有主控工 1 名，直接迁移至集控中心。

（3）除尘岗位：共有 7 个除尘器（C1~C4、C6~C8），有 3 个独立操作室，C3、C4 与块矿烘干共用 1 个主控室，操作工 3 人，迁移至集控中心后可安排 1 人进行集中管理，

集控后减少 2 人，集控后除尘岗位转入环保工序。3 号智能化料场在集控中心设堆取料机远程操作工位。调度室目前只有 1 名调度员，考虑进入集控中心。

8.3　炼铁大数据智能互联网平台

8.3.1　炼铁大数据智能平台建设框架

铁前集控中心是一个载体，深度融合物联网、机器视觉、人工智能、移动互联等数字化、网络化技术，炼铁大数据智能互联平台，是实现铁前一体化操控和智能化决策，提升本质安全、促进技术进步、打破组织边界、加强工序协同、提高生产效率、创造一流指标，助力企业打造成行业最具竞争力的钢铁生产基地之一的帮手。

通过铁前集控中心建设，将“三流一态”耦合到以高炉冶炼为中心的炼铁大数据智能互联平台，实现物质流、能源流、信息流、设备状态的集中管控，提升能源转换效率、降低能耗和污染物排放，同时促进产线的稳定性提高，降低工序的能耗，从而提高绿色制造综合水平。

利用高精度、高稳定性工业智能传感器对料场、石灰、球团、烧结、高炉等铁前核心工序的关键设备进行监控，实现炼铁产线设备互联互通，提升大炼铁生产线总体工艺装备智能化水平，同时，通过集中操作与控制，上线包含烧结、球团、高炉的边缘侧智能系统与炼铁大数据智能互联平台可显著提升铁前的智能化水平。

通过远程集中操作监控与炼铁大数据智能互联平台的运行，大幅度提高工序间协同性、生产的稳定性，有效提高操作人员的生产效率，实现人力资源优化，实现生产管理模式的变革和创新，保障在钢铁行业中的持续竞争力。

远距离集中管控使现场中控室和操作人员远离涉煤气等重大危险区域，并通过人员安全本质化、设备安全监控精准化，打造人员安全与设备安全管控体系，实现铁前本质化安全。

通过建立一体化大铁前智能配矿系统，综合考虑配矿过程中库存、市场行情、烧结矿质量要求、高炉造渣要求等限制条件，将质量、成本、生产信息统一采集，利用大数据机器学习算法，实现以炼铁产线吨铁成本最低为目标的配矿方案优化，有效降本增效。

以技术创新推进组织优化和管理创新，提高人员效率，以铁前集控中心为抓手，以上线炼铁大数据智能互联平台为支撑，促进现场的无人化、智能化设备改造。提高设备自动化，设施集约化，系统智能化，提升劳动效率，优化人力资源，打造铁前绿色智慧工厂。

从大数据融合层面，搭建炼铁大数据基础能力平台，对检化验、PLC 以及铁前各工序各类异构系统的分散数据进行统一采集、滤波、存储、管控，建成炼铁大数据平台，积累并形成炼铁数据资产，如图 8-5 所示。

8.3.2　炼铁大数据智能平台功能

在平台侧根据实际数据量和开展业务的需要，分配计算和存储资源，划配虚机资源，开发网络访问端口，从而实现移动 APP 的发布和部署。同时本次规划的平台可根据企业后期业务扩展需要进行灵活弹性资源扩展和业务搭建。考虑到钢铁行业大数据应用的时效

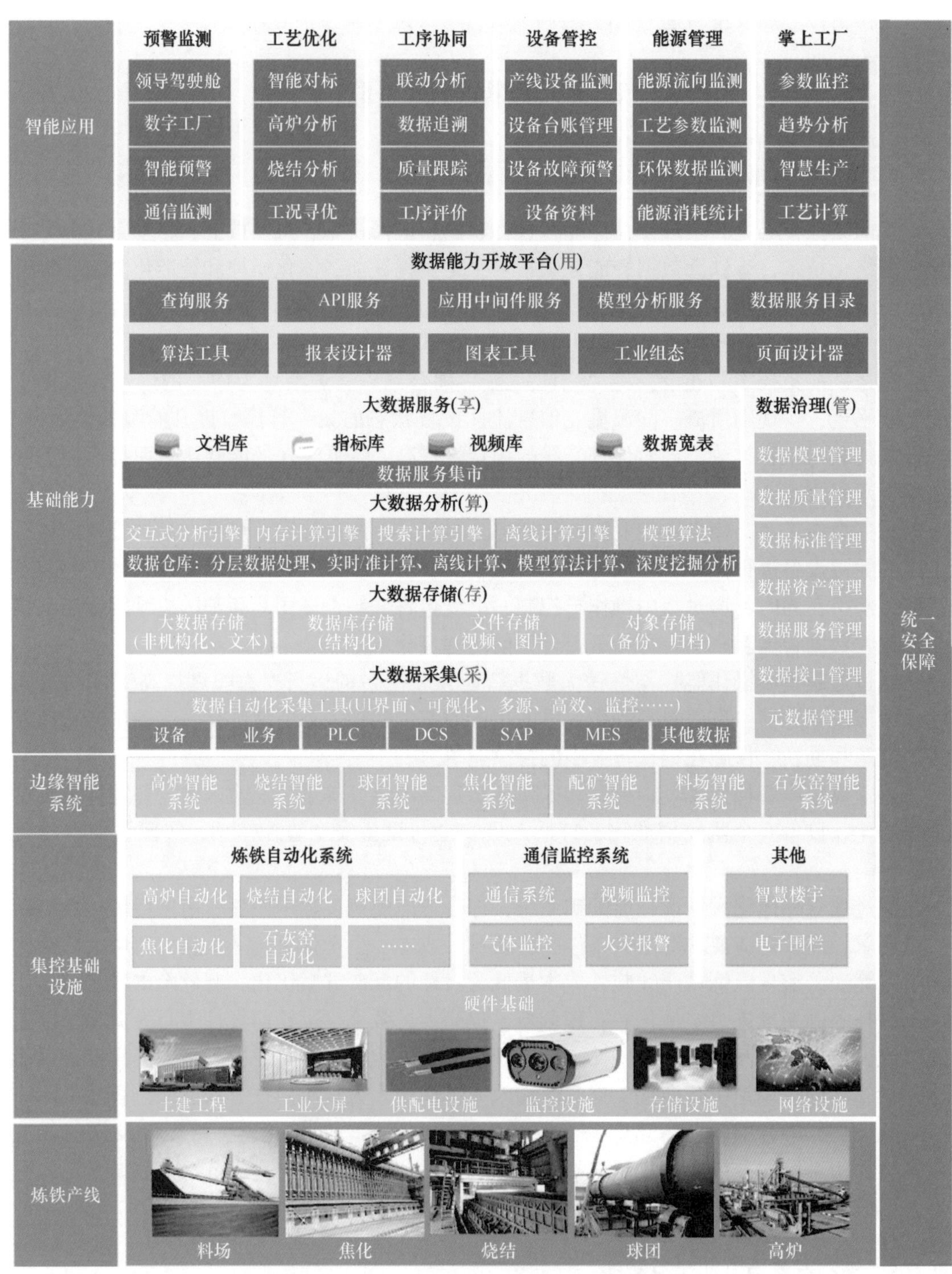

图 8-5 炼铁产线一体化集中管控总体架构

性、周期性和复杂性，制定统一的数据标准和接口规范，自研数据采集软网关，通过开发不同的设备和系统通信驱动和模块，挂接后台数据存储接口，实现对结构化和半结构化数

据的采集和上传。此外整合相关开源大数据框架，对异构数据源进行抽取、清洗、转换、集成，最后加载到数据仓库或数据集市。

8.3.2.1 掌上 APP

在炼铁产线进行智慧 APP 建设，打造炼铁掌上智慧工厂，满足生产过程和移动办工的整体需要。APP 主要覆盖区域包括炼铁相关工序。其主要功能包括：

(1) 参数监控：实现高炉、烧结、原料全铁前生产参数监控，监测生产参数可以配置，满足不同生产单元监测不同参数的需要。

(2) 趋势分析：实现重点参数趋势分析，随时随地了解生产、指标状况。用户可自定义追加需进行分析的数据项，根据配置方案追溯工序相关联的数据信息，进行数据相关分析。

(3) 智慧生产：实现异常参数自动分级推送预警、生产状况智慧诊断。

(4) 移动处理：实现信息传递、生产监控高度融合。

(5) 移动报表：根据实时数据和分析的结果数据形成日报、月报以及其他形式的报表。

(6) 炉长报告：炉长对炉况的分析报告，可以上传到平台，可以按内容检索报告文档。

(7) 工艺计算：提供常见炼铁工艺计算工具，方便在生产过程中使用。

8.3.2.2 工序成本与能耗对比分析

工序能耗主要针对高炉、烧结工序，通过选择时间范围进行近年工序能耗的对比，进行实际能耗与计划能耗的对比，折标煤量的对比及各能耗项目实际能耗的对比，明确各能耗项目的能耗。从年对比追溯当前年月能耗的对比，了解当前年各月能耗的升降情况，掌握各能耗项目能耗的变化、各能耗项目对于能耗升降的贡献率，如图 8-6 所示。查询月能耗明细，了解各能耗项目的计划单位能耗、实际单位能耗等情况，有利于进行能耗控制，指导操作人员及时做出相应调整。

结合数据展示分析挖掘的实际需要，选择内存数据库、关系型数据、时序数据库、对象数据库以及分布式数据库相结合的混搭式数据存储架构，充分发挥各类型数据库的特点，从而更好地实现在线监测、时序分析、设备报警、大数据分析等业务应用场景。采用分布式数据处理和任务调度，经济高效地完成数据集成，实现高效率、规范化数据处理流程。此外采用实时分析和离线分析相结合的成熟开源产品，集成部署采集层、存储层、计算层、服务层、应用层软件，实现各类异构数据的采集、治理、存储、分析、挖掘和业务展示。

炼铁大数据平台，通过将批流结合的数据处理技术、分布式存储技术、大数据挖掘技术与炼铁产线实际业务场景相结合，提供稳定可靠的大数据产品，形成了数据接入、数据存储、数据治理、数据分析、数据服务等大数据解决方案体系。

8.3.2.3 报表导出

根据实际业务需求，开发烧结、球团、高炉工序相关生产数据报表，主要包括生产班报、日报、月报、年报等。平台提供相关报表设计工具，报表设计灵活可变，具有强大的可扩展性。先在 EXCEL 中提前设计好自己需要制作的报表模板并上传，然后借助系统提供的报表配置工具，将报表模板和 EXCEL 单元格进行绑定，完成数据报表的配置功能。

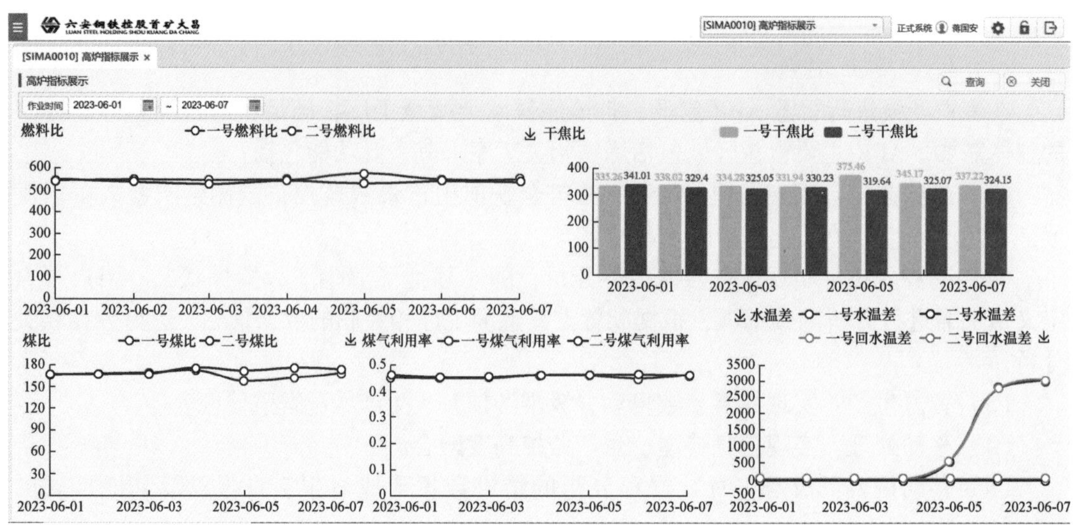

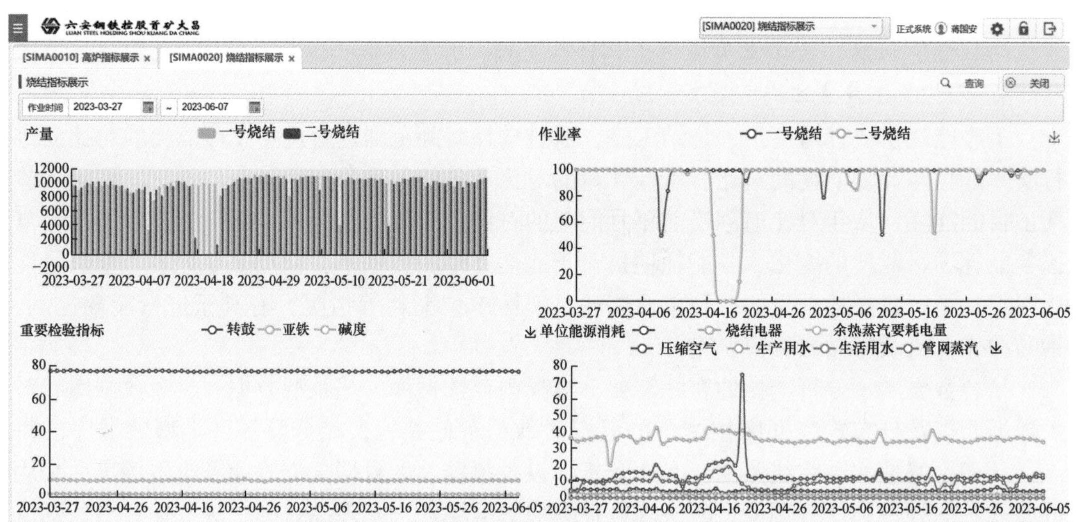

图 8-6　高炉、烧结当前年月成本能耗指标对比图

（扫描书前二维码看大图）

根据领导驾驶舱、提供各维度数据，可定制化地生成用户所关心的详细的报表数据，不同维度用户可根据需求进行增减，煤气流分布按班别统计高炉每小时的十字测温数据、顶温数据、煤气成分数据，支持导出为 . xlsx 文件。原料用量差表统计各工艺单元每天到规定时间段内的使用量、库存量，日库存量变化数据，支持导出为 . xlsx 文件。

8. 3. 2. 4　工序评价

联动分析功能根据皮带运行速度，槽下矿槽烧结矿余量，实现从配矿—烧结过程—取样（烧结成分）—高炉炉顶—高炉软熔带—出铁（铁水成分）整个炼铁工序的数据智能匹配。联动分析界面提供配矿工序、烧结工序、高炉工序下的数据流匹配分析，支持用户

自定义选择数据点进行分析，默认自动保存用户上一次选择的数据点。

质量跟踪对从烧结、球团等上游工序的产品到高炉之间进行实时跟踪，对质量大幅波动的产品，向下游工序提前进行消息推送，降低由于上游产品质量问题造成的影响程度。

工序评价主要分为铁前整体评价、高炉工序评价和烧结工序评价。针对铁前全局和每个工序的特点，基于产量、能耗、顺行、安全、质量等方面，选取对应的 KPI 关键指标进行在线动态评价打分，对各个工序进行动态体检，并对引起指数下降的 KPI 指标进行跟踪和预警；当指标下降时，系统会进行自动追溯并定位到影响的具体指标。

8.3.2.5 工况寻优

智能对标包括纵向与横向对标。

（1）纵向对标：数据对标根据配置的数据点站点和时间范围进行纵向对标，查出的数据以图表的形式展示，折线图展示的是配置的数据点的详细数据，柱状图展示的是均值、最佳值、当前值（鼠标指针放置在当前值上会展示当前值跟最佳值相差多少），如图 8-7 所示。

（2）横向对标：支持在集团内部或者炼铁行业同类型高炉进行对比分析，例如在集团平台上对所有高炉炉缸的安全状态以侧壁最薄残衬进行排名和对标。同时为用户提供对标时所关心的相关数据，如高炉炉缸设计数据、温度热流数据、监测设计数据，以及炉役后期对应的操作规程及预报警标准等；用户可在平台对所关心高炉炉缸进行全方位对标分析。实现集团炼铁产线高炉炉缸安全的统一管理和对标分析，形成集团高炉炉缸的运行监测的管理标准和对标分析。

布料制度分析：从高炉操作的关键点——布料制度调整出发，自动统计布料矩阵变化，以及布料矩阵使用期间对应的经济指标，上部、中部、下部反应，同时将矩阵使用期间炉顶热成像图片自动匹配，直观查看不同布料矩阵对应的气流分布状态。

高炉冷却壁安全分析：实现高炉冷却壁安全实时监测分析，对冷却壁破损概率进行预测，基于平台通过对冷却壁热流强度、热流强度预警报警次数、冷却壁热面温度、热面温度超限时间、冷却壁位置渣皮脱落次数等历史数据的综合分析，实现冷却壁破损概率预测，有效指导现场对重点位置冷却壁进行重点监控防护，减少发生冷却壁烧损，引发炉体破损等重大安全事故，如图 8-8 所示。

烧结分析从混匀料配矿方案出发，跟踪配矿方案对应的烧结配矿方案，烧结过程参数，以及烧结矿质量，为配矿方案优化提供数据分析支撑。

综上，铁前集控重点围绕 5 部分功能部署。

（1）铁前设计参数数据：包括炉型尺寸、耐材种类及性能、冷却器结构等。

（2）铁前原燃料参数数据：包括铁矿粉、入炉矿石、焦炭以及煤粉的种类、配比、成分性能等。

（3）自动化实时监测数据：包含测温电偶、水温传感器、流量计、静压计一次监测元件的实时数据值。

（4）专业数学模型计算结果：包括布料模型、操作炉型模型、侵蚀模型等专业机理模型的实时计算输出结果。

（5）铁前生产事件记录：包括高炉计划及非计划性检修、停炉、开炉、更换备件等事件记录。

集控中心系统拓扑图如图 8-7 所示。

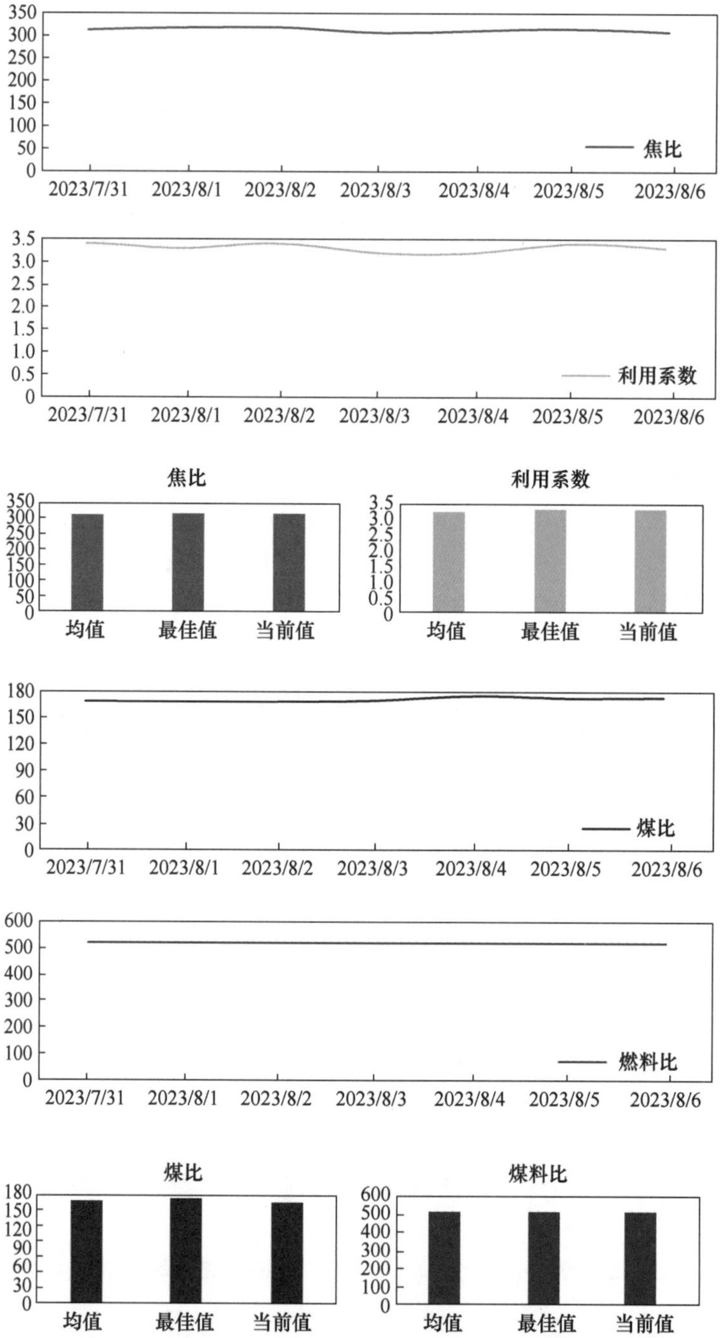

图 8-7　高炉纵向对标图

图 8-8 高炉冷却分析图

（扫描书前二维码看大图）

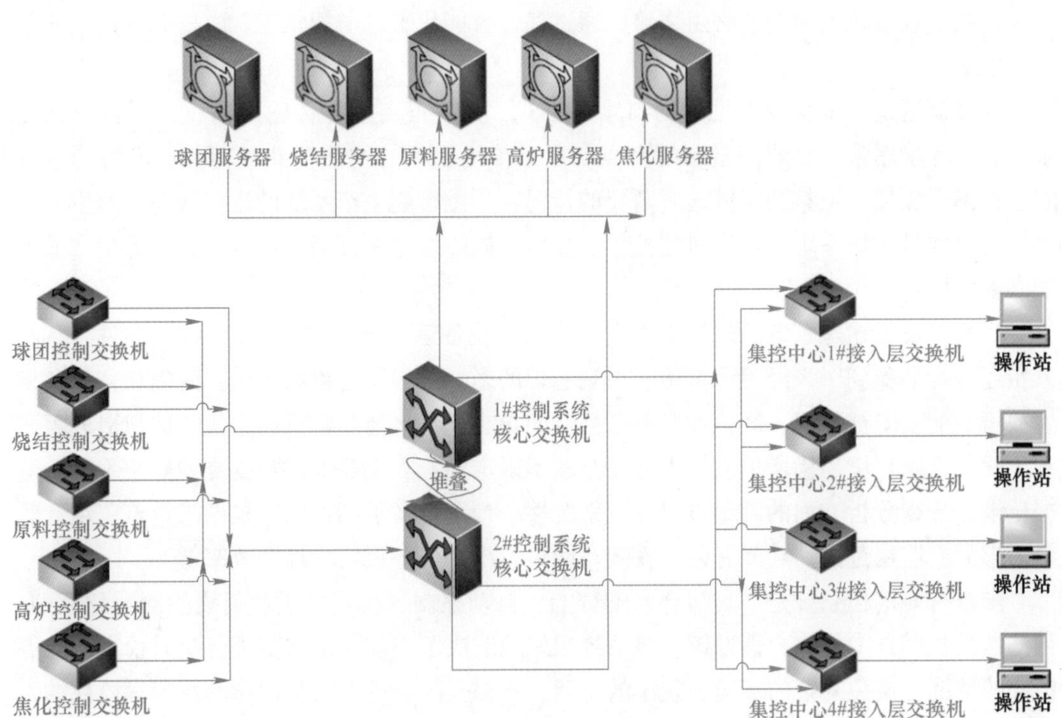

图 8-9 集控中心系统拓扑图

⑨ 机 器 代 人

9.1 皮带智能巡检

9.1.1 机器巡检技术背景与价值

近年国内大型输送机巷道、井下水泵房变电所、城市综合管廊、线缆管廊、高速隧道、石油石化、化工厂、焦化厂都出现了机器人巡检的应用场景。钢铁冶金行业，特别是冶炼主流程，反倒是应用机器人巡检的案例不多，仅限于变电所、配电室等相对环境干净、温度适宜的场所有零星报道。其实钢铁行业相比其他行业，更加需要机器代人，以原料场、烧结厂为例，每个单元皮带数量平均 89 条，仅皮带工就合计定员 136 人。

结合“两化融合”和工信部印发《促进新一代人工智能产业发展三年行动计划(2018—2020 年)》精神，各大钢厂、煤矿进行了调研学习，通过调研、交流和学习，统一了认识，充分认识到煤矿智能化建设是提升选煤科技含量、促进煤矿转型与升级、全面实现提质增效、减人为安的必由之路。通过建设智能化平台与智慧工厂，提升制造业的智能化水平。

皮带输送是钢铁企业常见的物料输送方式，具有设备多、传输距离长、运行方式复杂、运行环境恶劣、故障因素多等特点。由于传输物料的物理特性，容易造成传输带卡阻、跑偏、撕裂、堆料甚至输送带断裂的情况，严重影响生产系统的运行效率以及生产安全性。对皮带输送系统进行实时监控，防止传输故障发生是提高生产效率、降低生产成本的必要手段。

当前，皮带输送系统的巡检工作主要问题：设备运行过程中无法进行人工巡检作业；人工巡检容易受到个人经验和情绪、主观意识的影响；人工巡检频率低，间隔长，设备发生故障不能及时被发现；环境场所复杂、空间狭小、积水情况常见，对人工巡视造成阻碍和干扰；复杂环境巡检增加人员人身安全的不确定性；人工获取的数据受到监测手段、数据记录、数据分析方面的制约难以形成系统性，参考意义不高；固定摄像头定点监视，数量需求大、监视范围、功能有限、安装布线多、维护任务艰巨，综合效率低。

皮带智能巡检系统是一套结合人工智能、自动控制、机器视觉、射线检测、物联网、预测性维护等技术的综合性系统。该系统很好地解决了当前人员只能进行定时检查、驻点值守的情况，避免复杂的环境、狭小的空间、不安全因素等对人员巡检的影响，检视结果不受个人经验和情绪、主观意识的影响，不受监测手段、数据记录、数据分析方面的制约，最大程度提高安全性和对设备的保护能力。实现一套完整有效的皮带输送无人值守系统有着重大意义，可为钢厂、矿山安全生产保驾护航。

能够解决的实际问题：多参数移动巡检装置能够代替人工从事一些强度高、持续时间长的单调重复性工作，使工作人员从繁重的工作环境中解脱出来，既能提高工作效率，又可以保证人员的安全，实现危险工作区域的无人化、少人化作业。此外机器人还可以进入空间狭小、平常难以到达的区域，扩展作业的工作范围。该巡检装置是无人值守系统的首选，是数字化、无人化、智能化生产的重要组成部分，应用该系统能够最终实现“高产高效、少人无人”的企业建设目标。

对皮带机日常的巡检工作：运转前、运转中和停机后三种情况的设备参数及实时状态检测。

(1) 运转前主要检查皮带、托辊、带面等关键部位。

(2) 运转中检查机头和机尾异常、落料异常、皮带运行异常（跑偏、撕裂等）、带面杂物、叠带、托辊异常等现象。

(3) 停机后检查带面、连接部位和托辊变形。

(4) 控制皮带机各个仪表显示数值监控，查看有没有数值超标并报警。

(5) 冷却风扇、减速机和空压机等温度测量。

图 9-1 为机器巡检应用场景。

图 9-1 机器巡检应用场景

9.1.2 机器巡检方案

下面以企业皮带机配置智能化无人值守系统为例介绍，巡检范围为 1 号、2 号、3 号大倾角皮带机。现场情况如图 9-2~图 9-4 所示。

实施方案为皮带机共安装 3 台智能巡检机器人、2 台固定值守异物识别机器人、2 台皮带表面撕裂固定值守巡检机器人、1 台移动钢丝绳芯皮带强度固定值守巡检机器人、3 个充电桩、3 个通信子站、1 套廊道智能化巡检管理系统。巡检机器人安装在皮带廊道的一侧，机器人沿直线形或弧形轨道往返巡检。对皮带托辊温度（见图 9-5）、现场声音等

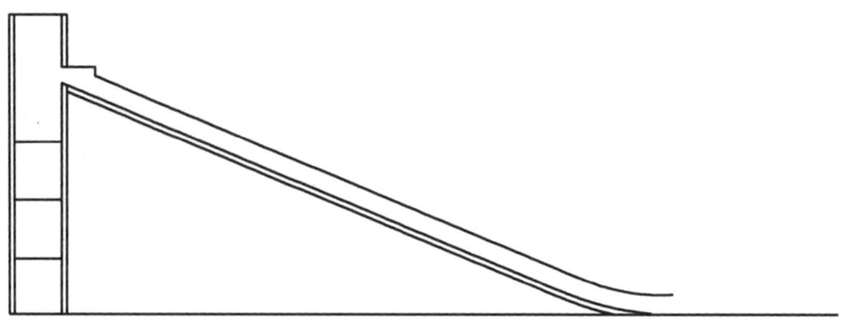

图 9-2　1 号皮带机图

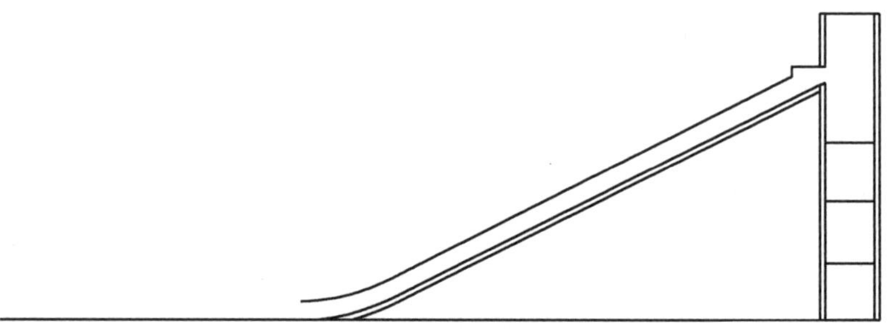

图 9-3　2 号皮带机图

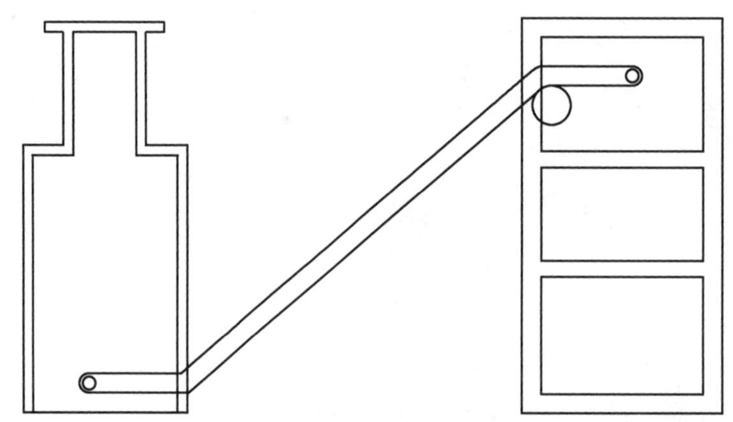

图 9-4　3 号大倾角皮带机图

异常自动检测、判断并预警。

固定值守异物识别机器人安装在皮带张紧装置上方，利用图像算法、热成像和音频数据实时监测油罐压力、电机控制柜状态。

皮带表面撕裂固定值守巡检机器人安装于皮带机下方位置，利用机器视觉技术，同时引入辅助结构光轮廓线，实现对胶带表面的各种损伤进行实时的识别和判断，并根据判断结果进行报警或停机处理。

钢丝绳芯皮带强度固定值守巡检机器人安装于皮带下方位置，有效监控钢丝绳芯皮带在使用过程中，防止断裂、撕裂，以及其他损伤而影响正常生产，智能识别，及时预警。

机器人通过自身携带的云台设备，通过自动的左右旋转，调整俯仰的方式，完成对皮

(a)

(b)

图 9-5 皮带机托辊温度检测图像

带主体的巡检扫描任务。定点式可见光相机分布在皮带线各处，施工时需要根据现场实际情况确定安装位置以达到最好的检测结果，充电桩放置在轨道的机头或机尾，通信基站均匀分布在皮带线各处，保证整个廊道的网络覆盖，智能化巡检管理系统用于监控控制机器人运行。示意图如图 9-6~图 9-10 所示。

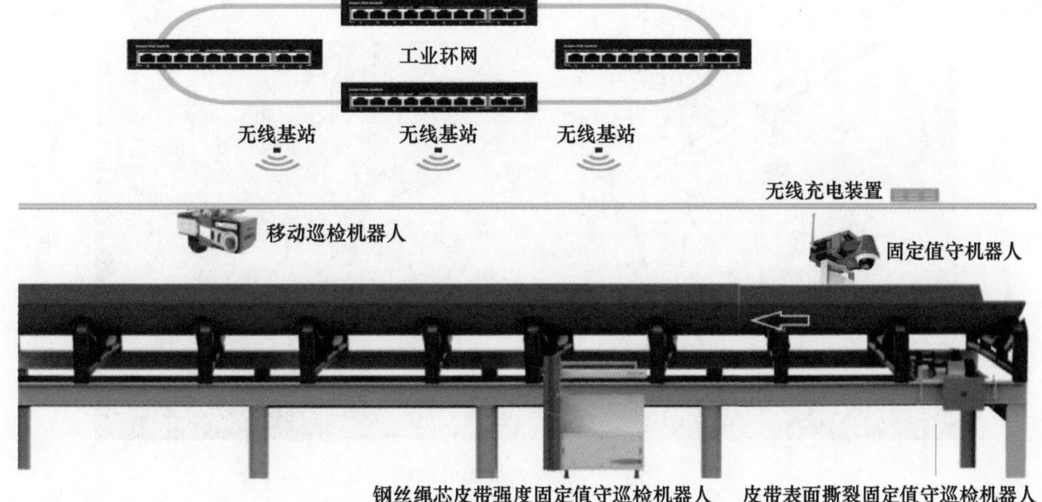

图 9-6 皮带机巡检机器人网络与轨道图

通过后台大数据分析系统，实现机器人与控制系统的融合联动。当机器人发现故障时及时进行声光报警，通过 APP 和短信方式向安全管理人员发送报警信息，实时启动融合联动功能，向系统发送紧急制动指令，同时打开保护装置，最大化降低故障损失。

当生产辅助系统保护装置发生报警时，融合联动功能自动向机器人发出停止巡检指令，机器人直接前往报警地点，协助检修人员处理系统异常信息。机器人巡检系统通过图像识别、声音对比、轨迹环境、红外数据等，实现故障多维度统计和大数据分析，为设备提供维修保养依据。使用机器人巡检可达到巡检的连续性，弥补人工巡检缺陷，实现了无人巡视的常态化管理目标，达到了矿井实施机械化换人、自动化减人战略方针，全力打造智能矿井智慧矿区。

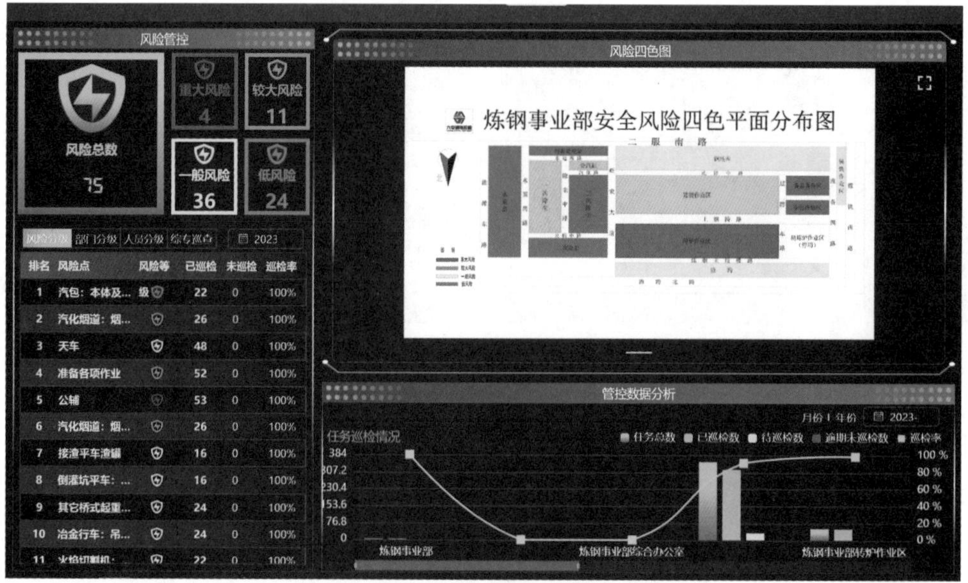

图 9-7　巡检机器人后台图

（扫描书前二维码看大图）

图 9-8　机器人现场巡检图

图 9-9　机器人皮带局部巡检图

图 9-10 机器人局部图像放大图

9.1.3 机器巡检硬件与功能

9.1.3.1 系统配置

机器人系统软硬件配置见表 9-1。

表 9-1 机器人系统软硬件配置表

序号	部 件 名 称	型号	数量
1	矿用本安型多参数移动巡检装置	ZDX12	3 台
2	矿用本安型固定值守异物识别机器人	KBA12	2 台
3	矿用本安型皮带表面撕裂固定值守巡检	ZZS127	2 台
4	矿用本安型钢丝绳芯皮带强度固定值守巡检（选配）	KJ581	1 台
5	矿用本安型移动巡检子站	ZDX12-F	3 台
6	矿用隔爆兼本安型直流稳压充电电源箱	KDW127/12	3 台
7	工字钢	10 号非标	409m
8	连接套件		137 套
9	光纤		300m
10	电缆		550m
11	数据平台服务器（含：主机、34 寸显示器、麦克风、音响、鼠标、键盘）	V1.6	1 套
12	轨道长度		409m

9.1.3.2 机器人安装细则

根据现场情况，确认每根轨道的安装位置。用定制夹块、螺栓把轨道固定在廊道横梁上，用水平仪测量轨道安装水平和垂直度，调整吊架。轨道与轨道连接处用专用连接片固定。轨道整体安装完成后，测试轨道整体的水平和垂直度，利用吊架的调节杆调整高度，使轨道安装水平、垂直度满足要求。

焊接，根据现场情况，确认每根轨道的安装位置。用钢丝或固定件固定轨道，调整轨道角度，使轨道与横梁满足焊接要求。轨道与轨道连接采用满焊。电焊满焊轨道与横梁接触面，焊缝外表应整洁、均匀，不得有裂纹、表面夹渣、气孔、电弧擦伤等缺陷，并打磨平整。安装完成后，测试轨道整体角度，使轨道安装角度满足要求。

施工人员利用脚手架把机器人安装到轨道上。在轨道安装充电桩，充电桩电源在就近的 MCC 柜空开取电，空开规格为 AC 220V 10A。

9.1.3.3 控制中心安装方案

远程服务器安装于地面调度室或指定位置，选用框架式服务器，外形美观。巡检机器人共同使用一台服务器来实现对机器人本体的控制及数据传输。

人工智能 AI 学习，利用计算机来模拟人类大脑思维的信息过程，借助大数据库进行认知建模、机器感知、机器思维，构建计算机自己的知识体系，在使用过程中不断进行自主学习。

本安设计，机器人本体采用本安型设计，具有更高的电气可靠性和稳定性，质量轻和体积小，可实施超长时间巡检，运行更节能、更稳定。安标名称：防爆本安型移动巡检平台，煤安证号：MAB170437。

40°爬度行走，多轮紧箍设计可实现大倾角多弯度复杂行走。挂轨式行进，挂轨式巡检机器人按照设计施工时指定的路线运动，路径相对固定，不影响工作人员的通行和其他设备的正常运行。

9.1.3.4 主要硬件产品

多参数移动巡检本体是本系统的核心，如图 9-11 所示，从功能构成上分为行走模块、充电控制模块、中央控制模块、多参数采集模块、通信模块等；通过物联网技术的扩展应用，可实现视频、烟雾、气体、温度、音频、热成像、扬声播放、超声避障等多参数的采集、判断或监测的扩展。

图 9-11 巡检本体图

本安型移动巡检子站，通信传输采用符合 TCP/IP 的 WiFi 信号的网络通信系统，如图 9-12 所示，以达到远程移动监测，实时将数据传输集中至管理控制中心。

隔爆本安型电源箱，12V 本质安全型电路，直流触点保证现场使用安全；多参数移动巡检装置通过本体 5A · h 锂电池供电，保证足够的续航能力。采用分布式充电点结构，

在运行轨道科学配置充电装置，通过巡检装置自带电量监控系统实现自主充电。充电仓图如图 9-13 所示。

图 9-12　无线通信子站图

图 9-13　充电仓图

钢丝绳芯皮带强度固定值守巡检，主要实现对新出厂钢绳芯输送带的质量检测和新输送带初次硫化接头是否标准进行检测；对投运生产中的钢绳芯输送带表面划伤、破损、内部断裂、接头抽动等影响胶带运输安全的缺陷进行检测，从而保证胶带运输的安全和实现针对性维修和维护。

皮带表面撕裂固定值守巡检，该设备利用高速摄像机对胶带表面进行拍摄成像，通过激光束在胶带表面呈现一条与胶带表面完全相同的轮廓线，实现了对胶带表面轮廓线的实时成像，辅助图像实时算法对拍摄到的轮廓线变化进行实时判断，准确实现对胶带表面脱胶、撕裂等破损进行实时的检测和预警。图 9-14 为撕裂检测激光束发射器。

固定值守异物识别机器人，固定值守式异物识别机器人以矿井皮带为对象，优化现有方法并重点研究下列方面内容：视频防抖动、纹理图像分割、目标准确跟踪以及皮带异物检测算法。

轨道系统，使用 10 号工字钢做巡检装置轨道，表面经过特殊防锈处理，结实、耐用、不易侵蚀。轨道每个为 6m 长，覆盖全部巡检区域，是巡检装置运行的主要载体。

图 9-14　撕裂检测激光束发射器

后台软件系统，采用 C/S、B/S、移动客户端 APP 结合的形式，模块化架构清晰，外部接口齐备，具备对整个机房内各类辅助设备进行综合管理、联动、协调的能力。巡检装置采集数据通过 Web 服务器对外接口向外共享，专用客户端软件可对移动巡检装置进行遥控、任务配置、视频访问、数据访问等。

9.1.3.5　机器人产品功能

视频采集，多参数移动巡检装置搭载有本安型“双光谱”云台摄像仪，分别采用

30 倍光学变焦 1080P 可见光成像和 10 倍变焦 720P 红外热成像，实现人工巡检的“看”，能够实时采集沿轨道方向的现场工况，实现整体全方位可视化监控。

红外测温，采用非接触式红外热像测温原理，通过捕捉设备辐射的热红外线，能够准确对皮带运输物料、电机、驱动等进行全局测温，并形成热视图像，直观展示设备温度分布情况，快速定位高温故障点，自动进行报警，并记录超温位置和时间。

音频采集，采用标准声传感器（见图 9-15）进行音频采集，完整记录噪声的声学特征，并配套分析处理软件，自动识别各种异响，从而实现人工巡检的“听”。巡检机器人搭载 4 路全向声学相机，实现对巡检轨迹内声音信号的采集和托辊损坏的自动识别。

图 9-15 音频采集传感器图

气体检测，搭载气体传感器，用于检测环境中一氧化碳、甲烷、硫化氢、氧气等气体浓度，实现超限预警。

烟雾探测，搭载烟雾探测传感器，检测环境中烟雾浓度，超限预警，防止火灾事故的发生。

定点监测，当设备巡检至仪表区域时，自动读取指针/数字仪表数据，转化为数字信号后存储至上位机，当数值超出阈值时发出声光报警信号。

皮带跑偏监测，视觉系统采用深度学习目标检测算法（yolo3）+传统 cv 算法（lsd）识别皮带边缘位置与托辊边缘作出对比，当皮带跑偏超过阈值时，将跑偏位置及跑偏程度总结为报警信息上传至上位机。

异物料识别，利用图像算法、热成像和音频数据实时监测落料口，识别大块矸石、锚杆、金属铁器等物料中的异物，实时监测输送带运行状态。

遥控定位，产品可切换自动巡检和手动巡检两种模式，手动巡检级别高于自动巡检，可遥控巡检机器人快速到达指定的位置。

远程视频对讲，可控巡检装置移动至指定位置，实现指挥中心对现场指挥作业。

无线通信，采用定向无线模式，在巷道内建立并实现大数据无线传输及 5G 信号覆盖，实现对移动中机器人采集信息的实时回传。定向传输最远距离可达 1km，传输速率最大可达到 30Mbps。

自动电量监测、自主充电，采用锂电池供电，并自动检测电池电量，剩余电量不足时主动寻找最近的无线充电点进行充电。

电池耐久保护，电池加装恒温装置，保证在温度过低时，自动实时保温。

数据存储查询功能，将设备采集到的数据和处理后的结果存储在远程端的后台软件系统，以便日后对历史数据进行查询比较。

突发情况处理，当廊道内遭遇突发事件，在尚不清楚事故原因的情况下，可手动遥控巡检机器人率先抵达事故现场进行初步勘察，最大程度避免人员伤害。

9.1.3.6 技术指标

A 钢丝绳芯皮带强度固定值守巡检

（1）性能参数。

1）设备控制方式：地面上位机软件远程控制；

2）可检测胶带厚度：≤80mm；

3）系统电源电压：AC 86~265V 宽电压输入，频率 50Hz，功率<1000W；

4）防护等级：IP57；

5）通信距离：≤20km；

6）通信接口：USB，传输速率：最高 480Mbit；

7）通信媒介：光缆；

8）软件运行环境：Windows XP/NT/9x。

（2）环境参数。

1）工作环境。

① 环境温度：一般为-35~+40℃；

② 平均相对湿度：≤95%（+25℃）；

③ 大气压力：86~106kPa；

④ 有爆炸性混合物，但无破坏绝缘的腐蚀性气体场合。

2）电气环境。

① 供电电压：AC 127V 或 AC 220V；

② 可承受波动范围：75%~110%；

③ 输入工作电流<5A。

B 皮带表面撕裂固定值守巡检

（1）系统工作电压：AC 127V；

（2）系统工作电流：≤1A；

（3）可检测胶带速度：0~20m/s；

（4）可检测胶带宽度：无限制；

（5）算法延时：≤0.2ms；

（6）通信方式：以太网（环网）或光纤；

（7）防护等级：IP57；

（8）单帧视野：400mm×300mm；

（9）帧分辨率：1024×768；

（10）停止距离：0.4m 及以上（可根据需求自定义）；

（11）软件运行环境：Windows XP/NT/9x。

C 多参数移动巡检装置

（1）防爆等级：Ⅰ类防爆；

（2）防爆型式：本安类型；

（3）防护等级：IP54；

（4）工作环境温度：-35~75℃；

（5）存储温度：-40~85℃；

（6）工作湿度：5%~95%，无冷凝；

（7）输入/输出电压/功率：AC 127~220V/DC 12V，4A/200W；

（8）行走机构：挂吊轨道；

（9）水平移动距离：充满电，水平巷道连续运行≥5km；

(10) 水平移动速度：0.5m/s；

(11) 平地续航时间：5h；

(12) 充电时间：4h；

(13) 信号控制协议：PELCO-D 等支持辅控指令可选；

(14) 传输协议：RS-485，RS-232，以太网，4G、5G、WiFi，电力线载波等；

(15) 无线网络传输带宽：300M；

(16) 摄像机：30 倍光学变焦，500 万像素；

(17) 红外热像仪：分辨率，384×288；测温范围，-20～150℃；

(18) 云台参数：水平角度：0°～360°，垂直角度：-90°～90°；

(19) 抗干扰性：距电子设备 1.2m 处发出电磁和射频干扰（频率 400～500MHz，功率 5W），不影响其正常工作；

(20) 外形尺寸：长 550mm×宽 260mm×高 260mm；

(21) 本体质量：≤20kg；

(22) 爬坡角度：≤40°；

(23) 转向半径：水平≥1.5m，垂直≥2m；

(24) 传输距离：基站间传输距离 600～1000m；

(25) 智能预定位功能：最大支持 300 个智能预置点；

(26) 定位系统：支持；

(27) 定时自动巡航：支持；

(28) 后台无人值守模式：支持；

(29) 障碍物自动规避：支持；

(30) 信号采集：支持图像、声音、温度、烟雾等数据；

(31) 手机 APP 及 Web 显示：支持；

(32) 视频资料保留：支持，分辨率 1080P、120 帧/秒以上，默认保留 30 天。

9.2 焦化电机车无人化驾驶

9.2.1 项目背景与改造原则

焦化厂一般有 2 台电机车头（干熄焦及水熄焦各 1 台），当前操作方式多为操作台手动操作。采用四车联锁系统，功能运行正常。为保证电机车更稳定的运行，减少故障率及人工作业强度，提高电机车自动化及智能化水平，拟在现有基础上进行智能化升级改造，增加车辆作业管理系统、智能安全防护系统、设备智能诊断系统等，实现电机车全自动无人操作，减员增效，提高作业可靠性及稳定性。

设计原则及改造范围。

(1) 高可靠。无人自动控制采用程序控制，对各种信号、设备的依赖性强。如果检测的信号不正确，系统会产生误动作。关键检测设备一定要可靠性高，故障率低。系统软件、程序也要按高可靠性的原则进行设计编制。

(2) 安全性。人工操作有操作员在四大车上操作，有多种操作方式可选择。车上设

备如有故障，可人工干预，对生产的影响不大。人是高智能个体，能对出现的各种意外情况作出快速反应，避免事故的发生。系统改无人操作后，对各种可能的故障必须考虑详尽，并一一做出处理：或报警、或停机。

（3）易维护。改造后，系统比原先复杂。原先操作员可判断的故障现要交由系统自动判断。因此新系统要能自动判断各种故障，并提前指示预警。对不能自动判断的故障，要能提供各种信息供维护人员参考。

（4）问题处理便捷性。系统设备很难做到完全没有故障，为减少临停时间，降低对生产的影响，对非关键故障，可采用人工远程干预的方式，使系统能正常运转。同时可简单快捷地完成故障排查并恢复生产。

（5）自诊断。系统在启用前，能自动检测各设备状态，确保安全联锁条件满足，保证设备运行安全。如果条件不满足，则电机车无法启动运行，并在系统上显示问题原因及处理建议。

（6）改造范围。四车联锁系统采用武汉利德品牌，当前系统运行功能正常，且电机车状态良好，具备进一步无人化升级改造的基础。为了实现电机车无人化运行的需求，保证设备可靠稳定运行，拟对以下部分进行升级改造：

1）电机车抱刹系统改造，升级为电液抱闸，提高刹车扭矩。

2）视频监控系统升级，远程监控。

3）围栏修复，防止人员闯入。

4）电机车防撞检测系统及区域安全防护系统。

5）轨道整修，对轨道问题检修，保证电机车运行平稳可靠减少震动。

6）无人化系统通信改造，含与四车联锁系统通信、提升机系统通信及中控上位机管理系统通信。

7）无人化程序设计及上位机系统设计，满足远程操作及监控的要求，保证电机车无人化运行稳定可靠。

9.2.2 车辆关键硬件技术改造

本方案利用车辆自动定位、自动控制和无线通信等技术来实现焦炉机车无人驾驶，具体改造内容及方案介绍如下。

9.2.2.1 抱闸系统改造

现有的刹车系统采用机车配置的空压机作为动力，在使用过程中无法满足电机车无人化运行精确定位要求。拟对抱闸机构进行升级改造，由气动刹车升级为电液抱闸系统，如图 9-16 所示。

现有气动抱闸安装在电机与减速机之间，当刹车动作时抱紧联轴器上的刹车盘达到制动的效果。由于气动刹车制动效果有限，这种方式在电机车运行时无法达到理想的制动效果。

如果在此位置改造为电液抱闸装置，当电机车在制动时，电液抱闸会很快地抱紧刹车盘，但是此时电机车的惯性力全部由前部的减速机承受，则容易出现切轴断轴的问题。

综上所述，为了达到理想的抱闸效果，拟将电液抱闸改造到电机车轮上进行制动，直

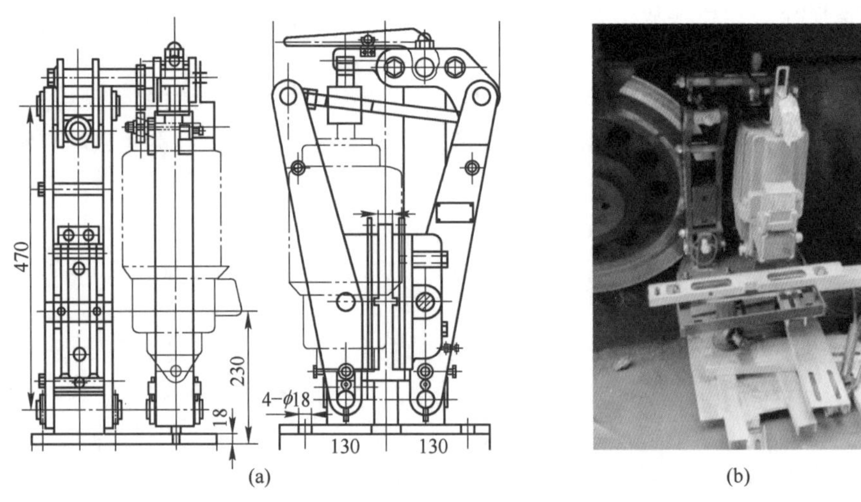

(a) (b)

图 9-16 电液抱闸机构示意图

接抱紧车轮制动，既可以达到制动的效果，也能避免出现电机或减速机断轴的风险，如图 9-17（b）所示。

(a) (b)

图 9-17 现有电机车抱闸位置与改造后抱闸方式对比图

9.2.2.2 主要技术参数

抱闸机构作为电机车的关键安全设备，正常生产情况下，抱闸系统需能控制电机车在停车位置不溜车；在紧急情况下，亦能在较短距离内控制电机车从运行到停止状态。考虑到电机车自重较大、运行速度较快，为了保证安全，抱闸机构拟采用参数如下：

（1）反应时间：可调节刹车时间；

（2）额定制动力矩：5000N · m；

（3）制动盘厚度：40mm；

（4）总质量：150kg；

（5）使用寿命：≥5 年；

（6）操作频率：允许 24 小时不间断工作。

9.2.2.3 抱闸工作流程

抱闸机构供电电源为交流三相 380V，当通电时，转子旋转，带动叶轮旋转，将油室里的油压进活塞室，推动活塞上升，打开制动器，解除刹车。拟在电机车上前后安装 2 套电液抱闸机构。工作方式如下：

（1）正常生产情况下，电液抱闸机构根据变频器运行信号自动控制。当变频器输出运行信号时，抱闸自动打开，电机车开始走行；当变频器输出零速信号时，抱闸自动锁紧，以保证不溜车。

（2）紧急情况下，当拍下急停按钮时，控制系统切断变频器信号停止输出，抱闸立即锁紧，以最小距离控制电机车停止。

以上方式无论手动模式、自动模式、检修模式，抱闸机构动作由变频器输出进行控制，无需人员手动操作。

9.2.2.4 视频监控系统改造

当前电机车在关键位置已安装了监控摄像头，并在电机车上安装了硬盘录像机采集显示图像，包含如下画面：电机车头及车尾、近罐画面及远罐画面，如图 9-18 所示。

图 9-18 电机车视频画面

电机车实现无人操作后，建议在电机车上增加一个监控炉区的摄像头，用于记录推焦炉号、视频画面等信息，方便后期溯源。

同时，在推焦车及地面增加无线网桥，将视频信号回传至中控室和推焦车，并在推焦车及中控室增加硬盘录像机及显示大屏，用于视频信号显示。中控室和推焦车上操作人员可清晰地看到电机车的运行情况。视频传输硬件配置表见表 9-2。

表 9-2 视频传输硬件配置表

序号	名 称	品 牌	数量	备 注
1	无线网桥	彼洋、多倍通	5	电机车、推焦车视频回传各 2 套
2	硬盘录像机	海康威视	3	中控室及推焦车各 1 套

续表 9-2

序号	名 称	品 牌	数量	备 注
3	存储硬盘	主流品牌	3	配合录像机使用
4	视频交换机	三旺、MOXA	4	视频信号传输
5	显示大屏	戴尔、三星	3	中控及推焦车显示
6	光纤收发器辅材	主流品牌	4	信号接入
7	高清摄像头	海康威视	1	电机车监控炉区

安全性、可靠性是电机车无人化运行的必备条件，也是电机车无人化改造是否成功的最低标准。为了保证电机车的运行安全，达到可靠运行的要求，结合现场实际情况，主要有以下几种措施：

（1）安全距离强制减速，在电机车正常运行时，电机车通过格雷母线位置检测及外部检测传感器双重位置保护信号（任意有效则触发），距离提升塔或高炉号位置安全距离范围内（如小于 10 号炉或大于 110 号炉）时，强制减速至安全速度（如 2 档速度）运行，防止高速过位出现安全事故。

（2）极限位置强制停车，在正常运行情况下，如果电机车行走超过左右极限位置（提升塔位置超过近罐距离或接焦超过远罐接焦位置），电机车立即停车，抱闸系统立即工作实行紧急停车，以保证电机车安全（在检修模式下，维护人员可通过密码权限解除限制）。

（3）电机车区域安全检测，在电机车前后中间位置，各安装一台区域安全检测系统，用于实时对轨道上人员或其他障碍物监控。当检测到轨道中间有障碍物时，根据检测距离实行安全减速或强制停车。图 9-19 为安全距离测量仪。

图 9-19 安全距离测量仪

该设备可在不同距离范围输出不同的信号点，结合控制系统及语音报警系统输出不同的信号提示，假设传感器检测到障碍物与电机车之间的距离为 D，则输出状态（可根据实际情况设置）如下：

$D \geqslant 20$m，进行语音报警提示；

10m$<D \leqslant 20$m，电机车进行强制减速至安全速度；

$D \leqslant 10$m，电机车强制停车。

9.2.2.5 机械围栏修复

电机车运行区域外围已安装了围栏，但部分区域损坏，人员可自由出入。电机车无人化运行后，电机车运行区域需实行封闭管理，防止人员闯入出现安全事故。需对损坏部分进行修复，并在关键出入口位置设置安全门禁，以便维护及清洁人员刷卡进出。

9.2.2.6 电机车轮改造

由于电机车在雨天时存在打滑溜车的情况，电机车溜车会导致停车位置不准、刹车停不下来等意外情况，从而有出现安全事故的风险。当前手动操作情况下，电机车运行状态及是否打滑均由人工凭借经验完成。电机车无人化运行后，为了自动识别电机车是否打滑并做出正确的模式选择，需对电机车轮进行改造，增加编码器检测轮上速度。电机车轮编码器改造示意图如图 9-20 所示。

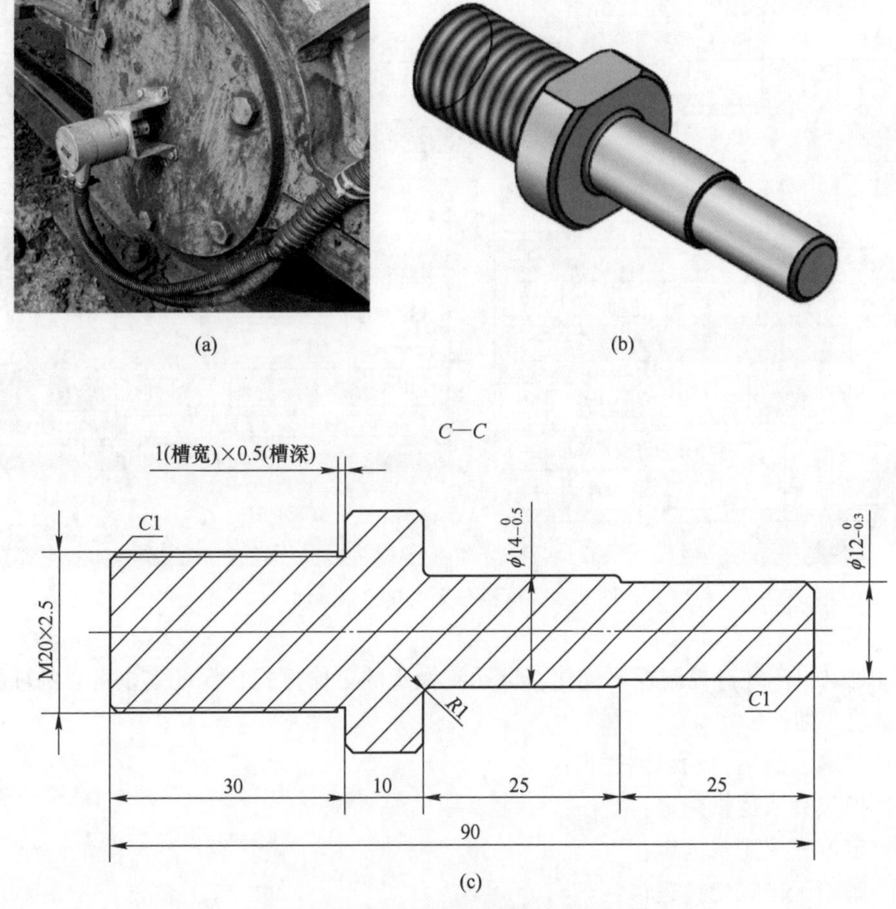

图 9-20 电机车轮编码器改造示意图

工作原理：电机车轮上速度为电机运行转速，格雷母线检测到的速度为电机车对地的速度，两者进行比对，情况如下：

(1) 电机车自动运行在启动至平稳运行时，如果当两者速度变化在一定范围内时，则说明电机车无打滑现象，按照晴天正常模式运行。

（2）当速度差值大于一定范围，则认为电机车轨道湿滑，电机车会自动切换至雨天模式运行，对刹车距离、运行速度等自动调节以保证安全。

9.2.3 车辆控制系统改造方案

9.2.3.1 控制逻辑与功能

在现有控制系统基础上，通过增加以上传感器设备，将信号接入控制 PLC，用于提供更加完善的信号联锁及安全防护。如：炉区前后安全位置强制减速检测信号、车辆区域安全检测传感器、行走报警装置代替汽笛、电液抱闸装置等，通过程序调试及逻辑设计，优化现有电机车的控制逻辑，为电机车无人化运行提供安全基础，如图 9-21 所示。

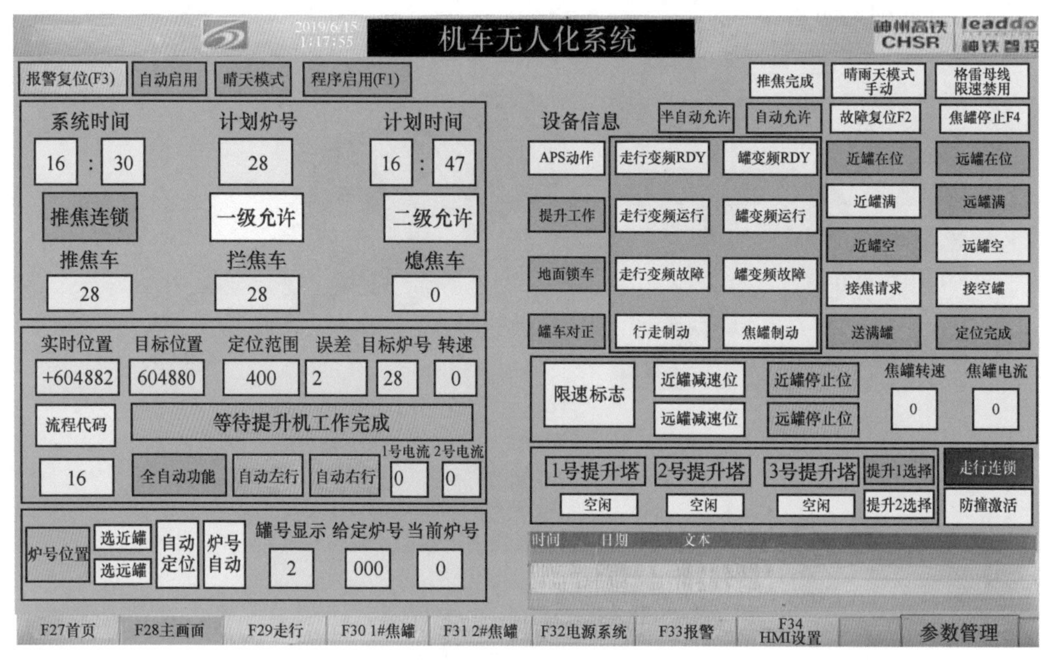

图 9-21 电机车无人化控制画面

同时对电机车现有控制逻辑优化，以达到最优的工作方式，保证安全可靠的前提下提升工作节拍。如：

（1）空罐、满罐自动识别逻辑；

（2）推焦完成逻辑判定；

（3）定位完成逻辑判定；

（4）晴雨天模式切换逻辑；

（5）电机车运行状态及报警处理等。

经过对电机车程序重新设计调试，并与四车联锁及提升塔控制系统实现信息交互，以达到电机车全自动运行的目的，部分功能介绍如下：

（1）晴雨天模式自动切换功能。在雨天模式下，由于轨道湿滑，电机车会打滑导致加速或停车的刹车距离过大。通过技术手段，可实现电机车打滑自动判断，自动切换模式，防止出现安全事故。

（2）电机车速度自动调整功能。根据电机车实时位置与目标位置对比，自行调整最优运行速度。

（3）四车联锁系统与电机车无人化运行安全联锁可靠，在联锁不满足的条件下（如通信、格雷母线判断、信号丢失等），电机车立即采取安全方式停车，以保证设备安全及作业安全，防止安全事故发生。

（4）通过行走定位及抱闸系统配合工作，电机车定位精度控制在 10cm 以内，以保证接焦安全及焦罐位置提升机正常工作。

（5）四车联锁上位机系统将关键的运行状态进行记录保存，以便后期查阅及问题分析。

9.2.3.2 上位机控制画面

为了满足电机车自动运行的需求，同时为后续其他机车无人化做准备，对上位机系统的信号完善性和功能性提出了更高的要求。在现有上位机系统上，增加了更多的功能，如：

（1）地址自动记录校验功能。开启该功能后，能自动记录工作时的车辆中心地址信息，减少人工校对的工作，保证准确性。

（2）车辆状态记录功能。对于推焦计划内的每一炉，均会记录该炉工作车辆的状态情况，如工作车号、电流、是否自动、联锁率等信息，方便数据溯源及工作统计。

（3）报警记录及反馈功能。电机车的报警状态及运行警告会实时在中控上位机上显示并存储到数据库，如图 9-22 所示。

（4）更详细的报表统计功能，如日报表、月报表、班报表、联锁率统计等。

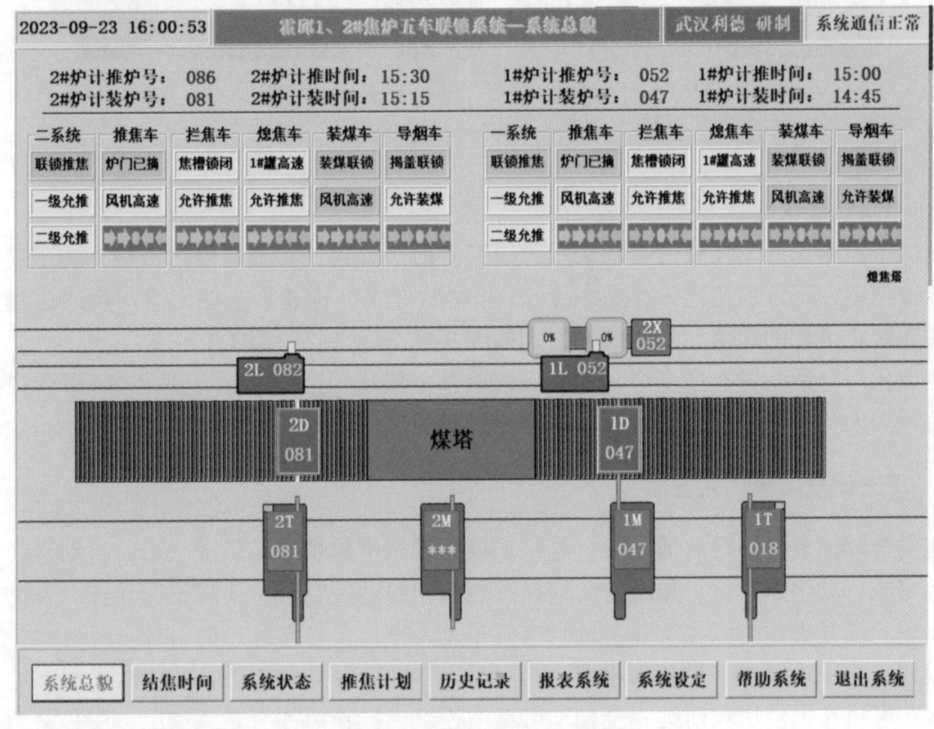

图 9-22 上位机画面示意图

9.2.3.3 设备问题处理

轨道整修，当前电机车变频器及元器件经常出现故障，其与电机车运行的平稳度有很大的关系。而且，轨道平整是电机车无人化运行精确定位的必要前提条件。当前轨道接头位置震动较大，需进行接头熔接并调平调直。

插销整修，此外，电机车头与罐车间的连接插销有松动，现象表现为：电机车启动或停止时，罐车会挤压碰撞电机车，造成电机车定位偏差。

地址跳变处理，连续稳定的地址信号是电机车实现自动运行的基础条件，必须有可靠的保证。当前现场地址检测情况总体情况良好，但是电机车在运行过程中偶发地址跳变问题，经过排查发现天线箱有刮擦痕迹且支架已变形，天线箱与格雷母线位置已倾斜，需进行更换处理，如图 9-23 所示。

(a)

(b)

图 9-23 天线箱问题示意图

9.2.3.4 通信改造

电机车控制信号与视频信号均采用无线网桥通信方式，实现信号的传输。为了进一步提升传输速率、降低通信延时，拟布署 5G 基站的方式进行通信，与无线网桥通信相互冗余，实现稳定可靠的通信。具体参考方式如图 9-24 和图 9-25 所示。

在焦化厂合适位置布局多个基站，以覆盖整个焦化生产作业区，满足 5G 高清视频监控、机车无人化控制等应用需求，同时预留足够的通信能力，为后期其他改造预留余量。

9.2.4 工艺流程效果优化说明

在安全联锁条件满足的情况下，电机车根据计划推焦炉号及焦罐状态，自动选择工作命令，完成自动接焦定位、焦罐自动选择及旋转、自动接空罐、接满罐等动作，自动完成与推焦车、提升机构的信号交互，达到电机车无人操作全自动运行的目标。

模式分为手动模式（即检修模式）、本地全自动和远程全自动。手动模式和本地全自动只能在电机车上使用，而远程全自动可在中控室内操作。如有紧急情况，中控室急停可立即停止电机车运行。图 9-26 为机车运行自动工作流程图。

(a)

(b)

图 9-24 无线网桥布置位置

自动模式下，基本的工作流程如下：

(1) 选择全自动模式（选中后会变为绿色）；

(2) 启用全自动确认；

(3) 确认焦罐状态及命令状态，是否与实际相符；

(4) 确认电机车是否工作允许；

(5) 按下全自动允许按钮 2s，启动全自动运行功能。

以接焦开始为例，全流程如下：

(1) 联锁条件满足，打开启动按钮，按下操作台上全自动启动按钮 2s，启动全自动运行命令。

(2) 根据焦罐状态自动判定焦罐，目标炉号根据计划推焦炉号自动识别。

(3) 电机车当前位置与目标位置进行对比，自动选择运行方向及运行频率，并在 HMI 和中控室上均有显示。

(4) 状态均满足，执行自动定位命令。

(5) 电机车自动运行到目标位置后停止，并显示定位完成信号，同时电机车实时位置与目标位置均有显示，待推焦车、拦焦车到位且炉门打开后，被选择的焦罐自动开始旋转，并向推焦车发出允许推焦信号。

(6) 电机车根据推焦车推焦杆的前进、后退及持续的时间状态，自动判定推焦完成后停止焦罐旋转。

(7) 在自动运行允许的条件下，电机车命令自动切换为去提升位置接空罐命令，并根据焦罐选择自动刷新定位的目标位置，根据实时位置与目标位置的差值自动选择频率，执行自动定位命令。

(8) 定位完成后，确认是否定位完成，APS 是否可以执行对中命令。

(9) 给提升机发出对位允许信号，提升机开始工作，接空罐。

图 9-25 5G 基站布局示意图

（10）接空罐完成后，命令自动切换为送满罐，可以执行送满罐定位。

（11）人工确认后，电机车根据焦罐状态自动执行送满罐定位。

（12）定位完成，提升机开始工作取走满罐，待工作完成后复位提升机工作标志，至此一个电机车运行的大循环结束，从第（2）步开始循环扫描信号、比对数据、执行命令，实现电机车的自动运行。

图 9-27 为机车运行自动画面示意图。

符合条件
人工启动
自动流程
选择走行
对罐
判断焦罐
有无旋转信号
出焦完成
走向干熄塔
干法熄焦
全自动模式
焦罐判断
自动走行到
出焦位置
等待推焦
完毕
自动走行到
APS1号位置
送满罐完成
松APS
送满罐开始
前启动APS
接罐完成
松APS
接空罐开始
前启动APS
APS2号位置
送满罐
自动走行
APS2号位置
APS1号位置
接空罐

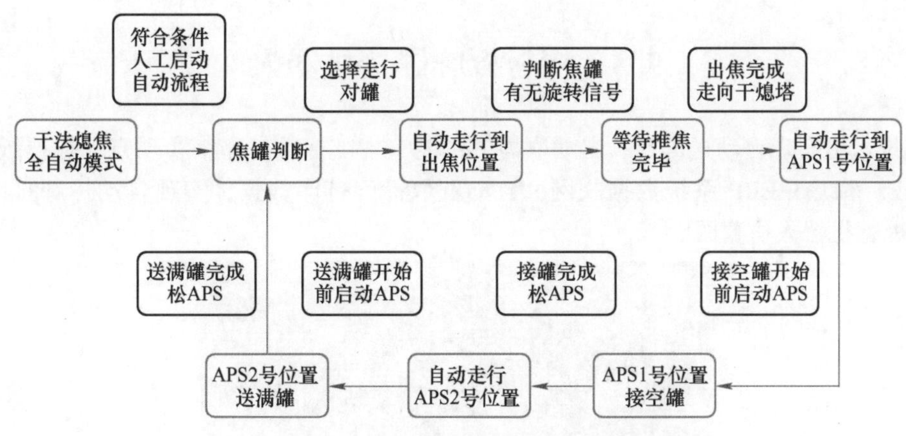

图 9-26　机车运行自动工作流程图

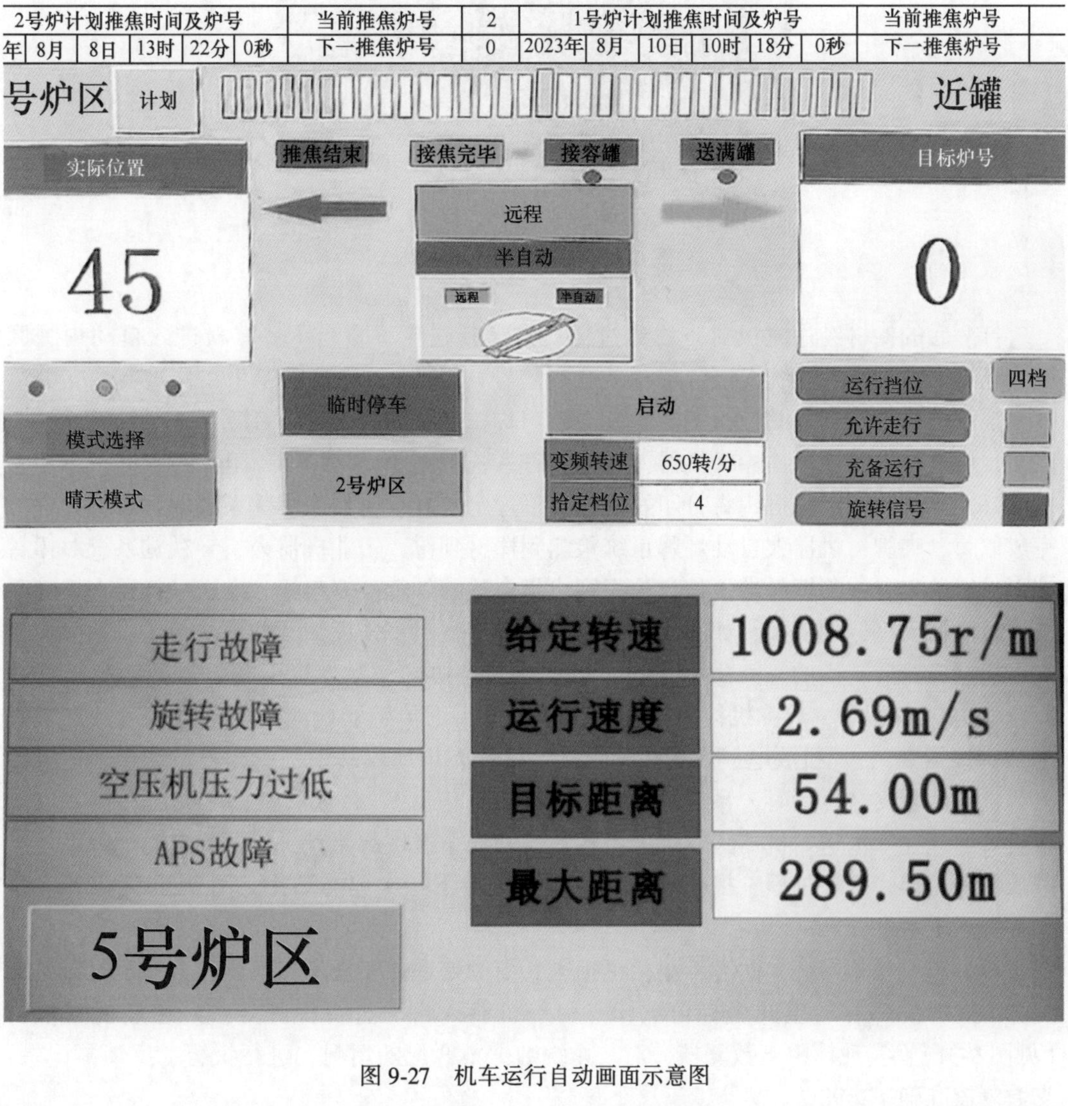

2号炉计划推焦时间及炉号
当前推焦炉号
2
1号炉计划推焦时间及炉号
当前推焦炉号
年 8月 8日 13时 22分 0秒
下一推焦炉号
0
2023年 8月 10日 10时 18分 0秒
下一推焦炉号
号炉区
计划
近罐
推焦结束
接焦完毕
接容罐
送满罐
实际位置
目标炉号
远程
半自动
远程
半自动
45
0
临时停车
启动
运行挡位
四档
允许走行
模式选择
变频转速
650转/分
充备运行
晴天模式
2号炉区
拾定档位
4
旋转信号
走行故障
给定转速
1008.75r/m
旋转故障
运行速度
2.69m/s
空压机压力过低
目标距离
54.00m
APS故障
最大距离
289.50m
5号炉区

图 9-27　机车运行自动画面示意图

9.3 棒材标牌焊接机器人

该技术可实现自动送焊钉、自动取焊钉；能实现纸标签打印，实现自动焊挂纸标签；可与 MES 系统或 ERP 系统数据联网，自动获取标牌打印数据，实现自动标牌打印。图 9-28为焊牌机器人仿真图。

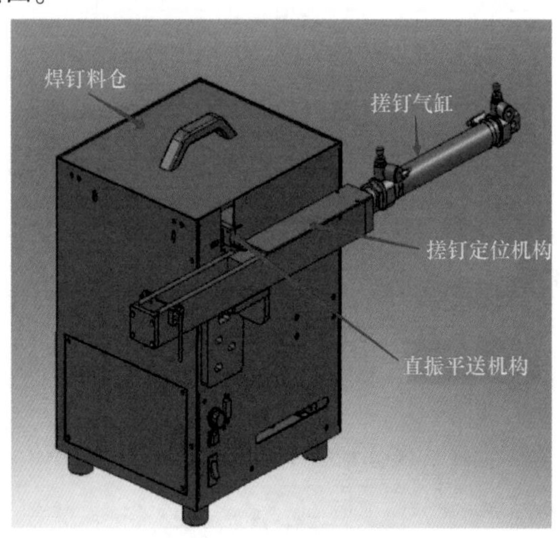

图 9-28 焊牌机器人仿真图

打捆后的棒材经过撞板对齐后通过输送链条托送到称重台上；棒材进入自动焊牌区域，机器人自动焊牌系统发出“输送线联锁信号”，棒材经称重后停止在称重台；支数复核系统对棒材端面进行图像识别，复核支数与称重数据进行核对，对异常情况进行报警、反馈，对过程进行记录；棒材机器人自动焊牌系统根据 MES 或 ERP 相应的数据，将标牌打印好，标牌整理定位机构将打印好的标牌整理定位好，机器人焊牌系统取好焊钉并提前完成取牌、夹牌；机器人自动焊牌系统检测到棒材到位，工业机器人引导视觉系统对棒材端面进行采集，检测棒材端面信息，识别出最合适的焊牌位置坐标，发送给机器人焊牌系统进行机器人坐标的转换；如有异常情况，设备进行报警、反馈，并记录。

根据检测后转换的空间坐标信息，机器人六轴协同运动使标牌及焊钉接触到棒材表面，如图 9-29 所示，焊牌机检测接触情况，焊枪头部传感器检测到压缩到位后，系统发出“焊接指令”，焊机放电，实现标牌焊接。机器人自动焊牌系统机构复位动作。在机器人等机构处于安全位置时，系统输出“输送线联锁信号”，释放联锁信号，已焊接完成的棒材可继续往下输送。机器人及焊牌机构复位到安全区域起始点，机器人自动焊牌系统又进入下一轮焊牌处理进程，提前准备焊钉等，等待下一次焊接动作。图 9-30 为机器人自动焊牌系统示意图。

棒材定位视觉系统，通过工业相机拍摄，图像处理并实现坐标换算，自动定位棒材捆中合适焊牌的棒材的空间坐标位置，并引导机器人自动进行标牌焊接。通过视觉系统（见图 9-31），实现棒材支数复核，对与系统数据不匹配的情况，进行报警、反馈并记录，支数复核准确率≥98%。

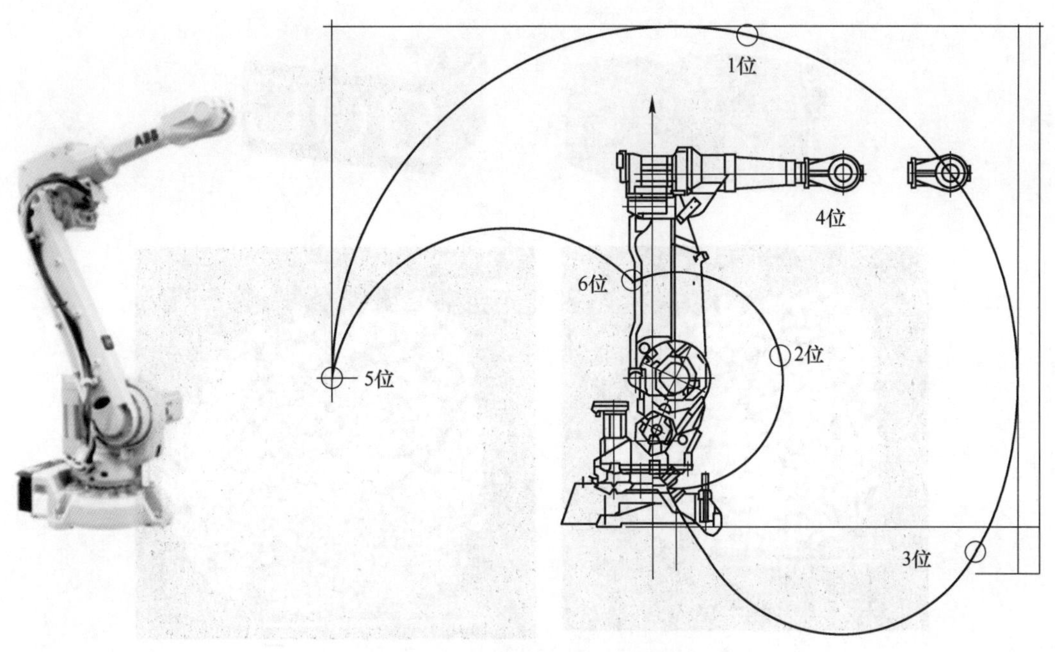

图 9-29　六轴挂牌机械手运转图

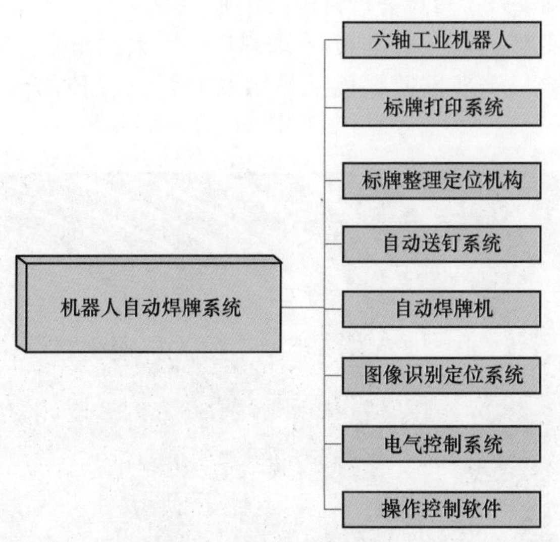

图 9-30　机器人自动焊牌系统

9.4　自动远程堆取料改造

原料场每个库区长度 570m，跨度 110m，每个库区有 28 个雾炮、两台堆取料一体机，主进出料皮带两条，已有撕裂检测（激光）。现库区内堆取料机为人工手动驾驶。现场操作人员多，环境差，劳动强度大，通过自动作业，把司机从恶劣环境解放出来。来料、取

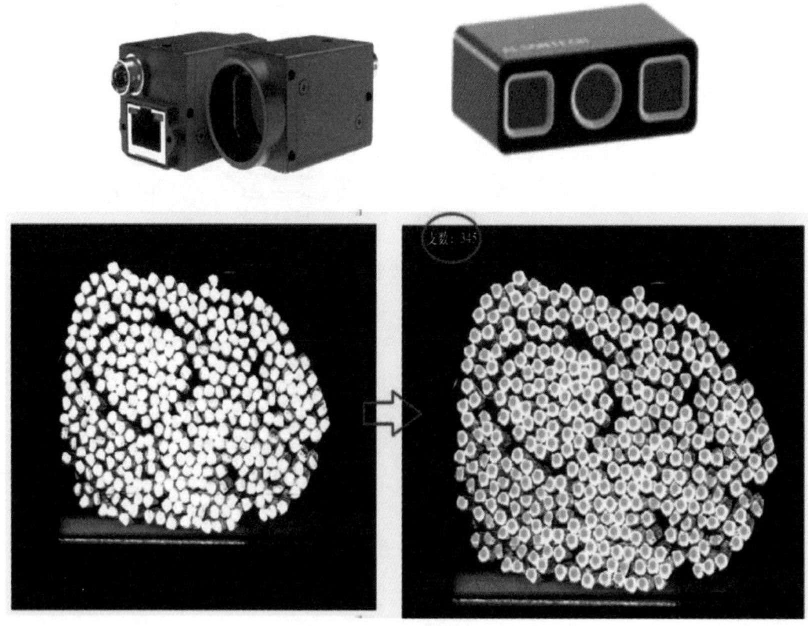

图 9-31 视觉计数系统

料计划线下沟通，需调度系统对设备进行调度作业。

计划通过改造，实现 2 个原料库四台堆取料机的无人化作业，实现库区物料 3D 扫描盘库，增加地面中控台，实现堆取料机（见图 9-32）远程控制，实现所有雾炮的远程集控。

图 9-32 原料堆取料机实物图

将原料库堆取料机改造为远程自动控制，主要包括以下几个部分：

（1）电气控制系统的设计、供货及调试；

（2）通信系统设计、供货及调试；

（3）定位系统设计、供货及调试；

(4) 监控系统设计、供货及调试;

(5) 主控台及上位机软件设计、供货及调试;

(6) 安全防护系统的设计、供货及调试;

(7) 3D 扫描系统的供货及调试;

(8) 所有雾炮的远程集控。

9.4.1 堆取料机改造系统原理与设计

堆取料机自动化系统的工作过程为工作人员在中央控制室根据任务需求下达相应的作业任务。首先判断是堆料还是取料，再依据物料的量，获取料场的数据建立相应的模型，用堆取料策略计算出堆料或取料的作业位置及作业范围，接着将相应数据发送到 PLC 中，最后堆取料机根据 PLC 执行相应的动作，完成任务后等待工作人员下达下一次作业的指令。

(1) 料场物料模型建立。料场模型的建立依赖行走距离、回转角度、俯仰角度、云台旋转角度、3D 扫描的坐标信息。行走距离、回转角度和俯仰角度依靠编码器获得。通过堆取料机的移动和旋转确定它在料场中的位置和姿态，控制激光雷达和云台获得基于 3D 扫描的料堆模型，经过坐标转换将料堆模型转换到料场坐标系。

(2) 自动化堆料作业。当接收到堆料作业指令，根据已有静态料堆模型和当前堆取料机状态，判断料场的货位是否有可利用空间，根据堆料策略计算出相应的货位、起始位置和终止位置、回转和俯仰的角度，最后将计算出的堆料数据发送给 PLC 开始堆料作业，作业中及时更新料堆模型。需要注意物料与斗轮的高度保持适当，减少粉尘的产生。

(3) 自动化取料作业。当接收到取料作业指令，判断所取物料的种类和体积，根据已有料场模型、当前堆取料机的状态和取料策略得到取料的货位、取料的层数、每层的起始和终止位置、取料的起始和终止位置、每次取料的回转和俯仰的角度，为了保证取料的效率，需要注意取料回转角度的速度控制。通过增加或减少回转的速度达到取料的相对恒定。

(4) 自动化堆取料安全作业。堆取料机自动控制系统可能发生碰撞、闷斗和过载的问题。

1) 碰撞发生在堆取料作业时，堆取料机可能碰到料堆，两台堆取料机同时工作时臂架可能会相互碰撞。通过安装微波防碰撞设备检测堆取料机与料堆之间的距离及堆取料机之间的距离可以防止碰撞发生。

2) 闷斗发生在取料过程中，当料堆坍塌下或取料切入料堆的深度过大导致斗轮的电机电流增大，需要立刻停止堆取料的动作并退后，检查无异常才可继续工作。

3) 过载通常是由于取料的流量超过额定值，频繁发生会导致设备发生损坏。

9.4.2 系统硬件结构图

系统的硬件有堆取料机、PLC、编码器、三维扫描设备、云台、路由器、微波防碰撞装置、图形工作站、中控室的监控设备。通过工业以太网和 PROFIBUS 技术实现系统通信，利用 PROFIBUS 通过控制器控制多个传感器和执行器。利用工业以太网传输速度快和资源共享能力强等特点实现 PLC 与图形工作站、中央控制室、3D 扫描和路由器的通信。通过 RS-485 实现与云台的通信。通过 PLC 的高可靠性、易于编程、运行速度较快等特点实现对变频器等电气元件的控制，应用 PLC 的冗余技术提高控制系统的可靠性。通过激光雷达实现料堆模型数据的采集。通过云台扩大 3D 扫描的扫描范围保证料堆模型数据的完整性。工作人员通过现场的监控设备实时观察堆取料机的动作，保证及时实现人工干预，防止发生事故无法及时停止。通过图形工作站实现对料场模型的快速重建。图 9-33 为堆取料机硬件结构图。

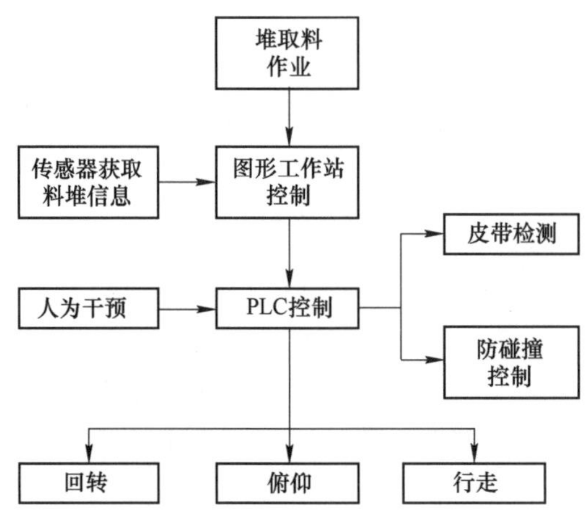

图 9-33　堆取料机硬件结构图

PLC 集中控制，本机采用 PLC 集中控制管理，可实现手动、半自动、全自动三种方式控制，操作方式之间能够灵活、可靠、方便地切换。

堆取料机与中控室通信方式，采用无线传输作为机上移动部分与地面系统通信的物理连接。

堆取料机接口设计，电气硬件配置需考虑数据采集、接入需求，预留信息化系统接口。

堆取料机自动控制系统由变频控制系统、PLC 控制系统、定位及计量系统与人机交互界面等组成。变频系统为实现堆取料机自动控制，行走控制方式需改造为变频器控制以确保行车速度曲线平滑。

定位系统，定位系统包括堆料机系统和取料机系统。根据现场实际工况，采用“旋转编码器+RFID 绝对地址校正”方式，保证移动设备的位置检测准确，检测误差不大于 20mm。

雷达料位计，堆料机上增加两线制雷达料位计，用于堆高测距。采用雷达料位计(无探头，高抗粉尘的)，配置万向节及安装支架，安装在大机斗轮左侧，和斗轮电机平台的侧面垂直安装，探头对应料面上，用于堆料过程中高度的测量。雷达信号采用标准电流信号，配置隔离器，信号直接进入 PLC 柜中备用模拟量通道，接入堆取料机上部电气室。

倾角仪，堆料机设置 1 套倾角仪，用于检测堆料机俯仰角度，精度高，为堆取料机无人化操作提供更精确的数据，倾角仪为 4 线制仪表，模拟量信号硬线接入机上 PLC。

防碰撞系统，堆取料机除了要防止与同料堆取料机发生碰撞外，悬臂还需要防止与料

堆等发生碰撞，除了在悬臂前部装有微波雷达外，在悬臂两侧还需要安装悬臂防碰撞检测装置。装置在检测到悬臂接近或触碰障碍物时，会立即发出报警，停止悬臂动作，防止发生悬臂碰撞事故。

堆取料机与中控控制系统的信息通信设施，用无线传输作为机上移动部分与地面系统通信的物理连接，地上通信通过光纤接入中控室。

计量系统控制，对原有系统进行优化。堆取料机取料料流检测装置采用3D激光扫描检测装置，对料面进行积分运算，求出料流累积量。

堆取料机的行走极限检测及控制，在堆取料机的机上合适位置安装可靠的位置检测开关，在机下位置检测开关动作位置的料场地面上，安装使对应开关动作的挡杆。为了使开关动作可靠、耐用，位置检测开关选择重型带动作记忆形式的限位开关，信号接入PLC系统。

堆取料机无人化智能取料的模型及控制程序编制，在机上配置人机接口，以及PLC中编制无人化智能堆取料的模型及控制程序，实现堆取料机无人化智能取料。

堆取料机向地面控制室提供的主要信息有：

（1）机器故障；

（2）机器作业运行状态；

（3）联锁控制；

（4）监控视频图像。

地面控制室向堆取料机提供的主要信息有：

（1）地面控制室急停；

（2）地面控制室工作指令；

（3）地面控制室设置的控制参数；

（4）相邻机器防碰撞控制。

皮带跑偏自纠装置，堆取料机运输皮带严重跑偏会造成撒料和设备事故，当检测到皮带发生跑偏时，自动进行纠偏，使皮带始终保持运行在正常的轨迹上，保证设备长时期正常运行，避免因皮带跑偏造成的撒料和设备事故，减少皮带调整的人力。

在跑偏限位检测到跑偏现象后，系统画面报警显示，纠偏辊调节一个小角度，延时一段时间再次读取跑偏检测信号，如果跑偏仍然存在继续调一个小角度，直至跑偏信号消失为止，若一段时间后还是跑偏状态，则皮带停止。

运输皮带机皮带失速打滑检测设施（见图9-34），为了防止堆取料机运输皮带失速或打滑造成压料，在堆料机运输皮带上必须安装皮带打滑检测装置，当检测到运输皮带发生严重失速或打滑时停止运行皮带运输机，防止因皮带失速或打滑造成压料事故。

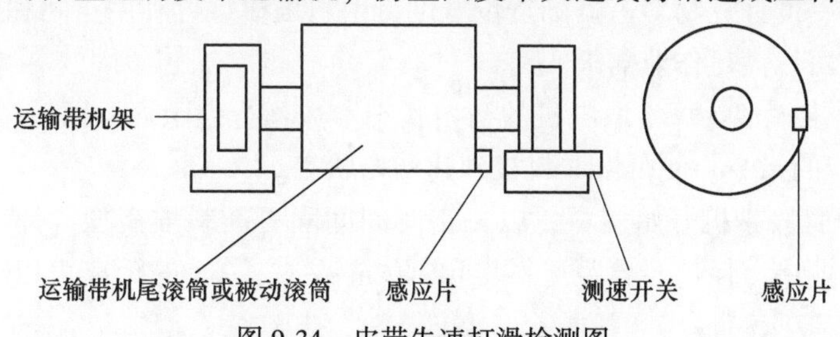

图9-34　皮带失速打滑检测图

当速度传感器与被动滚筒感应片感应时，速度传感装置发出信号，通过比较判断皮带速度。给定打滑设定值，当皮带运行速度低于打滑设定值时会自动报警或停机。

皮带撕裂检测，增加皮带撕裂检测开关装置，在皮带出现撕裂、戳破、交界处损坏或锐利物凸出皮带时，撕裂开关给出报警，堆取料机停机，HMI 画面给监视人员提供报警信息。

人机交互界面为堆取料机操作界面，同时集成了状态显示、关键设备状态监测、故障报警记录、历史运行曲线等功能，以界面清晰，操作易学，功能全面为原则进行设计。

界面分为设备状态显示界面，关键设备监控界面，历史曲线界面。

在自动控制系统出现故障时，操作人员可根据画面提示，进行故障处理，一般故障由操作人员即可解决，部分故障需要专业人士根据画面提示进行精准处理。视频监控系统及实时动画显示系统会给操作人员提供设备的实时状态信息，保证系统的安全。

机上视频监控系统，在堆取料机的合适位置安装视频监控装置，用于地面操作人员远程实时监控堆取料机运行状态情况并具有回放功能，监控摄像头采用高防护等级，分布安装于堆取料机的各主要部分，摄像头的数量和安装位置可根据现场情况灵活配置，机上摄像头通信采用无线加光纤进入中控室。

9.4.3 堆取料策略

9.4.3.1 堆料工艺

堆取料机的堆料工艺主要有两种：定点堆料方式和行走堆料方式。

（1）定点堆料。一种相对简单的堆料方式。通过料场的空余位置和物料的种类判断采用。如果堆料的范围小，堆积物料质量少，则采用这种方式。堆料作业需要的参数有堆料的位置，堆取料机的行走距离、回转角度和俯仰的角度。堆料作业中随料堆高度的增加逐渐提高斗轮的位置。这种方式形成的料堆形状为锥形。

（2）行走堆料。采用这种方式的原因是需要堆积的物料空间大于定点堆料所需的空间。

本方案里采用定点堆料方式。

9.4.3.2 堆料流程

（1）工作人员下达堆料任务，得到堆料质量和物料种类。根据料堆模型和堆取料机状态，例如几号堆取料机处于空闲状态，几号堆取料机当前任务将要完成，确定堆料作业的堆取料机。

（2）确定堆料作业的工艺和位置，得到和待堆积物料种类相同的货位号，由堆料作业的物料质量和密度计算物料占据的货位宽度，由料堆模型可利用空间和计算出的货位宽度判断哪个货位可以满足作业需求。

（3）根据料堆模型计算堆取料机的初始状态参数：行走距离、回转角度、俯仰角度。向 PLC 发送相应的指令，使得堆取料机到达初始状态。

（4）启动悬臂胶带机开始堆料，以一定时间间隔更新料堆模型，计算料堆的高度等信息。在堆料作业中，保持斗轮距离料堆顶部 2m 左右，2m 的距离可以减少堆料过程空气中的粉尘。

9.4.3.3 取料工艺

堆取料机的取料工艺主要有两种：直取和分层分段取料。

(1) 直取。堆取料机作业过程中靠近轨道的位置会堆积部分物料，当这些物料的高度超过轨道时，部分物料散落到轨道上会影响堆取料机的行走。因此需要控制这一部分物料堆积的高度，解决方法是堆取料机回转一定的角度使得斗轮与这些物料相切，通过边走边取的方式采集物料，降低物料的高度，保证堆取料机可以正常行走。

(2) 分层分段取料。在料堆某一层取料的过程堆取料机固定俯仰角度，通过斗轮回转一定角度完成采集。图 9-35 (a) 为典型的回转过程，是先按弧 *AB* 所示的轨迹回转一定角度采集物料，步进一定的距离后沿弧 *CD* 所示的轨迹回转取料，重复这个过程直到完成这一层物料的采集工作。图 9-35 (b) 为采集物料后形成的阶梯形状，每层高度相同，每层之间保留一定长度的物料，以此保证料堆不会塌方。

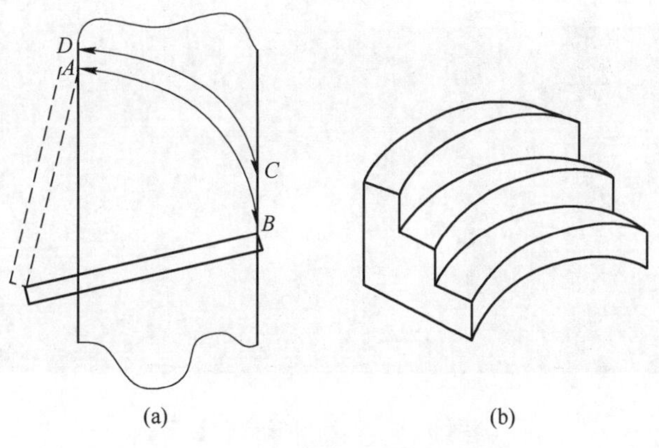

图 9-35 分层取料回转轨迹阶梯图

9.4.3.4 取料流程

(1) 工作人员下达取料任务，得到取料质量和物料种类。根据料堆模型和堆取料机状态，例如几号堆取料机处于空闲状态，几号堆取料机当前任务将要完成，确定取料作业的堆取料机。

(2) 确定取料作业的位置，得到和待采集物料种类相同的货位号，由取料作业的物料质量和密度计算物料需要采集的体积，由料堆模型已有物料的体积判断哪个货位可以满足作业需求。采用分层分段取料的工艺，根据料堆模型计算取料的层数、每层取料的长度、取料的切点、每次回转的角度和每次回转的速度。

(3) 由料堆模型计算堆取料机取料作业的起始状态信息即起始位置、回转和俯仰的角度，向 PLC 发送相应的指令，使得堆取料机到达初始状态。

(4) 启动斗轮和悬臂胶带机开始取料，堆取料机到达初始状态。每次回转取料后更新料堆模型，计算切点、步进的距离、回转的角度和速度。取料后料堆的形状形成阶梯型，即堆取料机每一层往返取料直到采集一定的长度，后退一定距离采集下一层，依次采集多层。由于每次回转取料后料堆的形状会发生变化，因此需要及时更新料堆模型，重新确定料堆的边界。从料堆最大高度到俯仰的最小角度确定取料的层数，相邻两层之间相差半个斗轮的高度，回转的角度范围由计算出的两个切点确定，回转的速度以恒定流量取料调节，步进的距离由实验确定。当采集的物料满足需求后，斗轮回转出料堆直到悬臂胶带机上的物料运完，本次取料作业完成。

9.4.3.5　3D 扫描盘库

3D 扫描系统允许现场人员实时监控各料仓内物料分布情况，如图 9-36 所示，并能够规划出有效的堆存方式，指导堆取料机在料场内进行高效作业。

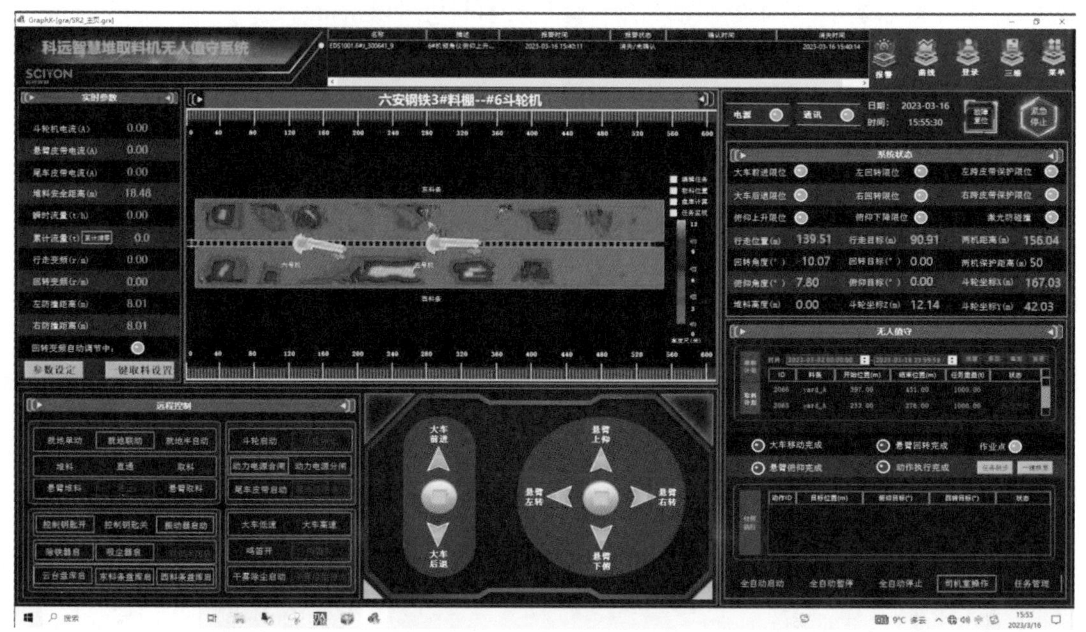

图 9-36　料场料形示意图

（1）通过 3D 扫描获取料堆的点云数据，对料场和料堆建模。结合动态更新的料堆 3D 图像数据，将料堆空间外形尺寸的变化实时动态地通过 3D 显示展示出来，准确地反映现场作业时料堆的变化。

（2）3D 扫描可实现自动盘库功能，系统通过扫描料堆轮廓，进行三维数据采集，采集的数据通过网络传给系统后台，由图像服务器进行三维成像和体积计算，并通过盘库模型计算出当前料堆质量。

（3）通过 3D 激光扫描仪获取原始 3D 点云数据。机上 PC 和图形工作站对点云数据进行处理，在中控室显示整个料场的 3D 料场图。

9.4.4　堆取料安全控制

单台堆取料机工作时可能与料堆碰撞，多台堆取料机同时工作可能与料堆或两侧的堆取料机碰撞。堆取料机堆料时随料堆升高，斗轮可能会与下方料堆碰撞。堆取料机取料时斗轮可能会与两侧的料堆相撞。堆取料机同时工作由于堆取料机臂长度大于料条的宽度，堆取料机之间会发生碰撞。当堆取料机瞬时取料过多超过斗轮正常取料的质量会发生斗轮过载。当取料的量过多导致皮带上传输的物料超过皮带的承载能力会发生皮带过载。在取料时料堆可能会发生坍塌导致斗轮被物料掩埋发生闷斗事故。为了保证堆取料机安全作业，需要采用防碰撞安全控制，防碰撞的措施分为堆取料机与料堆防碰撞安全控制、堆取

料机之间防碰撞安全控制。

皮带过载，皮带在正常工作时瞬时输送流量低于额定值，超过这个阈值会发生皮带过载。输送的流量由斗轮的取料量决定，随取料量的增多而增多。

皮带上的物料质量由皮带秤来检测。皮带秤是皮带输送机运输散装物料过程中对物料进行连续称重的一种设备，可以在不中断物料运输的情况下测量出通过皮带运输机的瞬时物料流量和累计流量。

堆取料闷斗安全控制，闷斗通常发生在取料作业，由于料堆坍塌导致斗轮被埋，斗轮的驱动电机电流大幅度增加。通过监测电机电流的数值，将它与阈值进行比较，如果超出阈值，判断此时斗轮发生了闷斗事故。

发生闷斗事故，首先发出报警信息提示工作人员，立刻停止斗轮的旋转，停止堆料机的回转和俯仰动作，使得堆取料机后退一定距离直到斗轮不被物料掩埋，人工检修直到堆取料机可以正常工作。

⑩ 5G+工业互联网

10.1 5G 专网技术设计

10.1.1 设计背景及需求

钢铁企业是冶炼全流程企业，现场设备多，钢结构多，信号传输环境复杂，多个区域存在有线传输困难的实际问题，需要应用 5G 技术实现场景建设需求。

现有的 5G 运营商因数据通过公网，存在数据安全性、信号覆盖率低及资费高等问题。现需要一套高可靠、低延时、大带宽的无线传输系统。目前 5G 通信技术具有超大带宽超高速率、低延时高可靠、超大连接等特点，符合现在钢铁公司发展需要，5G 专网可以解决现有 5G 公网传输流量消耗大的问题。

10.1.1.1 典型应用场景

（1）磅房 5G 数据传输。目前公司磅房信号通过单链路光纤实现数据传输，存在断纤后车辆进出停止问题，可通过对磅房进行 5G 信号覆盖，实现 5G+光纤双链路传输，提高数据传输稳定性，防止因光纤断路导致计量终端无法使用。

（2）原料大棚。大棚为 570m×100m，棚内有两台堆取料机，信号传输通过工业 WiFi，现需建设堆取料机无人值守，使用 5G 与工业 WiFi 双备份模式对堆取料机进行远程控制。

（3）焦炉巡检机器人。两座焦炉，共 4 台巡检机器人和 5 台机车，要求提供焦化区域信号覆盖和物联网卡。

10.1.1.2 无线建设方案

A 网络现状

现有网络布置卫星图如图 10-1 所示。

B 建设规划

本次覆盖目标为钢铁集团园区内全部区域，重点区域为 3 号门北侧和东西两侧 4 台销售地磅、5 号门过集装箱 2 台地磅、3 号料棚、焦炉等区域。

为实现钢铁集团园区内全部区域 5G 无线网络信号覆盖，计划新增 5G 基站 6 处，其中 2 处为利旧原有 4G 站址并新增 5G 设备（目前 2 处基站 5G 设备均安装）。

需新增 5G 站址 4 处，均在园区内建筑物楼顶自建基站配套并新增 5G 设备，目前已完成 1 处基站的建设开通及 5G 信号覆盖，覆盖完成后，可满足现场信号强度要求：≥-90dbm，asu≥10。吐量需求小于等于 10Gbps，并发接入用户数小于 5000 个。满足不超过 10Gpbs 业务、管理与存储网络交换需求。设备具有可扩展性，满足增加应用场景的需求。

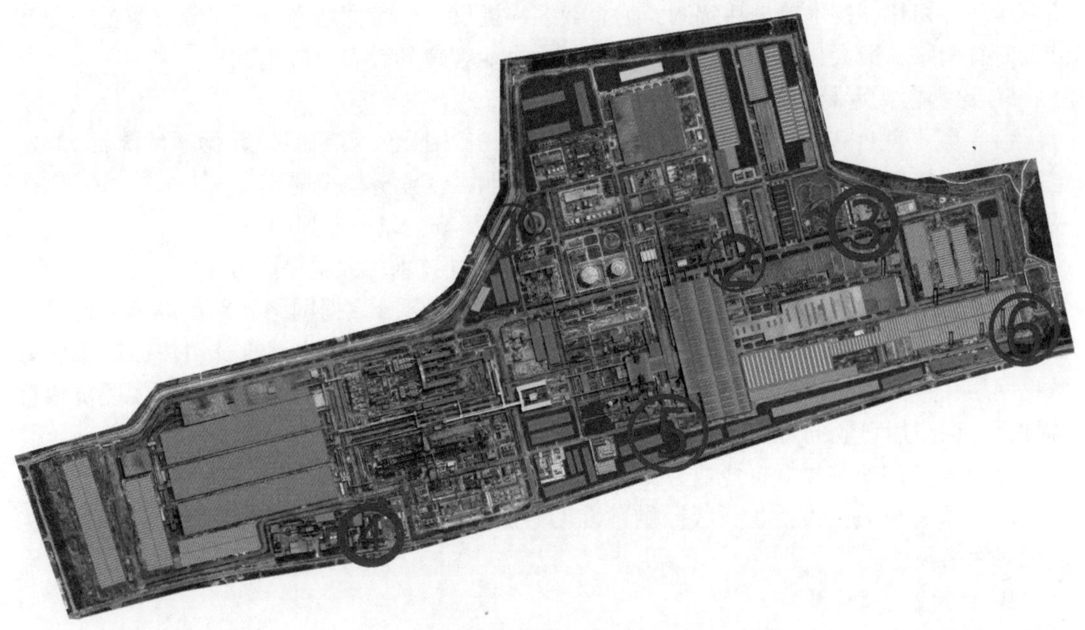

图 10-1　现有网络布置卫星图

为保证公司网络的统一规划，所有场景设备 IP 地址不得更改。磅房光纤中断时自动切换至 5G 专网，计量大厅坐席电脑可使用内网远程计量终端机，具体见表 10-1。

表 10-1　站点布置目标分布表

站点名称	经度/(°)	纬度/(°)	站点位置	覆盖目标	性质	需量
六兴矿业	115.948717	32.34121	料场北 200m 处	料场周边区域	ToC	2
枣树根	115.94781	32.32938	行政门西 300m	行政门、焦炉	ToC	1
智能楼	115.96248	32.31557	智能楼楼顶	智能楼周边	ToC	3
发电楼	115.96016	32.32635	发电楼楼顶	发电楼，14、15 号磅	ToC	3
门朝北	115.95636	32.30977	3 号门西 200m	5、7 号磅	ToC	3
炼铁楼	115.95597	32.32262	炼铁楼楼顶	炼铁楼、炼钢区域	ToB	3
备件库	115.96114	32.31905	备件库楼顶	备件库、2 号服务区	ToB	2
3 号大棚	115.95176	32.33765	3 号大棚	3 号大棚	ToB	2
焦炉	115.95256	32.33088	焦炉	焦炉	ToB	1

10.1.2　核心网建设

10.1.2.1　比邻模式 5G 定制网

比邻模式是面向时延敏感型业务场景（如工业数采、远程驾驶）提供的定制网服务模式。该模式通过多频协同、载波聚合、超级上行、边缘节点、QoS 增强、无线资源预留、DNN、切片等技术的灵活定制，为企业客户提供一张带宽增强、低时延、数据本地卸载的专有网络，最大化发挥云边协同优势，为企业客户的数字化应用赋能。

5G 比邻模式定制网具有以下特点：

（1）数据就近卸载：在边缘机房部署园区 UPF 网元，实现用户数据本地灵活卸载，甚至可以直接部署于企业园区内，达到数据不出园区，业务安全隔离。

（2）低时延：通过用户面实现园区 UPF 本地部署，减少端到端时延。

（3）超高带宽：结合超级上行、载波聚合等无线技术，大幅提高带宽。

（4）业务隔离：在同一切片内，通过定制 DNN 来区分数据网络和路由隔离，通过定制 QoS 提供差异化的 SLA，保障用户业务安全。而对于多个切片，通过切片标识来区分数据网络和路由隔离，根据客户签约的隔离级别提供差异化的隔离方式，如资源隔离或资源预留，保障用户业务安全。

（5）业务加速：根据企业业务流特征，灵活签约 QoS。

（6）优良覆盖：为企业园区提供精准勘察服务，按需优化园区内空口资源，提供优质无线网络覆盖。

10. 1. 2. 2 组网架构

根据项目需求，采用 5G 定制网比邻模式能较好满足项目需求。组网设计如图 10-2 所示。

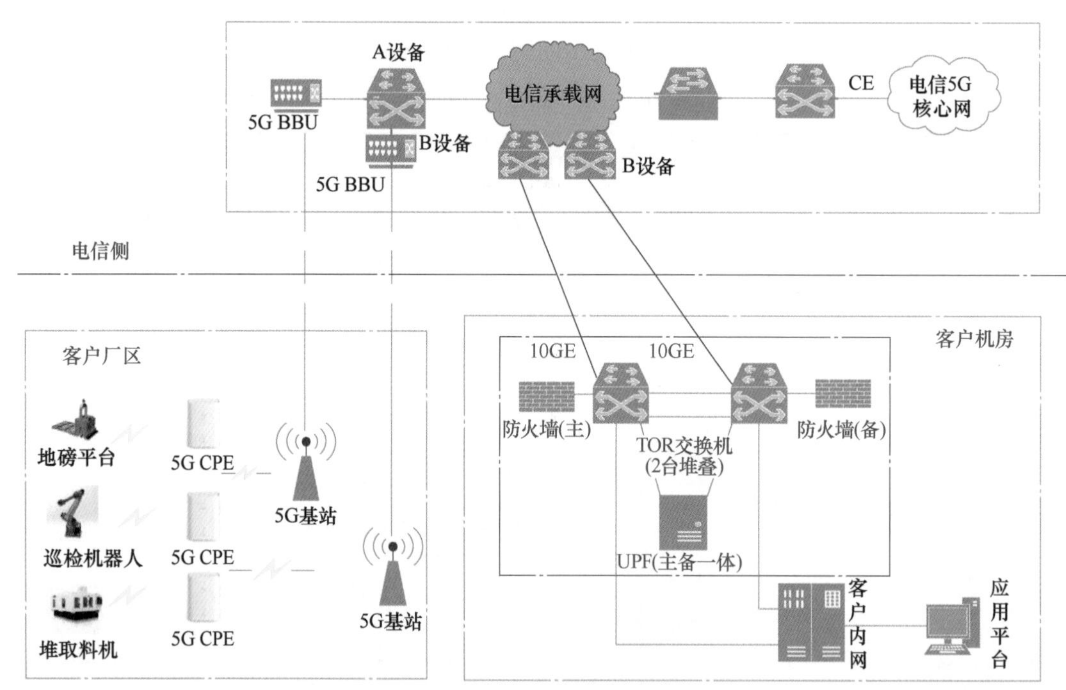

图 10-2 比邻组网图

（1）通过 5G 定制专网为企业提供专用的 5G 切片，将磅房的数据采集、堆料机的指令控制和焦炉巡检机器人的远程操控与大网 2C 业务隔离。

（2）在企业园区内下沉部署一套轻量级 UPF 设备及交换机等配套设施，园区内的 UPF 设备可支持不同的业务等级进行数据分流隔离和服务质量 QoS（如巡检监控、数据采集、移动办公等）。

（3）在企业园区内新增一套防火墙，用于企业侧和电信侧之间业务数据的安全防护。

（4）企业园区部署的 5G 基站、轻量级 UPF、业务交换机、管理交换机、防火墙等由电信 EMS 网管系统统一管理，由电信负责代维。配置清单见表 10-2。

表 10-2　UPF 配置清单表

名　称	技 术 要 求	数量
UPF 服务器	Intel Xeon Gold 6230N，20 核，主频 2.3G，384G（32G×12）内存，DDR4-2933MHz； 1×双口 GbE 网卡；不少于 3×双口 10GbE 网卡（SFP+，配 6 个多模光模块，支持虚拟机多队列技术、SRIOV 和 DPDK）； 2×480GB 2.5" SATA 5 年 1DWPD SSD，热插拔； 1 块独立 RAID 卡，2G Cache，端口数≥8，端口速率：12Gb/s，配置电池或者电容； 最大支持 8 块前置 2.5" 硬盘插槽	2 台
业务交换机	支持 48 个 10Gbps SFP+光纤接口和 6 个 40G QSFP+光纤接口	2 台
管理交换机	支持 48 个 10/100/1000Base-T 电口，4 个万兆 SFP+光口	1 台
UPF 软件包	支持 PFCP 节点管理、PDU 会话管理功能、CN 隧道管理、多 SMF 控制 UPF、数据缓存和转发、基本静态路由、服务化接口、基于 Xn 和 N2 接口的切换、UE IP 地址分配、基本 QoS 要求、策略接收与执行、基于流量统计上报计费和 ULCL 功能等，支持 N3、N4、N9、N6、Nnrf 接口； UPF 吞吐能力 License（10Gbps）； UPF HA 基本软件功能包	1 套

根据集团 5G 承载组网规范，边缘 UPF 双挂到 B 设备对，之间采用静态路由+BFD 或动态路由+BFD 方式，实现路由快速收敛，边缘 UPF 的 N3、N4、N9、OAM 接口需要与 STN 网络的 VPN 打通，N6 接口需要和客户园区网络打通。

网络拓扑：边缘 UPF 通过两台出口交换机与两台 B 设备形成口字型组网，之间的路由采用静态路由+BFD 或 eBGP+BFD。边缘 UPF 转发容量为 10G 及以下，和 B 设备对互联采用 2×10G 接口，通过物理双路由的裸光纤连接。

承载打通：N3 接口与 RAN VPN 打通，实现基站与边缘 UPF 互通；N4、N9 接口与 EPC VPN 打通，实现 SMF、大网 UPF 与边缘 UPF 互通。

网管打通：边缘 UPF 的网管接口与 Outband VPN 打通，与集团 5G 采控平台打通，经采控平台纳入集团 5G 调度子系统及 5G 核心网网管系统，同时纳入厂家设备网管。

与客户互通：N6 接口与客户园区网络核心设备打通。

10.1.3　应用场景建设

磅房 5G 数据传输，链路之间的选择由 AR 路由器判定（光纤为主或者 5G 为主，可从 AR 路由器链路优先级设置决定，可灵活配置)，如图 10-3 所示。其原理为：两个 AR 路由器之间建立 2 个隧道，可调高光纤的隧道优先级，5G 的隧道优先级相对低，当光纤链路的 RTT 时延超过一定阈值或者心跳丢失，AR 路由器会选择 5G 隧道进行切换。

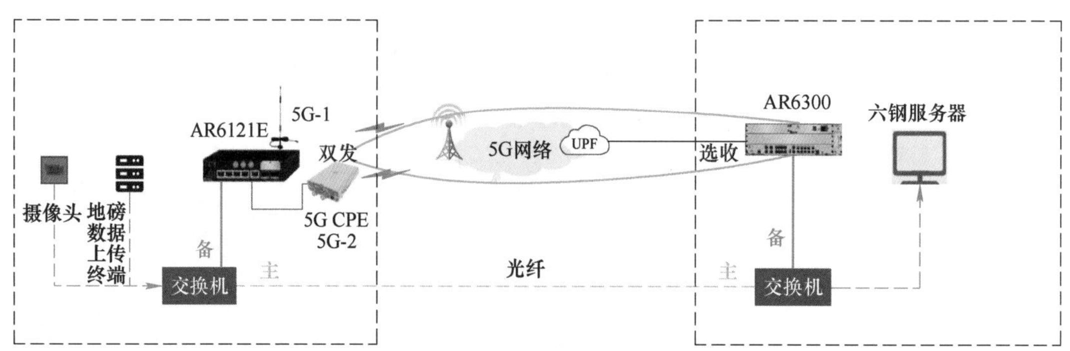

图 10-3　磅房 5G 数据传输组网图

为了提升 5G 链路可靠性，选择 AR 双发选收功能，如图 10-4 所示，实现原理：Packet Duplication（包复制）。

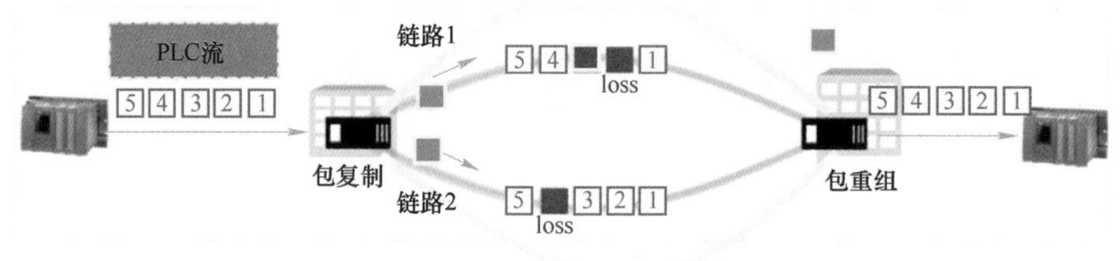

图 10-4　AR 双发选收功能原理

发送端对流进行复制发送，实现冗余；接收端从两条流中，逐包进行时延最优选择，提升时延可靠性，达到效果；“0”抖动：接收端对先到的报文先发走，克服某一路空口突发大抖动影响，时延的稳定性大幅提升；“0”丢包：只要两条链路不同时丢失同一个报文，就能实现 0 丢包；为实现公司网络的统一规划，将一号门已实现的 5G 磅房四台地磅并入本方案，采用 5G 专网的方式实现数据、视频的传输。

地磅数据在光纤链路故障的时候可自动切换至 5G，业务不中断，实现数据可靠上传，保障业务连续性。

10.1.4　硬件与施工

巡检机器人通过 5G CPE 接入 5G 网络，如图 10-6 所示，通过下沉园区的 UPF 的 N6 接口与后台服务器连接，视频可推流至指挥大厅或者管理中心大屏，实现现场视频实时回传。硬件软件与施工清单见表 10-3。

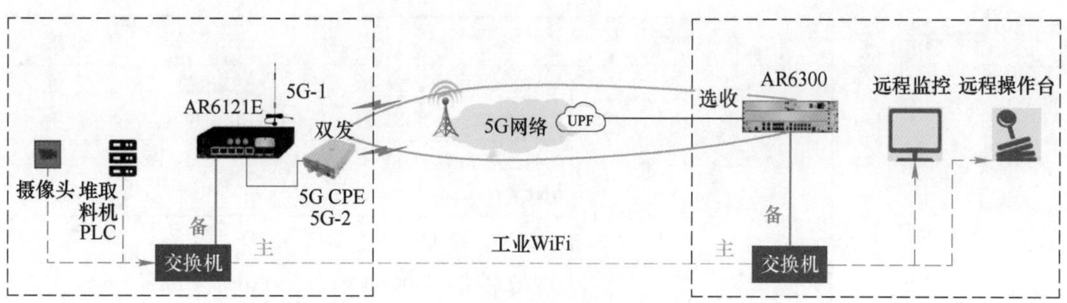

图 10-5　原料大棚堆取料机远控组网图

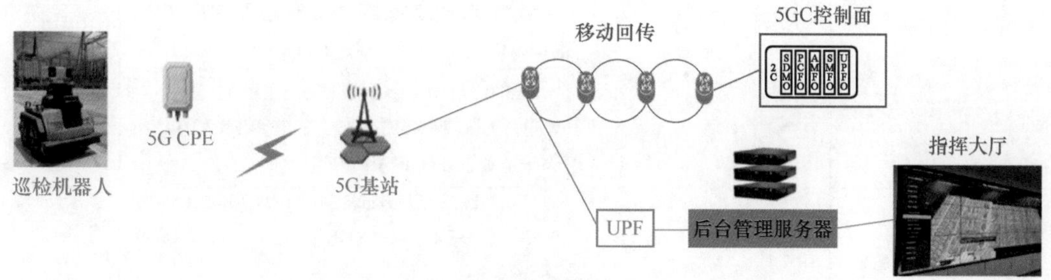

图 10-6　焦炉巡检机器人组网图

表 10-3　硬件软件与施工清单

类　别	设备类型	名　称	数量
通信保障设备	防火墙	防火墙	2
光缆	专线	UPF 业务交换机上连到 B 设备、下接到应用	1
无线覆盖	宏站/室分等	3.5G 32TR 设备	7
		PRRU（4TR）	12
		HUB	2
		BBU	1
		抱杆费用	5
		机柜及引电费用	2
		施工费	4
		设计费	4
		监理费	4
核心网	核心网元 UPF	UPF 服务器	2
		业务交换机	2
		管理交换机	1
		软件包	1

续表 10-3

类别	设备类型	名称	数量
管理交换机	AR6300 _ Ordinarily C13-AR6300	AR6300 机箱，2×SRU 槽位，4×SIC 槽位，2×WSIC 槽位，4×XSIC 槽位，2×POWER 槽位	1
		业务路由单元 400H 板，14×10GE（SFP+），10×GE Copper，1×USB2. 0	1
		350W 交流电源模块（银色）	2
		光模块-SFP+-10G-单模模块（1310nm，10km，LC）	2
		N1-智简园区基础包（不包含 SD-WAN），AR6300 系列	1（每设备）
		N1-智简园区基础包（不包含 SD-WAN），AR6300 系列，软件订阅与保障年费	1（每设备）
		AR6300 机箱，2×SRU 槽位，4×SIC 槽位，2×WSIC 槽位，4×XSIC 槽位，2×POWER 槽位_ Hi-Care 基础服务标准 AR6300	1
综合路由器	AR6121E _Ordinarily C13_ C7 _ China-含 1 块 RU-5G 模块	AR6121E，2×GE combo WAN，1×10GE（SFP+）WAN，8×GE LAN，1×GE combo LAN，2×USB，2×SIC	2
		RU-5G-101，2×GE，5G（NR/LTE/WCDMA），PoE PD，IP65	2
		适配器电源 56V/1. 5A-桌面式-84W	4
		光模块-eSFP-GE-单模模块（1310nm，10km，LC）	4
		信号避雷器 6kA-100V-100W-1000MB/s-RJ45	4
		N1-智简园区基础包（不包含 SD-WAN），AR6100 系列	2（每设备）
		N1-智简园区基础包（不包含 SD-WAN），AR6100 系列，软件订阅与保障年费	2（每设备）
		AR6121E，2×GE combo WAN，1×10GE（SFP+）WAN，8×GE LAN，1×GE combo LAN，2×USB，2×SIC _ Hi-Care 基础服务标准 AR61XX	2
		RU-5G-101，2×GE，5G（NR/LTE/WCDMA），PoE PD，IP65 _ Hi-Care 基础服务标准路由器-RU-5G	2

10. 2 工业互联网与集控中心

10. 2. 1 工业互联网三层结构

围绕建设一套办公、视频通信、数据采集网络，覆盖公司主干网络，贯穿各生产单

位、各工艺车间，贯通能源流、物质流和信息流，提高劳动生产率，降低生产成本，降低安全风险，提升智能制造水平，覆盖焦化、原料、炼铁、炼钢、轧钢、镀锌、制氧、发电等全工序、全产线，建立一套具有国际先进水平面向未来的钢铁智慧协同集中管控中心，包含生产管理、物流运输、能源管控、安全、环保监控等专业智能应用系统，采集、对接公司 ERP、计量、检化验等信息系统及各工序的数据，实现信息多元融合和集成共享，形成互联互通的集控系统，提升工作效率。

厂区工业网通常是一种用户高密度的非运营网络，在有限的空间内聚集了大量的终端和用户，将厂区网络划分为核心层、汇聚层、接入层。应用系统应采用点到点端接，任何一条链路故障均不影响其他链路的运行，从而保证整个系统的可靠运行。所有布线均应采用国际通信标准，并为同时传输多路实时多媒体信息提供足够的余量。

为了确保数据传输的稳定性、安全性和实时性，从网络简单可靠和可维护性的角度出发，全网设计为双链路单模光纤连接，同时要求环网节点配置 UPS，根据网络的分层设计原则，将系统网络设计为核心层、汇聚层和接入层三层结构，如图 10-7 所示。

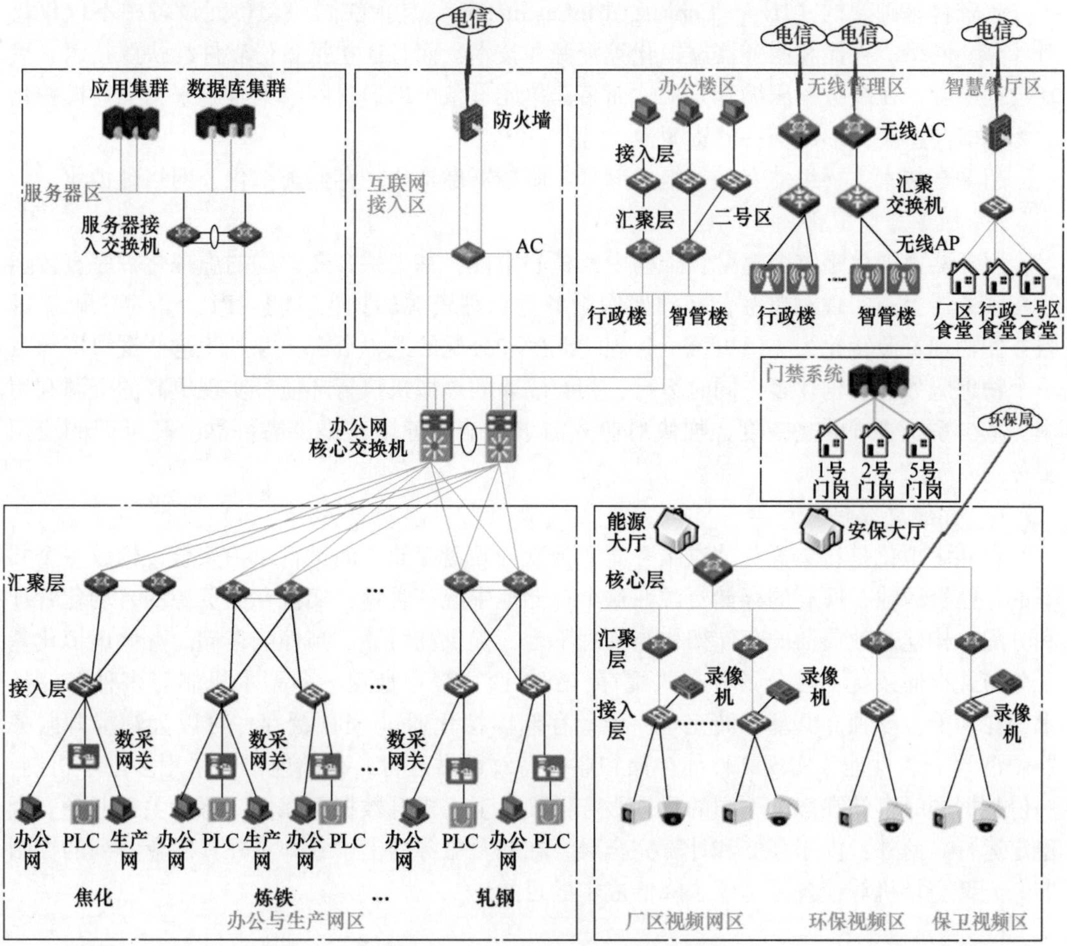

图 10-7 工业互联网三层架构图

核心层光缆应选择短距直达、安全可靠的路由，尽量选择稳定的主干道路，核心机房出线应保证 2 个以上物理方向。

核心层光缆容量应满足未来 5～10 年业务发展需要，但也应考虑到新技术的发展对于纤芯需求的影响，新技术的发展使得每纤芯承载的带宽容量迅速提高，减少了部分业务对于纤芯的低水平占用，综合考虑上述因素，核心层光缆芯数设计为 96 芯。

核心层光缆原则上应以 G. 652. D 光纤为主。

中心机房至各汇聚节点布放 96 芯主干光缆并于各汇聚点位置新设 ODF 配线架成端熔接，铺设光纤将选择 2 条不同的物理链路来保证双环网的可靠稳定。

汇聚层至接入层光缆网，由炼铁汇聚交换机、炼钢汇聚交换机、原料汇聚交换机、焦化汇聚交换机、动力汇聚交换机、轧钢汇聚交换机、公司后勤、物流汇聚交换机这 7 个汇聚点向下辐射光缆。

10. 2. 2　集控中心数字化的软硬件配置要求

10. 2. 2. 1　系统部署采用超融合技术

超融合基础架构（Hyper Converged Infrastructure）是指在同一套单元设备中不仅仅具备计算、网络、存储和服务器虚拟化等资源和技术，而且还包括备份软件、快照技术、重复数据删除、在线数据压缩等元素，而多套单元设备可以通过网络聚合起来，实现模块化的无缝横向扩展，形成统一的资源池。

超融合技术主要组件有三大组成部分：服务器虚拟化、存储虚拟化、网络虚拟化。

A　服务器虚拟化

服务器虚拟化是整个超融合架构中的核心组件，基于裸金属架构的虚拟化程序直接运行在服务器上，实现对超融合基础架构服务器物理资源的抽象，将 CPU、内存、硬盘等服务器物理资源转化为一组可统一管理、调度和分配的逻辑资源，并基于这些逻辑资源在单个物理服务器上构建多个同时运行、相互隔离的虚拟机执行环境，实现更高的资源利用率，减少系统管理的复杂度，加快对业务需求的响应速度，提供高可靠、高可用的应用服务。

B　存储虚拟化

存储虚拟化是将集群各节点服务器上独立的硬盘存储空间进行组织聚合，构成一个共享的存储资源池，所有的存储资源在这个存储池中统一管理，实现存储资源的自动化管理和分配，构建高效灵活的存储架构与管理平台，提供高可靠、高性能存储。存储虚拟化基于分布式存储系统，融合了分布式缓存、SSD 读写缓存加速、多副本机制等多种存储技术，在功能上与独立共享存储完全一致。存储虚拟化通过 SSD 缓存，可以大幅提升服务器硬盘的 I/O 性能，实现高性能存储和业务高效可靠运行。存储虚拟化采用多副本机制，一份数据同时存储在多个不同的物理服务器硬盘上，提升数据可靠性，保障关键业务安全稳定运行。此外，由于存储和计算完全融合在一台服务器上，省却了外置磁盘阵列的控制器、光纤交换机等设备，达到了降低成本的目的。

C　网络虚拟化

网络虚拟化通过实现网络中所需的各类网络连接服务（包括路由、交换、安全、负载均衡等）按需分配和灵活调度，提供了全新的网络连接运维模式，解决了传统硬件网络的众多管理和运维难题，可满足业务应用对网络快速、灵活自动化部署的需求。

超融合系统将存储和计算功能集成到一个单一节点（或节点集群，每个节点都提供计算和存储功能），超融合系统都具有以下通用核心组件：

（1）分布式存储系统：构建在虚拟化平台之上，在服务器虚拟化基础上，通过部署存储虚拟设备的方式，对本地存储资源进行虚拟化，再经集群整合成资源池，为应用虚拟机提供存储服务。

（2）高速网络：GE/10GE 以太网交换机，或者 Infiniband 光纤交换机为分布式计算和存储集群提供可扩展和高可用性的网络通道。

管理程序除了提供硬盘或 SSD 硬件抽象层之外，还提供工作负载邻接、冗余、故障迁移、管理和容器化作用。根据目前服务器设备的发展水平以及系统所需资源，同时考虑到系统冗余及预留将来发展的需要，按照所需虚拟服务器数量考虑，共配置 3 个节点的超融合服务器系统。

10.2.2.2　软件部分

建立实时数据库，数据采集系统（见图 10-8）对采集的数据点按管理需求和重要性进行筛分存储，构建工艺过程数据池，为其他系统提供数据。按照全厂的规模和装备数量，考虑负载均衡和安全性，分别针对不同的生产区域，实现负载均衡。支持多人在线访问的 Web 客户端，支持实时画面、数据列表、历史趋势的 Web 发布，使用户可以通过 IE 浏览器来实时查看现场设备的运行状况和趋势分析。

历史数据通过高效的数据压缩技术，保存长达数年的历史数据，并可通过对磁盘的扩展来扩大存储容量和年限。用于过程数据的历史存储，要求满足大数据量、大吞吐量的数据存储与检索，特有的压缩算法在保证庞大数据存储的同时，又保证了数据文件的存储容量可以维持在一个较低的水平。包含 5 万点实时数据库软件×1、I/O 采集站软件×2、Web 发布软件×1、工程师站×2、操作员站×5。

10.2.2.3　硬件部分

服务器，根据上述实时数据库的设计要求，在中心机房设置 2 台数据库服务器，两两互为冗余，用于过程数据的历史存储，要求满足大数据量、大吞吐量的数据存储与检索。

设置 2 台采集服务器，用于汇总隔离网关数据，采用冗余模式进行数据采集，并将采集解析后的数据推送到数据库服务器。

设置 1 台应用 Web 发布服务器，用于实时数据库系统实时画面、数据列表、历史趋势的 Web 发布，使用户可以通过 IE 浏览器来实时查看现场设备的运行状况和趋势分析，支持多人并发访问。

操作部分设置 2 台工程师站和 5 台操作站。

10.2.2.4　数据采集网关设备

数据采集系统根据全厂装备数量以及各分厂产线数量，各产线的 PLC 等控制系统在各分厂完成分厂控制局域网络，统一网络节点接入汇聚层网络节点。

根据公司建设统一共享、安全稳定的数据采集与应用平台的目标，本方案设计采用工业智能网关，提供不低于 4 路以太网和 6 路串口的通信接口。该产品具备多个网口和多个 RS485 总线接口，低功耗无风扇设计，支持多种工业协议，包括主流 PLC 和智能仪表。具备以下的基本功能：

（1）支持多种接入方式，如：RS-232/422/485、CAN、以太网、4G、GPRS/WCDMA 等。

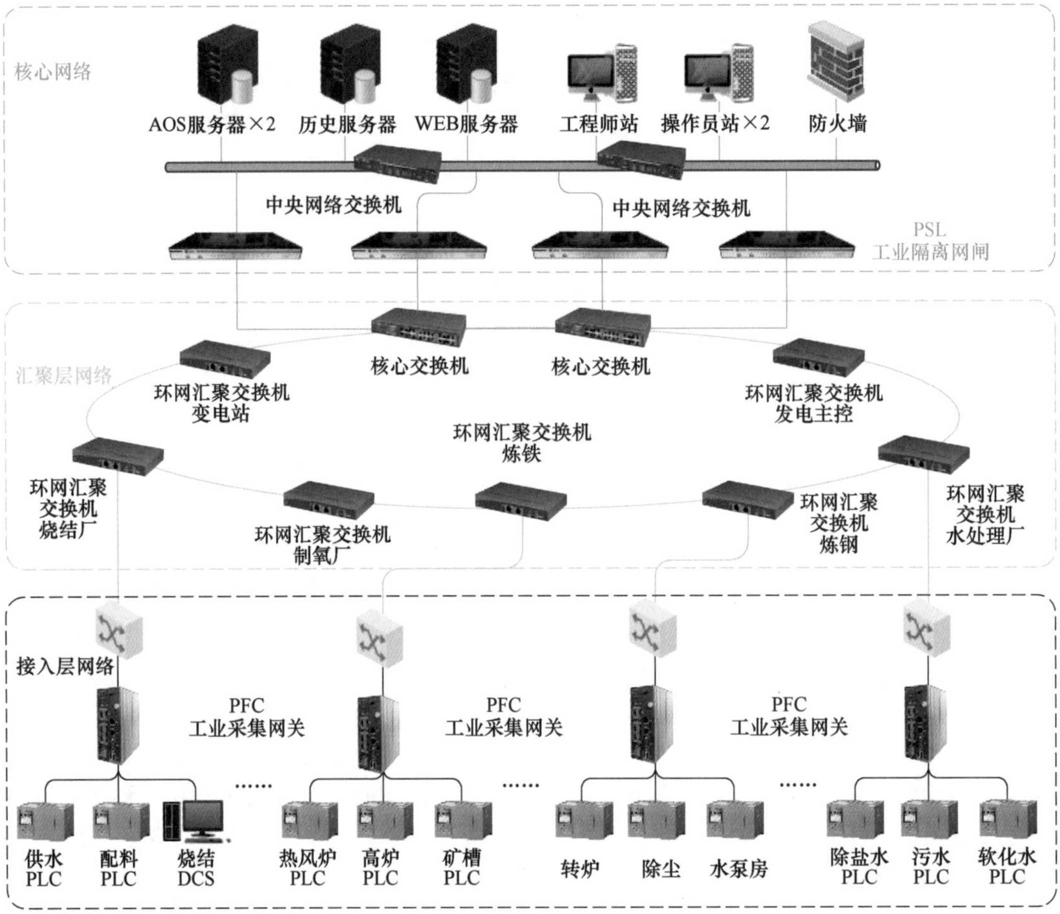

图 10-8　全厂数据采集设备联网拓扑示意图

（2）支持工业现场的多种工业设备协议，完备的协议库可使更多的设备轻松接入，支持的国际标准协议如：OPC、Modbus、IEC60870-101/102/103/104、DNP3、DLT645、BACnet 等；支持 PLC、DCS、各种智能仪表、智能设备等厂商的私有协议。

（3）支持对各种数据文件解析，如 TXT、CSV 等。

（4）支持以多种工业设备协议向其他系统或设备提供数据分发服务，专门解决自动化系统中不同通信标准的异构系统之间的互联互通操作。

10.2.2.5　安全隔离网闸设备

数据采集系统基本覆盖全厂各产线及所属的 PLC 等控制系统，数据量大，网络规模大，覆盖产线，因此网络安全变得尤为重要，因此必须将一级控制系统 PLC、DCS 所在生产控制网与实时数据库所在的生产管理网进行边界划分，形成安全的网络区域，因此采用工业网闸。

10.2.2.6　视频集成平台软硬件

建设公司级统一的视频管理平台，如图 10-9 所示，平台具备 2000 路视频接入能力，并通过流媒体、设备网关实现视频流高质量并发观看以及非标及第三方视频接入，同时实

现视频存储功能。平台通过新建公司级视频专网实现全公司各厂部数字视频监控系统的整合，管控中心通过调取专有 IP 地址实现各视频的调取及显示。实现全公司不同区域数字视频监控系统的整合，在统一平台中根据权限查看视频信息，实现综合指挥、调度、管理及应用，实现 2000 路重要监控点 30 天存储。

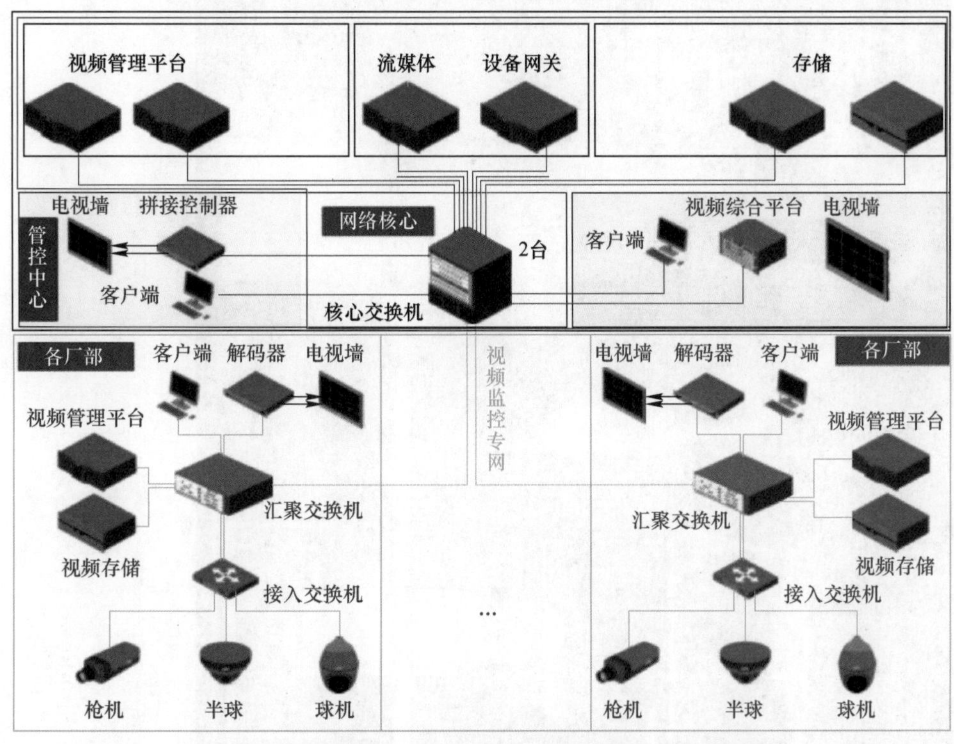

图 10-9 公司级视频监控综合管理平台系统架构示意图

视频管理平台管理服务器含 1 台设置为双机热备的服务器和配套的视频管理平台软件；至少具备 2000 路视频接入能力。

流媒体服务器含 1 台高性能服务器和配套的流媒体转发软件；流媒体转发能力不低于 2000 路视频；网卡至少具备 2 个万兆光口（含 4 个多模光模块）。

网关服务器包含 1 台高性能服务器和配套的视频网关软件，以及市面常见视频监控品牌的解码库；具备第三方数字视频接入能力；网卡至少具备 1 个万兆光口（含 2 个多模光模块）。视频存储含一个存储主机和一个扩展柜，要求能满足 2000 路视频储存 30 天。

10.2.3 集控中心效果图

打破地理空间位置限制，打通整合各产线、各部门的各类数据流，实现整个公司生产管控的内在协同。系统覆盖焦化厂、原料厂（含链箅机回转窑、白灰厂）、炼铁厂、炼钢厂、轧钢厂（含镀锌厂）、动力厂（含制氧厂、发电厂）等全工序产线，分生产调度、能源管控、物流运输、关键岗位监测、环保监控五大系统，既相互独立，又协同统一，如图 10-10~图 10-14 所示。

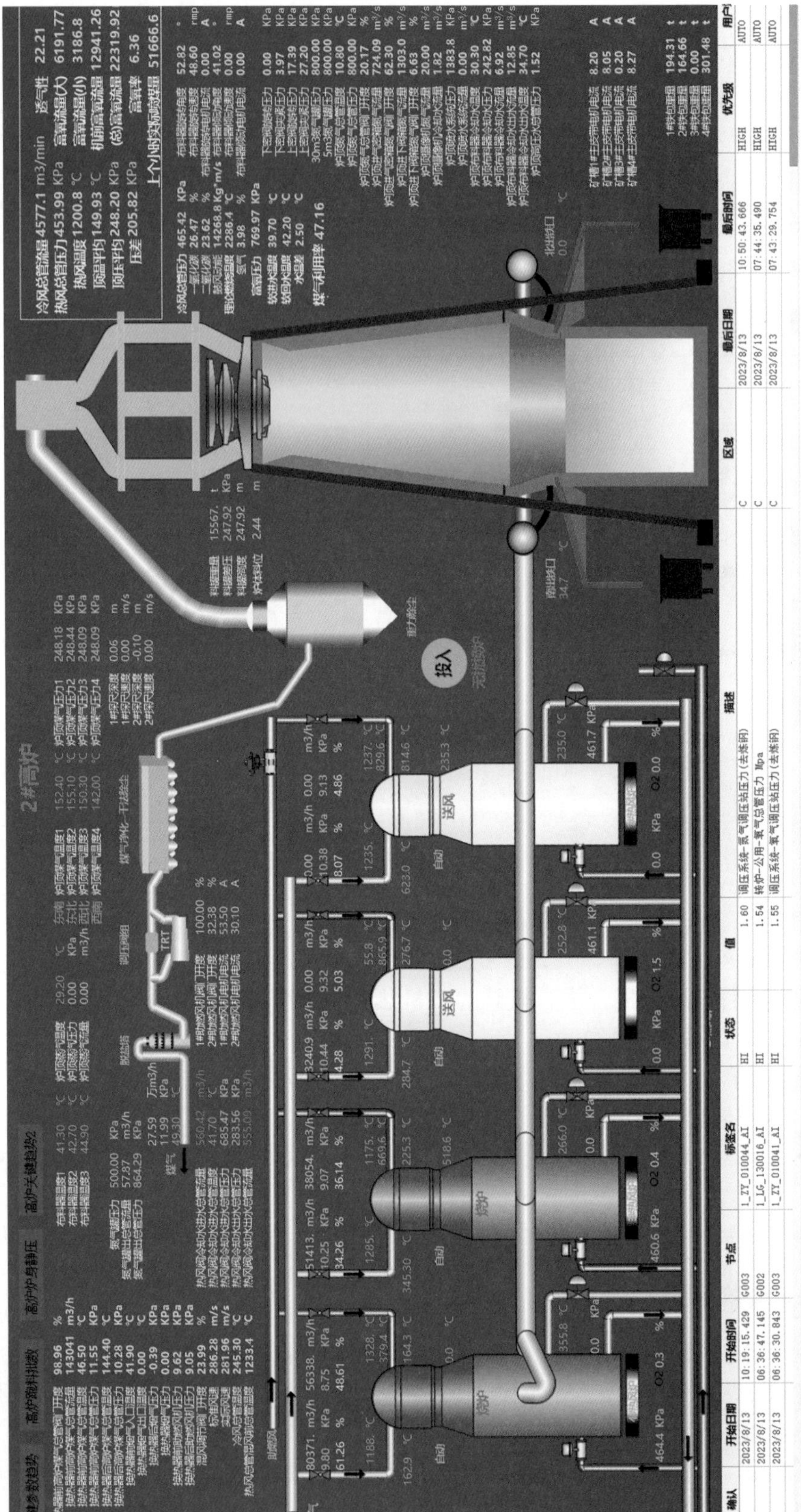

图10-10　生产调度管控画面
（扫描书前二维码看大图）

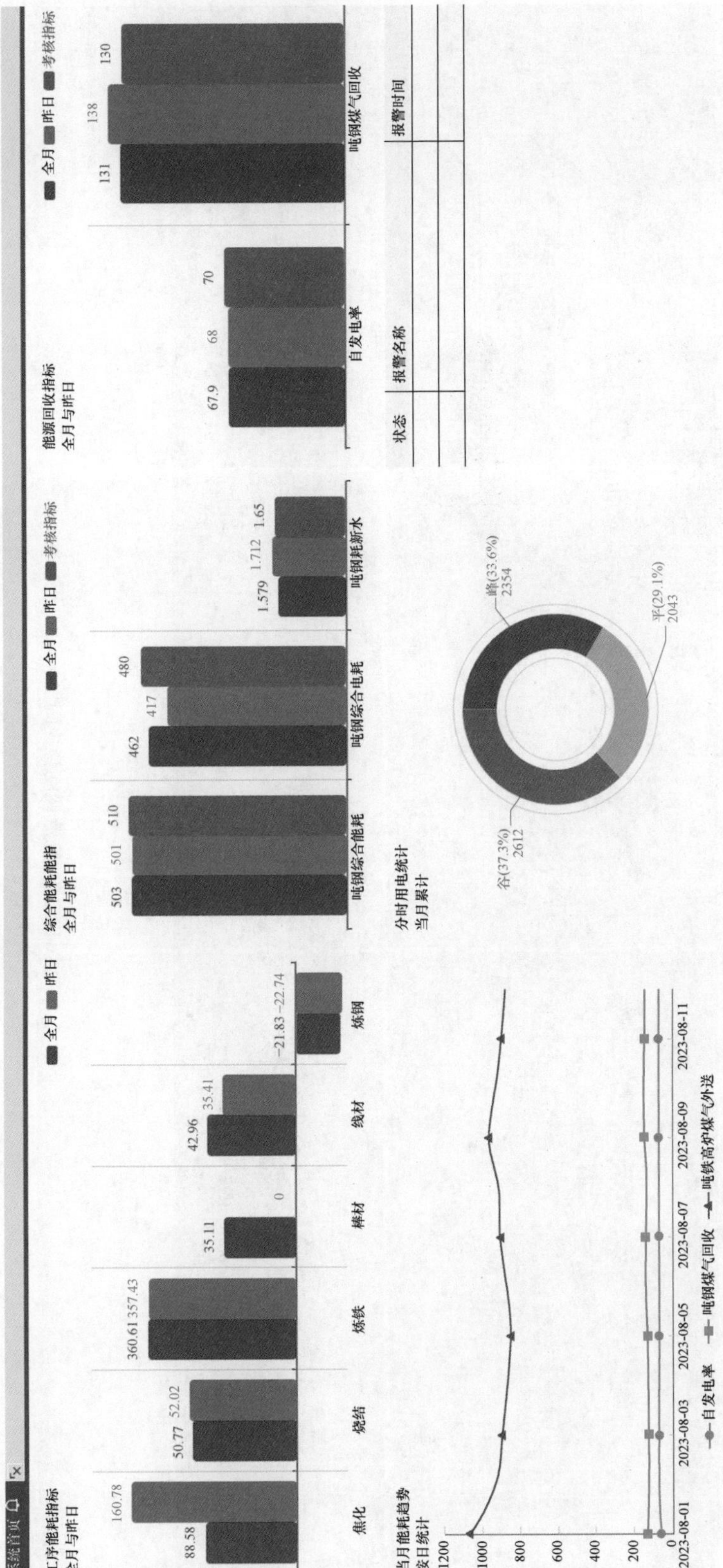

图10-11　能源调度管控画面

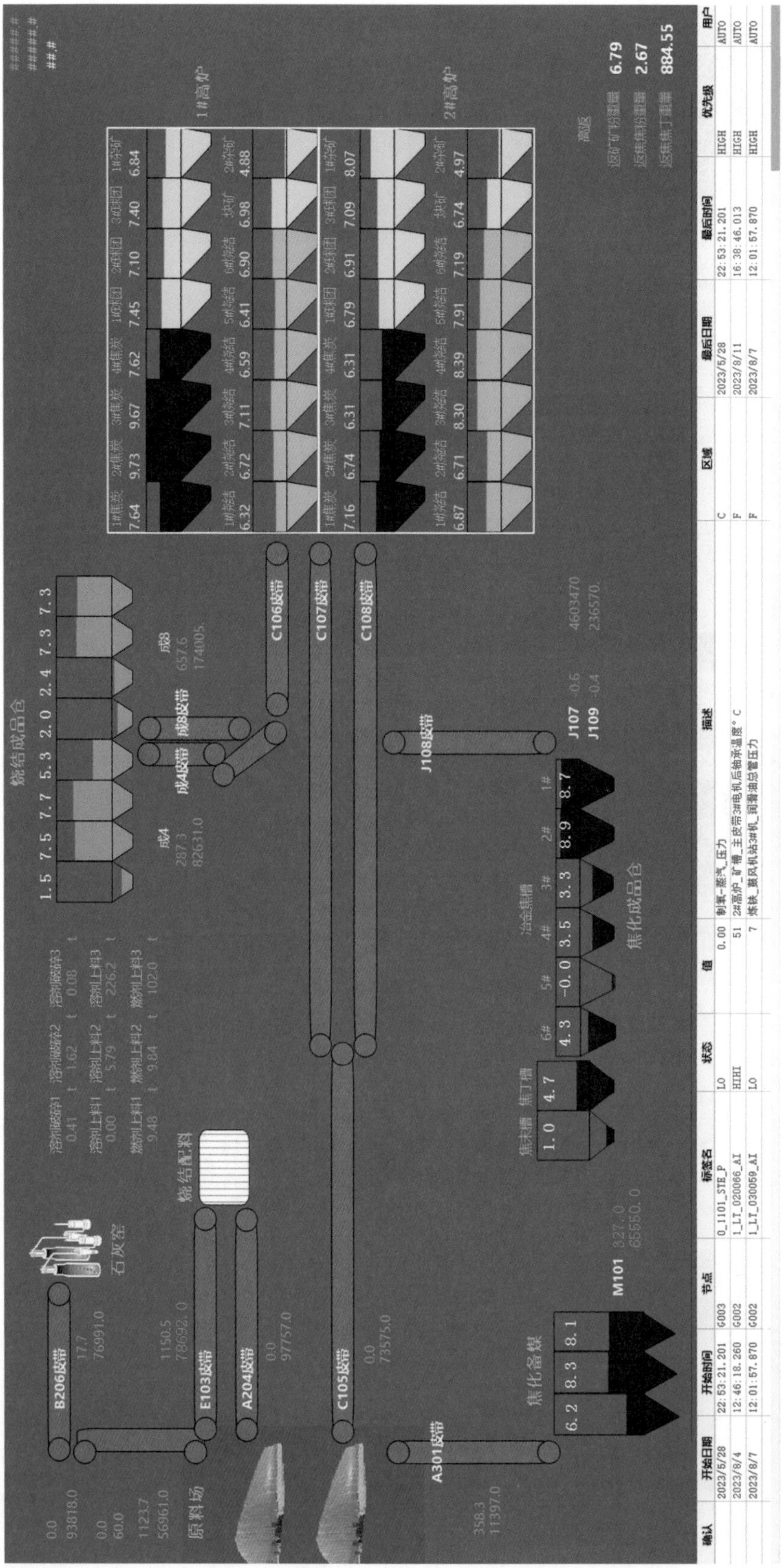

确认	开始日期	开始时间	节点	标签名	状态	值	描述	区域	最后日期	最后时间	优先级	用户
	2023/5/28	22:53:21.201	G003	0_1101_STE_P	LO	0.00	制氧-蒸汽_压力	C	2023/5/28	22:53:21.201	HIGH	AUTO
	2023/8/4	12:46:18.260	G002	1_LT_020066_AI	HIHI	51	2#高炉_矿槽_主皮带3#电机后轴承温度°C	F	2023/8/11	16:38:46.013	HIGH	AUTO
	2023/8/7	12:01:57.870	G002	1_LT_030059_AI	LO	7	炼铁_鼓风机站3#机_润滑油总管压力	F	2023/8/7	12:01:57.870	HIGH	AUTO

图10-12 物流调度管控画面

(扫描书前二维码看大图)

图10-13 环保管控画面

图 10-14　安全管控画面

中心调度人员可依据平台显示图片、文本、语音、视频、位置、文件多维度信息，实现统一的生产指挥、集中调度、自动流程广播和应急广播功能。

10.3　工业互联网与集控中心配套软硬件

10.3.1　工业智能网络设备

工业智能网关 60 台，采用 X86 架构；接口不少于 4 个 100M 以太网接口，6 路 RS232/485 接口，支持主流通信接口及主流控制系统、智能仪表的通信协议；各以太网端口支持独立网段，支持 Vlan 划分；支持 IP 地址冲突无扰接入，不影响生产；支持断线缓存功能；CPU 处理器最低要求不低于 2. 3GHz；运行 RAM 最低要求 4G DDR3；存储最低要求：16G mSATA；具备自有的网络管理系统，便于远程维护与监控。

工业隔离网闸机 6 台，采用双主机+隔离单元设计，隔离单元只支持私有通信协议；支持 Linux 或 Windows 操作系统；接口控制端和信息端各 4 个千兆自适应工业以太网接口，标准 RJ45 接口；各以太网端口支持独立网段，支持 Vlan 划分；支持数据源和转发点之间一对一、一对多、多对一、多对多的转发、支持测点级访问控制和断线缓存功能。支持 MySQL、Oracle、SQLServer 等数据库。具备自有的网络管理系统，便于远程维护与监控；CPU 处理器不低于 2. 3GHz；运行 RAM 至少 4G DDR3；支持 IP 地址冲突无扰接入；

具备自有的网络管理系统，支持远程维护与监控。

工程师站采用 I7-9500 3.0G/16GB DDR4 2666 内存/500GB SATA3 7200 转硬盘/2G 独显/双网卡/Win 10 简体中文专业版操作系统，27 英寸宽屏 LED 液晶 FHD IPS（显示器分辨率 1920×1080）。

操作站采用 I7 2.3GHz CPU、16GB 内存、2G 独显，512GB SSD+1TB 硬盘，27 英寸套机。

办公网核心交换机单台配置：双主控，独立交换网板≥2；电源≥2；独立风扇框数≥2；万兆光口≥92 个，千兆电口≥48 个，5m 长高速电缆≥2 条。交换容量≥512Tbps，包转发率≥28800Mpps；主控引擎与交换网板物理分离；主控引擎≥2；独立交换网板≥4；整机业务板槽位数≥8；支持每槽位转发能力≥2.4Tbps；支持整机 MAC 地址≥1M；支持 ARP 表项≥256K；支持 4K VLAN，支持 1∶1、N∶1 VLAN mapping，支持端口 VLAN，支持 Voice VLAN；支持 IEEE 802.1d（STP）、802.1w（RSTP）、802.1s（MSTP），支持 VLAN 内端口隔离，支持端口聚合；支持 1∶1、N∶1、1∶N 端口镜像，支持流镜像，支持远程端口镜像（RSPAN），支持 ERSPAN；支持静态路由、RIP、RIPng、OSPF、OSPFv3、BGP、BGP4+、ISIS、ISISv6；支持 IPv6 过渡技术，IPv4/IPv6 双栈、6over4 隧道、4over6 隧道；支持 IPv6 DHCP SERVER、IPv6 DHCP Relay、DHCP Snooping；支持 MPLS L3VPN、MPLS L2VPN（VPLS，VLL）、MPLS-TE、MPLS QoS；支持基于第二层、第三层和第四层的 ACL；支持 IP/Port/MAC 的绑定功能；支持 PQ、WRR、DRR、PQ+WRR、PQ+DRR 等调度方式；支持 DHCP snooping binding table（DAI，IP source guard），防止 ARP 攻击、DDOS 攻击、中间人攻击；支持自动隔离攻击源技术；支持真实业务流的实时检测技术，实现对 IP 网络的精确丢包监控和快速故障定界能力；支持纵向虚拟化技术，为方便管理支持业务板集成 AC 功能，实现对 AP 的接入控制和管理，实现对有线无线用户的统一认证管理、用户数据报文的隧道集中转发；支持交换机基于 UCL 用户组方式，用户组内的用户，不论是有线还是无线用户，也不论用户在何处登录，获得任何 IP 地址，用户都拥有相同的访问权限；支持硬件 BFD/OAM，小于 5ms 稳定均匀发包检测，提高设备的可靠性。

办公网汇聚交换机，交换容量≥1.36Tbps，包转发率≥252Mpps，以官网小值为准；配置模块化可插拔双电源；48 个千兆 SFP，4 个万兆 SFP+；3m 长 10G 高速电缆 1 条；支持业务扩展插槽数≥1；扩展支持 8 个 SFP+端口或 4 个 40GE QSFP+端口；配置标准 USB 接口，支持 U 盘快速开局；支持 MAC 地址规格≥32K；支持 ARP 表项规格≥20000；支持 4K VLAN，支持基本 QinQ，灵活 QinQ；支持端口 VLAN、协议 VLAN、IP 子网 VLAN；支持 Super VLAN、Voice VLAN、组播 VLAN；支持 IEEE 802.1d（STP），802.w（RSTP），802.1s（MSTP）；支持策略 VLAN，支持 PVLAN/MUX VLAN；支持静态路由、RIP v1/v2、OSPF、BGP、ISIS、RIPng、OSPFv3、ISISv6、BGP4+；支持 IPv4 路由 FIB 表≥8K，IPv6 路由 FIB 表≥4K；支持 IPv4/IPv6 双协议栈，支持 6to4、ISATAP、手动配置 tunnel；支持 DHCPv4/v6 client/relay/server/snooping；支持 PIM DM、PIM SM、PIM SSM；支持 IGMP v1/v2/v3 及 IGMP v1/v2/v3 Snooping 及 IGMP 快速离开机制；支持 MLD v1/v2、MLD v1/v2 Snooping；支持 802.1x、MAC 认证和 Portal 认证；支持 DHCPv6 Snooping，DAI，SAVI 等安全特性；支持 CPU 保护功能；支持 MACSec 加密；支持对端口接收报文

速率和发送报文速率进行限制，支持SP、WRR、SP+WRR等队列调度算法；支持报文的802.1p和DSCP优先级重新标记；支持以太网环网保护协议ERPS，故障倒换时间小于50ms；支持纵向虚拟化，作为纵向子节点零配置即插即用；纵向虚拟化的子节点交换机支持堆叠；支持SNMP v1/v2/v3、Telnet、RMON、SSHv2；支持通过命令行、Web、中文图形化配置软件方式进行配置和管理。

办公接入交换机，交换容量≥336Gbps，包转发率≥50Mpps；24个千兆电口，4个千兆SFP；支持MAC地址≥16K、支持ARP表项≥4K、支持4K个VLAN，支持Voice VLAN，基于端口的VLAN，基于MAC的VLAN，基于协议的VLAN；支持RIP、RIPng、OSPF、OSPFv3路由协议；支持IPv4 FIB表项≥4K、IGMP v1/v2/v3 Snooping、防止DOS、ARP攻击功能、ICMP防攻击；支持端口隔离、端口安全、Sticky MAC；支持IP、MAC、端口、VLAN的组合绑定；支持CPU保护功能；支持DHCPv6 Snooping，DAI，SAVI等安全特性；支持以太网环网保护协议ERPS，故障倒换时间小于50ms；支持纵向虚拟化，作为纵向子节点零配置即插即用；支持对端口接收报文速率和发送报文速率进行限制；支持SNMP v1/v2/v3、Telnet、RMON；支持通过命令行、Web、中文图形化配置软件等方式进行配置和管理。

10.3.2　视频接入网络设备

视频网核心交换机2台，单台配置：双主控，独立交换网板≥2；电源≥2；独立风扇框数≥2；万兆光口≥48个，千兆电口≥48个，5m长高速电缆≥2条。交换容量≥256Tbps，包转发率≥14400Mpps。主控引擎与交换网板物理分离：主控引擎≥2，独立交换网板槽位数≥2，整机业务板槽位数≥4，支持每槽位转发能力≥2.4Tbps。为保证设备散热效果和可靠性，要求设备支持模块化风扇框，可热插拔，当单个风扇框发生故障时，有其他风扇正常运行，保证设备散热，独立风扇框数≥2。

支持整机MAC地址≥1M、支持ARP表项≥256K、支持4K VLAN，支持1∶1、N∶1 VLAN mapping，支持端口VLAN，支持Voice VLAN；支持IEEE 802.1d（STP）、802.1w（RSTP）、802.1s（MSTP），支持VLAN内端口隔离，支持端口聚合；支持1∶1、N∶1、1∶N端口镜像，支持流镜像，支持远程端口镜像（RSPAN），支持ERSPAN；支持静态路由、RIP、RIPng、OSPF、OSPFv3、BGP、BGP4+、ISIS、ISISv6；支持IPv6过渡技术，IPv4/IPv6双栈、6over4隧道、4over6隧道；支持IPv6 DHCP SERVER、IPv6 DHCP Relay、DHCP Snooping；支持MPLS L3VPN、MPLS L2VPN（VPLS，VLL）、MPLS-TE、MPLS QoS；支持基于第二层、第三层和第四层的ACL；支持IP/Port/MAC的绑定功能；支持PQ、WRR、DRR、PQ+WRR、PQ+DRR等调度方式；支持DHCP snooping binding table（DAI，IP source guard），防止ARP攻击、DDOS攻击、中间人攻击；支持真实业务流的实时检测技术，实现对IP网络的精确丢包监控和快速故障定界能力；支持纵向虚拟化技术，为方便管理支持业务板集成AC功能，实现对AP的接入控制和管理，实现对有线无线用户的统一认证管理、用户数据报文的隧道集中转发。

支持交换机基于UCL用户组方式，用户组内的用户，不论是有线还是无线用户，也不论用户在何处登录，获得任何IP地址，用户都拥有相同的访问权限；支持硬件BFD/OAM，小于5ms稳定均匀发包检测，提高设备的可靠性。

视频网汇聚交换机 16 台，交换容量≥1.36Tbps，包转发率≥252Mpps，以官网小值为准，配置模块化可插拔双电源；48 个千兆 SFP，4 个万兆 SFP+；3m 长 10G 高速电缆 1 条；支持业务扩展插槽数≥1、扩展支持 8 个 SFP+端口或 4 个 40GE QSFP+端口、配置标准 USB 接口，支持 U 盘快速开局；支持 MAC 地址规格≥32K、支持 ARP 表项规格≥20000；支持 4K VLAN，支持基本 QinQ，灵活 QinQ；支持端口 VLAN、协议 VLAN、IP 子网 VLAN；支持 Super VLAN、Voice VLAN、组播 VLAN；支持 IEEE 802.1d（STP），802.w（RSTP），802.1s（MSTP）；支持策略 VLAN，支持 PVLAN/MUX VLAN、支持静态路由、RIP v1/v2、OSPF、BGP、ISIS、RIPng、OSPFv3、ISISv6、BGP4+；支持 IPv4 路由 FIB 表≥8K，IPv6 路由 FIB 表≥4K；支持 IPv4/IPv6 双协议栈，支持 6to4、ISATAP、手动配置 tunnel；支持 DHCPv4/v6 client/relay/server/snooping；支持 PIM DM、PIM SM、PIM SSM；支持 IGMP v1/v2/v3 及 IGMP v1/v2/v3 Snooping 及 IGMP 快速离开机制；支持 MLD v1/v2、MLD v1/v2 Snooping；支持 802.1x、MAC 认证和 Portal 认证；支持 DHCPv6 Snooping，DAI，SAVI 等安全特性；支持 CPU 保护功能；支持 MACSec 加密。

支持对端口接收报文速率和发送报文速率进行限制，支持 SP、WRR、SP+WRR 等队列调度算法；支持报文的 802.1p 和 DSCP 优先级重新标记；支持以太网环网保护协议 ERPS，故障倒换时间小于 50ms；支持纵向虚拟化，作为纵向子节点零配置即插即用；纵向虚拟化的子节点交换机支持堆叠；支持 SNMP v1/v2/v3、Telnet、RMON、SSHv2；支持通过命令行、Web、中文图形化配置软件等方式进行配置和管理。

视频网接入交换机 30 台，交换容量≥336Gbps，包转发率≥50Mpps，24 个千兆电口，4 个千兆 SFP，支持 MAC 地址≥16K，支持 ARP 表项≥4K，支持 4K 个 VLAN，支持 Voice VLAN，基于端口的 VLAN，基于 MAC 的 VLAN，基于协议的 VLAN；支持 RIP、RIPng、OSPF、OSPFv3 路由协议；支持 IPv4 FIB 表项≥4K、支持 IGMP v1/v2/v3 Snooping、支持防止 DOS、ARP 攻击功能、ICMP 防攻击、支持端口隔离、端口安全、Sticky MAC；支持 IP、MAC、端口、VLAN 的组合绑定；支持 CPU 保护功能、支持 DHCPv6 Snooping，DAI，SAVI 等安全特性；支持以太网环网保护协议 ERPS，故障倒换时间小于 50ms；支持纵向虚拟化，作为纵向子节点零配置即插即用；支持对端口接收报文速率和发送报文速率进行限制；支持 SNMP v1/v2/v3、Telnet、RMON；支持通过命令行、Web、中文图形化配置软件等方式进行配置和管理。

数采接入交换机 40 台，交换容量≥336Gbps，包转发率≥50Mpps；24 个千兆电口，4 个千兆 SFP、支持 MAC 地址≥16K、支持 ARP 表项≥4K、支持 4K 个 VLAN，支持 Voice VLAN，基于端口的 VLAN，基于 MAC 的 VLAN，基于协议的 VLAN；支持 RIP、RIPng、OSPF、OSPFv3 路由协议；支持 IPv4 FIB 表项≥4K、支持 IGMP v1/v2/v3 Snooping、支持防止 DOS、ARP 攻击功能、ICMP 防攻击；支持端口隔离、端口安全、Sticky MAC；支持 IP、MAC、端口、VLAN 的组合绑定；支持 CPU 保护功能、支持 DHCPv6 Snooping，DAI，SAVI 等安全特性；支持以太网环网保护协议 ERPS，故障倒换时间小于 50ms；支持纵向虚拟化，作为纵向子节点零配置即插即用；支持对端口接收报文速率和发送报文速率进行限制；支持 SNMP v1/v2/v3、Telnet、RMON；支持通过命令行、Web、中文图形化配置软件等方式进行配置和管理。

10.3.3 网络安全设备

办公网防火墙2台，配千兆电口≥12；千兆光口≥8；万兆光口≥4；SSL VPN并发数实配≥15；虚拟防火墙数量≥500；配置双电源；配置3年IPS，AV，URL过滤；支持USB3.0；严格前后风道，防火墙吞吐量≥20Gbps，最大并发连接数≥800万，每秒新建连接数≥20万，IPSec吞吐量≥20Gbps，SSL _ VPN吞吐量≥2Gbps，SSL代理吞吐量≥3Gbps，IPS吞吐量≥8.8Gbps；能够基于IP、IPv6、MAC地址、时间进行访问控制策略控制；支持自定义安全策略，安全策略组功能；支持策略冗余/命中分析；支持静态路由、策略路由、RIP、OSPF、BGP、ISIS等路由协议。支持IPv6协议栈、IPv6穿越技术、IPv6路由协议；支持识别国标SIP协议及主流安防厂家的私有协议；支持基于应用层协议设置流控策略，包括设置最大带宽、保证带宽、协议流量优先级等；支持每用户的最大连接数限制，保护服务器；支持基于地理位置的流量和威胁分析；支持将基于端口的安全策略转换为基于应用的安全策略，分析设备策略风险及冗余策略，提供安全策略优化建议；支持数据防泄露，对传输的文件和内容进行识别过滤，对内容与身份证、信用卡、银行卡、社会安全卡号等类型进行匹配；支持DNS过滤，提高WEB网页过滤的性能；支持HTTP、HTTPS、DNS、SIP等应用层Flood攻击，支持流量自学习功能，可设置自学习时间，并自动生成DDOS防范策略；支持对常见应用服务（HTTP、FTP、SSH、SMTP、IMAP）和数据库软件（MySQL、Oracle、MSSQL）的口令暴力破解防护功能；支持对HTTPS，POP3S，SMTPS，IMAPS加密流量代理解密后，并进行内容过滤，审计，安全防护；支持基于URL分类的精细化解密，提高解密性能；支持加密流量解密后镜像给第三方设备做审计，安全检测；支持流探针功能，对网络中的流量进行采集；可根据目的地址智能优选运营商链路，支持主备接口配置以及按比例分配的负载分担方式；支持IPSec智能选路功能，实现多条IPSec隧道动态切换；支持智能DNS功能、透明DNS功能、动态DNS功能，支持会话保持，满足多链路出口场景下的负载均衡，且该功能是免费的。

实视频网防火墙2台，千兆电口≥12；千兆光口≥8；万兆光口≥4；SSL VPN并发数实配≥15；IPSec VPN隧道≥15000；虚拟防火墙数量≥200；配置双电源；配置3年IPS，AV，URL过滤，配置3年安全云沙箱服务或者本地沙箱设备；支持USB3.0；严格前后风道。防火墙吞吐量≥12Gbps，最大并发连接数≥800万，每秒新建连接数≥20万；IPSec吞吐量≥10Gbps，SSL _ VPN吞吐量≥1Gbps；IPS吞吐量≥5.8Gbps，能够基于IP、IPv6、MAC地址、时间进行访问控制策略控制；支持自定义安全策略，安全策略组功能；支持策略冗余/命中分析；支持静态路由、策略路由、RIP、OSPF、BGP、ISIS等路由协议；支持IPv6协议栈、IPv6穿越技术、IPv6路由协议；支持NAT66，NAT64，6RD隧道；支持识别国标SIP协议及主流安防厂家的私有协议；支持每IP，每用户的最大连接数限制，保护服务器；支持基于地理位置的流量和威胁分析；支持将基于端口的安全策略转换为基于应用的安全策略，分析设备策略风险及冗余策略，提供安全策略优化建议；支持数据防泄露，对传输的文件和内容进行识别过滤，对内容与身份证、信用卡、银行卡、社会安全卡号等类型进行匹配；支持DNS过滤，提高WEB网页过滤的性能；支持HTTP、HTTPS、DNS、SIP等应用层Flood攻击，支持流量自学习功能，可设置自学习时间，并自动生成DDOS防范策略；支持对常见应用服务（HTTP、FTP、SSH、SMTP、IMAP）和数据库软

件（MySQL、Oracle、MSSQL）的口令暴力破解防护功能；支持对 HTTPS，POP3S，SMTPS，IMAPS 加密流量代理解密后，并进行内容过滤，审计，安全防护；支持基于 URL 分类的精细化解密，提高解密性能；支持加密流量解密后镜像给第三方设备做审计，安全检测；支持防火墙与云端 WEB 信誉系统，文件信誉系统，IP 信誉系统联动，实时阻断威胁；支持流探针功能，对网络中的流量进行采集；可智能优选运营商链路，支持主备接口配置以及按比例分配的负载分担方式；支持 IPSec 智能选路功能，实现多条 IPSec 隧道动态切换；支持智能 DNS 功能、透明 DNS 功能、动态 DNS 功能，支持会话保持，满足多链路出口场景下的负载免费均衡。

数采网防火墙 2 台，配千兆电口≥12；千兆光口≥8；万兆光口≥4；SSL VPN 并发数实配≥15；IPSec VPN 隧道≥15000；虚拟防火墙数量≥200；配置双电源；配置 3 年 IPS，AV，URL 过滤，配置 3 年安全云沙箱服务或者本地沙箱设备；支持 USB3.0；严格前后风道；防火墙吞吐量≥12Gbps，最大并发连接数≥800 万，每秒新建连接数≥20 万；IPSec 吞吐量≥10Gbps，SSL_VPN 吞吐量≥1Gbps；IPS 吞吐量≥5.8Gbps，能够基于 IP、IPv6、MAC 地址、时间进行访问控制策略控制；支持自定义安全策略，安全策略组功能；支持策略冗余/命中分析；支持静态路由、策略路由、RIP、OSPF、BGP、ISIS 等路由协议；支持 IPv6 协议栈、IPv6 穿越技术、IPv6 路由协议；支持识别国标 SIP 协议及主流安防厂家的私有协议；可支持基于应用层协议设置流控策略，包括设置最大带宽、保证带宽、协议流量优先级等；支持基于地理位置的流量和威胁分析；支持将基于端口的安全策略转换为基于应用的安全策略，分析设备策略风险，提供安全策略优化建议；支持数据防泄露，对传输的文件和内容进行识别过滤，对内容与身份证、信用卡、银行卡、社会安全卡号等类型进行匹配；支持 DNS 过滤，提高 Web 网页过滤的性能；支持 HTTP、HTTPS、DNS、SIP 等应用层 Flood 攻击，支持流量自学习功能，可设置自学习时间，并自动生成 DDOS 防范策略；支持对常见应用服务（HTTP、FTP、SSH、SMTP、IMAP）和数据库软件（MySQL、Oracle、MSSQL）的口令暴力破解防护功能；支持对 HTTPS，POP3S，MTPS，IMAPS 加密流量代理解密后，并进行内容过滤，审计，安全防护；支持基于 URL 分类的精细化解密，提高解密性能；支持加密流量解密后镜像给第三方设备做审计，安全检测；支持防火墙与云端 Web 信誉系统，IP 信誉系统联动，实时阻断威胁；支持流探针功能，对网络中的流量进行采集可根据目的地址智能优选运营商链路，支持主备接口配置以及按比例分配的负载分担方式；支持 IPSec 智能选路功能，实现多条 IPSec 隧道动态切换；支持智能 DNS 功能、透明 DNS 功能、动态 DNS 功能，支持会话保持，满足多链路出口场景下的负载免费均衡。

千兆单模光模块 120 块，万兆单模光模块 60 块。

应用交付网关（AD）4 块，建议为国产化品牌，要求配置≥6 千兆电口，≥2 万兆光口；四层吞吐量≥10Gbps；并发连接数≥800000；部署方式支持串接部署、旁路部署；支持三角传输模式。建议设备形态必须独立专业负载设备，非插卡式扩展的负载均衡设备。单一设备可同时支持包括链路负载均衡、全局负载均衡和服务器负载均衡的功能。三种功能同时处于激活可使用状态，无需额外购买相应授权。提供针对多站点业务发布的全局负载均衡功能，通过智能 DNS 等机制实现公网用户对多个数据中心或单个数据中心多条线路的最佳访问。通过某种编程语言（如 lua）实现自定义的流量编排，对 IP、TCP、UDP、

SSL、HTTP 和 HTTPS 等类型的流量进行分发、修改和统计等操作；支持静态 IP 和 PPPOE 两种线路接入方式。支持跨设备健康状态监视（透明监视），同时支持 IPv4 和 IPv6；支持基于管理员自定义的时间计划来进行出站访问的流量调度分发。支持 cookie 加密，提升 cookie 安全性。

出口入侵防御 1 个，设 1 个 GE 独立管理口，1 个 Console 口，1 个 USB3.0 口；业务口配置 ≥8、4×GE+COMBO+4×GE 光口+ 6×GE 电口+ 4×10GE SFP+；支持本地硬盘存储日志信息和查看报表，配置 240G 固态硬盘用于存储，配置 3 年特征库升级；IPS 检测吞吐量≥8Gbps；部署方式需灵活，必须支持透明直路部署模式、旁路部署模式；单台设备必须支持 IDS/IPS 混合部署方式，实现部分接口旁路检测，部分接口对直路防护，设备支持单臂部署方式，可以旁挂在二层或者三层设备上进行入侵防御；支持静态路由、策略路由，OSFP、BGP、ISIS 等路由；支持对 P2P，IM，网络游戏，炒股软件，语音聊天工具，流媒体，常用邮件以及远程控制软件等的识别和控制；应用识别数量≥6000，支持 SYN Flood、SYN ACK、UDP Flood 等 DDOS 防护，支持 HTTP Flood、HTTPS Flood 等应用层 DDOS 防护；支持对 SMTP、POP3、HTTP、FTP 协议实现病毒扫描检测；支持应用威胁签名库的在线升级、离线升级等多种升级方式；支持每周定期升级威胁签名库、病毒库，遇到重大安全事件，支持即时升级；支持日志告警、会话阻断、IP 隔离、抓包取证等多种响应方式；支持除了基于攻击事件本身进行严重级别划分，还可以根据攻击与资产相关性关联进行风险级别定义，协助管理员关注实际环境中需要紧急处理的安全告警，提升安全事件响应效率。

上网行为管理 1 个，机架式独立硬件设备，系统硬件为全内置封闭式结构，功能采用模块化结构设计，加电即可运行，启动过程无须人工干预；支持万兆光接口数量≥2；交流双电源。不低于 1T 硬盘；3 年特征库升级；网络吞吐量≥9.5Gbps；内存≥2G；最大用户数≥8000；支持带宽 1000M；支持网桥、路由、旁路等部署模式；支持双机部署；支持基于用户、应用、时间对象的流量管控和策略设置；能够发现私接路由（或者共享软件等）共享网络的行为；支持 IPv4、IPv6 及其他上网行为核心管理功能；支持静态路由、策略路由、RIP、OSPF；支持 4G 扩展网卡。支持在 4G 接口上运行 IPSec VPN；自定义关键字对象，提供多种匹配模式，匹配类型包含关键字和数字；网络社区应用管控的精细化管理，例如可管控“所有行为”“登录”“网页浏览”“发表”“上传”等行为；支持单用户全天行为分析报表，一个界面同时展示用户名、用户组、在线时长、虚拟身份（如 QQ 号码、微博账号等）、日志关联情况、全天流量使用分布、网站访问类别分布、全天关键网络行为轴等信息；支持收集网站访问日志，记录用户所有访问网站行为；支持收集搜索引擎日志，记录用户的搜索内容；支持收集 IM 通信软件日志，记录用户登录、注销、收发消息、收发文件等行为；支持收集邮件日志。

10.3.4 网络安全管理软件

网管系统 1 套，配置网络设备管理数量≥200 个，配置硬件服务器。系统应支持多种设备的管理，包括交换机、路由器、防火墙、WLAN、服务器、存储、操作系统、数据库、Web 应用；系统使用 B/S 架构，支持使用 Web 浏览器进行界面展示；系统提供分权分域功能，为不同的用户、角色分配不同的设备管理范围和操作权限。系统提供系统日

志、操作日志、安全日志。支持将添加后的资源（如服务器、网络设备、存储设备等）进行分类和分组管理，用户通过配置不同的分组类型和分组将资源划分为不同类型以及不同分组。系统应支持过滤显示拓扑视图、查看全景图等功能，用户可以及时监控所关注的拓扑节点状态和了解拓扑视图全貌。系统应支持用户在拓扑视图上添加图形、文本和容器等对拓扑对象进行可视化的组织、标记和描述。系统应提供多领域、多厂商数据采集能力，包括从下层第三方系统采集网元的告警信息，并将告警集中显示在告警面板中。系统支持对设备的关键性能指标进行监控，并对采集到的性能数据进行统计，方便用户对设备性能进行管理。支持用户拖拽式自定义报表内容，运用钻取、旋转、切片等操作，实现业务数据的灵活展现和统计汇总。

业务平台超融合服务器 3 台，2U 的机架式服务器，可以放入 42U 标准机柜，接口≥6 千兆电口+2 万兆光口；万兆多模-850-300m-双纤≥4 个；光纤线-多模-LC-LC-5M≥2 个。处理器：配置≥2 颗 16（C）CPU Gold 6226R 处理器，主频≥2.9GHz。内存配置≥12×32 DDR4 2933 内存；具备内存回收机制，实现内存资源的动态复用，保障服务器的性能。硬盘配置≥10 块 4T，SATA 数据盘≥2 块，240G SSD 系统盘≥2×1.92T SSD 缓存盘（混合型）；支持热插拔 SAS/SATA 硬盘，兼容 2.5 英寸和 3.5 英寸硬盘，配备≥12 个 2.5/3.5 英寸盘位数。设备最多支持≥6 个 PCIe 扩展插槽，配备≥6 个 GE 端口和 2 个 10GE 端口（包含 4 个万兆多模光模块）；配置冗余电源。RAID 功能：提供 raid 0/1/10 并支持直通。提供产品质保和软件升级不少于三年。要求供应商所提供的产品与货物“虚拟存储软件”、货物“计算服务器虚拟化软件”、货物“网络虚拟化软件”为同一品牌产品。

（1）计算服务器虚拟化软件功能参数：

1）虚拟机可以实现物理机的全部功能，具有自己的资源（内存、CPU、网卡、存储），可以指定单独的 MAC 地址等。

2）虚拟化内核基于 KVM 底层开发，支持并配置动态资源扩展功能，系统将自动评估虚拟机的性能情况，当虚拟机性能不足时自动为虚拟机添加 CPU 和内存资源，确保业务持续高效运行。

3）支持配置内存回收机制，实现虚拟化平台内存资源的动态复用，保障虚拟机的性能。

4）支持虚拟机卡死及蓝屏的检测功能并实现自动重启，无需人工干预减少运维工作量。

5）支持 I/O 重试，当存储出现故障，导致虚拟机无法读取存储数据时，自动挂起虚拟机，避免业务故障。

6）每个虚拟机都可以安装独立的操作系统，为获得良好的兼容性，操作系统支持需要包括 Windows、Linux，并且支持国产操作系统，包括：红旗 Linux、中标麒麟、中标普华等。

7）虚拟化管理平台具备监控功能，对资源池中 CPU、网络、磁盘使用率等指标进行实时的数据统计。

8）支持在线的带存储的虚拟机迁移功能，可以在不停机状态下和非共享存储的环境中，实现虚拟机在集群内的不同物理机上迁移，保障业务连续性。

9）支持虚拟机的 HA 功能。当物理服务器发生故障时，该物理服务器上的所有虚拟机，可以在集群之内的其他物理服务器上重新启动，保障业务连续性。

10）支持无代理跨物理主机的虚拟机 USB 映射，需要使用 USB KEY 时，无需在虚拟机上安装客户端插件，且虚拟机迁移到其他物理主机后，仍能正常使用迁移前所在物理主机上的 USB 资源，对于业务的自适应能力、使用便捷性更佳。

11）支持纳管第三方主流虚拟化平台，提供对 Vmware 平台上的虚拟机进行管理。

12）支持双向迁移，可将 VMware 虚拟机在运行状态下迁移到超融合平台上，也可将超融合平台上的虚拟机在运行状态下迁移到 VMware vCenter 的集群中。

13）采用分布式管理架构，去中心化，管理平台不依赖于某一个虚拟机或物理机部署，采用分布式架构保障平台更可靠。

14）支持平台中的集群资源环境一键检测，对硬件健康、平台底层的虚拟化的运行状态和配置，进行多个维度检查，提供快速定位问题功能，确保系统最佳状态。

15）为了保证设备的兼容性和稳定性，要求供应商所提供的产品与货物“网络虚拟化软件”、货物“虚拟存储软件”、货物“超融合一体机”与其为同一品牌产品。

（2）虚拟存储软件功能参数：

1）支持存储虚拟化功能，无需安装额外的软件，在统一的管理平台上使用 License 激活的方式即可开通使用，本次授权虚拟存储容量 5PB 或者按照服务器 CPU 颗数授权，存储虚拟化与计算虚拟化通过统一平台进行管理，减少底层开销，提升性能。

2）采用分布式架构设计，由多台物理服务器组成分布式存储集群，通过新增物理服务器可以实现存储容量和性能的横向扩展（Scale-Out 架构），扩容过程保证业务零中断。

3）支持存储分卷功能，以物理主机为单位划分为不同的存储卷，包含高性能卷，大容量卷，全闪存卷等，可使对存储性能和容量要求不同的业务运行在不同的存储卷上。

4）虚拟存储集群支持 iSCSI 接口的访问，允许外部物理主机通过标准的 iSCSI 接口访问虚拟存储，实现 Server SAN 和 IP SAN 的融合，能够使存储资源的利用率发挥到最大价值。

5）支持多副本冗余功能，支持 2 个或以上副本，副本互斥地保存在集群的不同节点，单个主机或者磁盘故障，确保数据依旧正常访问。

6）支持数据自动重建机制，当主机或者磁盘故障后，自动利用集群内空闲磁盘空间，将故障数据重新恢复，重建速度最高可达 30min/TB，快速恢复副本的完整性和冗余度，确保用户数据的可靠性和安全性。

7）在可视化的 WEB 管理平台上，可以查看虚拟分布式存储对应的容量大小、容量使用率、实时的 IOPS 读写次数、IOPS 读写数据量等信息，方便作为 IT 管理有效的决策依据。

8）支持数据写入优化机制，将高速 SSD 作为写缓存，数据先写到 SSD，再回写到机械硬盘，提升写 I/O 性能。

9）支持条带化功能，实现分布式 raid0 的性能提升，并且支持以虚拟磁盘为单位设置不同的条带数。

10）支持数据重建智能保护业务性能，可以对数据重建速度进行智能限速，避免数据重建过程中 I/O 性能占用导致对业务的性能造成影响。

11）为了便于部署关键业务系统，虚拟存储可支持 Oracle RAC，支持共享盘及共享

块设备，支持向导式安装，降低部署复杂度。

12）为了保证平台的兼容性和稳定性，要求与“超融合一体机”“计算服务器虚拟化软件”“网络虚拟化软件”与其为同一品牌。

（3）网络虚拟化软件功能参数：

1）支持扩展同一品牌的网络功能虚拟化、虚拟应用防火墙、虚拟应用负载均衡、虚拟 VPN 等功能组件，并支持统一管理，以保障平台的扩展性和兼容性。

2）提供虚拟机报表功能，可以导出 TOPN 虚拟机进行 1 年以内的性能分析与趋势分析的报表。

3）分布式防火墙能够基于虚拟机进行 3~4 层安全防护，以虚拟机为单位的安全策略部署，即使改变虚拟机的 IP 地址信息，安全策略依然生效。

4）分布式防火墙提供实时拦截日志显示，以及支持“数据直通 ByPass”功能，出现问题快速定位问题。

5）支持配置虚拟路由器 3000 台或者无限制，虚拟路由器支持 HA 功能，当虚拟路由器运行的主机出现故障时，可以实现故障自动恢复，保障业务的高可靠性。

6）虚拟路由器支持 HA 功能，当虚拟路由器运行的主机出现故障时，可以实现故障自动恢复，保障业务的高可靠性。

7）在管理平台上可以通过拖拽虚拟设备图标和连线就能完成网络拓扑的构建，快速地实现整个业务逻辑，并且可以连接、开启、关闭虚拟网络设备，支持对整个平台虚拟设备统一的管理，提升运维管理的工作效率。

8）为了保证设备的兼容性和稳定性，要求供应商所提供的产品与货物“计算服务器虚拟化软件”、货物“虚拟存储软件”、货物“超融合一体机”与其为同一品牌产品。

⑪ 大数据平台设计

“大数据平台”建设，是伴随用户对产品质量可靠性、一致性、综合创新能力日益增加的要求与期望前进的；围绕以“数据资产”为核心，在提高产品质量可靠性和一致性的研制生产过程中、构建质量数据采集追溯体系及知识专家库系统的过程中、在制造业高质量发展大背景下推动数字化变革过程中，所必需的面向研制设计、生产制造、质量控制、流程管理等一系列的软硬件系统、先进技术及专业工具。

11.1 信息化数据系统分析

内部技术质量、产品研发仍停留在传统、粗放的管理水平上，质量信息传递方式原始、工作效率较低，质量数据整合度不高、信息彼此孤立；关键过程工艺参数缺乏实时可靠监控，质量过程稳定性难以保证；质量数据缺乏系统、高效应用，工艺过程和产品质量分析、追溯方法简单、粗略；新品研制、工艺优化主要依靠经验和试错，成本高、周期长。传统的质量管理、科技创新手段难以适应当前高质量发展要求，在同行业竞争中优势逐渐丧失。

外部“互联网+制造”对细分行业的渗透速率在逐年加快，一方面表现为：消费互联网向产业上游渗透带来的新技术与理念（大数据、知识表示、数据中台）正在消融业务壁垒，使得制造业传统信息化系统的边界越来越模糊；另一方面表现为：5G、工业互联网、物联网等新基建的不断推进，促使行业企业基础数字化水平（数据采集、设备联网、数据专网）不断提升，数字化变革及万物互联将是大势所趋。

Oracle/SAP-ERP 建立了生产、销售、财务、质量及采购、库存模块共计 7 万条数据的编码，基本上实现了以财务为中心的横向业务一体化管理工作。但受当时现场设备通信技术条件的限制，加之当时没有成熟的 MES 的实施商，贯穿现场设备和实时作业的“纵向管控一体化”没有打通。产品物料跟踪、工序排产、质量监控与分析、在线成本管理等虽然在 ERP 中做了二次功能开发，但数据的获取仍采用传统的手工方式在办公室或现场的 ERP 终端上输入，因生产人员责任性差，数据获取的及时性与准确性较差。

设备能源管理系统为公司能源管理人员及时掌握各主要耗能设备的实时运行状态、总体能耗情况提供了及时准确的信息并基本上管住了设备空载能源损失，但受现场“纵向管控一体化”未打通的影响，没有与实际的机列产品产量与品种形成关联，从而导致系统设计的“吨产品标准能耗”（标准能源成本）无法形成和实时监控。

质量数据现状为：各类标准和文件均以纸质文档方式存储、传递，ERP 系统仅有标准代码及目录信息；质量过程数据目前主要由各相关机列基础自动化设备实施自动采集，定期归档，数据分散，且有部分关键数据并未实现自动存储，采用人工方式进行记录，也有部分关键数据无法采集；检测分析数据分散在中心实验室及各个检测分析点，数字信息

和部分文字信息通过人工方式录入 ERP 以及电子台账、人工方式填写在卡片上，数据存在重复录入，图片信息仅保存在各个实验室的单台电脑上，难以快速与物料建立对应关系；用以传递信息的纸质生产卡片上包含有生产计划信息、物料信息、批次信息、质量过程关键工艺参数、质量结果数据，除计划信息为从 ERP 人工导出打印外，其余信息均为人工填写，存在信息填写不及时、部分信息需多次填写、卡片流转不及时、信息传达不全面、准确性较差等问题；数据信息孤立，大量数据并没有得到有效的利用，难以实现快速、准确的质量追溯与分析。

数据分布在生产、能源、设备、质量、财务、计量 6 个系统中，有互联互通的需求。总体来说 ERP 系统以主数据为纽带，实现了企业内部以财务为中心的各个主要业务管理的横向互联互通，但向下直达生产现场的管理“纵向互联互通”还有较大差距，距离真正意义上的智能制造还有很长的路要走。下一步的重点建设方向是向下实现与生产现场的“纵向互联互通”，实现真正意义上的“管控一体化”，为企业创造更大的价值。

ERP 主要实现的功能：

（1）系统内设计并通过标准功能配置完成了既适合 Oracle/SAP-ERP 标准管理流程又适应钢铁加工企业使用的财务、销售、生产、质量及采购/库存管理业务流程 200 个。完成了生产、销售、财务、质量及采购/库存模块共计 79 万多条主数据的编码，其中，质量主数据 43 万多条，包括各种质量标准、质量检验基础数据及原辅材料检验计划数据。利用基于配置属性技术，通过简单赋意的物料号加配置特性对物料进行描述，实现产品相关数据的顺利流转。

（2）后期通过自行开发，实现了成品下线后打印产品合格证功能以及投入批次与产出批次一对多、多对多的质量追溯和分析等检化验系统部分功能；开发了部分 MES 三级系统的功能，实现了完全面向客户订单的产销转换、生产计划与工序人工排产、工序报工、产品成本卷积等功能以及信息流、物流与资金流的集成；开发满足业务管理需求的综合报表约 320 张。

（3）整个生产运行建立在 ERP 平台上展开工作，以销售订单为线索，从营销系统创建、审核销售订单进入生产系统开始，实现对计划订单下达、生产卡片打印、生产工序报工、产成品入库、发运、检验等日常生产过程进行管理，对生产数据进行报表查询。

存在的不足：生产现场的数据来源为人工录入，且缺乏工艺过程数据，数据实时性、准确性较差；现场物料跟踪通过纸质方式进行，采用人工方式进行工序排产、找料生产及工序报工，报工不及时或未报工问题较为突出，导致订单计划、金属等难以进行及时有效的监管及追踪，产品标准成本及标准能耗难以建立；产品工序标准成本未进行优化，导致无法进行准确的产品成本分析与控制。

在目前管理流程基础上，实现整个生产流程相关信息以电子化方式进行传递，确保业务与信息系统之间无缝集成；通过对企业生产过程检验数据、关键工艺参数、设备运行状态、业务信息流转等信息的收集整合、数据处理与共享，解决质量信息完整性、准确性、及时性、快捷性，为产品的提质增效、稳定生产提供支撑，为智能制造打下良好的数据和技术基础；运用大数据技术，对现有数据深度开发应用，建立起用数据说话、用数据管理、用数据决策、用数据创新的新型管理机制，最终形成整个集团公司的科学决策与智能控制体系，提升公司智能制造水平。

11.2　建设步骤及目标

以产品质量可靠性和一致性为核心，产品全生命周期数据链为抓手，在数据的收集积累过程中不断识别问题、解决问题，提升产品质量可靠性和一致性；本系统经过一段时间的运行，对产品研制生产过程、质量问题发生过程和解决过程中所产生的大量数据，进行分析研究和数据建模；在系统积累一定的数据及知识并进行自学习后，把数据模型转化成知识，从解决“可见显性问题”延伸到“不可见隐形问题”，不断加深对产品本身、工艺本身的理解，提升知识的累积速度和应用。

11.2.1　确定总体功能框架

计划围绕质量，覆盖管理、生产工艺、设备、检验、原料等多方面，建设质量大数据平台。质量大数据平台由平台层和边缘层组成：边缘层为各个业务子系统、数据采集系统，实现各业务独立处理及业务过程数据的收集；平台层为数据处理、数据分析以及数据应用的数据中台，使用 API 集成技术与各业务系统实现集成。业务系统包含已有能源管理系统（EMS）、企业资源计划管理系统（ERP）以及规划建设的质量管理系统（QMS）、生产过程管理系统（MES）、各分厂数据采集系统（SCADA/MDC）、数字化实验室等，后期将逐步持续构建完善、统一的数据采集平台及业务信息系统。

数据中台考虑到将来系统的扩展需要，在不改变原有系统架构和不彻底更换平台的前提下，可对系统进行纵向和横向的扩展。可扩展的功能包括系统集成扩展（设备系统管理、营销系统管理、供应商管理系统、产品生命周期管理系统（PLM）、客户关系管理系统（CRM 系统）、商务智能平台（BI）等）以及应用功能扩展。

总体框架如图 11-1 所示。

11.2.2　项目涉及相关人员

系统的成功实施离不开高层、中层、操作层人员的参与，同时系统的正常运行应用也离不开公司所有相关人员的参与，人员参与度越高，系统的完善性、使用性才会越高，如图 11-2 所示。该项目实施系统主要面向决策层、经营层、生产层、质量层、库房层应用，并且需要相应信息部门或小组进行系统正常维护。其中业务系统（生产过程管理系统、质量管理系统）符合当前生产，可帮助计划人员根据公司实际状况进行辅助排程，实现生产卡片电子化、生产透明化，以提高排程速度和生产效率；可帮助质检人员实时了解产品质量信息，及时执行质检计划，实现质检追溯至人、设备、参数等。数据采集系统对生产过程进行实时监控，及时发现设备或生产过程异常，及时处理相关问题，让生产得到保障。数据中台为所有数据汇总分析中心，通过建立数据管控中心，对所有数据标准化、流程化、特点化，为决策者提供决策分析数据。

11.2.3　数据中台设计

根据数据处理的逻辑层次，数据中台分为数据源层、数据交换层、数据层、服务层和应用层，系统架构如图 11-3 所示。

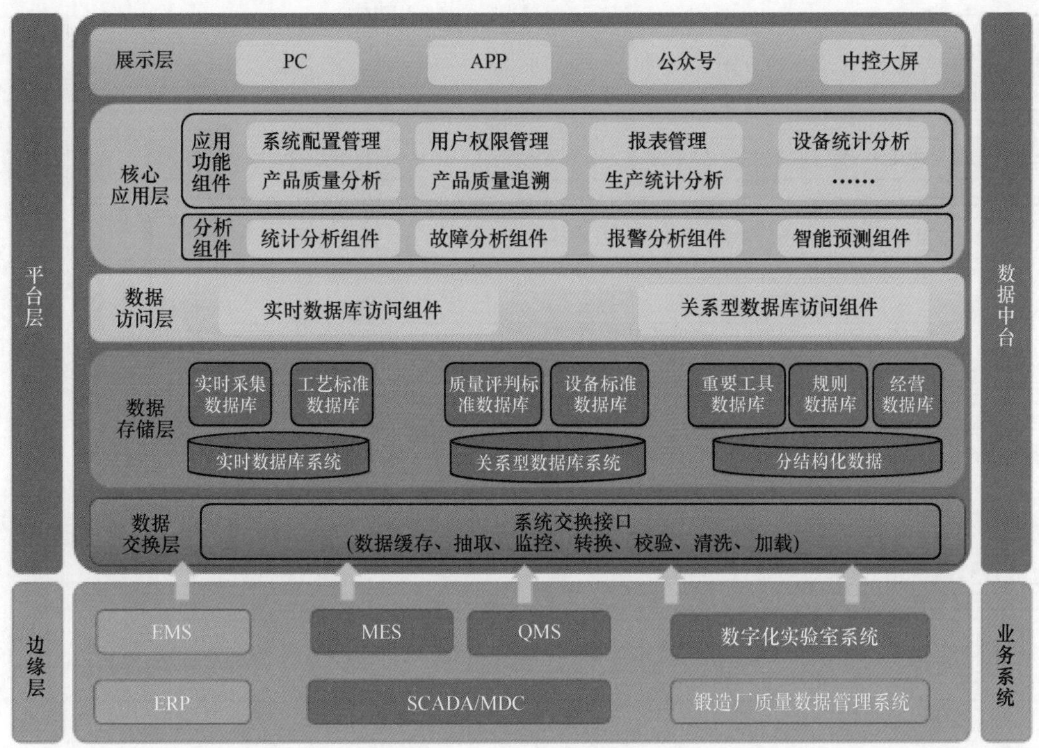

图 11-1 项目总体架构图

关联度	生产过程管理系统（MES）	质量管理系统（QMS）	数据采集系统（SCADA）	数据中台（EDP）	网络系统
管理人员	★★★	★★★	★★	★★★★★	
计划人员	★★★★★	★★★			
生产人员	★★★★★	★★★★			
库管人员	★★★★★	★★			
设备人员	★★	★	★★★★★		
质检人员	★	★★★★★			
数据管控人员	★★★	★★★	★★	★★★★★	
系统维护人员	★★★★★	★★★★★	★★★★★	★★★★★	★★★★★

图 11-2 人员系统关联度图

（1）数据源层，涵盖业务信息自动流转、设备（运行状态和参数）、工艺标准和数字化实验室等相关业务系统或设备源数据。

（2）数据交互层，平台提供对数据源层实时、批处理的数据采集能力，在数据采集的过程中，可进行数据的清洗（过滤）与标准化（归类）工作。

（3）数据层，数据层根据业务需求设计数据仓库模型，将数据入库统一存储，建立数据仓库，设计指标体系。在数据仓库的基础上，依据各分析主题构建业务数据集市、检化验数据集市、工艺标准数据集市、设备数据集市，合理设计数据集市可实现数据的快速

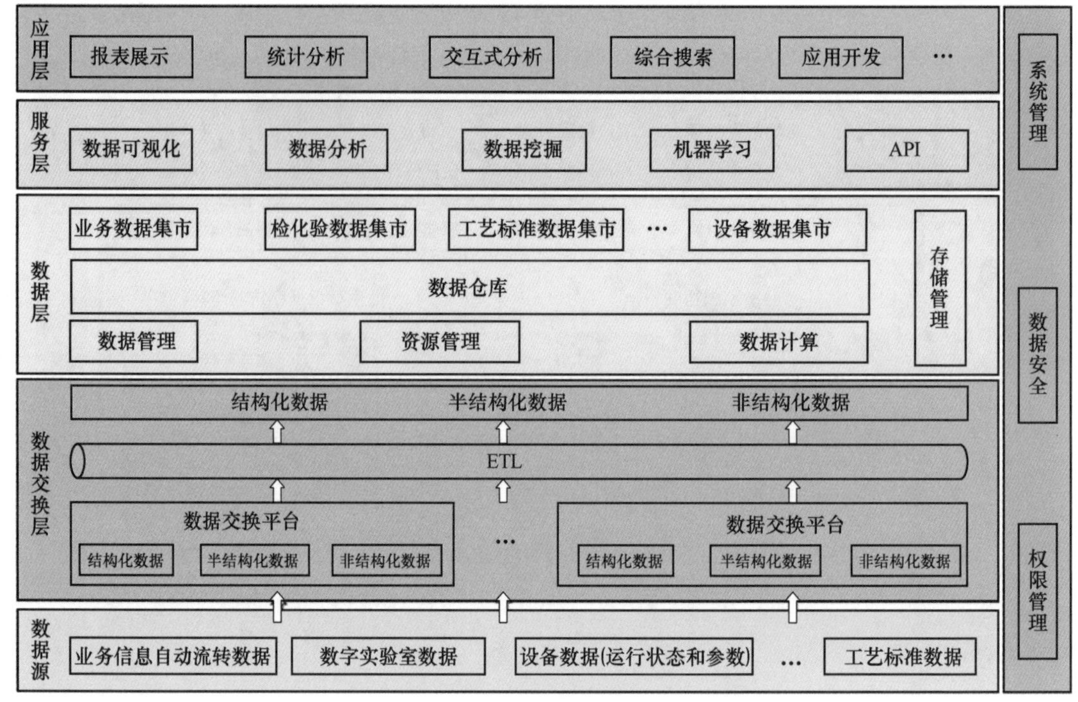

图 11-3　中台架构图

查询和分析。

(4) 服务层，主要包含了分析引擎、数据挖掘、机器学习、深度学习等。提供各种数据处理功能。

1) 数据可视化：支持各种固定频度的固定格式报表及自定义的可视化报表。

2) 数据挖掘：提供挖掘算法、数据预处理、数据建模、机器学习等功能。

3) API：提供访问的数据接口。

(5) 应用层，提供搜索引擎、数据算法、展示接口等大数据应用开发基础组件，根据企业的特点和业务应用类型，支持生产指导、异常分析、质量跟踪等应用的开发。

11.2.4　生产过程执行系统

生产过程管理系统（MES）是处于计划层和现场自动化系统之间的执行层，主要负责车间生产管理和调度执行。MES 系统强调制造过程的整体优化，以协助企业实施完整的闭环生产，建立一体化和实时化的 ERP/MES/MDC 信息体系，为企业打造一个扎实、可靠、全面、可行的制造协同管理平台。MES 系统架构图如图 11-4 所示。

11.2.5　质量管理系统

质量管理系统是为产品设计人员、制造人员、检验人员共同搭建的一个包括产品设计、制造、检验、品质分析与产品售后为一体的大型系统，为满足质量强制规范提供了可操作的平台，可满足企业对产品设计、产品制造、产品检验、产品实验、产品追溯等一系列操作进行数据分析的要求。质量管理系统架构图如图 11-5 所示。

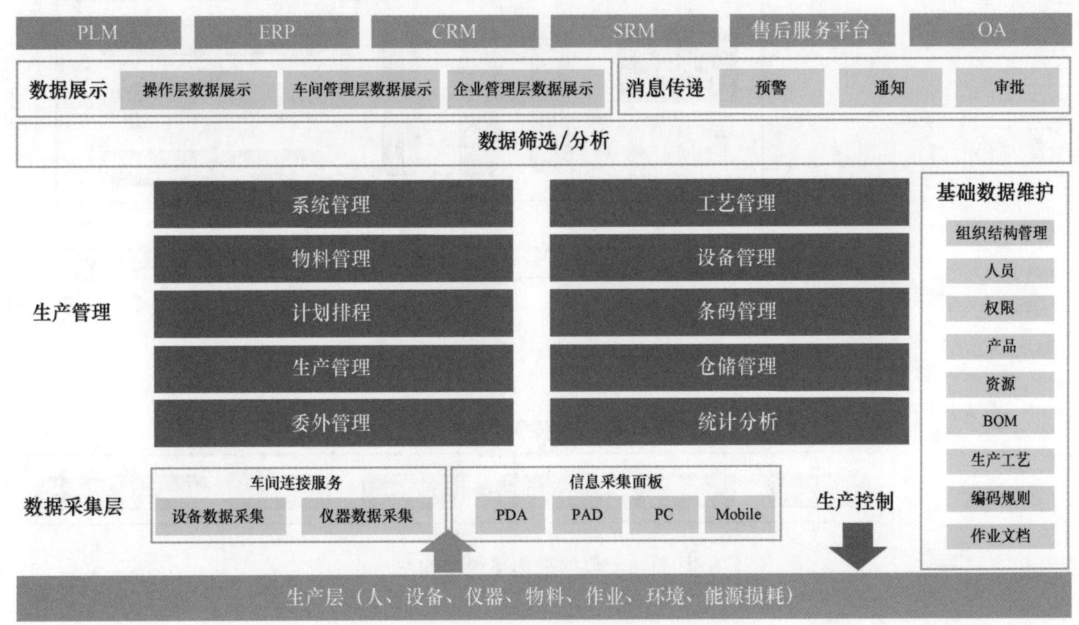

图 11-4　生产过程执行系统架构图

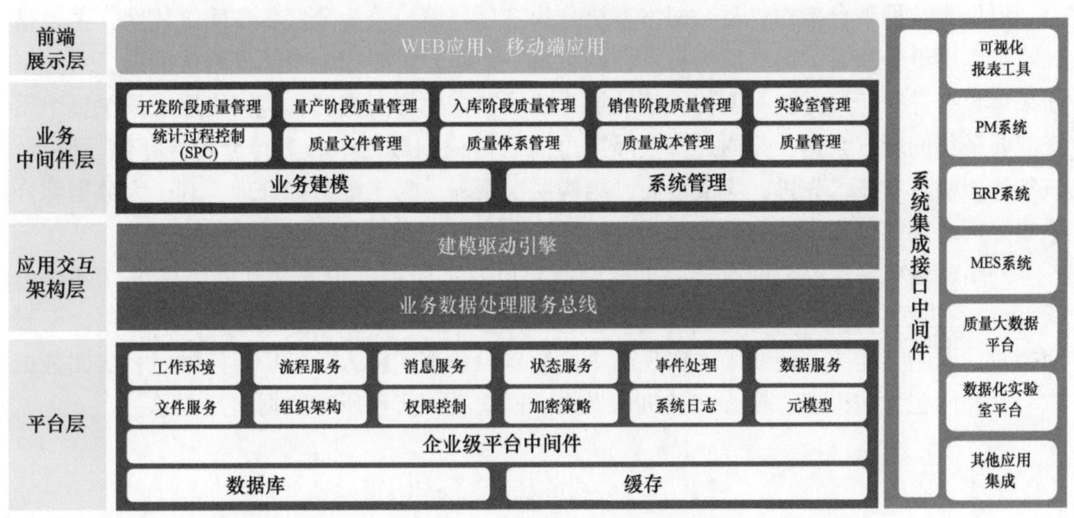

图 11-5　质量管理系统架构图

注：目前 ERP 中质量数据全部通过手工录入，并且 ERP 只对质量结果数据做数据管控，对质量管理流程及过程数据未做管控，上述 QMS 系统架构图中涉及所有功能均为需新建内容。

11.2.6　数据采集系统

本项目数据采集部分包含现有所有设备，主要的架构如图 11-6 所示。

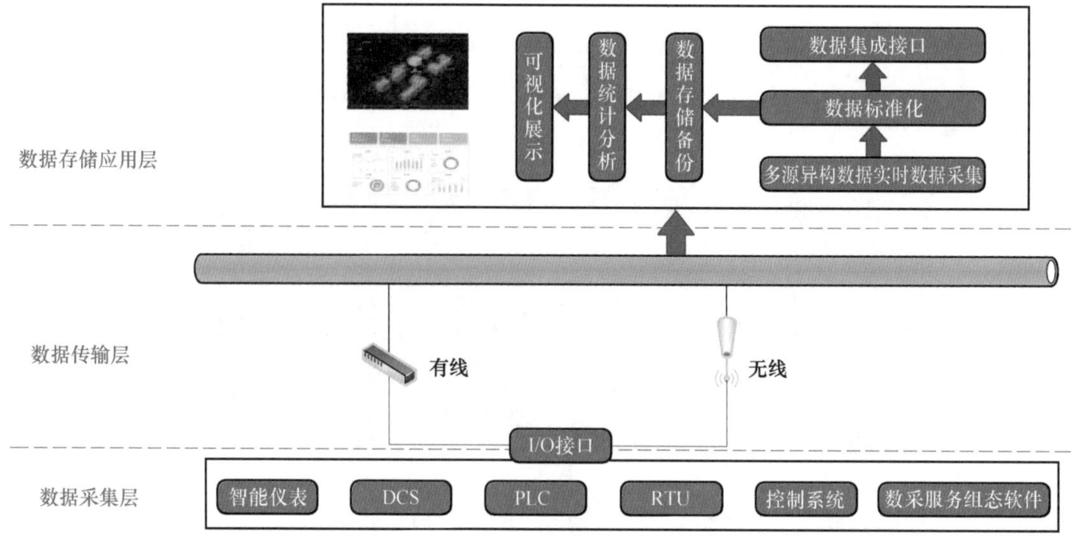

图 11-6　数据采集系统架构图

11.2.7　网络建设

质量大数据平台架构将整个网络系统分为三层：第一层为分厂各车间工控网，主要是针对采集层设备建设；第二层为分厂控制机房工控网，主要作为中间汇聚传输层，对各车间采集数据进行汇聚并统一上传；第三层为公司数据中心工控网，该网络层汇聚了整个系统需要采集的所有数据，并通过安全隔离过滤后传输到数据中心进行分析、存储、展示。该整体架构具有技术先进、集成度高、结构层次清晰、易于维护和管理、利于大数据综合采集分析以决策等优点。

网络建设包含厂办公网改善、工控网新建以及集团数据中心交互网络建设（除黑色线部分），办公网新添无线 AP 覆盖两个厂全部生产、质检范围；新建工控网，包含汇聚交换机、网闸、光缆、网线等，实现两个厂所有设备都能接入各分厂工控网络；集团数据中心交互网包含防火墙、核心交换机、光缆、网线等，实现所有数据交互汇总。

11.3　数据获取与处理

为了实时获得格式统一、分布在不同系统平台里的数据，需对协议做出如下约定：

（1）采用公开、开放的国际标准化数据交换协议和市场易于采购的数据采集装置，完成数据的采集、交换。

（2）提供实时流式处理、离线处理、批量处理等多种采集方式。

（3）提供对结构化、半结构化和非结构化数据的采集，支持 SQL Server、MySQL 等各种数据库数据以及 Word、Excel 等各类文件的导入，支持多种协议从 PLC 和上位机等机器设备中采集数据。

（4）提供采集流程监控功能，可对每个数据流程的执行状态及流程中的每一个节点

的详细信息进行查看，可以拖拽的方式设置采集流程及调度策略。

11.3.1 数据存储

为了管理和保存数据，以备将来分析查询使用，对数据存储做以下要求：

（1）根据业务需求建立不同组别的数据仓库模型，将数据分类进行存储。

（2）基于目前比较流行的 Hadoop、Spark 等组件进行优化和调整，可以同时支持高速流式处理和海量批量处理，真正做到海量数据的实时分析挖掘和实时应用。

（3）提供 RESTfull 数据接口，保证业务系统能极其简单地与其集成。

（4）提供可视化开发界面、计算任务调度、快速数据集成、在线数据检索、多人协同、智能部署、资源监控等功能，为数据应用开发提供良好的行业大数据产品开发基础环境；对外提供大容量的数据存储、实时分析查询和实时流式数据处理分析功能。

数据存储架构设计如图 11-7 所示。

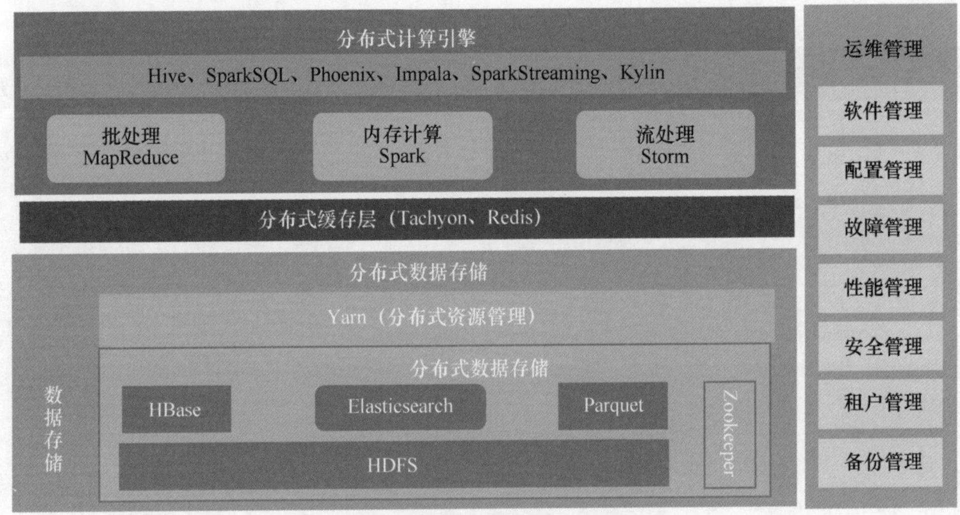

图 11-7 中台数据存储架构图

11.3.2 数据预处理

（1）系统通过对标准、流程、策略和组织的有效处理与组合，实现数据在标准化与可用性等方面的全方位提高，使零散数据变为标准统一的数据，使数据从混乱、不可用的状态变为井井有条、可产生价值的状态，并最终能够将数据作为核心资产来管理和应用，从而支持数据开放共享和大数据分析挖掘对数据的调用，进而产生越来越多的增值效用。

（2）提供多种通用的数据清洗规则供用户自行选择、组合或设置，能根据业务需求对数据进行标准化清洗、转换和检验工作，可对数据清洗环节进行可视化管理。

（3）可根据生产情况对关键数据进行特征值提取，包括爬坡段的斜率、稳定阶段平均值、标准差、极差等数值，可提取生产过程异常波动值，包括异常波动阶段的位置和对应的参数控制情况；可将提取到的特征值与对应产品建立关系并存储。

（4）系统可以建立元数据和数据字典标准，定义的颗粒度符合资源管理需要，可通过元数据生成数据库表；支持定义数据资源目录及信息分类，为后续的主题数据打好基础；可进行数据质量管理，按照数据项的不同类别，根据业务逻辑要求创建数据质量通用检测规则，包括：结构完整性校验、内容准确性校验、时效权威性校验、格式标准性校验。

（5）系统提供多维度的数据关联，支持建立复杂的数据魔方地图以满足数据分析需求。可根据不同的业务场景，通过灵活的数据表拖拽、自定义条件和显示字段数据功能，自定义拼装想要的数据。支持通过 3D 方式，动态展示目录资源与数据集之间的关系，能快速定位资源。

（6）通过数据标准工具建立数据标准，制定数据管理流程形成数据台账。通过数据质量提升工具，快速发现数据问题、快速定位问题原因、快速解决问题。在数据变更时，通过血缘分析进行实时预警。在数据流转过程中提供事前、事中、事后审核，帮助用户快速构建数据资产中心，并进行全方位的开放与检索。

系统架构如图 11-8 所示。

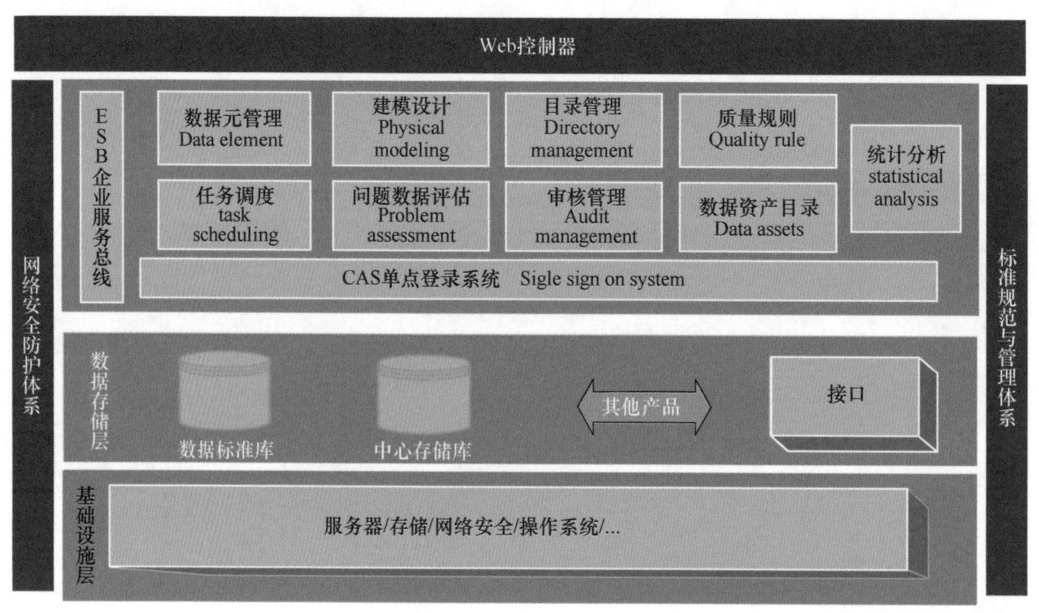

图 11-8 中台系统架构图

11.3.3 数据分析与挖掘

大数据智能分析系统是一个分布式、无需编码的大数据分析与挖掘系统。系统通过普适化服务层，以简单高效的方式为各行业提供大数据价值发现服务支撑。系统提供简单高效的可视化模型构建能力，用户通过可视化操作即可完成对数据的分布式分析挖掘任务，有利于集中精力于创造性的数据挖掘工作中。

系统遵循业界使用最为广泛的数据挖掘流程——CRISP-DM。算法架构如图 11-9 所示。

平台采用从创建到模型管理应用全生命周期、以数学模型训练为核心的体系化建设方

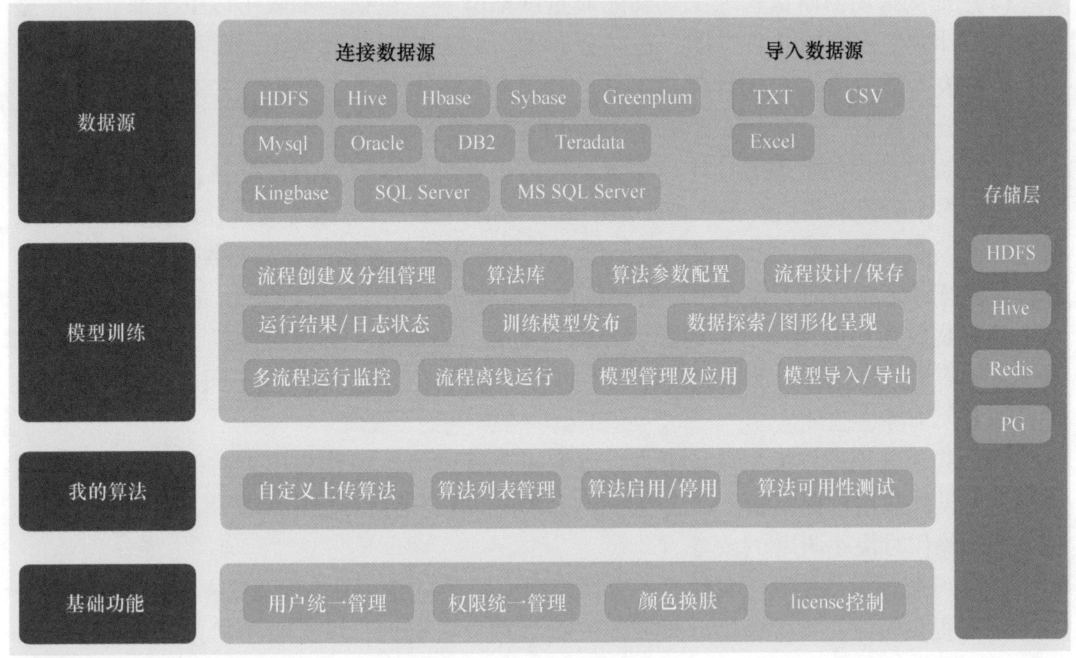

图 11-9　中台算法架构图

案，在此基础上，拓展多样化的数据输入、导入接口，建立基于客户账户个性化应用的算法管理体系，并辅以包括业务协同在内的基础管理功能，提供整体管理，从而满足客户多样化体系化的算法模型应用需求。

可视化业务建模流程设计如图 11-10 所示。

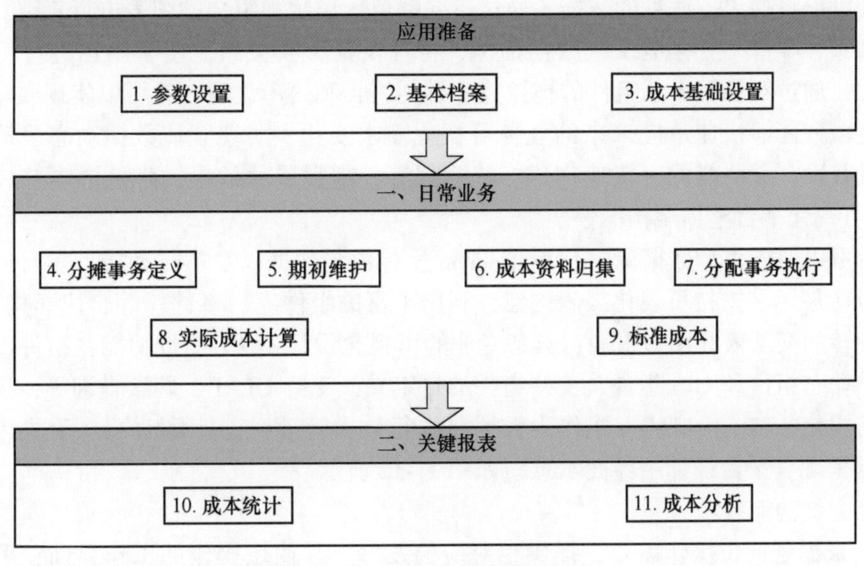

图 11-10　中台业务建模流程图

系统包括的主要功能有：

（1）提供常用的质量管理工具辅助质量缺陷分析，包括但不限于以下工具：计量型控制图、计数型控制图、直方图、正态分布图、帕累托图、散点图、因果图、过程流程图、检查表等常用的SPC统计分析工具。可自定义需要分析的数据，并通过多种图形方式来比较分析数据，图形上可直观地显示分析结果数据。

（2）提供常用的数理统计计算功能。通过设置可提取数据的特征值，可自动对一段数据进行多个阶段的均值、最大值、最小值、均值、方根、方差等的统计计算；可以对数据进行积、商、和、差、最大值、最小值、平均值等简单运算；可实现数据的筛选查询功能；提供统计定制功能，允许用户定制各种复杂的统计功能。

（3）提供通用的回归、K-近邻、分类、聚类、决策树，支持向量机、关联分析、机器学习等多种数据挖掘算法，用户可在不同的业务需要和场景下使用不同的机器学习算法进行建模、训练、验证。

（4）提供数据挖掘模型设计工具，可把用户所需的各种算法作为插件集成到大数据系统中，设计数据挖掘模型。算法程序可以动态加载到运行环境中，供用户在进行数据处理分析等操作时快速调用。

（5）可通过图形化操作灵活设计数据挖掘模型、制定挖掘流程及流程中的关键参数。

（6）提供实时交互式处理分析或离线批处理分析能力，可进行单机列过程分析、单卷全流程分析、参数对比分析、相关性分析等质量过程分析。分析的方法或模式可保存至系统，以供查询，并指导质量问题分析。

（7）建立质量缺陷知识库，并具有深度自学习能力，可根据后期质量数据量的增加，不断丰富知识库，逐步提高质量问题分析准确性。

11.3.4　数据可视化

系统可以将抽象、海量的数据，通过不同颜色、形状和组合的图表进行直观、炫酷地展现，真实、丰富、立体地反映数据指标、特性及其关联关系，便于用户进行可视化决策，同时，通过对各类显示组件的拖拉拽、排列组合和简单设置，就可以实现联动、事件等编程逻辑，能够快速适应未来的业务可视化需求变化，实现立体数据动态呈现，高性能、海量并发，灵活搭配、快速构建、快速部署，增强展示效果、降低成本与风险。图11-11为可视化平台整体架构图。

平台可以对各类型数据源（包括Hadoop上的海量数据以及实时和接近实时的分布式数据）进行展示，支持可视化报表构建，利用丰富的组件库、事件库等，快速构建分类、钻取、旋转的交叉表和图形报表，具备专业的可视化设计器UI编排功能，组件库类型丰富，提供动态组件和GIS组件，支持组件的自定义；支持OLAP、即席查询等；支持结构化、非结构化、API接口的方式作为数据源进行数据管理；支持移动端（手机、平板电脑）数据呈现，平台设计主界面示意图如图11-12所示。

系统主要功能有：

（1）根据各岗位操作需要，提供相对应的友好、易使用操作的工作界面，可以直观模型的方式展示正在生产的产品整个生产流程、设备开动情况及全流程物料结构。

（2）支持各种固定频度的固定格式报表及自定义的可视化报表，用户选择所需的报表模板，系统会根据模板中数据源的引用设置自动填充数据信息到报表模板中。

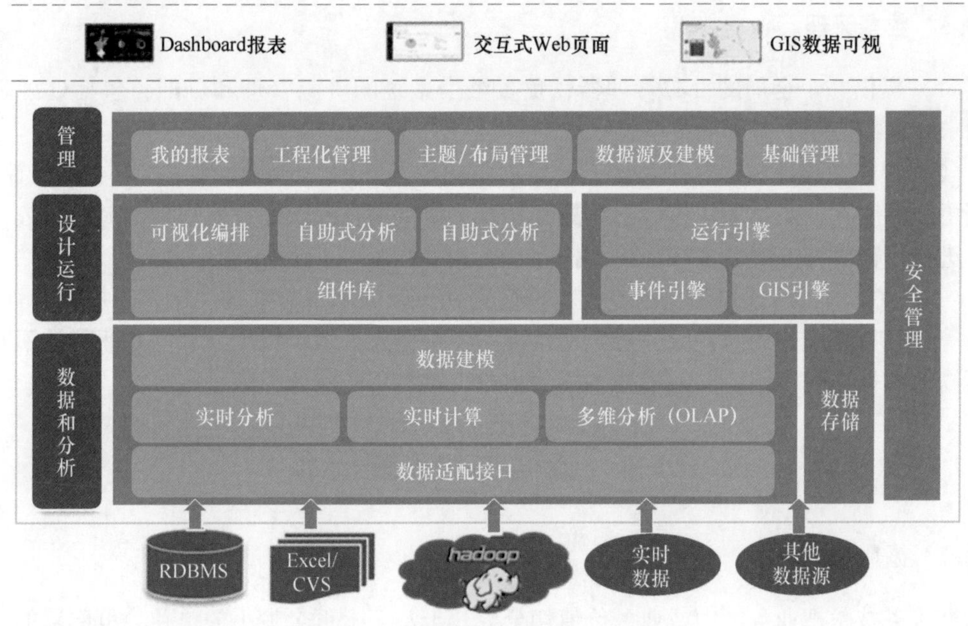

图 11-11　可视化平台整体架构图

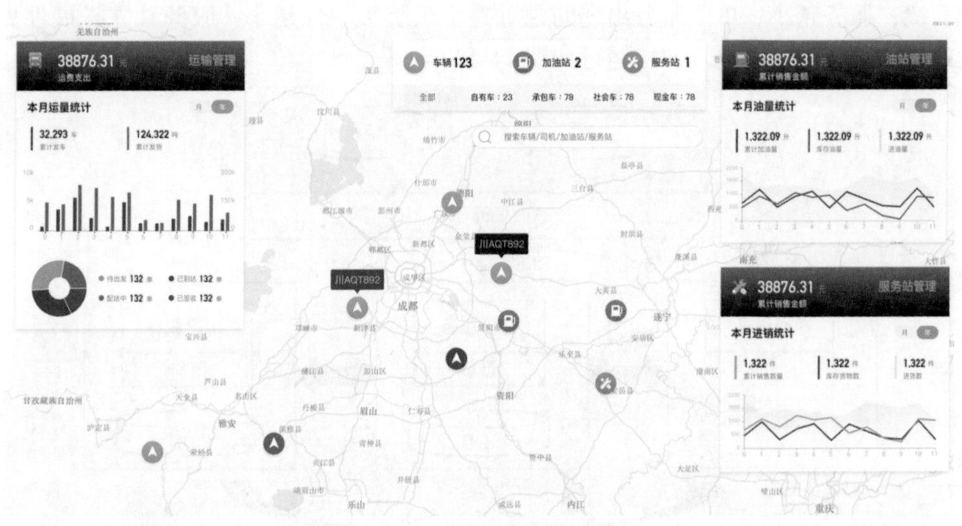

图 11-12　中台平台设计示意图
（扫描书前二维码看大图）

(3) 提供多种图形展示工具，包括但不限于以下工具：折线图、柱状图、箱形图、雷达图、散点图、三维图、地图、仪表盘等。可自定义需要展示的内容，以拖曳的方式选择合适的图形；可同时在一张图形上显示两个或两个以上的变量，并进行对比；出现异常，可通过图标标注异常值，并可与标准自动进行比对；可按指定格式导出数据和图片。

（4）提供 WEB 网页发布功能，主要访问方式为 BS 架构。

11.3.5　数据管理

（1）提供一个全局的资源管理器，负责整个系统的资源管理和分配，包括处理客户端请求、监控应用、分配调度资源。

（2）提供数据库权限管理功能，针对不同的数据库用户，提供操作权限、访问控制，限制更新和删除，避免大规模数据泄露和篡改；提供用户权限细粒度管理，对敏感数据的操作进行严格管控。支持多级部门结构。

（3）数据中台管理控制包括鉴权、授信管理，确保用户对平台、接口、操作、资源、数据等都具有相应的访问权限，避免越权访问；根据人员组织机构，部门及职位的不同设置不同的数据访问级别。同时根据不同的租户，对使用的资源权限进行隔离。

11.4　数据平台关键技术

11.4.1　微服务架构

微服务技术把业务能力或业务价值切分成几十甚至上百个最小的单独、可部署的小服务，每个服务负责实现一个独立的业务逻辑，并且每个服务之间相互耦合。该种技术实现系统更加组件化，每个组件之间解耦更加便捷高效，每个系统的规模更小；服务维护更加方便简捷；服务越小，单个服务出现问题对整个系统影响性越小；服务独立扩展性更强，优化或增加服务更加简单。架构运行如图 11-13 所示。

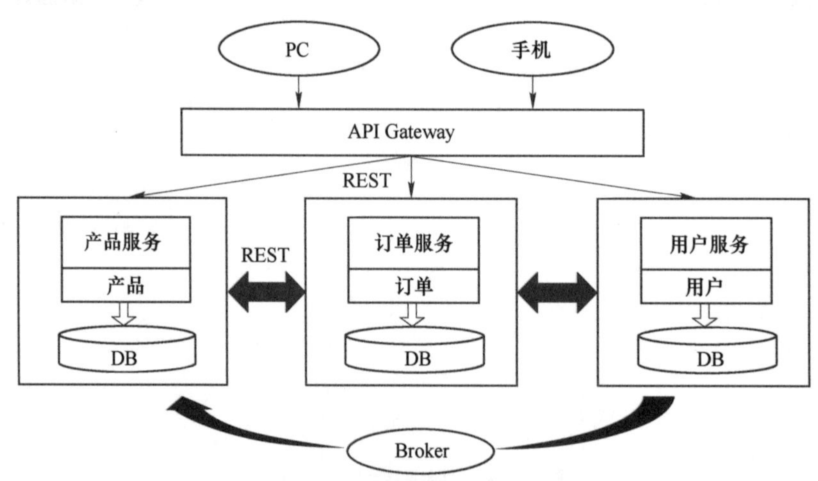

图 11-13　微服务架构运行示意图

分布式处理技术将不同地点或不同功能的多台计算机通过网络通信连接起来，在分布式处理系统管理控制下，协调完成大规模信息处理任务。分布式处理不仅利用多个系统的组合计算能力，提高系统的效率，更是实现资源共享（内存、磁盘、通信通道、数据库等）。其中包含 Nginx 技术、RPC 技术、消息中间件、缓存数据库（Redis）等。

与传统单体处理相比，分布式处理有以下优势：

（1）增大了系统的容量。随着业务量越来越大，需要多台机器来应对这种大规模的应用场景。因此可以使用分布式的架构来垂直或水平地拆分业务。

（2）加强了系统的可用性。业务越来越关键，需要提供整个系统架构的可用性，这样就不能存在单点故障。所以，通过分布式架构来冗余系统，提高系统的可用性。

（3）使系统模块化，可以提高模块的重用度，同时系统的扩展性也更高。

（4）提高了开发和发布速度，因为软件服务模块被拆分，开发和发布都可以并行。

11.4.2 分布式存储技术

HDFS（Hadoop Distributed File System），是一个适合运行在通用硬件（Commodity Hardware）上的分布式文件系统，是 Hadoop 的核心子项目，是基于流数据模式访问和处理超大文件的需求而开发的。该系统仿效了谷歌文件系统（GFS），是 GFS 的一个简化和开源版本。

11.4.2.1 HDFS 的主要架构

HDFS 架构图如图 11-14 所示。

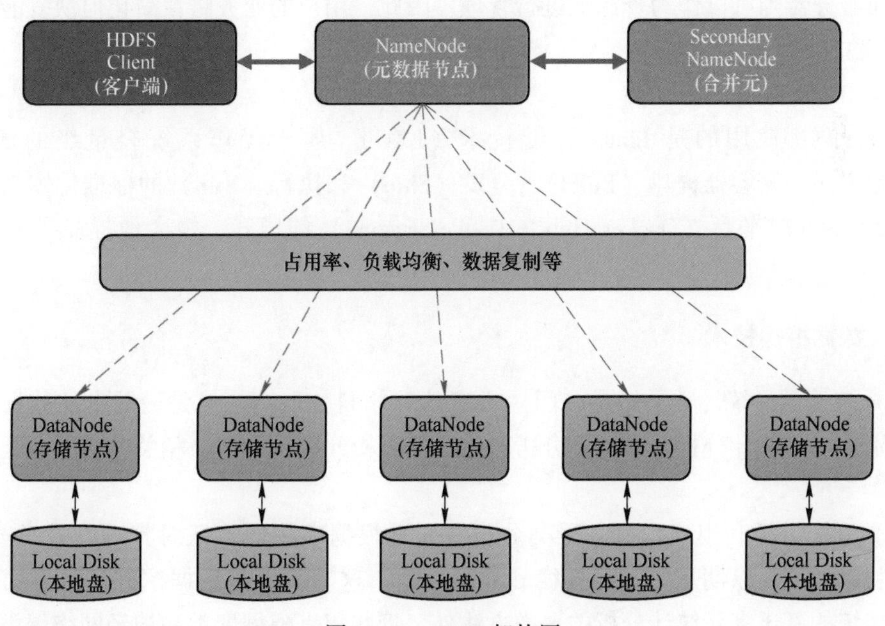

图 11-14 HDFS 架构图

HDFS Client（客户端）：从 NameNode 获取文件的位置信息，再从 DataNode 读取或者写入数据。此外，Client 在数据存储时，负责文件的分割。

NameNode（元数据节点）：管理名称空间、数据块（Block）映射信息、配置副本策略、处理客户端读写请求。

DataNode（存储节点）：负责执行实际的读写操作，存储实际的数据块，同一个数据块会被存储在多个 DataNode 上。

Secondary NameNode（合并元）：定期合并元数据，推送给 NameNode，在紧急情况下，可辅助 NameNode 的 HA 恢复。

11.4.2.2　HDFS 的特点

（1）分块更大，每个数据块默认 128MB；

（2）不支持并发，同一时刻只允许一个写入者或追加者；

（3）过程一致性，写入数据的传输顺序与最终写入顺序一致；

（4）支持两个 NameNode，分别处于 Active 和 Standby 状态，故障切换时间一般几十秒到数分钟。

11.4.3　虚拟化技术

11.4.3.1　VMWare ESX 或 vSphere（升级）

vSphere 属于裸金属架构，是完全虚拟化，独立安装和运行在裸机上的系统，因此与 VMware Workstation 软件不同的是它不再依存于宿主操作系统之上。vSphere 将应用程序和操作系统从底层硬件分离出来，从而简化了 IT 操作。用户现有的应用程序可以看到专有资源，而服务器则可以作为资源池进行管理。因此，用户的业务将在简化但恢复能力极强的 IT 环境中运行。

11.4.3.2　Dcker

Docker 内部使用的是 Linux 容器技术（LXC），属于操作系统轻量级的虚拟化。Docker 定义了一套容器构建（Build）、分发（Ship）和执行（Run）的标准化体系，开创了容器云+端开放平台（Docker Hub + Docker Engine）的模式，极大地提高了开发部署效率。

11.4.4　数据挖掘技术

（1）统计学。统计学虽然是一门“古老的”学科，但它依然是最基本的数据挖掘技术，特别是多元统计分析，如判别分析、主成分分析、因子分析、相关分析、多元回归分析等。

（2）聚类分析和模式识别。聚类分析主要是根据事物的特征对其进行聚类或分类，即所谓物以类聚，以期从中发现规律和典型模式。这类技术是数据挖掘最重要的技术之一。除传统的基于多元统计分析的聚类方法外，近些年来模糊聚类和神经网络聚类方法也有了长足的发展。

（3）决策树分类技术。决策树分类是根据不同的重要特征，以树型结构表示分类或决策集合，从而产生规则和发现规律。

（4）规则归纳。规则归纳相对来讲是数据挖掘特有的技术。它指的是在大型数据库或数据仓库中搜索和挖掘以往不知道的规则和规律，如 IF…THEN…等。

（5）可视化技术。可视化技术是数据挖掘不可忽视的辅助技术。数据挖掘通常会涉及较复杂的数学方法和信息技术，为了方便用户理解和使用这类技术，必须借助图形、图像、动画等手段形象地指导操作、引导挖掘和表达结果等，否则很难推广普及数据挖掘技术。

11.5　制造质量管理

由于加工生产过程极其复杂，且常伴随着物理和化学变化的发生，以及由此而引发出的很多不可控突变因素，因此，产品的质量检验和判定极其重要，且须贯穿于产品生产的全过程中。

通过在原料、铸造、热轧、冷轧、热处理、精整等各关键工序节点设置质量采集点，通过数据采集系统采集相关质量数据，并按物料批号归并到计算机内，与系统中的放行标准相对照，进行质量判定。

判定包括：化学成分实际判定、物理性能实际判定、表面判定、规格尺寸判定等。若归并的相关产品的实际检化验数据与系统中的放行标准相符，则产品达到质量要求并放行进入下一道生产工序。若质量不在放行标准内，即系统自动判定出现异常，则需进入下一道人工判定环节，由相关质量专家进行判定并根据异常与否进行分析与处理。若人工判定仍出现质量异常，则视异常问题的严重性，分为“判废”（废品）、“改判”（不良品）和“返回”（返回品）等。若异常严重，结果视为“判废”，则终止该在制品的制造流程，将其送入废品库；若异常一般，视为“改判”，则该“改判品”以降级改变牌号或规格的方式，将其送到中间产品库中，用以在日后的调配调度时，提供给其他有需要的订单使用；若异常较轻，视为“返回”，则将该“返回品”返回到出错的工序进行返修。

巡检、抽检、成品检等功能指导现场取样。包括本次取样的物料号、取样时间、取样部位、尺寸规格、送样时点、检样时间等，确保检化验对象的准确性与及时性。

11.5.1　出货质量管理

出货质量管理模块包含出货检验单、出货质量检验、不合格品处理、预防与纠正措施、发运质量数据统计与分析等功能。

出货检验是验证产品完全符合顾客要求的最后保障，该模块通过建立规范的出货质量管理流程，准确采集出货质量检验数据，科学统计与分析数据，确保出货产品满足客户品质要求。

11.5.2　质量追溯与诊断

质量追溯主要是对产成品或中间品在生产过程中各加工工序的在线和离线的质量状况予以还原。

质量诊断则是将被控变量与预定的质量标准进行多层次、多角度的分析，以找出问题的根源。它需要建立不同的数据异常可能原因对应的表格，系统根据实际数据信息排除部分可能的原因，输出剩余的其他原因。

生产过程中所有的产品生产数据都在系统中以产品物料号、客户编号或生产批号为单位进行相应的存储，因此，在质量追溯与质量诊断时可以输入以上关键检索号，查找该产品生产各工序的质量情况，对发现有质量异常的产品进行生产过程的溯源追踪与诊断分析，找出质量异常产品产生的原因，制定相应解决的方案，进一步优化对产品生产的质量把控，以杜绝类似质量问题的发生。

11.5.3　质量监控与预警

质量监控与预警功能主要是针对产品质量性能指标（抗拉强度、断裂延伸率等）或生产过程参数超出正常检测范围，或相对历史生产数据有整体提高或整体降低的趋势时进行报警，从而为后续的质量分析给予指导和原因分析，判别是产品本身的问题还是过程控制中存在的问题。

在实际现场预警的过程中，需要对产品正在生产的工序进行质量检测，并与过往已经统计的该产品正常生产的历史实例数据库或标准数据库进行比较。从而拟合出产品质量的控制曲线，根据控制曲线去判别该时间点的产品质量是否在相对应的偏差范围以内。如超出质量控制曲线的偏差，则产品质量没有达到生产要求，需要进行预警提示。

主要功能包括：

（1）通过数据采集系统将数据集中采集后，通过质量监控系统实现质量过程的实时监控和预警。从多个维度对生产过程进行实时监控，可以产品（订单号、熔次号、批次号等）为主线模拟实时、直观查看整个生产流程中各设备当前运行情况或以设备为主线模拟实时、直观查看各设备生产产品情况。

（2）可用图表、数据表格等方式实时查看各机列正在生产的产品关键工艺参数控制情况（包括参数标准与实际值的对比情况、某个参数历史数据波动情况等）和质量结果信息。

（3）可依据系统中标准或工艺文件、判定规则和实时质量数据信息，对超出范围的参数进行实时报警提示；以对话框的方式弹出，将重点关键报警信息发送至指定用户，由相关人员记录重点关键报警信息的处理结果；分类记录所有报警信息并形成报警日志；报警信息可通过设置条件导出。

（4）可对比当前实际值与选定批次实际值，对差异点进行标识；出现报警时，同时将关键报警信息传送至相关人员。

（5）采用先进的实时数据库软件，具备每分钟接近 100 万次的数据变化处理能力，实时数据延时控制在 1s 以内；拥有先进的集群技术，可根据配置的进程的优先级运行不同的集群组，各集群下的数据通信和处理互不影响；提供应用进程的备用功能模式。

11.5.4　售后质量管理

售后质量管理包括客户投诉管理、外异品质量检验、外异品处理、客户满意度管理、售后质量数据统计与分析等功能。该模块通过规范的技术服务和问题处理流程，一方面实现售后质量问题控制，另一方面能收集、分析产品使用质量信息，帮助企业把握售后质量水平和问题分布规律，指导生产、设计持续改进。系统内置可动态维护的客户满意度评测模型，协助完成对客户满意度进行客观评价。

11.5.5　质量体系管理

质量体系管理模块主要包含质量文件管理、质量目标管理、质量认证管理、管理评审、内部审核以及外部审核功能。各功能融入闭环管理思想并建立规范的质量体系业务流

程，实现质量管理的顶层策划、监督和改进，有效保证质量体系的持续适宜性、充分性和有效性。

11.5.5.1　质量文件管理

质量文件是对质量体系中采用的全部要素、要求和规定的文件描述。质量体系必须文件化，质量文件的编写是建立质量体系不可缺少的一环，包含质量手册、程序文件、作业指导书和质量计划、质量记录等。对公司内部所有质量文件进行统一编码归档处理，一则便于质量文件查阅与保存；二则形成公司质量文件库，方便实现质量源头追溯；三则对文件可进行实时完善发布及版本管理，保证质量体系完善度。

11.5.5.2　内部评审

通过定期监督检查质量体系工作的开展情况，发现并解决“执行”与“程序文件”的有效性和符合性问题，从而保障质量体系工作正常有序地进行和运转。

对管理者的决策、质量方针和目标、组织自身的规定、合同的要求等方面进行检查和审核，评价其有效性和效率；验证组织自身的质量管理体系是否持续有效地实施和保持。

依据质量管理体系的要求和标准，对组织一系列的活动和过程进行检查，评价组织自身的质量管理体系是否符合质量方针、程序和管理体系及相应法规的要求。

满足客户要求和符合法律要求的能力：通过内部审核检查质量体系工作中的漏洞，为进一步完善质量管理体系提供可靠依据，及早发现问题，及时采取措施，构成一定的反馈系统，促进质量提高、顾客持续满意、满足法规要求和质量管理体系的持续改进。

提供客观公正的证据：内部审核作为一种重要的管理手段，能及时发现问题，采取纠正和预防措施，为持续改进提供信息，使质量管理体系有效运行。

11.5.5.3　外部评审

对第三方认证机构审核，组织应策划审核方案，对审核的过程和区域的状况和重要性以及以往审核的结果进行电子化记录。并对审核不合格项进行完整保存，可作为后面质量整改依据。

11.5.6　知识库及数据应用

质量知识库用于对各类质量知识，包括各类质量体系文件、质量经验分享文档、质量不合格审理单、质量问题处理跟踪记录、行业信息动态等统一归档，将质量知识、经验等沉淀、保存下来。

工艺优化功能主要用于在大数据系统运行了一定的时间并积累了大量的合格产品数据之后，按照基于“产品工序质检”或“用户体验”良好、合格的结论，通过“自学习模型”对全流程工艺参数的控制阀值进行自动优化。

系统经过一段时间的运行，知识库积累了大量的数据后，可根据工艺参数控制情况及相关模型实现质量性能的预测，或根据指定性能提供工艺控制方案。

支持对关键质量特性展开在线或离线的数据集成，基于 SPC 统计过程控制系统展开过程控制图、直方图、统计量的深度挖掘分析，并支撑展开 CPK 过程能力考核及监控，实现过程质量从合格控制转向过程能力控制的全面提升，全面提升制造过程质量管理水平，为整机性能、指标评价、分析监控提供平台支撑。

11.6　数据采集接口与预算

11.6.1　数据采集接口分类

11.6.1.1　文件类接口

文件类型有：Text 文本文件、Pdf 文件、Excel 数据表格文件、JGP、PNG 等各种图片文件。系统通过“文件接口子系统”，读取文件中数据进行解析，再以相应的类或结构体保存。

11.6.1.2　数据库接口

支持目前流行的开放数据库访问接口，如 ODBC、JDBC 和 OLE DB 方式的，将可采用开放数据库接口编写统一代码对多种类型数据库进行统一访问。

11.6.1.3　其他应用程序类集成接口

通过 API 接口实现“数据中台”与公司当前一些应用程序，包括 ERP 系统、能管系统、数据中台之间的相互通信，获取该应用程序中的数据。

这些接口从大类上可分为四类：（1）远程过程调用（RPC，Remote Procedure Call Protocol）；（2）数据查询接口；（3）文件类接口；（4）数据通信接口（常见的如：socket、FTP、HTTP 以及 telnet）。

11.6.1.4　控制系统或设备类接口

西门子 PLC 的数据接口：通过 S7Comm 通信协议进行数据交换；

三菱 PLC 和欧姆龙 PLC 的数据接口：通过 Modbus RTU/TCP 通信协议进行数据交换；

标准 OPC 接口：对于支持 OPC 接口协议标准的生产控制系统，将采用专业的 OPC Client 采集工具进行数据采集；

RS-232 接口：检化验设备及称重计量设备（如：熔炼炉投料的吊钩秤）的数据采集，目前 RS-232 是 PC 机与通信工业中应用最广泛的一种串行接口。

11.6.2　投资预算

该项目预估总投资 1743.7 万元。建设投资明细见表 11-1。

表 11-1　建设投资明细

序号	系统名称	类别	项　目	数量	单位	单价/万元	预算/万元
1	数据中台	软件	关系数据库	1	套	15	15
2			实时数据库	1	套	35	35
3			数据中台（定制）	1	套	360	360
4			大数据分析与展示	1	套	100	100
5		硬件	数据流处理器	1	套	17	17
6			中控大屏	1	套	40	40
7		技术支持	部署、调试、培训	300	人/天	0.25	75

续表 11-1

序号	系统名称	类别	项目	数量	单位	单价/万元	预算/万元
8	质量管理系统	软件	质量管理系统（定制）	1	套	130	130
9			关系数据库	1	套	10	10
10		硬件	工业平板	5	套	0.5	2.5
11			PC 操作终端	6	套	0.6	3.6
12			条码机	4	套	0.5	2
13			工业显示屏	4	套	0.3	1.2
14		技术支持	调研、开发、部署	200	人/天	0.25	50
15	生产过程管理系统	软件	生产过程管理系统	1	套	140	140
16			关系数据库	1	套	10	10
17		硬件	工业平板	40	套	0.4	16
18			PC 操作终端	15	套	0.6	9
19			激光打码机	10	套	1.2	12
20			条码机	15	套	0.5	7.5
21			扫码枪	30	套	0.4	12
22			工业显示屏	8	套	0.3	2.4
23		技术支撑	详细调研、系统开发、部署、调试、培训	300	人/天	0.25	75
24	数据采集监控系统	软件	实时数据库	1	套	30	30
25			数据采集系统	1	套	70	70
26		硬件	边缘采集服务器	1	套	3	3
27			采集网卡	4	套	0.8	3.2
28		技术支撑	详细调研、实施、调试、培训、售后	200	人/天	0.25	50
29	数据中心	软件	双机热备软件	1	套	30	30
30			虚拟化软件	1	套	55	55
31			操作系统	1	套	30	30
32		硬件	集群服务器	2	套	15	30
33			应用服务器	8	套	8	64
34			数据服务器	5	套	6	30
35			节点管理服务器	2	套	10	20
36			分布式应用程序协调服务器	1	套	10	10
37			消息集群服务器	1	套	8	8
38		技术支撑	现场部署、调试、培训、售后服务	40	人/天	0.25	10

续表 11-1

序号	系统名称	类别	项　目	数量	单位	单价/万元	预算/万元
39	网络建设	硬件	核心交换机	2	套	3	6
40			汇聚交换机	16	套	1.8	28.8
41			接入交换机	40	套	1.2	48
42			网闸	4	套	10	40
43			工业 AP	45	套	0.5	22.5
44			辅材（网线、电线）	20	套	0.06	1.2
45			防火墙	2	套	4	8
46			光电转换中间件	4	套	0.2	0.8
47		实施费用	部署、调试、培训	100	人/天	0.2	20
48	合　计						1743.7

11.6.3 管理效益

（1）生产作业数字化

通过实现产品生产过程业务信息数字化，可大幅减少现场工人人工录入量及技术人员收集、统计质量数据的工作量 60%~80%，同时显著提高质量数据的及时性和准确性。

（2）生产过程透明化

通过对生产设备的关键参数实时采集并以图形、图表等方式展现，管理者可在对生产过程进行实时监控与分析的基础上，对设备运行状态、生产工艺参数等做出合理的控制和调整，实现生产过程透明化、生产进程管理科学化。

（3）生产数据集成化

通过对生产运行数据、原料和产品的质量数据、性能检测数据、设备状态信息等进行统一、集成、规范、清洗、比较、分析等综合处理，提高数据的利用价值，为产品质量分析提供充分依据。

（4）生产过程可追溯

通过对产品全流程生产过程数据，包含原材料的使用、生产过程中的关键参数控制、设备连续变化的过程、操作人员操作信息、检化验结果等重要数据的采集，实现生产过程质量追溯，可为质量分析管理快速找准问题，大大缩短追溯时间。

（5）提升产品一致性与稳定性

通过运用大数据技术对产品质量问题进行分析，结合自行开发的分析及预测模型，可在找准质量问题的基础上，进一步优化工艺窗口，提升产品质量一致性与稳定性。

1）建设一套集“产品、装备、工艺路线、工序工艺、工序质量检验标准、工序工装、数据源、数据库、物流跟踪”的生产数据标准编码体系。

2）建立适应用户产品的“标准与协议”各关键生产工序“工艺、质量评判、工装、装备控制、物流参数”的标准数据库，实现工艺管理数字化转型，为智能化质量管理打

下牢靠基础。

3）建立案例式多途径的产品工艺路线数据库，辅助产品质量设计和动态作业计划编制。考虑同一产品在不同加工工艺路线中的性能指标、加工成本、加工时间存在差异，需要基于产品技术要求和装备均衡产出进行工艺路线的智能优化，实现兼顾质量与效率的加工工艺路线辅助决策和智能排产。

4）建立基于“产品工序质检”或“用户体验”良好、合格的结论，对全流程工艺参数的控制阀值进行自动优化的技术。

5）建立工序实际运行参数超限预警及记录机制：实际运行过程中，当发现某工艺参数实测值超过其阈值时，给予（纠偏或）报警并记录在案，以便于后续分析、优化该参数。

（6）建设一套产品全流程智能化大数据软/硬平台。设计适合加工工艺流程数据采集、存储及分析系统、与第三方系统的互联互通的硬件架构和工艺数据库架构。

1）保障市场需求。

通过项目建设，提升了产品生产能力、信息化管理水平、产品检测速度和产品可靠稳定性等，实现改善工作环境、降低劳动强度、提高生产效率、确保产品质量的目标，有效保障产品生产任务需求，快速提升工厂效益的同时为工厂持续、健康、良好发展奠定基础，保障市场需求，促进市场稳定发展。

2）质量大数据平台，在材料加工领域具有重要的示范效应。

材料加工是金属流程行业的典型代表，本项目通过建设质量大数据平台，可为全国有色金属流程行业提供一套可借鉴、可复制、具有普适性的质量大数据管理解决方案，形成具有基础、共性的技术标准和规范体系。一方面，项目成果可为全国同行业提供可借鉴的解决方案；另一方面，可促进本地区相关制造企业的质量管理水平提升。实现质量控制管理数字化，促进制造工艺的稳定可靠、数字化控制、状态信息实时监测和质量控制，提高质量管理水平、降低能耗、节约成本。

3）支撑未来打造金属行业的工业互联网标识二级节点（工信部），实现产业链协同。

建立规范的加工行业全域数据信息分层及数据标识体系，打造有色金属行业的工业互联网标识二级节点（工信部），接入全国“一张网”，在统一的标识解析体系下，打通从原材料到金属加工再到终端消费的有色金属产业链。金属加工企业不仅能实现上游原材料的质量控制及追溯，协调全国各地工厂实现协同生产，也能通过协同产业链下游，为客户提供数据服务，提升客户满意度，有效延伸价值链。

⑫ 智慧钢铁基础管理

一个好的运行模式，离不开管理制度的支撑，本章围绕在实际应用中提炼的部分制度、方法、诀窍作一归纳。

12.1 信息自动化部门职责

12.1.1 部门职能定位

作为公司信息化和自动化管理部门，负责公司信息化、自动化、智能化、数字化（计量）的管理运维，为公司战略发展和业务运行提供全方位的信息化支持。

12.1.2 直接上级

副总裁。

12.1.3 部门主要职责

（1）负责制定和完善公司信息自动化建设目标、管理规划和实施方案并落实执行。

（2）组织贯彻执行国家有关法律法规、方针政策，负责制定公司信息自动化管理制度和流程，对执行情况进行监督、检查、指导和考核。

（3）负责公司信息化系统（如 ERP、物流计量、检化验等）的建设管理与维护。

（4）负责公司产线自动化系统（如中厚板、球团等）的托底运维及二次开发。

（5）负责公司新、扩建及技改项目中技术协议信息自动化专业审查，提出专业意见。

（6）负责公司自动化关键成型设备配置、选型、改造和引进。

（7）负责公司及外委信息自动化专业项目立项、实施、监制、验收管理工作。

（8）负责公司各事业部生产、质量、成本二级模型技术攻关。

（9）负责公司测量体系管理，并承担仪器、仪表、衡器的校验、检定和取办证的技术支持工作。

（10）负责公司信息自动化安全管理维护（如网络、机房、主干网、程序及数据库、软件、硬件）。

（11）组织公司智能化项目（如智能工厂、数字车间、机器人、集中控制等）规划、立项、实施，落实政府专项奖补政策。

12.1.4 各科室职责

设自动化处和信息处两个处。

（1）自动化处。

1）负责公司各事业部生产工业网络拓扑并落实执行；

2）负责制定仪器、仪表校验周期、校验制度及校验规程并推动执行；

3）负责 L1、L2 程序管理，解决生产中涉及自动化控制的问题，制定预防措施并落实；

4）负责公司自动化设备管理（如 AB 双控检查）、自动化程序、画面备份及编程；

5）负责公司各事业部仪表、控制设备、监控台账的管理；

6）负责公司突发、应急自动化设备故障抢修维护；

7）负责信息自动化运行备品备件审批，对执行情况进行监督、检查、指导和考核；

8）负责公司计量管理，如计量异议处理、仪表校验、计量建标、复审及计量体系的认证与执行；

9）负责公司自动化平台建设与维护工作，如环保系统、能源系统、MES、数据采集平台等；

10）负责推进公司产线机器人、控制模型等智能装备的建设与维护。

（2）信息处。

1）负责公司 LES、LIMS、ERP、OA、数据库等信息系统建设和维护；

2）负责公司主干网、次级网、通信设备、公共视频监控线路设施管理和维护；

3）负责公司网络信息安全、信息储存介质规划与管理，记录保管系统权限、账号密码；

4）负责公司计算机核心机房运作环境和每台服务器设施正常运转管理与维护；

5）负责日常办公电脑、打印机等设备运维。

12.2　信息自动化通用管理制度

12.2.1　目的

为提升公司整体信息自动化管理水平，通过信息自动化规划、建设、实施与运维实现企业流程再造，提升管理效率，堵塞管理漏洞，达到降低成本，提高运营效率，辅助决策的目的，特制定本制度。

12.2.2　适用范围

本制度适用于公司信息自动化网络、硬件、软件、系统、数据和数据安全等管理工作，指导信息自动化工具的使用管理和维护工作。适用全公司范围信息自动化专业人员与场所。

12.2.3　引用标准

《中华人民共和国网络安全法》《信息化和工业化融合发展规划(2021—2025)》。

12.2.4　管理职责

信息自动化部负责企业信息自动化发展规划的制定和实施，组织拟定公司信息自动化管理规章制度和管理流程，指导各部开展信息自动化工作。各事业部与职能部门负责信息自动化系统操作应用与常规运维，各部门必须指定信息自动化专员（工程师）1~2 名，并将姓名和联系电话报信息自动化部备案。

12.2.4.1 软件管理

MES、ERP 等信息化系统（包括 OA、供应链、财务、HR、项目管理等）、PLC 与 DCS 等规划、建设、实施与运维管理。

第一条：负责 ERP 等信息系统用户权限的分配与管理，PLC 地址分配。

第二条：负责参与项目的二次开发以及自主项目的开发。

第三条：负责软件新技术新产品的对外交流与引进。

第四条：负责相关用品、备件、设备、工具的申报、保管。

第五条：负责相关台账、记录的填写、保管。

12.2.4.2 硬件管理

包含自动化（仪表）技术与产品、网络管理、通信管理、监控管理、数据库 DBA 管理、中心机房管理及 IT 硬件日常运维管理等。

第一条：负责机房服务器的备份管理、日常管理以及操作系统平台的维护、数据库平台的调试、优化、备份等维护工作。

第二条：对数据库进行容量规划、架构设计，提高业务高可用性和容灾能力。

第三条：负责主干网络建设的规划设计、主干网络线路的监管，网络设备的调试、网络终端的维护以及公司主干网络、重点网络节点的点巡检管理。

第四条：负责公司范围外网开通、维护，负责突发网络故障的抢修恢复工作，并做好相应的预案。

第五条：负责视频中心规划设计、监控的审核把关，包括可行性分析、总体规划、监控点位及技术选型等。负责本部门及涉及 ERP 系统的监控建设与运维。

第六条：通信规划设计，负责有线、无线通信平台以及各种通信终端的安装、调试、维护、办理。

第七条：负责相关用品、备件、设备、工具的申报、保管。

第八条：负责相关台账、记录的填写、保管。

12.2.5 信息自动化管理细则

12.2.5.1 中心机房

第一条：机房内保持整洁，严禁吸烟、吃喝、聊天、会客、睡觉。不准在计算机柜外设工作台、椅。

第二条：机房内严禁一切与工作无关的操作，不准私自将设备和数据带出机房。

第三条：机房管理员认真做好机房内各类记录介质的保管工作，落实专人收集、保管，信息载体必须安全存放、保管，防止丢失或失效。

第四条：机房电子与纸质资料外借必须经批准并履行手续，作废资料严禁外泄。

第五条：机房辅助设备必须先经检查确认正常后再按顺序依次开机；下班前必须检查确认正常关机并切断电源后方可离开。

第六条：机房维护人员对机房存在的隐患及设备故障要及时报告，并与有关部门及时

联系处理。非常情况下应立即采取应急措施并保护现场。

第七条：机房设备应由专业人员操作、使用，禁止非专业人员操作、使用。对各种设备应按规范要求操作、保养。发现故障，应及时报请维修，以免影响工作。

第八条：外单位人员因工作需要进入机房时，必须由领导签批办理审批手续。进入机房后听从工作人员的指挥，未经许可，不得乱动机房内设施。

第九条：外来人员参观机房，须有指定人员陪同。操作人员按陪同人员要求可以在电脑上演示、咨询；对参观人员不合理要求，陪同人员应婉拒，其他人员不得擅自操作。

第十条：中心机房处理涉密数据时，不得接待参观人员或靠近观看。

违反以上条款，处罚100~1000元。

12.2.5.2 外网管理

第一条：公司内外网络的建设由信息自动化部统一规划。禁止任何部门擅自连接外网。

第二条：公司的局域网对全公司开放，由信息自动化部负责公司局域网的连通和权限设置。

第三条：为保证工作效率和公司网络的安全，各部门主管可以开通互联网，其余人员一律不开，如却因有工作需要上网的，需填写申请单经过信息部门领导签字同意后方可开通互联网权限。

第四条：严禁使用公司网络搞非法活动，禁止将公司保密信息上网传播。

第五条：网络出现故障及时报信息自动化部处理，严禁任何部门和个人擅自更改IP地址。

第六条：禁止任何人擅自修改机器设置和更改上网端口。

第七条：禁止外来人员未经许可使用公司电脑、网络。

违反以上条款，处罚200~1000元。

12.2.5.3 工业电脑及外设管理

第一条：部门需要购买计算机及其备品配件的，先由申请部门的主管填写物资需求申请单，相应的配置型号由信息自动化部审核后报公司采购部购买。

第二条：电脑及外设以内修为主，确需外出维修的，必须填写申请单经管理部领导同意方可，如设备未出保修期，请申请报修的部门同时提供产品保修证书。

第三条：电脑安装调试正常使用后，各部门人员均不得擅自拆装电脑、外设和更换部件，确实需要打开机箱的，应通知本部门信息自动化人员进行处理。

第四条：严禁任何部门和个人上班期间使用公司电脑、网络做与工作无关的事情。

第五条：各部门的电脑使用者负责自己电脑及外设的清洁工作，信息自动化部不定期检查，检查结果报部门管理人员。

第六条：涉及核心数据、技术、知识产权的部门人员离职，部门主管应提前通知信息自动化专员对离职人员的电脑进行安全备案，信息自动化部有权回收闲置的计算机重新分配，避免重复购买。

第七条：新增工业应用软件的安装，需由使用部门申报信息自动化部，禁止擅自安装应用软件。

第八条：禁止任何部门在计算机中安装游戏软件，禁止任何部门和个人安装、传播染有病毒的软件和文件，禁止任何人在计算机上安装黑客软件和利用黑客程序对他人的计算机和服务器进行攻击、访问。

第九条：对于公司购买的软件和随机附带的驱动程序光盘，由信息自动化专员统一管理。计算机、自动化等设备出现影响生产、交易的较大故障，处理不了的应及时通知信息自动化部进行处理。

第十条：因人为原因造成的设备故障，必须出具故障报告，指明直接责任人。需更换或者报废的计算机、打印机，由使用部门主管填写更换或报废申请，经相关领导签字确认后交信息自动化部，经确认属实后，由信息自动化部统一处理。

违反以上条款，处罚300~1000元。

12.2.5.4　监控、通信管理

第一条：如有监控安装需求，领导签字同意后，需到信息自动化部进行审批，然后交由采购部门采购，到货后自行安装，如出现故障由所在部门进行维护。

第二条：如有安装电话需求，领导签字同意后，需到行政办公室进行审批，审批通过后交由电信公司进行开通，后期由信息自动化部进行维护。

第三条：公司的各种通信工具主要是作为方便与外界沟通、方便开展业务，员工不得利用公司的通信工具进行私人用途。

第四条：禁止利用公司电话聊天。员工在上班时间如拨打或接听私人电话，应长话短说，以免造成电话线路的繁忙，时间原则上不得超过三分钟。

12.2.5.5　数据备份与信息安全管理

第一条：定期对数据进行例行备份，对数据进行检查。

第二条：计算机设备未经批准同意，任何人不得随意拆卸更换。如果计算机出现故障，计算机负责人应及时报告，查明故障原因，提出整改措施。

第三条：涉及公司秘密的信息、违反法律的信息、有损公司利益和形象的信息、个人隐私的信息、色情信息、有碍社会治安的信息等，均不得在公司内部办公网络中存储、处理、传递。

第四条：任何部门和个人不得盗用其他部门账号、密码、IP 地址。

第五条：其他的信息保密工作执行公司相关保密制度中的规定。

12.3　计量管理规定

12.3.1　计量管理职责

为了进一步规范计量管理，提高设备的运行质量和运行效率，降低计量设备的故障率，确保各项数据的准确性，特制定本制度。信息自动化部作为公司计量管理部门，制定本制度，用于进出集团各种物资计量和单位之间产品物资计量、计量器具管理。本规定参照《中华人民共和国计量法》《中华人民共和国计量法实施制度》《商品计量违法行为处罚制度》《安徽省计量监督管理条例》，具有计量、维护计量设备和统一实施监督管理的双重职能。

（1）负责建立健全集团公司级物料计量管理制度及相关标准、测量体系并组织实施。

（2）负责所有进出、中间物料计量衡器准确性的技术监督、检查及考核。

（3）负责协调处理物料计量技术问题。

（4）负责物料计量人员业务指导、标准化知识培训工作。

（5）参与集团各单位重大物料计量异议及事故的调查分析和处理并提出改进措施。

（6）质量管理部负责汽车衡、轨道衡的司磅作业，质量管理部按时报出物资结算报表，建立档案，保持记录的可追溯性。

（7）处理疑难计量设备维修、检验。

（8）全面执行国家法定的计量单位，督办所有相关业务使用法定计量单位。

12.3.2　计量检定管理内容

计量检定管理内容包括：

（1）用于对外贸易结算的衡器的准确度等级，不得低于Ⅰ级（或相当等级），用于厂际核算的衡器的准确度等级，不得低于Ⅳ级（或相当等级）。

（2）计量器具的检定分为强制检定与非强制检定。

1）强制检定计量器具包括：一级计量电表、水泥包装秤、台秤、电子秤（汽车衡、三斗秤、抓斗秤、散料秤）、电子天平、分析天平、锅炉压力表等。

2）非强制检定计量器具包括：定量给料机、游标卡尺、热电偶、毫伏计、架盘天平、托盘扭力天平、温度计、秒表、案秤、常规压力表、二级电表、水泥标准筛、水泥胶砂试验模、水泥稠度测定仪、雷氏夹膨胀值测定仪、比表面积仪、抗折夹具、抗压夹具、滴定管、容量瓶、移液管、量筒（杯）、温度计、自动控制养护箱等。

12.3.3　干熄焦提升机超载限制器标定方案

本方案为了更好地利用超载限制器的称重功能，完善提升机的安全性能。

（1）标定条件。

1）标定砝码：砝码质量20t；

2）装置砝码工具：80t吊车一台；钢丝绳套一条；

3）提升机机上手动操作。

（2）现场设备操作步骤。

1）手动操作提升机，将空焦罐提至超过待机位1m左右；操作人标定零点；

2）手动操作提升机，放下焦罐后，人力推到提升井南头空旷位置；

3）吊车装置砝码，要求装置合理，尽量平衡；

4）装置砝码完成后，人力推到提升井下；

5）手动操作提升机，将装置好砝码的焦罐再提到刚刚标零位置离开待机位1m左右的地方；操作人标定量程；

6）手动操作提升机，放下焦罐后，人力推到提升井南头空旷位置；

7）吊车卸置砝码；

8）提升井下确认无焦罐台车，手动操作提升机，将焦罐盖子再提到刚刚标零位置脱离待机位1m左右的地方；操作人标定零点；手动操作提升机，下降到0m位置，完成标定步骤。

（3）仪表主机参数操作步骤。

标定准备：

1）选择合适的小数点位置（0 显示无小数点）和分度值（1），并设定到地址 05；

2）准备好用于标定的砝码或实物（20），将质量值设定到地址 04。

零点标定：

将空焦罐提过待机位上 1m 左右，按“↓”仪表显示“F-0000”，按“↑”“↓”“←”“→”、输入 F-1201（标零密码），按 ENT 键。仪表显示稳定后，再按“←”键标定零点。此时仪表显示“0”。标零过程可以重复标定，标零零点稳定后，按“↑”退出标定状态。完成后放下焦罐向焦罐内加砝码或标准替代物。

量程质量标定：

将加好砝码的焦罐再提到刚刚标零位置脱离待机位 1m 左右的地方。再按“↓”键，仪表显示 F-0000，按 ENT 键仪表显示 Adr-00，再按上下左右箭头找到 Adr-04 输入砝码质量，如砝码 20t 就输入 000020 后，按 ENT 键回车。仪表回到显示状态后。按“↓”显示 F-0000，输入 F-1018 按 ENT 键回车，仪表显示稳定后。再按“→”仪表将显示砝码质量。仪表显示 20，不准可以连续重复标定。完成标定后按“↑”返回称重界面。可以上升下降重复几次看重复性。

完成后，放下焦罐，提升机到 0m 位置，仪表显示负值，这个值就是焦罐盖子、吊具及焦罐的质量和。此时，提起焦罐盖子到达刚刚标零位置脱离待机位 1m 左右的地方，重新标零后这个负值将显示“0”，这时仪表标定调试完成。

12.3.4 出焦轨道横标定方案具体要求和安排

12.3.4.1 前提要求

（1）校准容器为铁焦罐，需要炼焦作业区更换焦罐台车；

（2）校准过程中，需要 10 人人力推动焦罐台车移动；

（3）提升机司机 1 名，校准过程中需要手动操作提升机；

（4）焦罐里吊装砝码需要人员 5 名，1 人联系吊车，2 人进焦罐内摘卸钢丝绳吊环，2 人在地面挂装钢丝绳吊环；

（5）校准操作人员 1 名。

12.3.4.2 校验安排

为了提高校准效率及不影响正常生产，方案流程如下：

（1）提升井下确认没有焦罐台车后，10 名人员需要把备用空焦罐台车推到提升井下，手动 APS 夹紧；

（2）提升机操作人员手动操作提升机，将备用空焦罐提到待机位上 1m 左右；

（3）校准操作人员开始标定零点；

（4）提升机操作人员手动操作提升机，将备用空焦罐正常放到焦罐台车上，手动 APS 松开；

（5）10 名人员将把备用焦罐台车推到提升井下南头空旷位置（不影响电机车正常停车范围）；

（6）空焦罐开始吊装砝码；

（7）提升井下确认没有焦罐台车后，10名人员需要把备用满焦罐台车推到提升井下，手动APS夹紧；

（8）提升机操作人员手动操作提升机，将备用满焦罐提到待机位上1m左右；

（9）校准操作人员开始标定量程；

（10）提升机操作人员手动操作提升机，将备用满焦罐正常放到焦罐台车上，手动APS松开；

（11）10名人员将把备用满焦罐台车推到提升井下南头空旷位置（不影响电机车正常停车范围）；

（12）满焦罐开始吊卸砝码；

（13）提升井下没有焦罐台车后，提升机操作人员手动操作提升机，将盖子提升到待机位上1m；

（14）校准操作人员开始标定零点；

（15）待满焦罐的砝码全部吊卸完毕后，提升井下确认没有焦罐台车后，10名人员需要把备用空焦罐台车推到提升井下，手动APS夹紧；

（16）提升机操作人员手动操作提升机，将备用空焦罐提到待机位上1m左右；此时显示数值就是铁焦罐的实际质量；同样的方法可以称出水泥焦罐的实际质量；

（17）当出炉后，显示的质量是焦炭+焦罐的质量。

12.4　炼钢工序事故案例管理

（1）310t天车动作滞后故障排查。

故障描述：某厂炼钢310t天车操作人员反映掉档。

故障处理：该车为太重产品，选用美恒定子调压装置，共有5块电路板，根据以往经验，结合现场测量温升，2019年3月上至2022年11月，运行3.5年，该控制板作业频繁，故判断该相位触发控制板接近报废，处于临界状态，共有2块，分别控制前进后退，更换后正常。

附图：如图12-1所示。

（2）1号连铸机停水事故。

事故经过：晚22:30，1号连铸机，作业长由于铸坯质量问题转换二冷水配方，由备用转成弱冷，当配水转变为弱冷时二冷段突然没水，导致8个流同时漏钢，1号连铸机非计划停机。

事故原因：生产调试期间，1号连铸机作业长在未知设备特性、配水配方是否完整的情况下私自调动配水配方，导致忽然停水。该事故属于操作事故，因此，设备科制定设备开泵、停泵、数据参数调整的管理规定，生产时要求相关方确认才能操作，包括电仪、设备、公辅、生产单位。配水参数调整加设密码锁，进行授权管理。

（3）转炉活动烟罩事故。

事故经过：2020年2月12日17:00，2号转炉摇炉工反映转炉无法倾动，随后电气作业长到达现场进行诊断。经检查发现“转炉活动烟罩上限位无信号”是导致转炉不能倾动的主要原因。随后安排提升烟罩，在提升烟罩的过程中将活动烟罩进水法兰垫片损坏，

图 12-1　天车定子调压触发控制板实物图

冷却水瞬间喷出，转炉无法继续生产。后维修人员更换垫片到 24 点恢复正常生产。

事故原因：2 号转炉 PLC101A 柜内供给转炉倾动锁定和烟罩限位的电源线从线鼻子内脱出，上限位失灵，致使烟罩提升过度，造成垫片损坏是造成烟罩漏水的主要原因。2 号转炉活动烟罩提升过程中，现场未进行确认，盲目指挥作业也是造成此次事故的主要原因。现场操作人员对所管辖的设备情况了解不清，未及时制止，是造成此次事故的次要原因。

（4）水泵房停电事故。

事故经过：2 月 22 日 18:57，当班电气维修人员接到调度通知，说水泵房操作室电脑及水泵房仪表失电，随后到现场查看，发现水泵房为 PLC 供电的 10kV · A UPS 失电，并且 UPS 的上级断路器（32A）也跳闸，造成结晶器泵、二冷泵停泵，双线停产。后经过检查，诊断为 UPS 损坏，随即甩开 UPS 电源，直接采用市电为 PLC 供电，截至 20:00 左右，自动化系统恢复正常，具备生产条件。

事故原因：UPS 内部集成电路板元器件损坏，在烧损的瞬间产生大电流致使上级断路器跳闸，PLC 断电，设计存在缺陷，是造成事故的主要原因。电气作业区对现场环境维护不到位，没有做好防尘、防风等维护工作，是造成这起事故的次要原因。电气作业区管理松懈，点巡检、维护不到位，也是造成这起事故的次要原因。为避免同类事故发生，将上级断路器由 32A 更换为 50A。

（5）转炉氧枪坠枪事故。

事故经过：2020 年 2 月，20201058 炉次，12:57 装铁，13:02 下枪开吹，铁水硫 0.049%，终点拉碳温度 1666℃，因铁水硫高等成分推迟出钢，13:15 一助手计划下枪处理。发现氧枪无法下枪，氧枪张力报警，一助手进行氧枪张力解锁操作，进行提枪，反复操作三次，第三次提枪时氧枪突然下坠，坠到炉内。后及时按照事故预案进行紧急关闭氧枪进、回水阀门等操作处理，至 20:00 恢复正常。

事故原因：氧枪无法下枪，钢丝绳张力报警转炉未让电、钳工进行现场确认，私自解锁进行操作，是造成此次事故的直接原因。氧枪无法下枪，造成钢丝绳脱槽，反复起落氧枪造成钢丝绳挤压断股，是造成此次事故的根本原因。

(6) 反冲洗过滤器电机事故。

事故经过：2020 年 4 月，1 号连铸机二冷水流量突然不稳，操作工随即通知维修工进行检查。维修工到二冷室检查发现二冷水反冲洗过滤器反冲洗电机脱落，过滤器中的水从电机断口处流出，造成大面积喷水现象。维修工随即打开旁通将过滤器的进、回水阀门关闭，但是过滤器水量仍未减少，只能停机拉下进行处理。在 18:06 检修完毕连铸开浇，生产恢复正常。

事故原因：检查反冲洗电机的连接装置发现是铝合金材质，极易损坏，备件的质量缺陷是造成这起事故的直接原因。过滤器的进、回水阀门关闭不严，质量存在问题是造成停机事故的主要原因。

(7) 连铸旋流井溢水事故。

事故经过：2020 年 5 月 2 日 22:17 炼钢事业部公辅控制室岗位工发现电脑显示“旋流井提升泵及冲渣泵断电、阀门过扭矩状态”故障停机显示，随即通知当班班长。22:18 通知班长及电工班长处理，22:19 通知公辅水处理班长和调度长，22:23 公辅水处理班长与当班调度长到达旋流井，发现所有泵组停、照明停，此时水位处于距下平台 2.5m 位置。22:34 发现水溢流至下平台上。22:46 旋流井内水位升至自吸泵泵体联轴器位，23:06 水位到自吸泵组电机位，造成 8 台水泵电机全部被淹。

5 月 3 日上午 11:00 将水位排至旋流井下平台处，随后开展检查泵组设备、检查泵组控制系统、烘烤电机、更换泵组并调试。3 日下午 15:15 炼钢 1 号转炉开始吹炼、2 号连铸开机生产；4 日凌晨 4:00 炼钢双炉双机具备生产条件。

事故调查：旋流井泵组（5 台 220kW 电机、3 台 160kW 电机）在线运行的一台 1250kV · A 变压器存在运行温度过高的情况，是导致高压跳闸造成本次事故停机的直接原因。旋流井设计为两台变压器分段运行，其中一台未安装投运，单台变压器无法满足整个系统的运行负荷需求，两台连铸机同时生产期间变压器超负荷温度升高，电仪作业区人员没有及时发现采取措施。且在调查过程中发现该台变压器没有运行点检巡检记录，变压器综保后台时间显示仍为出厂时间，电脑后台未投入使用，此为管理不到位，是造成的本次事故的主要原因之一。

旋流井泵组无法恢复送电且水位上涨期间，调度系统信息对接反馈流程欠缺，现场事故预判、事故处理决策能力不足，无应急预案。未采取直接、有效的关闭二冷水方案，是造成本次水泵电机被淹主要原因之二。事故发生后旋流井排水难度大、排水时间长，是此次事故影响时间长的主要原因之三。

(8) 转炉倾动抱闸电机故障。

事故经过：2020 年 5 月 23 日中午 12:47，1 号转炉倾动抱闸电机突然报故障，调度随即通知电仪车间，随即通知班长进行检查。在检查的过程中发现变频器输出 KC12 未得电，制动器打开继电器没有输出，致使抱闸没有打开，在 14:00 故障排除，正常恢复生产。

事故原因：因为变频室内空调突然故障室内温度增高（当时室内温度已经 38℃），致使四台倾动变频器制动抱闸反馈故障，KC12 变频器输出制动器打开继电器没有输出，进而使倾动制动器 KB1 继电器无法吸合，抱闸没有打开。四台制动抱闸器辅助点接触不良，致使 ABRK 继电器不能吸合，无法将制动反馈信号输入 PLC 中，所以在电脑上显示制动抱闸反馈故障。点检未及时发现空调异常，导致温度过高，是发生本次事故的主要原因，空调（天鹅）在质保期内就出现故障，供货质量存在问题，也是发生此次事故的原因。

（9）静电除尘事故。

事故经过：2020 年 5 月，炼钢事业部进行公司联合检修时，公辅作业区组织人员在 14:30 分开始，对 2 号静电除尘器进行检查，发现其 1 号电场积灰严重，导致电场无法正常工作。随即对 2 号静电除尘器底部的 1 号电场刮灰装置进行检查，发现东侧齿轮不能正常啮合，且东侧刮灰装置 A 型架与刮板连接的工字钢，焊口开焊变形，致使刮灰无法刮灰。在确定故障后，炼钢事业部立即组织人员对静电除尘器内的积灰进行清理，在 6 月 3 日15:00 左右，完成积灰的清理，后经过维修人员的抢修，在 6 月 4 日 17:00 将故障清除，恢复正常，并开始生产。

事故原因：西矿公司下属的安装单位，在对刮灰装置 A 型架与刮板连接的工字钢进行焊接时，焊口未按照图纸要求焊接（实际焊口高度为 3mm，图纸要求为 6mm），造成刮板开焊脱落，致使 1 号电场的刮灰装置无法正常刮灰，是造成此起事故的主要原因。公辅作业区在日常工作中，未能及时发现故障隐患，并在处理此次故障时，由于工作经验不足，导致处理事故时间长，是造成此起事故的次要原因。整改措施：每月安排时间，对静电除尘本体内的隐蔽部件进行检查。

（10）转炉氧枪事故。

事故经过：2020 年 6 月 1 号炉 20103849 炉次倒炉温度高点吹出钢，西氧枪因枪身漏水且氧枪外层管粘渣变粗，通知钳工换枪。钳工班长让甲班摇炉工提枪，去+50m 高跨平台准备换枪，6:51 时摇炉工在提枪过程中发现氧枪口水套处漏水较大马上去 24m 查看，发现氧枪口水套回水管漏水（管道焊缝开裂）。调度通知维修作业长现场查看原因并进行临时处理，7 :15 时 1 号炉换东枪继续炼钢，出一炉钢后交乙班，乙班接班后炼两炉钢，摇炉工在提枪时枪身上氮封座下挡块把氧枪口水套带起（水套已松动、不在中心位置），9:10停炉处理氧枪口水套，此突发事故造成 1 号高炉铁水积压，被迫休风。

事故原因：氧枪口水套周围冒火、氧枪粘渣变粗与氧枪口氮封座内圈剐蹭，对水套起到提升作用，发现异常未及时通知维修检查。转炉作业区 24m 打枪平台专门安排专人进行打渣，岗位工对现场氧枪口水套设备在使用中的情况不了解，发现异常问题无反馈，无点检记录；维修作业区人员对现场氧枪口水套无点检记录，未及时发现问题解决问题。转炉氧枪口水套在 5 月 31 日检修时更换的新备件，与原备件外观安装形式有变化。烟道与氧枪口水套原设计固定连接方式为销钉斜铁固定，因现场检修空间小安装不便，在安装过程中将连接板销孔切割大，备件才能平移到位，导致在固定水套连接板时斜铁起不到固定牢固作用；维修人员未对改造部位进行有效处理，造成后续隐患存在（水套护板间冒火烧变形、销钉斜铁固定错位），这是因安装质量不达标造成氧枪口水套被氧枪提出的原因。

整改措施：转炉操作方面及时化渣、减少杜绝氧枪粘钢、粘渣，发现及时清理、更换备用氧枪。备件改造：对氧枪口水套与烟道连接方式进行技改（改为法兰螺栓固定连接）。

（11）转炉干法除尘斗提机事故。

事故经过：6 月 10 日 20:27，转炉干法除尘斗提机突然停止工作，岗位人员立即通知电气人员进行检查，发现斗提机电机故障，无法运行。随后与调度沟通协调，在 22:20 开

始更换电机，经过转炉维修和电气人员维修协同作业，在6月11日3:12更换完毕，具备生产条件。

事故原因：正常生产时，斗提机运行为自动模式，经过调取电机电流工作曲线后发现，在报故障前三分钟，电机自动频繁启动，直至报故障停止运行，这是造成此次故障的主要原因。

在处理此次故障时，由于电气人员和维修人员更换措施不到位，导致检修延时，是造成此次故障的次要原因。

（12）铁包穿包事故。

事故经过：2020年6月24日19:15，一号高炉北场第4821炉次出铁时，使用31号铁包受铁，包龄第502次，未超出技术协议寿命800次，属于正常在线运转铁包。根据厂家判定未对31号铁包做小修计划，24日19:00左右受铁，出铁量大约15t左右时，跨车工发现铁包底部发红漏铁，通知炉前及时堵口，及时将过跨车开离轨道衡，用备用车将其推出至南侧进行修复。电维修人员及时对过跨车线缆进行检查修复，由于发现及时对高炉生产未造成影响，未产生人员伤亡，铁水包烧穿直径约100mm漏洞，烧坏炼铁轨道衡7块传感器及配套传输线，过跨车电缆约20m。

事故原因：厂家耐材质量存在问题，造成包底砖侵蚀脱落，且对包况判断出现失误，造成冲击区穿铁。厂家未按技术协议要求做到24小时借助仪器和人工经验对包况判断。事业部对铁包厂家管理跟踪不到位，管控措施不严谨。

（13）连铸机顶坯。

事故经过：2020年7月5日2:30，2号机中包开浇热换12个流；3:09因金火焰气体厂家不能自动切割，1、3流接口坯太长，导致4、5、6流不能在移坯车上推坯，7~12流外协厂家人工切割不及，造成顶坯连铸机停机。

7:23，2号机重新开浇，计划开浇10个流，东侧中包1、3、4、5、6流，西侧中包7、8、9、11、12流，7:28开12流，7:31水口散流换滑块漏钢，造成2号机拉下。21：51,1号机2号中包温度低（钢水压钢19min），7、8、9、10流粘死，2号中包拉下，23：51，1号机2号中包重新开浇。

事故原因：金火焰气体厂家的切割气体压力不足，现场切割人员只有4人，未按合同规定6人配备，切坯缓慢是造成2号机第一次拉下的直接原因。中包厂家中包机构安装不达标，滑块质量不合格，是造成2号机第二次拉下的主要原因。12流开浇散流，换滑块漏钢是造成2号机第二次拉下的次要原因。12流漏钢后，处理事故不当是造成2号机第二次拉下的次要原因。2号中包温度低是1号机2号中包拉下的直接原因。

整改措施：督促外包厂家增加人员，加设气体压力罐。加强对中包耐材厂家的管理，建立各种消耗台账。快换下滑块时，检查滑道是否粘钢，机构是否灵活。

（14）连铸机大包上水口漏钢事故。

事故经过：2020年7月13日8：10，10号钢包热修完；8:35钢水到站（钢种Q235B）；8:37开浇；8:40大包工发现钢包东侧滑板刺钢，立即将钢包转到事故位，转包5min后大包停浇，造成整包钢水180t回炉，1号连铸机停机261min。

事故原因：热修换滑板时（2连滑），上水口与连滑机构链接处清理不彻底，导致上水口与机构底座产生错位，是此次事故的主要原因。生产准备作业区负有主要管理责任。

（15）铁包穿铁事故。

事故经过：2020 年 8 月 16 日 3:24 左右，2 号高炉 2486 炉次南铁场 5 号线出铁，使用 39 号铁包受铁，包龄 609 次，未超出技术协议寿命要求 800 次数量，且属于正常在线运转铁包，根据厂家测温记录，上线包底温度为 238℃，未超出厂家要求 260℃，因此继续使用。在出铁 2min 左右，铁量大约 5t 左右时岗位工发现铁包底部发红漏铁，通知炉前及时堵口，同时及时将过跨车开离轨道衡，开至炼钢加料跨运输线南头，将事故铁包吊运至炼钢加料跨西头铁包存放位，炼铁人员用铲车及时将轨道衡残铁清理，后备用车回到轨道衡出铁位进行受铁，电维修人员及时对过跨车线缆进行检查，由于发现及时对高炉生产未造成影响，未产生人员伤亡，铁水包烧穿直径约 100mm 漏洞，产生铁水损失 14t，炼铁轨道衡 14 块传感器及配套传输线，铁水包包底烧穿损坏更换。

事故原因：厂家耐材质量存在问题，造成包底砖侵蚀脱落；且未按管理人员要求更换包底，作业区要求大于 500 次的必须小修更换包底。冲击区长期受铁出现整体凹陷，由于判定时包内残渣导致误判。

（16）化废重大质量事故。

事故经过：G20107132 炉次，钢种 HRB400E，铁水：166t，废钢：36t，总装入量：202t，供氧 13min2s，一倒温度 1712℃，后吹 20s 出钢；一倒成分，C：0.07%、Mn：0.06%、P：0.057%、S：0.013%；未等样出钢，合金加入：硅铁 670kg，硅锰 3800kg，增碳剂 300kg，硅铝铁 50kg；炉后样成分，C：0.25%；氩前温度 1612℃，氩后温度 1594℃；成品成分，C：0.22%、Si：0.49%、Mn：1.45%、P：0.050%、S：0.015%、V：0.037%；磷高 0.05%判废。

G20107136 炉次，钢种 HRB400E，铁水：178t，废钢：32t，总装入量：210t，供氧 14min27s，一倒温度 1661℃，一倒出钢，一倒成分，C：0.05%；合金加入：硅铁 670kg，硅锰 3500kg，增碳剂 300kg，硅铝铁 50kg；炉后样成分，C：0.28%；氩前温度 1580℃，氩后温度 1563℃；成品成分，C：0.28%、Si：0.48%、Mn：1.25%、P：0.031%、S：0.021%、V：0.022%；碳高 0.28%改判。

G20107137 炉次，钢种 HRB400E，铁水：165t，废钢：35t，总装入量：200t，供氧 14min08s，1715℃出钢，一倒成分，C：0.07%、Mn：0.13%、P：0.034%、S：0.014%；补吹 20s 直接放钢，合金加入：硅铁 670kg，锰铁 3500kg，增碳剂 300kg，硅铝铁 50kg；炉后样成分，P：0.038%，氩前温度 1642℃，氩后温度 1605℃；成品成分，P：0.047%；磷高改判。

G20107166 炉次，HRB400E，铁水：162t，废钢：35t，总装入量：197t，供氧时间：13min01s，一倒 1649℃，补吹 25s 出钢，一倒成分，C：0.08%、Mn：0.13%、P：0.019%、S：0.022%；合金加入：硅铁 750kg，锰铁 3600kg，增碳剂 380kg，硅铝铁 100kg；炉后成分，C：0.27%；成品成分，C：0.27%，碳高改判。

G20207027 炉次，Q235B，铁水：165t，废钢：34t，总装入量：199t，供氧时间 13min37s，一倒 1627℃，补吹 30s 出钢，一倒成分，C：0.05%、Mn：0.09%、P：0.059%、S：0.016%；合金加入：硅铁 300kg，锰铁 1100kg，增碳剂 260kg，硅铝铁 100kg；炉后成分，P：0.046%；成品成分，P：0.048%；磷高判废。

事故原因：G20107132 炉次，本炉次冶炼未知铁水成分，经查证铁水磷 0.097%属正

常范围；本炉次一倒温度1712℃，一倒磷0.057%，开浇第一炉，出钢温度要求高，供氧强度高，前期升温快，冶炼前期化渣不良，不利于脱磷；未等样出钢，一倒成分出来时钢水已出钢大半，抬炉处理未考虑高温脱磷效果差，处理后炉内铁水少，不足以中和钢包内高磷钢水，导致成品磷达0.050%。

G20107136炉次，炉前碳含量低，炉长加入360kg碳粉，包底碳粉20袋，出钢补加16袋碳粉，经计算碳粉吸收率超100%，应是炉后碳粉加入过量，炉长未知晓。炉长按之前炉次经验加入碳粉，导致出钢过程中加入碳粉过多，该炉次成分不符要求属于操作失误，人为事故，管理不善，导致成品碳高。

G20107137炉次，经查证铁水磷0.135%，铁水磷高；在已知铁水磷高的情况下，摇炉工未采取相应措施，保证炉内脱磷条件是主要原因；由于钢包为备用包，出钢温度高，本炉次一倒温度1715℃，一倒磷0.034%，补吹20s后直接出钢，并且钢包下渣，氩前温度1642℃，导致炉后磷0.038%，钢水磷高未采取补加脱氧剂及顶渣料措施，导致成品磷0.047%；未能及时采取有效措施导致磷高是次要原因。

G20107166炉次，本炉次包底提前加入20包碳粉，炉长根据之前经验按上限补加碳粉，在出钢期间补加18包碳粉，一次加完，炉长对碳粉吸收率判断失误，导致成品碳0.27%，碳高改判为Q355F。

G20207027炉次，由于上一炉粘大面，倒炉大面翻腾剧烈，未等样出钢，出钢过程中未及时发现磷成分异常，出钢过程中粘大面的铁块掉落未采取正确的补救措施是主要原因。

整改措施：炉长全程跟踪吹炼过程，重点关注装入量与铁水成分，关注出钢量，根据出钢量调整合金加入量。

针对铁水P≥0.130%、S≥0.045%、终渣化不好的异常炉次，要等样出钢，尤其是终点要求小于0.025%方可出钢。

碳粉加入标准化：因需加入的碳粉较多，HRB400E提前加入包底的碳粉，要指定专人做好记录，其余碳粉由炉长亲自补加，严禁其他人员私自补加碳粉；炉长补加碳粉按中下限控制，可在吹氩站微调碳成分。

严格按顺序加入合金，加合金顺序为脱氧合金-硅铁-硅锰-顶渣料等，出钢时随钢流先加12袋脱氧合金（0.7kg/t），若出钢碳低于0.07%、后吹大于40s，适当多加脱氧合金3~8袋，后加合金调成分，保障硅锰、硅铁的吸收率稳定。

出钢全程吹氩，到吹氩站强吹2~3min后方可取样，取样后软吹5min保证底吹时间。

出钢小于2分半的炉子，冶炼HRB400E时需更换出钢口或不安排冶炼HRB400E。

规范挡渣操作，确保挡渣率，避免下渣，炉后要求准备好备用挡渣球。出钢下渣、倒炉磷高的炉次适当补加脱氧剂5~10包。下渣严重的炉次，往钢包加入白灰（200~300kg）、萤石100~150kg，保证碱度和脱氧效果，避免回磷导致废品。

出钢全程开钢包底吹，到吹氩站强吹2~3min后方可取样，取样插入深度200~300mm，保证取样的代表性，取样后软吹5min，根据样成分进行成分微调，补加合金及调温时应强吹2min，调温尽量在吹氩站完成，出站前3min内不得补加合金及调温，氩站吹气时间不小于8min。

（17）连铸机停电事故。

事故经过：2020 年 9 月 27 日 15:15，连铸维修电工巡检所辖区域 1 号连铸机 PLC 室，发现 UPS 电源报故障，报出进风口故障，然后故障复位，由于操作不当造成 UPS 电源停车，1 号连铸机控制系统停电，1 号连铸机所属设备都不能操作，通知电工，电仪作业区人员立即赶到现场，15:30 恢复送电；由于钢水外溢造成 7～12 流振动框架被冷钢铸住，控制线被烧，处理至 9 月 28 日 13:00，1 号连铸机正常投入生产。

事故原因：电工对设备不熟悉，误操作设备是这次事故的主要原因。连铸机突然停电，拉钢工未能及时处理导致钢水铸住振动框架是这次事故的另一原因。

（18）转炉大面渗铁事故。

事故经过：2020 年 10 月 16 日 3:25，甲班 2 号转炉炉前加完废钢兑铁水，兑铁水结束后摇正转炉发现大面炉口下部、托圈上部有铁水渗出现象，铁水未落地，发现渗铁后炉长及时通知调度及上级领导，将铁水倒出进行补炉，16 日 7:12 2 号炉装铁冶炼。

事故原因：2020 年 8 月 2 日，2 号转炉大面拖圈位置炉体漏铁，炉皮空洞又因烟罩长期漏水，造成 2 号转炉大面托圈部位粉化严重，出现漏料，造成夹层脱落，受铁水、废钢长期冲击，整体塌陷出现断层是此次事故的主要成因，转炉作业区负转炉炉况主要管理责任。

炉长缺乏经验，疏于观察未及时发现采取措施是造成此次事故的直接原因。

整改措施：保持大面平整，严禁出现明显下陷，积坑，缺料现象。炉壳漏洞保持有料状态及时喷补、灌浆做好封闭，防止粉化。加强炉长操作水平，增强责任意识。班中维护好转炉炉况并做好记录，测温异常时及时处理，同时要求炉长做到一炉一看，保持大面时刻有料。

（19）转炉非计划停炉事故。

事故经过：2020 年 10 月 26 日 15:49，2 号转炉第 G20208874 炉次兑完铁后摇炉至 0°，下枪时气体燃爆产生放炮，导致 40m 非金属补偿器连接处防护层脱落，16:0 9 至 23:20，2 号转炉停炉抢修。

事故原因：非金属补偿器安装设计存在缺陷，在安装时有错位，已无法调整；致使内部隔热板变形，连接处缝隙越来越大，烟道内一氧化碳和氧气产生燃爆，外部隔离棉烧损严重，造成连接处防护层脱落。对于设备存在的缺陷，未及时利用停炉时间封堵或防护，使漏气点扩大导致进入空气，产生气体聚集引发事故。

（20）漏钢非计划拉下事故。

事故经过：2020 年 10 月 29 日 4:06，2 号连铸机 4 流换滑块，机长打滑块过程中油缸未打到位收回，造成新滑块未到位漏钢，由于漏钢严重造成堵流困难，造成 1～6 流非计划拉下，6:03，2 号连铸机停机，7:33，2 号机恢复正常生产，此次非计划拉下事故时间共计影响 90min。

11 月 5 日 2 号连铸机 4:00，16 号中包 10 流正常换滑块，滑块在线使用 4h，换滑块时检查滑道是否有异物，确认后正常换滑块，打完滑块同时机构东侧倾斜，造成刺钢。摆槽用大堵锥在中包上堵眼，因中包盖歪无法找到水口眼，未能堵上，经观察刺钢较严重，为防止事故扩大化，决定开车拉下处理，单中包浇铸，至 5:23 恢复双中包浇铸。

11 月 8 日 23:17，1 号炉 G20109951 炉次，钢种 HRB400E，在 2 号连铸机开浇，开浇

5min 左右，钢包机构刺钢（8 号钢包西面水口胶泥垫处），水口关闭，一个水口倒浇，后期剩 10t 钢水左右折包。

2020 年 11 月 13 日 11:36，2 号炉 G20209464 炉次，钢种 HRB400E，在 2 号连铸机开浇，开浇 10min 后 10 号钢包西侧下滑板与下水口胶泥垫处发生刺钢，关闭西侧水口，单水口倒浇至包次结束。

事故原因：机长在操作中存在严重失误，致使新滑块未到位造成漏钢。

厂家中包机构安装不标准造成中包机构使用时左右压力不均匀。包盖未对中造成事故扩大化。8 号钢包水口刺穿主要是下滑板与下水口装配不紧，有缝隙钢水穿出，属热修工人操作不当，未认真检查确认。10 号钢包滑板属于三连滑，下滑板与下水口间有缝隙钢水穿出，造成刺钢，属热修工人操作不当，下滑板与下水口应用火泥密封严实，安装后未认真检查确认。

（21）铸坯裂纹。

事故原因：铁水紧张，转炉入炉铁水硫高，裂纹主要集中在入炉硫成分大于 0.045%炉次。

钢水中 S 含量偏高，低熔点的 FeS、MnS 在凝固过程中沿晶界分布，降低了固相线温度附近钢的延展性，诱发裂纹产生。

要温较高，连铸为防止等钢，降低拉速且导致中包温度在 1540℃左右，钢水过热度大，使铸坯柱状晶粗大、发达，加剧了晶间裂纹产生。

铸坯在产生裂纹的同时伴随着脱方坯出现，铸坯在二冷段凝固过程中沿拉速方向温度逐渐降低并伴随着表面温度回升，造成铸坯裂纹。

整改措施：加强与炼铁部门的沟通，避免高硫铁水以及炉下兑铁出现连续多炉次铁水硫高情况，对硫高铁水铸铁处理。转炉对入炉铁水严格把控，对于硅低硫高炉次铁水及时进行折包或铸铁处理，提高钢水质量。

连铸作业区加强与转炉作业区沟通，调整要温，控制中包温度过热度，保证大包后期中包温度在液相线 15~20℃附近，及时调整水量及水压，协调好温度、拉速和水量的匹配关系。

连铸作业区加强二冷段的清理，防止出现喷嘴堵塞和喷淋管磨及支撑辊损严重的情况，保证设备的完好性。连铸加强与质检部门沟通，对于裂纹流次及时处理，减少铸坯裂纹缺陷。

（22）1 号连铸着火事故。

事故经过：2020 年 12 月 3 日，1 号连铸机正常生产。在 17:27 时，拉矫机上方突然起火，虽然采取了灭火措施也未能及时将火扑灭。火焰沿着拉矫机线缆、振动线缆及配水线缆桥架等进行燃烧，造成 1 号连铸机非计划拉下。后经联合抢修，对烧损的电缆及部分组件进行更换，在 12 月 6 日 22:19 1 号连铸机恢复生产，检修总用时 76h52min，直接损失约 20 万元。

事故原因：事后经过现场了解情况及查看监控视频，已经确定是 1 号连铸机 12 流油管爆裂（工作压力 18MPa）造成液压油喷洒到拉矫机处进行燃烧，引发了此起事故。该油管 10 月 16 日进行的更换，使用共计 47 天，未到使用周期，存在质量问题是造成这起事故的主要原因。

经与专业人员沟通，国内钢铁行业连铸多用脂肪酸酯和水乙二醇，此类油液燃点较高，耐火性较强，此处选用46号难燃液压油，燃点较低，也是造成此起事故的原因。

整改措施：对此处的液压油管重新进行申报，找质量过关的厂家进行供货。对此位置进行重点检查，对电缆区域重点进行防护，修砌隔离墙进行阻火。

（23）1号连铸机液压站通信网线传输中断事故。

事故经过：2020年12月10日8:00，电仪作业区在1号连铸机不停机条件下，组织电仪及外协人员恢复1号机配水系统电缆；15:30，在放1号、2号电磁阀柜控制线时，把1号机液压站通信网线接头拉断，导致液压站通信信号丢失，造成1号连铸机无振动，15:30至18:27被迫非计划拉下177min。

事故原因：1号连铸机控制电缆、液压站通信网线是在着火事故后临时铺设的，处理线路较多且有接头，放电缆时在电缆沟里不易看见，接头易拉断是这次事故的主要原因。

（24）公辅断电事故。

事故经过：2021年1月3日上午9:00设备工程师到中心水泵房变频器室进行实验攻关项目，将连铸冷却水变频器修改成只报警不停高压配电室真空断路器，以减少事故连锁影响生产的技术方案。在备用泵试车完毕后，对1号机二次喷淋泵1号泵电源柜7209送电的过程中，触发了进线柜0311过流2保护动作（整定值430A延时0.4s），导致中心水系统在10:23全面停电。在事发后随即进行了原因检查并进行了恢复，在10:35时恢复供电，10:54水泵恢复供水，2号机在12:35恢复生产，1号机17点08分恢复生产。

事故原因：进线柜0311综合保护器过流保护整定值（430A）没有按照生产负荷进行调整，是导致此次事故的主要原因。

攻关人员在生产过程中组织攻关项目存在安全风险。虽然之前也进行过类似操作未造成影响，但这次发生事故暴露出了攻关项目方案准备不足，对生产造成的影响预判不清，也是造成这次事故的主要原因。

整改措施：炼钢组织排查所有高压柜，保护定值设置系数，上报动力厂申请整定值，制定合理方案，在停机检修时修改优化参数，确保不再出现越级保护，促进设备运行稳定。

参 考 文 献

[1] 张志杰，等. 炼钢厂自动化仪表现场应用技术［M］. 北京：冶金工业出版社，2012.

[2] 上海金自天正信息技术有限公司，能源管理系统可研资料，2018.

[3] 山信软件股份有限公司，检化验管理系统初步设计，2021.

[4] 山信软件股份有限公司，MES 系统总结资料，2022.

[5] 吕玉红 . 120t LF 精炼进口底吹搅拌系统的控制原理［J］. 工业加热，2005，6：65-66.

[6] 蒋慎言，陈大纲 . 炼钢生产自动化技术［M］. 北京：冶金工业出版社，2008.

[7] 张志杰 . VD 设备常见故障分析［J］. 山东冶金，2008，30（S1）：31-33.

[8] 张志杰 . 连铸机漏钢预报系统优化改造［J］. 山东冶金，2007，4：62-64.

[9] Zhang Z J. Thin Slab CCM Automation Control Technology and Equipment to Improve［J］. Journal of Iron and Steel Research，2009，5：522-528.

[10] 马竹梧，邹立功，孙彦广，等 . 钢铁工业自动化 · 炼钢卷［M］. 北京：冶金工业出版社，2003.

[11] 蒋慎言，马竹梧 . 鞍钢三炼钢 AN-SOB 钢水处理装置三电自动化系统［J］. 冶金自动化，2002（5）：56-59.

[12] 张宏建，等 . 自动检测技术与装置［M］. 北京：化学工业出版社，2004.

[13] 赵沛 . 转炉精炼及铁水预处理实用技术手册［M］. 北京：冶金工业出版社，2004.

后　　记

一脉淮水秀三湖，万穗蓼花荣千秋。

2018 年，一座崭新的钢城在巍巍大别山北麓——霍邱县马店镇拔地而起，这就是素有“淮畔明珠，皖西钢城”之称的六安钢铁控股集团。伴随着 3500mm 双机架轧机等先进智能制造项目的投产，六安钢铁以其顽强持续的赢利能力在中国钢铁版图中崭露头角。旗下的安徽首矿大昌金属材料公司作为专业化钢铁生产企业，是安徽省最大的民营钢铁企业，以“成为全球领先智慧钢铁服务商”为愿景，具备年产 300 万吨高品质钢材生产能力，产品范围涵盖优质线材、棒材、中厚板，广泛应用于机械、基建、汽车、家电等行业。2022 年荣膺中国制造业 500 强第 207 位，中国制造业民企 500 强第 117 位。

公司决策层重视信息化、数字化、智能化在企业生产经营中的独特作用，在智能化改造、数字化转型中有敢为天下先的勇气和魄力，久久为功，无条件投入，围绕局域集控、机器代人、远程运维、流程上线、视频治企精雕细琢，实现了跨产业、跨基地、跨界面融合的新型智慧钢铁企业管控模式。

随着公司一体化智能改造项目的实施，公司先后荣获六安市“5G+工业互联网”、安徽省数字化车间、安徽省绿色工厂、全国水效领跑者。一个“业务网上走，人在画中游”的钢铁园区展示在世人面前。

先进制造业与现代服务业的深度融合，即价值链、产业链与创新链、供应链、信息链、资金链、人才链等紧密结合，以数字技术改造传统的制造业，是中国版工业 4. 0 和中国智造的共性目标。为总结经验，固化知识与诀窍，发挥两化融合的积极促进作用，特出版此书。